Cutting-Edge Technologies in
Smart
Environmental
Protection
智慧环保前沿技术丛书

城市污水处理过程智能优化控制

Intelligent Optimal Control of Municipal Wastewater Treatment Process

乔俊飞　韩红桂　伍小龙　著

化学工业出版社
·北京·

内容简介

本书介绍了我国城市污水处理运行现状以及污水处理系统特性，阐述了实施城市污水处理优化运行控制的重要意义，介绍了与城市污水处理过程中的优化运行过程建模、控制以及优化相关的理论、方法和技术。其中，依据实际污水处理厂运营和城市污水处理过程自动化系统建设的需求，从多角度详细阐述城市污水处理优化运行控制的内涵，并分别对城市污水处理过程建模、过程控制以及优化等方面的设计和应用案例进行了详述；另外对城市污水处理优化运行控制的前沿技术也进行了论述。

本书主要面向高校信息类与环保领域本科生和研究生、城市污水处理自动化运行管理人员，以及研究工业运行优化控制的科技人员。

图书在版编目（CIP）数据

城市污水处理过程智能优化控制 / 乔俊飞，韩红桂，伍小龙著. —北京：化学工业出版社，2023.9
（智慧环保前沿技术丛书）
ISBN 978-7-122-43745-7

Ⅰ. ①城… Ⅱ. ①乔…②韩…③伍… Ⅲ. ①城市污水处理-智能控制-研究-中国 Ⅳ. ①X703

中国国家版本馆CIP数据核字（2023）第119793号

责任编辑：宋　辉

文字编辑：毛亚囡

责任校对：张茜越

装帧设计：王晓宇

出版发行：化学工业出版社

（北京市东城区青年湖南街13号　邮政编码100011）

印　　装：天津图文方嘉印刷有限公司

710mm×1000mm　1/16　印张20¼　字数376千字

2023年11月北京第1版第1次印刷

购书咨询：010-64518888

售后服务：010-64518899

网　　址：http：//www.cip.com.cn

凡购买本书，如有缺损质量问题，本社销售中心负责调换。

定　　价：118.00元

序

环境保护是功在当代、利在千秋的事业。早在 1983 年，第二次全国环境保护会议上就将环境保护确立为我国的基本国策。但随着城镇化、工业化进程加速，生态环境受到一定程度的破坏。近年来，党和国家站在实现中华民族伟大复兴中国梦和永续发展的战略高度，充分认识到保护生态环境、治理环境污染的紧迫性和艰巨性，主动将环境污染防治列为国家必须打好的攻坚战，将生态文明建设纳入国家“五位一体”总体布局，不断强化绿色低碳发展理念，生态环境保护事业取得前所未有的发展，生态环境质量得到持续改善，美丽中国建设迈出重大步伐。

环境污染治理应坚持节约优先、保护优先、自然恢复为主的方针，突出源头治理、过程管控、智慧支撑。未来污染治理要坚持精准治污、科学治污，构建完善“科学认知 - 准确溯源 - 高效治理”的技术创新链和产业信息链，实现污染治理过程数字化、精细化管控。北京工业大学“环保自动化”研究团队从“人工智能 + 环保”的视角研究环境污染治理问题，经过二十余年的潜心钻研，在空气污染监控、城市固废处理和水污染控制等方面取得了系列创新性成果。“智慧环保前沿技术丛书”就是其研究成果的总结，丛书包括《空气污染智能感知、识别与监控》《城市固废焚烧过程智能优化控制》《城市污水处理过程智能优化控制》《水环境智能感知与智慧监控》和《城市供水系统智能优化与控制》。丛书全面概括了研究团队近年来在环境污染治理方面取得的数据处理、智能感知、模式识别、动态优化、智慧决策、自主控制等前沿技术，这些环境污染治理的新范式、新方法和新技术，为国家深入打好污染防治攻坚战提供了强有力的支撑。

“智慧环保前沿技术丛书”是由中国学者完成的第一套数字环保领域的著作，作者紧跟环境保护技术未来发展前沿，开创性提出智能特征检测、自组织控制、多目标动态优化等方法，从具体生产实践中提炼出各种专为污染治理量身定做的智能化技术，使得丛书内容新颖，兼具创新性、独特性与工程性，丛书的出版对于促进环保数字经济发展以及环保产业变革和技术升级必将产生深远影响。

清华大学环境学院教授
中国工程院院士

PREFACE

前言

随着人类社会文明的进步和公众环保意识的增强，科学合理地利用自然资源，全面系统地保护生态环境已经成为世界各国可持续发展的必然选择。环境保护是指人类科学合理地保护并利用自然资源，防止自然环境受到污染和破坏的一切活动。环境保护的本质是协调人类与自然的关系，维持人类社会发展和自然环境延续的动态平衡。由于生态环境是一个复杂的动态大系统，实现人类与自然和谐共生是一项具有系统性、复杂性、长期性和艰巨性的任务，必须依靠科学理论和先进技术的支撑才能完成。

面向国家生态文明建设，聚焦污染防治国家重大需求，北京工业大学“环保自动化”研究团队瞄准人工智能与自动化学科前沿，围绕空气质量监控、水污染治理、城市固废处理等社会共性难题，从信息学科的视角研究环境污染防治自动化、智能化技术，助力国家打好“蓝天碧水净土”保卫战。作为环保自动化领域的拓荒者，研究团队经过二十多年的潜心钻研，在水环境智能感知与智慧监控、城市污水处理过程智能优化控制、城市供水系统智能优化与控制、城市固废焚烧过程智能优化控制以及空气质量智能感知、识别与监控等方面取得了重要进展，形成了具有自主知识产权的环境质量感知、自主优化决策、智慧监控管理等环境保护新技术。为了促进人工智能与自动化理论发展和环保自动化技术进步，更好地服务国家生态文明建设，团队在前期研究的基础上总结凝练成“智慧环保前沿技术丛书”，希望为我国环保智能化发展贡献一份力量。

本书的主要内容包括城市污水处理现状分析、运行指标智能特征检测、性能指标智能优化设定、单目标和多目标智能优化控制、动态目标智能优化控制、多任务智能优化控制、多时间尺度分层智能优化控制、全流程协同优化控制以及城市污水处理智能优化控制发展前景分析等，为城市污水处理过程优化运行提供了理论方法和技术基础。本书致力于科学治污、精准治污，研究以出水水质稳定达标、处理过程高效节能为目标的城市污水处理精细化控制基础理论和关键技术，旨在解决制约城市污水处理高效低成本运行中的共性问题，提升城市污水处理厂运营水平，助力国家持续深入打好碧水净土保卫战。

本书的研究工作得到了国家自然科学基金项目（62021003、61890930）和科技创新 2030—“新一代人工智能”重大项目（2021ZD0112301、2021ZD0112302）的资助。感谢国家自然科学基金委员会、科技部长期以来的支持，使得我们团队能够心无旁骛地潜心研究。感谢我的团队教师李文静、杨翠丽、杜胜利和研究生刘洪旭、张嘉诚、陈聪、王童等，他们在资料查找、公式整理、图形绘制、数值试验等方面做了大量的工作，为本书的出版进程和出版质量提高做出了贡献。感谢自动化和水污染控制领域的专家学者，你们的成功实践激励了我们继续创新的勇气，你们的前期探索使本书内容得到进一步升华。鉴于自动化、人工智能、环境工程领域知识体系不断丰富和发展，而作者的知识积累有限，书中难免有不妥之处，敬请广大读者批评指正。

CONTENTS

目录

第1章 绪论 001

1.1 城市污水处理现状 002

1.1.1 城市污水处理面临的问题 003

1.1.2 城市污水处理过程控制技术发展 005

1.2 城市污水处理过程运行特点 008

1.2.1 城市污水处理工艺简介 008

1.2.2 城市污水处理主要流程及特点 011

1.3 城市污水处理过程优化控制研究现状 016

1.3.1 机理驱动的城市污水处理过程优化控制研究现状 016

1.3.2 数据驱动的城市污水处理过程优化控制研究现状 019

1.3.3 知识驱动的城市污水处理过程优化控制研究现状 022

1.4 城市污水处理过程优化控制的主要挑战 025

1.4.1 城市污水处理过程运行指标模型构建 025

1.4.2 城市污水处理过程性能指标优化设定 026

1.4.3 城市污水处理过程优化设定值跟踪控制 027

1.5 章节安排 027

第2章 城市污水处理过程运行指标智能特征检测 031

2.1 概述 032

2.2 城市污水处理过程运行指标特性分析 032

2.2.1 城市污水处理过程运行指标机理分析 032

2.2.2 城市污水处理过程运行指标关联度分析 037

2.3 城市污水处理过程运行指标特征变量挖掘 038
2.3.1 城市污水处理过程运行指标辅助变量选取 038
2.3.2 城市污水处理过程运行指标特征变量选取 041
2.4 城市污水处理过程运行指标智能特征检测模型设计 043
2.4.1 城市污水处理过程运行指标智能特征检测模型结构设计 043
2.4.2 城市污水处理过程运行智能特征检测模型参数设计 045
2.4.3 城市污水处理过程运行智能特征检测模型校正 049
2.5 城市污水处理过程典型运行指标智能特征检测实现 052
2.5.1 城市污水处理过程运行指标智能特征检测实验设计 053
2.5.2 城市污水处理过程运行指标智能特征检测结果分析 053
2.6 本章小结 058

第 3 章 城市污水处理过程性能指标智能优化设定 061
3.1 概述 062
3.2 城市污水处理过程性能指标特性分析 063
3.2.1 城市污水处理过程性能指标机理分析 063
3.2.2 城市污水处理过程性能指标关联度分析 065
3.3 城市污水处理过程性能指标优化目标构建 067
3.3.1 城市污水处理过程性能指标优化目标设计 067
3.3.2 城市污水处理过程性能指标优化目标参数更新 068

3.3.3 城市污水处理过程性能指标模型收敛性分析 069

3.4 城市污水处理过程性能指标智能优化设定方法设计 072

3.4.1 城市污水处理过程性能指标智能优化方法设计 072

3.4.2 城市污水处理过程性能指标优化设定 074

3.4.3 城市污水处理过程性能指标优化设定性能分析 080

3.5 城市污水处理过程性能指标智能优化设定实现 084

3.5.1 城市污水处理过程性能指标智能优化设定实验设计 084

3.5.2 城市污水处理过程性能指标智能优化设定结果分析 086

3.6 本章小结 099

第 4 章 城市污水处理过程单目标智能优化控制 101

4.1 概述 102

4.2 城市污水处理过程单目标智能优化控制基础 103

4.2.1 城市污水处理过程单目标智能优化控制基本架构 103

4.2.2 城市污水处理过程单目标智能优化控制特点分析 103

4.3 城市污水处理过程单目标智能优化设定方法设计 106

4.3.1 城市污水处理过程单目标影响因素分析 106

4.3.2 城市污水处理过程单目标优化模型构建 109

4.3.3 城市污水处理过程单目标智能优化设定方法 109

4.4 城市污水处理过程单目标智能优化控制方法设计 111
4.4.1 城市污水处理过程单目标智能优化控制算法设计 111
4.4.2 城市污水处理过程单目标智能优化控制算法实现 112
4.4.3 城市污水处理过程单目标智能优化控制性能分析 114
4.5 城市污水处理过程典型目标智能优化控制实现 115
4.5.1 城市污水处理过程典型目标智能优化控制实验设计 115
4.5.2 城市污水处理过程典型目标智能优化控制结果分析 117
4.6 本章小结 119

第 5 章 城市污水处理过程多目标智能优化控制 121

5.1 概述 122
5.2 城市污水处理过程多目标智能优化控制基础 123
5.2.1 城市污水处理过程多目标智能优化控制基本架构 123
5.2.2 城市污水处理过程多目标智能优化控制特点分析 125
5.3 城市污水处理过程多目标智能优化设定方法设计 127
5.3.1 城市污水处理过程多目标影响因素分析 127
5.3.2 城市污水处理过程多目标优化模型构建 128
5.3.3 城市污水处理过程多目标智能优化设定方法 129
5.4 城市污水处理过程多目标智能优化控制方法设计 134
5.4.1 城市污水处理过程多目标智能优化控制算法设计 134

5.4.2 城市污水处理过程多目标智能优化控制性能分析 136

5.5 城市污水处理过程典型多目标智能优化控制实现 136

5.5.1 城市污水处理过程典型多目标智能优化控制实验设计 137

5.5.2 城市污水处理过程典型多目标智能优化控制结果分析 137

5.6 本章小结 145

第 6 章 城市污水处理过程动态目标智能优化控制 147

6.1 概述 148

6.2 城市污水处理过程动态目标智能优化控制基础 149

6.2.1 城市污水处理过程动态目标智能优化控制基本架构 149

6.2.2 城市污水处理过程动态目标智能优化控制特点分析 150

6.3 城市污水处理过程动态目标构建 152

6.3.1 城市污水处理过程动态目标影响因素分析 152

6.3.2 城市污水处理过程动态目标优化模型构建 158

6.3.3 城市污水处理过程动态目标优化模型更新 161

6.4 城市污水处理过程动态目标智能优化设定方法设计 161

6.4.1 城市污水处理过程动态目标智能优化方法设计 161

6.4.2 城市污水处理过程动态目标智能优化设定 162

6.4.3 城市污水处理过程动态目标智能优化设定性能评价 164

6.5 城市污水处理过程动态目标智能优化控制方法设计 166
6.5.1 城市污水处理过程动态目标智能优化控制算法设计 166
6.5.2 城市污水处理过程动态目标智能优化控制算法实现 173
6.5.3 城市污水处理过程动态目标智能优化控制性能分析 173
6.6 城市污水处理过程典型动态目标智能优化控制实现 177
6.6.1 城市污水处理过程典型动态目标智能优化控制实验设计 177
6.6.2 城市污水处理过程典型动态目标智能优化控制结果分析 178
6.7 本章小结 181

第 7 章 城市污水处理过程多任务智能优化控制 183

7.1 概述 184
7.2 城市污水处理过程多任务智能优化控制基础 184
7.2.1 城市污水处理过程多任务智能优化控制基本架构 184
7.2.2 城市污水处理过程多任务智能优化控制特点分析 185
7.3 城市污水处理过程多任务优化目标构建 187
7.3.1 城市污水处理过程多任务影响因素分析 188
7.3.2 城市污水处理过程多任务目标优化模型构建 189
7.3.3 城市污水处理过程多任务目标优化模型调整 191

7.4 城市污水处理过程多任务智能优化设定方法设计 192
7.4.1 城市污水处理过程多任务智能优化方法设计 192
7.4.2 城市污水处理过程多任务智能优化设定 196
7.4.3 城市污水处理过程多任务智能优化设定性能评价 197
7.5 城市污水处理过程多任务智能优化控制方法设计 200
7.5.1 城市污水处理过程多任务智能优化控制算法设计 201
7.5.2 城市污水处理过程多任务智能优化控制算法实现 202
7.5.3 城市污水处理过程多任务智能优化控制性能分析 203
7.6 城市污水处理过程典型多任务智能优化控制实现 204
7.6.1 城市污水处理过程典型多任务智能优化控制实验设计 204
7.6.2 城市污水处理过程典型多任务智能优化控制结果分析 204
7.7 本章小结 215

第 8 章 城市污水处理过程多时间尺度分层智能优化控制 217

8.1 概述 218
8.2 城市污水处理过程多时间尺度分层智能优化控制基础 219
8.2.1 城市污水处理过程多时间尺度分层智能优化控制基本架构 219

8.2.2 城市污水处理过程多时间尺度分层智能优化控制特点分析 220

8.3 城市污水处理过程多时间尺度优化目标构建 221

8.3.1 城市污水处理过程多时间尺度性能指标影响因素分析 221

8.3.2 城市污水处理过程多时间尺度优化目标设计 221

8.3.3 城市污水处理过程多时间尺度优化目标动态更新 222

8.4 城市污水处理过程多时间尺度分层智能优化设定方法设计 223

8.4.1 城市污水处理过程多时间尺度分层智能优化方法设计 223

8.4.2 城市污水处理过程多时间尺度分层智能优化设定 224

8.4.3 城市污水处理过程多时间尺度分层优化设定性能评价 227

8.5 城市污水处理过程多时间尺度分层智能优化控制方法设计 228

8.5.1 城市污水处理过程多时间尺度分层智能优化控制算法设计 228

8.5.2 城市污水处理过程多时间尺度分层智能优化控制算法实现 229

8.5.3 城市污水处理过程多时间尺度分层智能优化控制性能分析 230

8.6 城市污水处理典型过程多时间尺度分层智能优化控制实现 232

8.6.1 城市污水处理过程多时间尺度分层智能优化控制实验设计 232

8.6.2 城市污水处理过程多时间尺度分层智能优化控制结果分析 232

8.7 本章小结 243

第 9 章　城市污水处理过程全流程协同优化控制　245

9.1　概述　246

9.2　城市污水处理过程全流程协同优化控制基础　246

9.2.1　城市污水处理过程全流程协同优化控制基本架构　247

9.2.2　城市污水处理过程全流程协同优化控制特点分析　249

9.3　城市污水处理过程全流程运行指标特性分析　250

9.3.1　城市污水处理过程全流程性能指标相关性分析　251

9.3.2　城市污水处理过程全流程性能指标相关性评价　252

9.4　城市污水处理过程全流程协同优化目标构建　252

9.4.1　城市污水处理过程全流程协同优化目标影响因素分析　253

9.4.2　城市污水处理过程全流程协同优化目标设计　255

9.4.3　城市污水处理过程全流程协同优化目标动态更新　256

9.5　城市污水处理过程全流程协同优化设定方法设计　257

9.5.1　城市污水处理过程全流程协同优化方法设计　257

9.5.2　城市污水处理过程全流程协同优化设定　258

9.5.3　城市污水处理过程全流程协同优化设定性能评价　263

9.6　城市污水处理过程全流程协同优化控制方法设计　264

9.6.1　城市污水处理过程全流程协同优化控制算法设计　264

9.6.2 城市污水处理过程全流程协同优化控制算法实现 264
9.6.3 城市污水处理过程全流程协同优化控制性能分析 271
9.7 城市污水处理过程全流程协同优化控制实现 275
9.7.1 城市污水处理过程全流程协同优化控制实验设计 275
9.7.2 城市污水处理过程全流程协同优化控制结果分析 276
9.8 本章小结 282

第 10 章 城市污水处理过程智能优化控制发展前景 285
10.1 概述 286
10.2 城市污水处理过程运行指标智能特征检测方法 286
10.3 城市污水处理过程性能指标智能优化设定方法 288
10.4 城市污水处理过程智能优化控制方法 289
10.5 城市污水处理过程智能优化控制系统 290

参考文献 291

Cutting-Edge Technologies in
Smart Environmental Protection

第1章
绪论

水资源是人类的生命之源，是人类社会科技进步和可持续发展的根基。世界经济论坛发布的《2021 年全球风险报告》中指出，水资源危机已连续五年排在十大风险的前五位[1]。我国水资源状况更加严峻，随着我国城市化建设步伐的推进和城市经济的快速发展，水资源短缺的状况日益突出。我国是一个干旱、缺水严重的国家，人均水资源只有 2200 立方米，在世界上名列第 121 位，是全球 13 个人均水资源最贫乏的国家之一[2]。据统计，全国 600 多座城市中有三分之二的城市存在供水紧张的问题，六分之一的城市缺水情况严重。此外，水环境污染问题日益严峻。我国地下水资源水质不断恶化，生态环境部发布的 2021 年《中国生态环境状态公报》中指出，2021 年监测的 1900 个国家地下水环境质量考核点位中，Ⅰ～Ⅳ类水质点位占 79.4%，Ⅴ类占 20.6%，主要超标指标为硫酸盐、氯化物和钠；监测的 10345 个农村千吨万人集中式饮用水水源断面（点位）中，2273 个未达标，占比 22%，主要超标指标为总磷、高锰酸盐指数和锰[3]。由此可知，水资源短缺与水环境污染问题日益凸显，已成为阻碍我国经济可持续发展的主要瓶颈。

城市污水作为稳定的淡水资源，循环利用可有效缓解水资源危机，是减少自然水需求和削弱水环境污染的重要方式。城市污水处理已成为我国水资源综合利用的重要环节。截至 2021 年年底，我国城市累计建成城市污水处理厂 5300 余座，污水处理能力 1.67 亿立方米 / 日，累计处理污水量 519 亿立方米。我国政府也高度重视水污染治理和城市污水循环利用问题，提倡攻关研发前瞻技术，整合科技资源，加快研发生活污水低成本高标准处理技术，推广示范适用技术，加快技术成果推广应用，完善环保技术评价体系，推动技术成果共享与转化。因此，有效处理城市污水、实现水资源的可持续利用和良性循环，已成为我国水资源综合利用的战略性举措。因此，如何通过分析城市污水处理运行过程的动态特性，设计优化控制技术，在保证出水水质达标排放的基础上降低运行成本具有重要的意义。

1.1 城市污水处理现状

我国正处于城镇化高速发展时期，城镇污水排放量日益增加。2020 年我国城镇生活污水排放量为 5713633 万立方米，同比增长 6.04%，占全年污水排放总量的 71.4%。伴随着我国经济和城市化进程的不断发展，城镇污水排放量将以更快的速度增加（见图 1-1）。此外，污水的不达标排放也在很大程度上导致了水资源的污染。我国十大水流域水质也都存在轻度污染（见图 1-2），导致 200 多座城市地下水存在污染。

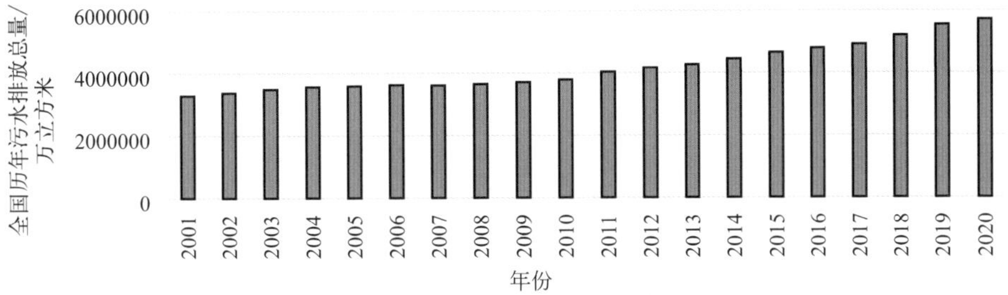

图 1-1 城镇污水年排放总量

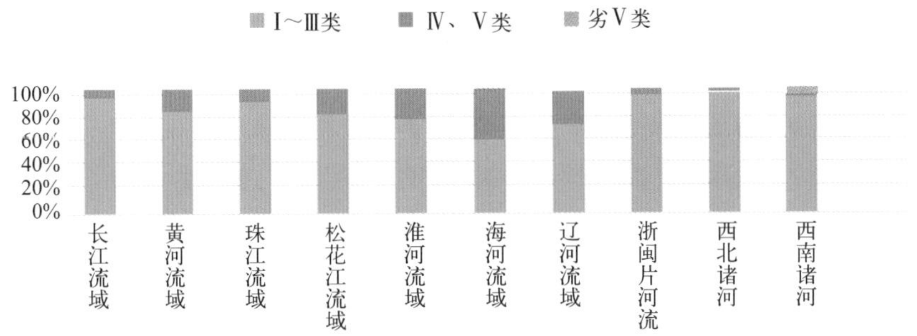

图 1-2 2019 年我国十大水流域污染状况

我国水资源危机主要体现在：污水排放量大、淡水资源少且分布不均、水体污染严重且呈增长之势。我国政府已高度重视污水处理问题，为了满足人民群众对美好生活的向往，国家将生态文明建设提到了前所未有的高度。兴建城市污水处理厂，研究其智能优化控制方法，实现污水处理厂高质量低成本运行，最大限度地保护水环境，已经成为人民群众健康生活的重要保障。

1.1.1 城市污水处理面临的问题

我国人均淡水资源占有量为 2200 立方米，仅为世界平均水平的四分之一；全国 600 多座城市中有 400 多座城市存在供水不足问题，其中严重缺水的城市达 110 多座。国家统计局数据显示，我国污水处理能力逐年攀升，2020 年我国建成城市污水处理厂 2618 座，污水年处理量达到 5572782 万立方米，污水处理率为 97.53%（见图 1-3）。然而，我国城市污水处理率与国家需求之间仍存在一定差距，城市污水处理行业缺口需求大。2017 年 7 月住房和城乡建设部颁布的《城镇污水处理工作考核办法》指出：进一步强化城镇污水处理厂处理效率，以新技术、新业态和新模式推动城市污水处理行业发展，提高污水处理运行系统的可靠性和污水处理厂的运行效率，为更严格的水质标准提供保证。因此，研究城市污水处理智能优化控制技术，实现高效稳定运行是未来城市污水处理厂发展的必然趋势。

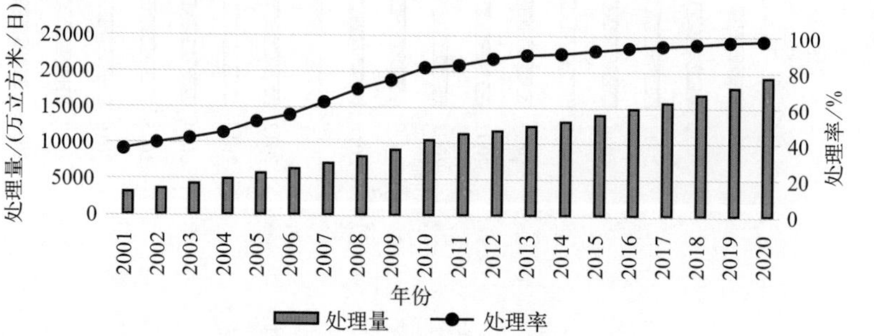

图 1-3 我国城市污水处理量和处理率

城市污水处理的本质是利用微生物群体吸附、分解、氧化污水中的可降解有机污染物，通过复杂的生物化学反应和物理处理方法，使这些有机污染物得到降解并且从污水中分离出来[4]。城市污水处理厂具有运行规模大、流程长的特点。一个大型城市污水处理厂占地面积数百亩，甚至上千亩。处理工艺包括格栅、初沉、曝气、二沉、过滤、消毒、污泥处置等多个流程，涉及物理处理、生物处理和化学处理等过程，反应机理异常复杂，难以建立稳定的动力学模型。城市污水处理厂的入水只能被动接受，入水流量和成分、污染物种类、有机物浓度等都不确定，是一个典型的非平稳系统，导致常规的控制方法无法直接使用。由于污水的净化主要依靠微生物分解有机污染物来实现，而影响微生物活性的因素很多，如微生物种类、生活条件（氧气、温度、酸碱度等）、群落间的相互影响等，污水处理过程呈现出复杂的关联性和非线性，导致污水处理过程难以摆脱技术人员的调控[5]。对于城市污水处理这样的大规模、多流程、非平稳、强耦合、非线性对象，设计有效的智能优化控制技术仍是一项充满挑战的任务。

此外，城市污水处理属于高耗能行业，我国污水处理的耗电量占全社会总用电量的 1%。同时，我国城市污水处理厂的吨水耗电量约为 0.25kW・h（GB 18918 二级排放标准），是发达国家吨水耗电量的近 2 倍，而运行管理人员又是其若干倍，造成了污水处理运行成本居高不下的状况[6]。发达国家的实践表明，对污水处理厂实施优化控制可以节省 6% 以上的运行费用，欧洲污水处理公司实施优化控制后，不仅节约了电耗，而且还减少了化学药剂投放量，污水处理成本大幅度下降，促使政府加大了对污水处理控制系统的投入，每年以大于 10% 的速度增加。近年来，随着城镇化速度的加快，我国城镇污水排放总量已经居世界第一，大型城市污水处理厂的数量及单厂规模都遥遥领先于发达国家（见图 1-4），对于超大型城市污水处理厂的优化运行技术已经没有可引进和借鉴的途径。

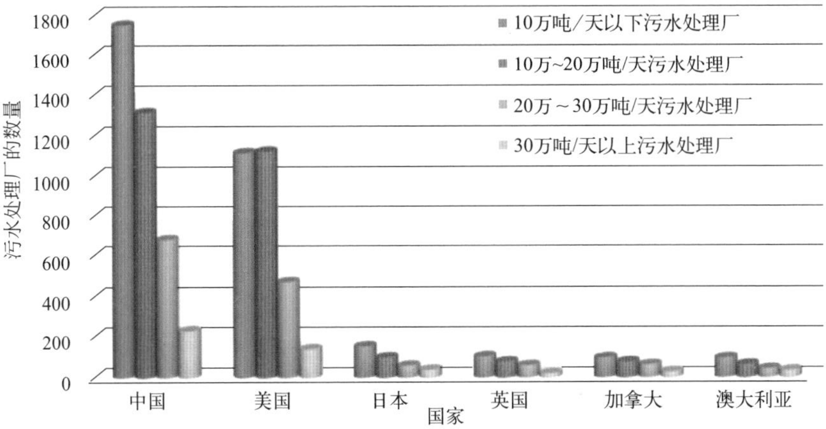

图 1-4　2020 年代表性国家城市污水处理厂情况

整体看来，我国城市污水处理行业正面临着污水处理规模越来越大、运行成本不断上涨、出水水质要求日益提高等生产压力，导致城市污水处理过程的总体运行状况不容乐观。因此，面向我国城市污水处理行业，需研究和掌握符合我国城市污水处理运行特点的优化控制基础理论与核心技术，保证污水处理过程的优化运行，保障城市污水处理厂的安全稳定，有效提升我国城市污水处理行业的竞争力。

1.1.2　城市污水处理过程控制技术发展

我国城市污水处理过程控制技术历经了从人工控制、半自动控制、自动控制到智能控制的转变[7]。污水处理过程人工控制主要采用现场显示仪表和人工调节的方式，该方式利用检测仪表对污水处理过程中的液位、流量、溶解氧（Dissolved Oxygen，DO）浓度、生化需氧量、化学需氧量等指标进行在线或离线采集，再根据测量数据调整设备状态，如阀门的开度、电机的启停等。污水处理过程的人工控制方式导致工作人员劳动强度大，控制过程易出现滞后或易受操作人员的主观因素影响，因此，人工控制方式很难进行快速和有效的实时控制，出水水质往往不稳定。

污水处理过程半自动控制方式主要由数据采集装置对过程变量进行采样并输入控制室，控制室内设有模拟显示器，可以显示水质参数以及水泵、风机和阀门等设备的运行状态，操作员能够通过模拟屏控制部分设备的启停，而其余的设备则需要操作人员现场控制[8]。半自动控制方式存在污水处理过程无法集中监控的问题，自动化程度较低。

随着仪器化、控制化、自动化（Instrumentation，Control and Automation，ICA）技术的发展，城市污水处理过程自动控制逐步得到应用。典型的自动控制技术包括开关控制、此例微分（Proportional-Derivative，PD）控制等[9-12]。污水处理过程开关控制是指利用回流泵等启动器本身的启动、停止按钮等进行控制的一种方式。PD 控制是按被控对象的实时采集信息与给定值之间误差的比例和微分进行控制的方法。然而，污水处理过程存在复杂的生化反应，各变量的控制过程中存在强烈的耦合现象。此外，进水流量和组分的剧烈变化等导致污水处理过程具有强干扰和不确定性，常规自动控制技术已经很难满足其控制要求[13]。基于此，自适应控制得到了广泛的研究[14,15]。自适应控制在常规自动控制的基础上考虑了比例积分微分（Proportional-Integral-Derivative，PID）控制的自校正方法，可有效提高控制系统的自适应能力。

污水处理过程智能控制是指利用智能信息处理、智能信息反馈和智能控制决策方法来实现运行过程的方式。智能控制方法能够克服污水处理控制过程中存在的时变性和随机性，逐渐被应用于污水处理过程中。当前较为流行的智能控制技术主要包括专家系统、模糊控制、神经网络控制和基于数据驱动模型的模型预测控制等方法[16-19]。最先应用于城市污水处理系统的智能控制技术为基于规则的专家控制[20]和模糊系统[21]。专家控制融合了专家系统理论和控制理论技术，在系统模型未知的情况下，结合专家经验知识控制系统的运行过程[22]。基于规则的智能控制技术融合了专家经验，在污水处理过程控制的应用中，使其控制过程具有了一定的解释性，提升了底层跟踪控制的精度[23]。然而，随着污水处理工艺的日益复杂，基于规则的智能控制技术需离线建立规则库的弊端日益凸显，规则获取的途径往往离不开先验知识的支持，即在建立规则系统时需要首先了解被控对象的运行特征，这对复杂系统的研究来说显然具有很大的挑战。神经网络控制的出现解决了不能自适应工况变化的难题，成为了复杂动态工业系统建模与控制不可或缺的工具之一[24,25]。神经网络技术在控制中主要实现复杂非线性系统建模、控制、优化计算或进行推理和故障诊断等，神经网络控制系统可以基于以上一种功能或者多种功能组合实现。

我国比较成熟的污水处理过程控制系统是由中央控制室和现场级 PLC 控制单元组成的集散式控制系统（见图 1-5）。集散式控制系统通过通信网络将中控室、工程师站和操作员站等若干现场控制总站连接起来，构成集中管理、分散控制的计算机测控管理系统。系统扩展容易，各部分功能独立，可根据生产需要增加 PLC 模块，实现了真正的信息管理和集中调度，并且能够将功能及控制进行分散管理，中控室计算机出现故障，各现场分站仍能独立、稳定地工作，这从根本上提高了系统的可靠性。

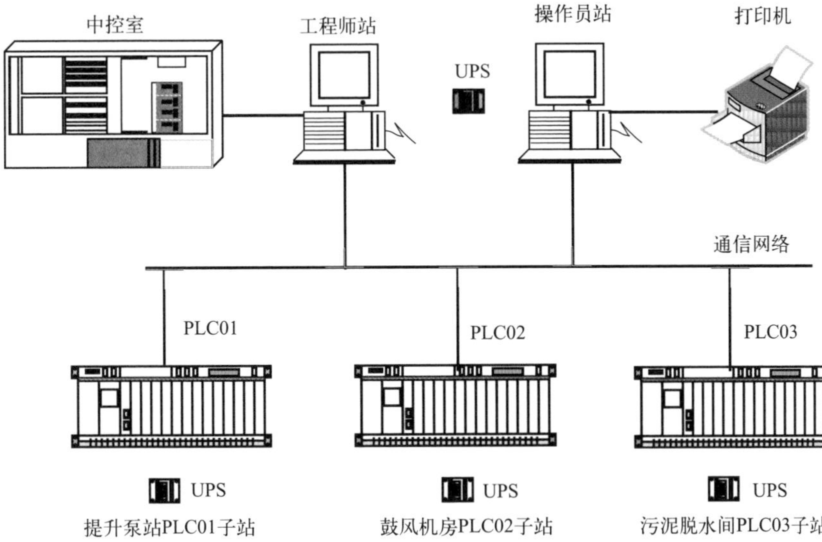

图 1-5　城市污水处理集散式控制系统

此外，我国城市污水处理过程智能控制技术也已取得不错的研究成果。例如，Hong 通过长期污水处理系统的预测实验建立了专家系统 [26]，此系统设计了逻辑存储控制器用于控制信息的产出，并利用人机界面方便用户操作，系统运行为自动控制模式，与之前的人工操作模式相比，具有更好的控制效率和性能。模糊控制是以模糊推理为基础的智能仿人控制方法，通过专家经验和领域知识可以生成若干条模糊控制规则，在污水处理控制中得到了广泛应用 [27-29]。彭永臻在序批式反应器（Sequencing Batch Reator，SBR）污水处理工艺的有机物去除过程中，将溶解氧浓度作为模糊系统的参考变量，利用在线监测的溶解氧浓度调整系统曝气量的大小，实验结果表明，化学需氧量的去除率可达 85% ～ 90%[30]。针对城市污水处理过程溶解氧浓度控制问题，韩广等人提出了一种基于前馈神经网络的建模控制方法 [31]，构建了基于模糊神经网络（Fuzzy Neural Network，FNN）的溶解氧浓度动态特性辨识模型，设计了基于模糊前馈神经网络的溶解氧浓度在线控制系统，仿真结果表明，所提出的溶解氧浓度建模控制策略具有良好的建模能力和控制精度以及快速的动态响应能力。Han 等人针对溶解氧浓度单变量控制问题，提出了一种基于自组织径向基函数（Radial Basis Function，RBF）神经网络的模型预测控制方法，提出的自组织 RBF 网络可以通过调节结构的变化来保持预测模型的预测精度，实验结果表明，所提出的方法具有更好的控制性能，且能耗有所降低 [32]。Qiao 等人提出了一种基于自适应动态规划的最优控制器 [33]，该控制器由评价模块、优化模块以及控制模块组成，评价模块用于估算污水处理能耗和出水水质，运用优化模块生成溶解氧浓度和硝酸盐浓度最优控制点，最后由控制模块负责跟踪控制最优控制点。整个优化控制过程只需要输入输出数据，而不需要数学模型。张伟等人针对污水处理过程溶解氧浓度的控制问题，提出了一种直接自适应动态神经网络控制方法[34]，构建的控制系统主要包括神经网络控制器和补偿控制器，设计了基于自组织模糊神经网络的控制器，实现了系统状态与控制量之间的映射；同时，为了保证系统稳定，设计了补偿控制器以减小网络逼近误差，仿真结果表明，所设计的控制器具有更高的控制精度和更强的适应能力。

纵观城市污水处理过程控制的发展历程可以看出，城市污水处理过程控制方法正在历经从常规控制方法到智能控制方法的变化。然而，我国城市污水处理厂正在面临水厂生产规模大、处理量大、缺口需求大且自动化程度偏低等问题，设计适用于我国大型污水处理厂的智能优化控制技术已成为我国污水处理行业的重要发展目标。

1.2 城市污水处理过程运行特点

城市污水处理主要利用活性污泥法促进微生物群体吸附、分解和氧化污水中的可降解有机污染物，实现污水净化。处理过程主要包括格栅、初沉池、曝气池、二沉池等多个反应单元，涉及物理处理、生物处理和化学处理等[35]。常见的城市污水处理过程工艺包括活性污泥法和生物膜法。

1.2.1 城市污水处理工艺简介

城市污水处理就是利用各种设施设备和工艺技术，将污水中所含的污染物质分离去除，使有害的物质转化为无害的或有用的物质，污水得到净化，并使资源得到充分利用[36]，主要处理工艺包括活性污泥法工艺和生物膜法工艺等。

(1) 活性污泥法工艺

活性污泥法工艺以微生物絮凝体构成的活性污泥为主体，通过人工充氧以及吸附、生化氧化作用，分解去除污水中溶解的有机物质和胶体物质，使污水得以达标排放[37]。活性污泥法工艺主要包括 A/O 工艺、A^2/O 工艺、序批式活性污泥工艺、循环式活性污泥工艺。

① A/O 工艺　A/O 工艺是指利用生物处理法去除污水中营养物质氮和磷的工艺，该工艺由缺氧池和好氧池串联而成（见图 1-6）。污水进入反硝化缺氧池后，回流污泥中的反硝化菌利用原污水中的有机物作为碳源，将回流混合液中的大量

硝态氮还原成氮气，达到脱氮的目的，然后再在好氧池中进行有机物的生物氧化、有机氮的氨化和氨氮的硝化等生化反应。

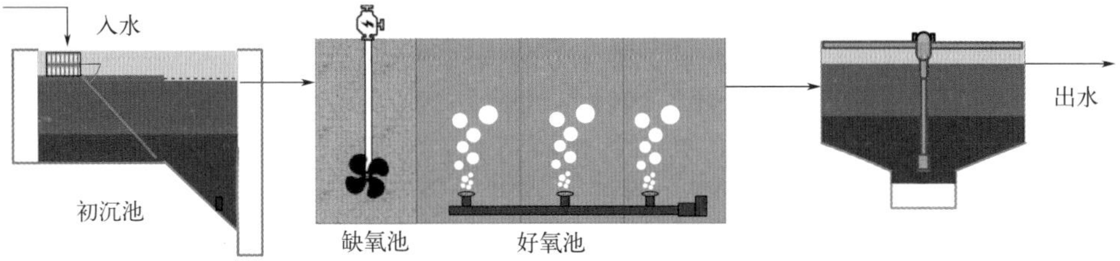

图 1-6　A/O 工艺流程图

A/O 工艺可分为两类，一类是厌氧 / 好氧工艺，另一类是缺氧 / 好氧工艺。厌氧状态和缺氧状态之间存在着根本的差别：在厌氧状态下没有分子态氧，也没有化合态氧，而在缺氧状态下则存在微量的分子态氧，同时还存在化合态氧[38]。该工艺的最大优点是可以充分利用原水中的有机碳源进行反硝化，能有效去除生化需氧量和含氮化合物。

② A^2/O 工艺　A^2/O 工艺是在缺氧 - 好氧法脱氮工艺和厌氧 - 好氧法除磷工艺的基础上开发的一种能够同步脱氮除磷的污水处理工艺[39]。A^2/O 工艺采用三段式反应器，是传统活性污泥工艺、生物硝化及反硝化工艺和生物除磷工艺的结合（见图 1-7）。

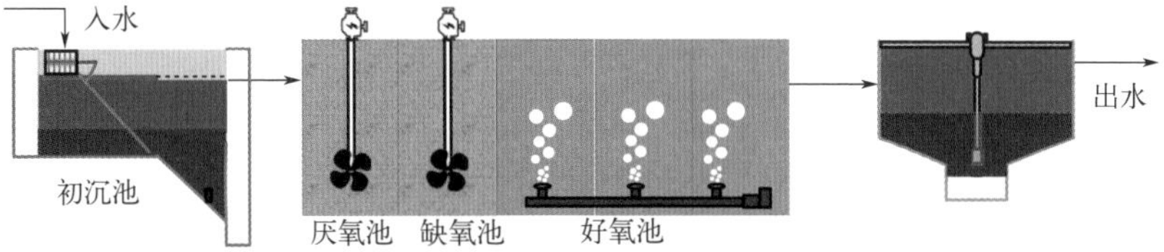

图 1-7　A^2/O 工艺流程图

在厌氧段，回流污泥中的聚磷菌释放磷，并吸收低级脂肪酸等易降解的有机物，同时部分有机物氨化；在缺氧段，反硝化菌利用污水中的有机物作为碳源，将内回流混合液带入的亚硝态氮和硝态氮通过反硝化作用转为氮气，从而达到脱氮的目的，并使生化需氧量继续下降；而在好氧段主要是去除生化需氧量、硝化和吸收磷，在充足供氧条件下，有机物进一步氧化分解，氨氮被硝化菌转化为硝态氮，而在厌氧池中充分释磷的聚磷菌则可以在好氧池中过量吸收磷，形成高磷污泥，通过剩余污泥排出以达到除磷的目的。

A^2/O 工艺脱氮的作用是通过增设混合液内回流，将好氧段硝化作用后产生的硝酸盐回流至缺氧段进行反硝化达到的。A^2/O 工艺在去除有机污染物的同时，能够实现脱氮除磷效果，其在系统上可以说是最简单的同步脱氮除磷工艺，总水力停留时间少于其他同类工艺，且反应流程上厌氧、缺氧、好氧交替运行，不利于丝状菌生长，污泥膨胀较少发生，生物除磷过程运行中无须投药，运行费用低，且污泥中含磷浓度高，具有较高的肥效，是实现污水回用和资源化的有效途径[40]。A^2/O 及其变型工艺是目前生物法脱氮除磷的主流系统，适用于对氮磷排放要求较高的处理系统，目前已广泛应用于国内许多家污水处理厂。

③ 序批式活性污泥工艺　序批式活性污泥工艺属于传统活性污泥法的变形，其反应原理以及污染物去除机制和传统活性污泥法基本相同，在流态上虽属完全混合式，但在有机物降解反应的时间历程上属于推流式[41]。序批式活性污泥工艺操作过程由进水、混合、曝气、沉淀和出水 5 个基本过程组成，从污水流入开始到待机时间结束开始下一次进水，构成一个周期（见图 1-8）。整个处理系统通过周期式的反复运行，逐步达到污水处理和生物降解的目的。在序批式活性污泥法的运行过程中，各个过程是可进行灵活控制的，可以通过曝气方式和反应时间的控制，实现好氧、缺氧、厌氧的交替运行，从而实现氮和磷的去除。

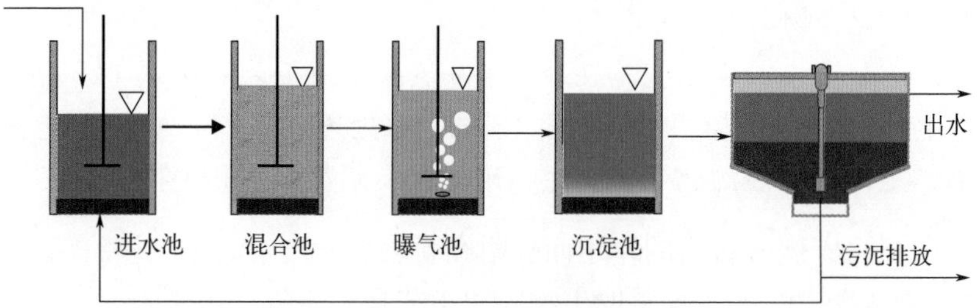

图 1-8　SBR 工艺流程图

④ 循环式活性污泥工艺　循环式活性污泥法工艺是在序批式活性污泥工艺的基础上，增加了选择器及污泥回流设施，并对时序做了一些调整，利用不同微生物在不同负荷条件下的生长速率差异和污水生物除磷脱氮机理，将生物选择器与传统序批式活性污泥反应器相结合的产物，从而大大提高了序批式活性污泥工艺的可靠性及效率[42]。循环式活性污泥反应池是污水处理厂的核心，它在序批式活性污泥反应池的基础上设置了生物选择区，后部安装了可升降的自动滗水器，曝气、沉淀、排水均在同一池子内周期性循环进行。生物选择区和主反应区之间由隔墙隔开，污水由生物选择区通过隔墙下部进入主反应区，使水层缓慢上升。循环式活性污泥工艺不需要初沉池、二沉池，具有建设费用低，占地面积省，运行费用低，自动化控制程度高，管理方便，氮、磷去除效果好，出水稳定，运行可靠，耐负荷冲击能力强，不发生污泥膨胀等优点。

（2）生物膜法工艺

生物膜法工艺以生物膜上的微生物为主体，通过形成膜状生物污泥，分解吸收污水中的有机物质，并将其转化为稳定物质，降低污水中的污染物浓度[43]。根据生物膜在系统中所起的作用不同，生物膜法工艺一般可分为三类：固液分离生物膜法工艺、曝气生物膜法工艺和萃取生物膜法工艺。

① 固液分离生物膜法工艺　固液分离生物膜法工艺是利用膜组件分离污水中的固体微生物和大分子溶解性物质，并将处理后的出水排出系统[44]。常见的固液分离生物膜法工艺包括分置式生物膜法工艺和一体式生物膜法工艺。分置式生物膜法工艺是将生物反应器和膜组件分开设置，污水先进入生物反应器中进行生化反应，然后利用加压泵把污水推流至膜组件中，完成污水处理。一体式生物膜法工艺是将膜组件置于生物反应器内，当污水进入生物反应器后，污泥中的微生物通过生化反应分解吸收大部分污染物，并在抽吸泵的作用下，通过生物膜完成过滤处理。

② 曝气生物膜法工艺　曝气生物膜法工艺采用疏水性致密可透气的多孔复合膜，将氧气转移给生物反应器中的微生物，通过完成生化反应过程实现污水中污染物的去除[45]。污水在生物膜的外表面上流动，氧气经过反向扩散与膜壁上附着生长的生物膜及其吸附的污染物接触并发生生物降解反应。在曝气生物膜法工艺中，采用的复合膜为透气性致密膜和疏水性微孔膜，氧气透过这两种膜向液相传质的机理有所不同。当氧气透过致密膜时，在气相侧吸附在高分子聚合物上，进而向液相侧扩散；当氧气透过微孔膜时，在气压较低的进水情况下，氧气在膜表面形成气泡，由于表面张力的作用而吸附在膜表面，而后通过膜孔向液相传质。

③ 萃取生物膜法工艺　萃取生物膜法工艺是利用膜将污水中的有毒污染物萃取后，对其进行单独的生物处理[46]。在该方法中，污水与活性污泥被膜隔开，污水在膜腔内流动，与微生物不直接接触，而利用硅树脂膜或其他疏水性膜作为媒介。由于膜的疏水性，污水中的水及其他无机物均不能透过膜向活性污泥中扩散，而是选择性地将污水中的有毒污染物萃取并传递到好氧生物中，并在生物反应器内作为活性污泥中专性细菌的底物而被降解。

1.2.2　城市污水处理主要流程及特点

城市污水处理过程大多利用 A^2/O 法来促进微生物吸附、分解和氧化有机污染物，实现污水净化。在 A^2/O 城市污水处理过程中，污水经过初沉池处理后进入生化池首端，与二沉池回流的污泥形成混合液在生化池内呈纵向混合的推流式流动，在曝气池末端流出池外进入二沉池，经二沉池处理后的污水与活性污泥进行分离，处理达标后的污水直接经过二沉池顶部进行排放，部分污泥经二沉池底部回流至生化池，其余污泥则作为废弃污泥直接排出[47]。

在 A^2/O 污水处理过程中，主要通过培养驯化微生物形成微生物絮凝体实现污水净化，因此，微生物的活性对城市污水处理效果影响较大。在城市污水处理过程中，微生物生长可分为迟滞阶段、加速阶段、指数阶段、衰减增长阶段、稳定阶段和内源呼吸阶段[48]，各阶段的主要特点如图 1-9 所示。

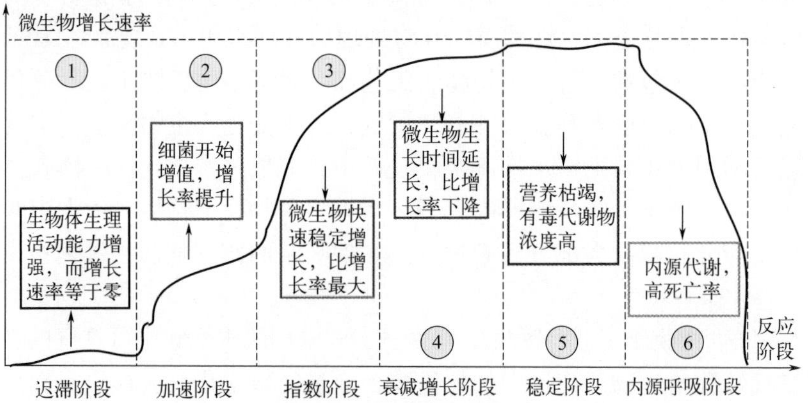

图 1-9　微生物生长反应阶段

从图 1-9 中可以看出，微生物在不同阶段具有不同的生长速率。通常，在城市污水处理运行前端，活性污泥同有机物浓度较高的城市污水进行接触，此时，供给活性污泥微生物的食料较多，微生物的生长一般处于生长曲线的指数增长阶段；当活性污泥推进到生化池的好氧单元时，城市污水中的大部分有机物已耗散，污泥微生物逐渐进入内源呼吸期，此时，微生物的活动能力较差，有机物易在沉淀池中进行沉淀；当处于饥饿状态的污泥回流到生化池后又能够快速吸附和氧化有机物。有机污染物在生化池内的降解经过了生物吸附和生物降解，活性污泥从最开始的指数增长衰减到内源呼吸期。因此，经过上述处理后，活性污泥法的生化需氧量和悬浮物去除率均可达到 90% ～ 95%。

在城市污水处理过程中，参与反应的组分主要包括微生物群体、污水中的有机物以及溶解氧。其中，微生物群体主要用于吸附和氧化有机物，污水中的有机物作为微生物的食料，溶解氧为好氧微生物提供生存空间[49]。因此，城市污水处理过程机理分析可从活性污泥对有机物的吸附、被吸附有机物的氧化和同化、活性污泥絮体的沉淀分离、硝化、脱氮和除磷展开。

（1）活性污泥对有机物的吸附过程

在城市污水处理过程中，将污水与活性污泥充分混合曝气，污水中的有机物将会逐渐减少，有机物去除量和活性污泥耗氧量随曝气时间变化。当污水与活性污泥开始接触时，大量的有机物得以去除，此现象称为初期吸附。被吸附的有机物通过水解后会被微生物摄入，进而被氧化和同化。在初期吸附阶段，活性污泥的耗氧量只与被氧化和同化的量有关，而与有机物的去除量无关。

（2）被吸附有机物的氧化和同化过程

在被吸附有机物的氧化和同化阶段，以被吸附的有机物作为营养源，通过氧化作用来合成细胞物质和其他活动所需要的能量，根据同化作用来合成新的细胞物质。

（3）活性污泥絮体的沉淀分离过程

活性污泥絮体分离主要取决于活性污泥的混凝与沉降性能，而微生物所处的不同生长阶段对活性污泥的混凝与沉降性能有不同的影响。当微生物生长处于指数阶段时，有机物与微生物之比（称为 *F*/*M* 比，实际应用中通过化学需氧量污泥负荷表示）则较高，此时，微生物对有机物的去除速率会很快，但是活性污泥的混凝和沉降性能则会很差。随着曝气时间的不断增长，*F*/*M* 比会越来越小，当微生物生长期接近内源呼吸阶段时，活性污泥的吸附能力、混凝能力和沉淀性能都很好。在活性污泥法城市污水处理过程中，就是利用微生物从衰减增长阶段到内源呼吸阶段来提高污水处理效率的。根据人工经验等可知，活性污泥在好氧池内具有较好的有机物去除能力，在二沉池内则具有较好的沉降性能。

（4）硝化过程

活性污泥法城市污水处理硝化反应过程（图 1-10）是指以异养菌有机物为底物，在绝对好氧的条件下，硝化菌将氨氮转换为亚硝酸盐，再进一步通过氧化反应转化为硝酸盐的转化过程。在硝化过程中，参与硝化反应的细菌被统称为硝化菌，其主要包含氨化细菌、亚硝酸氧化细菌等。硝化菌主要从氧化反应过程中得到所需的能量，从二氧化碳中得到所需的碳源。在硝化过程中，如果硝化反应进行得不彻底，会导致处理后的城市污水中仍含有氨氮和硝化菌。

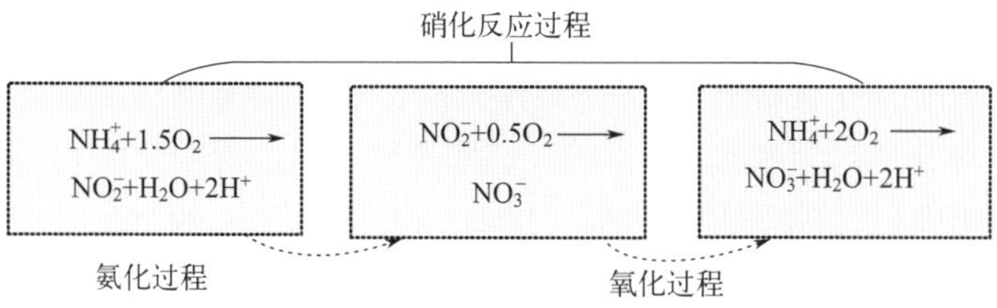

图 1-10　硝化反应过程

图 1-10 中，NH_4^+ 表示铵根阳离子，O_2 表示氧气浓度，NO_2^- 表示亚硝酸根离子，H_2O 表示水，H^+ 表示氢阳离子，NO_3^- 表示硝酸根离子。当城市污水处理过程进水氨氮浓度较高且碱度较低时，随着硝化反应过程的进行会逐渐消耗污水中的碱度，此时应添加氢氧化钠等碱性物质，促进硝化反应过程的进行。

（5）脱氮过程

活性污泥法城市污水处理脱氮过程是指兼性厌氧菌通过有机物将亚硝酸盐或硝酸盐还原为氮气的过程。其中，兼性厌氧菌是指在无溶解氧的条件下，活性污泥中的异养菌可以通过硝酸盐中的氧气来氧化和分解有机物。在脱氮反应过程中，脱氮菌属于参与脱氮反应的兼性厌氧菌，其转化过程如图 1-11 所示。

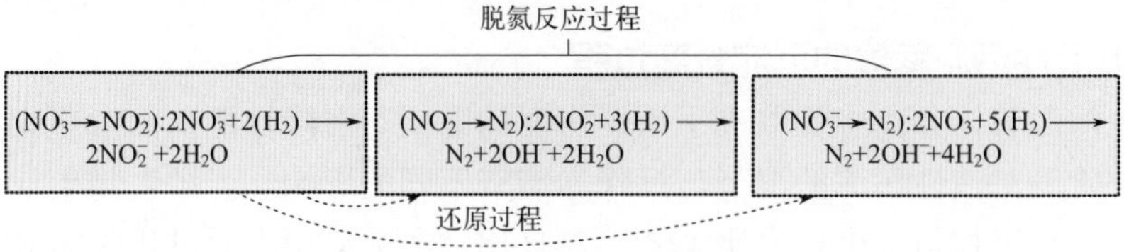

图 1-11　脱氮反应过程

图 1-11 中，N_2 表示氮气浓度，OH^- 表示氢氧根离子，H_2 表示氢气浓度。

（6）除磷过程

活性污泥法城市污水处理除磷过程是指利用活性污泥中的聚磷菌对磷进行摄取从而去除城市污水中的磷。活性污泥中存活大量有摄取能力的聚磷菌，当污水处理过程处于厌氧状态时，会将聚集体内的磷以正磷酸的形式转化到混合液中，此时，混合液中正磷酸浓度会不断升高，当处于好氧状态时，聚磷菌则会摄取正磷酸，逐渐降低正磷酸浓度，完成好氧吸磷和厌氧放磷的操作。在二沉池中对混合液进行固液分离时，则可以得到磷浓度较低的上清液。同时，在厌氧环境下，混合液中的有机物浓度也在不断下降，这说明有机物在厌氧状态下也能被微生物所摄取。

在应用活性污泥 1 号模型（Activated Sludge Model No.1，ASM1）时，微生物的生长速率和水力停留时间须稳定在一定的范围内，以保证生物絮体的形成；生化反应池的好氧操作单元死区比例不能超过 50%，否则会对污泥沉降性能带来不好的影响；同时，在选择曝气反应装置时，必须同时考虑污泥强度和污泥质量浓度的限制，否则当污泥强度超过一定范围时，污泥絮体的沉降性能会变差。另外，二沉池中固体悬浮物浓度也会在一定程度上影响污泥的沉降性能，虽然在数学模型上可利用高浓度的污泥质量浓度来获得污水处理系统中较小的水力停留时间，但是这在实际中并不可行，其主要原因是高质量污泥浓度难以获得达标的出水水质，因此，污泥质量浓度一般应在 750 ～ 7500g/m^3。

在活性污泥法城市污水处理过程中，除了微生物种类、数量和活性等会对微生物性能产生影响外，一些非生物因素，如温度、pH 值、溶解氧浓度、氧化还原电位等也会对活性污泥过程微生物性能产生较大的影响[50]。

（1）温度

温度从微观上讲是指物体分子热运动的剧烈程度，是影响微生物活性的重要元素。为了保证微生物的活性，应掌握适合微生物的最低生长温度和最高生长温度。最低生长温度是指当低于这一温度时，细菌停止生长，处于休眠状态，但没有死亡；最高生长温度指的是会导致微生物停止生长甚至会导致其死亡的温度[51]。活性污泥包含多种微生物群体，不同细菌的生长温度均不相同，只有适应变化水温的细菌才能够快速繁殖和增多。

（2）pH 值

pH 值是指机体的酸碱度。在城市污水处理过程中，pH 值对微生物生命活动的影响较大。pH 值的大小不仅会对代谢过程中酶的活性产生影响，同时也会对污水处理过程中物质的离解状态进行作用，从而改变营养物质的可给性和有害物质的毒性。pH 值对细菌代谢过程中酶的影响主要体现在 pH 值的变化会引起底物和细菌体内酶蛋白中荷电状态的变化。大多数细菌、微生物适宜的 pH 值为 6.5 ～ 7.5[52]。当 pH 值低于 6.5 时不利于细菌和微生物生长，尤其是对菌胶团细菌不利。相反，当 pH 值过高时，有助于霉菌及酵母菌生长，当其得到繁殖后会破坏活性污泥的吸附和絮凝能力，导致活性污泥结构松散，难以沉降，甚至引起丝状菌污泥膨胀。

（3）溶解氧浓度

溶解氧是指空气中的分子态氧溶解在水中，其含量与空气中氧的分压、水温和水质都有密切关系。活性污泥是以培养好氧菌为主旨的微生物种群，因此，在好氧反应过程中必须保证充足的溶解氧，若溶解氧浓度不足，会对微生物的生理活动产生一定的副作用，进而破坏城市污水处理进程，影响活性污泥生存环境[53]。好氧池内的溶解氧浓度需维持在 3 ～ 4mg/L 之间，不要低于 2mg/L。在好氧池的某些局部区域，如好氧池的进口区，污水中的有机物浓度较高，耗氧速率较高，溶解氧浓度不易保持在 2mg/L 附近，但也不要低于 1mg/L。同时，好氧池内的溶解氧浓度也不宜过高，否则会加快有机物分解，会导致微生物营养不足，引起活性污泥老化、结构松散。此外，溶解氧浓度过高也会引起过量耗能，从而导致操作能耗过高。

（4）氧化还原电位

氧化还原电位是指液体中指示电极的氧化还原电位与比较电极的氧化还原电位的差，它是可以表征整个污水处理系统氧化还原状态的一个综合指标[54]。氧化还原电位对活性污泥法微生物的生长、繁殖以及存活等也有较大的影响。通常好氧微生物的氧化还原电位为 100mV 以上即可，最合适的氧化还原电位在

300 ～ 400mV 之间。同时，氧化还原电位还会受到污水处理过程中 pH 值、氧分压等的影响。

根据污水处理过程运行机理及相关影响因素，其主要运行特点可总结为：①复杂性。城市污水处理过程不仅涉及多个工艺，而且每个工艺的流程以及组合单元各不相同，尤其是生化反应阶段，主要运用活性污泥中的微生物降解污染物，包含了复杂的生物和化学反应过程。②非线性。依据城市污水处理机理分析以及 ASM1 模型描述可知，城市污水处理过程生化反应动力学呈现非线性特征，简化的线性模型难以表征过程动态特征。如何利用模型解析和表征过程非线性是实现过程控制稳定精确的前提。③时变性。城市污水处理过程中，进水流量、进水成分等均随着时间变化而变化，同时生化反应进程也均与时间相关。此外，污水处理过程中的曝气、排泥以及加药等过程均随运行状态和工况变化进行不断调整。因此，城市污水处理过程控制系统需要不断提取过程时变特征，做出实时调控方案，确保出水水质实时达标。

1.3 城市污水处理过程优化控制研究现状

为了改善城市污水处理运行性能，实现出水水质和操作能耗的平衡，优化控制策略已成为城市污水处理厂的重要选择[55]。近年来，国内外学者围绕城市污水处理过程优化控制策略已展开了广泛的研究。城市污水处理过程优化控制的基本思想是通过设计合适的优化策略和控制策略，实现出水水质、操作能耗等运行指标最优化[56-58]。根据城市污水处理过程优化控制策略的操作特点，本节将从机理驱动、数据驱动和知识驱动三部分对其研究现状展开描述。

1.3.1 机理驱动的城市污水处理过程优化控制研究现状

机理驱动的城市污水处理过程优化控制通过构建准确的运行指标优化模型获取运行过程的动态特性，并通过设计有效的机理驱动的优化控制策略实现污水处理过程的优化运行[59]。针对机理驱动的城市污水处理过程优化控制，分别从机理驱动的运行指标优化模型构建和机理驱动的优化控制方法两方面对其研究现状进行概述。

（1）机理驱动的运行指标优化模型研究现状

准确的运行指标优化模型是获取城市污水处理运行过程动态特性、实现优化控制的前提，为了构建城市污水处理过程运行指标优化模型，基于过程机理的运行指标模型构建方法得到了学者的广泛关注[60-62]。Benthack 等人设计了一种基于物料平衡方程的生物质浓度模型，用于描述生物质浓度与进水流量、溶解氧浓度等过程变量间的关系[63]。结果显示，所提出的生物质浓度模型能够实现对城市污水处理过程生物质浓度特性的准确描述。Bolyard 等人提出了一种基于生化反应过程机理特性的出水总氮浓度模型[64]，获得出水总氮浓度与溶解氧浓度、硝态氮浓度等过程变量的关系，实现出水总氮浓度的预测。Jeong 等人构建了一种基于活性污泥反应模型的出水化学需氧量预测模型[65]，描述城市污水处理过程出水化学需氧量与关键过程变量溶解氧浓度、温度、氧化还原电位等之间的非线性关系。实验结果显示，该出水化学需氧量预测模型具有较高的精度。此外，王藩等人基于城市污水处理基准仿真模型的分析结果，设计了一种城市污水处理过程出水水质评价模型，获取出水水质和入水流量、氨氮浓度、固体悬浮物浓度等的表征关系，实现出水水质动态特性的准确表达[66]。上述出水水质模型能够作为城市污水处理过程运行指标优化评价模型，具有较好的效果。

近年来，随着城市污水处理过程运行成本的不断增加，操作能耗也成为评价城市污水处理过程优化运行的重要指标[67-69]。Maere 等人设计了一种基于活性污泥模型的曝气能耗模型，用于描述曝气能耗与溶解氧浓度、五日生化需氧量浓度等过程变量的非线性关系[70]。结果显示，该模型能够实现对曝气能耗的准确预测。Staden 等人研究了一种基于城市污水处理过程动力学特性的泵送能耗模型，实现对泵送能耗的预测。实验结果表明，所设计的泵送能耗模型能够完成对泵送能耗动力学特性的准确表达[71]。为了同时考虑城市污水处理过程的曝气和泵送能耗，Eisshorbagy 等人设计了一种基于硝化反应机理的操作能耗模型，该模型能够通过入水流量、溶解氧浓度、硝态氮浓度等变量实现对操作能耗的预测。仿真结果显示，该模型能够准确描述操作能耗的动态特性[72]。Zeng 等人基于物料守恒定理的分析结果，提出了一种城市污水处理过程曝气和泵送混合能耗模型，建立混合模型与溶解氧浓度、硝态氮浓度等过程变量之间的关系。实验结果显示，该混合能耗模型能够准确预测污水处理过程曝气和泵送能耗的变化趋势[73]。由于出水水质和操作能耗都是评价城市污水处理过程操作性能的重要指标，Alsina 等人设计了一种基于活性污泥模型的城市污水处理过程综合性能评价模型，实现出水水质、操作能耗与溶解氧浓度、硝态氮浓度、悬浮物浓度等过程变量之间的关系描述[74]。实验结果显示，所提出的综合性能评价模型能够准确获取城市污水处理过程的动态特性，提高城市污水处理过程的运行效率。此外，Yang 等人建立了一种基于城市污水处理过程流体动力学模型的运行指标优化模型，用于表征操作能耗、出水水质与入水流量、溶解氧浓度、硝态氮浓度等过程变量之间的关系。结果表明，该运行指标优化模型能够实现操作能耗和出水水质动态特性的准确描述[75]。

Ashrafi 等人建立了一种基于厌氧硝化与反硝化过程机理的曝气能耗和泵送能耗模型，该模型能够描述其与溶解氧浓度、硝态氮浓度、固体停留时间、生化需氧量浓度等过程变量之间的关系。仿真结果显示，该模型能够准确表达污水处理过程能耗的变化过程[76]。上述基于城市污水处理过程机理模型的运行指标优化模型能够准确描述城市污水处理过程运行状态，然而，机理驱动的运行指标优化模型参数较多，难以根据运行过程动态特性进行自适应调整，从而导致模型精度低，难以满足城市污水处理过程优化运行的需求[77,78]。

（2）机理驱动的优化控制方法研究现状

围绕城市污水处理的优化控制问题，Corder 等人设计了一种前馈优化控制策略，用于补偿活性污泥法工艺中生物负荷的干扰[79]。该策略根据生化反应池内的生物负荷和鼓风机空气流量预测曝气池末端的溶解氧浓度，再利用曝气过程化学反应方程式和拉普拉斯变换生成过程控制模型。实验结果显示，该方法能显著提高污水处理过程控制性能。Chistiakova 等人研究了基于反馈滞后补偿的优化控制策略，该策略建立了基于生化反应机理的 Hammerstein 模型，用于描述曝气池内溶解氧浓度的动态特性，同时应用线性滞后补偿整定方法保证滞后状态的完全补偿[80]。基于基准仿真结果验证该方法能够实时跟踪控制溶解氧浓度。Yoo 等人利用积分变换方法将溶解氧浓度动力学近似为高阶模型，并将其简化为一阶正时延迟，用于整定控制器的参数[81]。该方法不仅避免了控制器参数的设置，而且能根据污水处理实时状态跟踪控制设定点。然而，上述控制方法严重依赖于特定的工作环境，还难以在不同水质特征、工况环境、处理目标等条件下保持连续稳定的控制性能[82-84]。

为了解决上述问题，Ye 等人提出了一种自适应 PID 控制方法，利用自适应交互算法完成了 PID 控制器参数的调整，提高了溶解氧浓度的控制精度[85]。Wahab 等人提出了一种基于相对增益矩阵的多变量 PID 控制方法，基于改进型 ASM1 求取溶解氧浓度优化设定值和自适应多变量 PID 控制器的控制参数，实现了第二分区和第五分区溶解氧浓度的优化控制。实验结果显示，多变量 PID 控制方法能够在保证溶解氧浓度控制精度的基础上，降低运行能耗[86]。Rojas 等人提出了一种虚拟参考反馈优化控制方法，该方法通过优化污水处理能耗机理模型，获得了溶解氧浓度和硝态氮浓度的优化设定值，并采用虚拟参考反馈控制方法完成了设定值的跟踪控制。实验结果表明，该方法不仅能够提高溶解氧浓度和硝态氮浓度的控制精度，而且有效降低了污水处理运行过程的能耗[87]。在国内，乔俊飞、罗涛等人针对间歇式污水处理工艺，提出了一些污水处理优化控制方法，取得了良好的效果[88-99]。上述方法主要围绕污水处理过程平稳工况下的优化控制展开研究，然而，由于城市污水处理过程存在非线性、时变性等问题，上述方法的优化控制效果有限[100-102]。为了提高优化控制方法的自适应能力，Shen 等人设计了一种模型预测控制方法，基于模型预测结果利用线性动态矩阵求取控制律，实现了溶解氧浓度优化设定值的跟踪控制，并提高了出水水质[103]。Floresalsina 等人设计了一种改进型模型预测控制方法，基于质量平衡建立氨氮浓度机理模型，通过最小化预测区间计算出控制率。实验结果显示，该模型预测控制方法能够提高氨氮浓度控制精度，改善出水水质[104]。上述优化控制方法具有较强的自适应能力，取得了较好的优化控制效果，然而，上述控制方法均是基于污水处理过程机理模型设计的，由于城市污水处理过程存在非线性、时变性等特点，过程机理模型难以建立，导致这些方法应用受到限制[105-107]。

1.3.2 数据驱动的城市污水处理过程优化控制研究现状

为了克服城市污水处理模型对优化控制方法的限制，数据驱动的城市污水处理过程优化控制方法成了当前的研究热点[108,109]。针对数据驱动的城市污水处理过程优化控制的研究现状，分别从数据驱动的运行指标优化模型构建和数据驱动的优化控制方法两方面进行概述。

（1）数据驱动的运行指标优化模型研究现状

数据驱动的城市污水处理过程运行指标优化模型是指利用过程数据（进水水质、过程变量、运行环境、运行状态等）建立的系统模型，来描述运行指标和过程变量之间的关系[110]。近年来，数据驱动的城市污水处理过程运行指标建模方法引起了国内外学者的广泛关注，并已成功应用于实际城市污水处理厂中[111]。Fernandez 等人提出了一种数据驱动的曝气能耗模型，用于获取曝气能耗与关键过程变量溶解氧浓度之间的关系，并通过偏最小二乘算法和高斯 - 牛顿方法对曝气能耗模型参数进行更新[112]。实验结果表明，所提出的方法能够准确获取曝气能耗的动态特性，为实现曝气优化提供基础。Zonta 等人利用城市污水处理过程运行数据，设计了一种基于神经网络的曝气能耗模型[113]，实现曝气能耗与入水流量、溶解氧浓度、固体悬浮物浓度间关系的描述。实验结果表明，所提出的模型能够实现对曝气能耗的准确预测。此外，Han 等设计了一种基于自组织径向基神经网络的出水水质指标模型[114]，通过神经元活跃度和互信息等对出水水质指标模型结构和参数进行更新，保证模型的有效性。实验结果显示，所提出的出水水质指标模型能够获取与过程变量的关系，实现对城市污水处理过程出水水质动态特性的准确描述。Zhang 等人建立了一种基于数据挖掘的城市污水处理过程出水水质模型，用于描述出水水质指标与溶解氧浓度、硝态氮浓度、固体悬浮物浓度等过程变量之间的关系，完成出水水质的准确预测[115]。马玉芩等人提出了一种基于模糊神经网络的出水水质模型，根据城市污水处理过程运行数据对出水水质模型进行参数辨识[116]。实验结果表明，所提出的基于模糊神经网络的出水水质模型能够实现对出水水质的准确预测。虽然上述数据驱动的运行指标模型能够实现单一运行指标与相关过程变量间关系的准确描述，但是由于城市污水处理过程同时包含多个运行指标，只有同时考虑多个运行指标的动态特性，才能保证污水处理的优化运行效果[117,118]。

为了实现城市污水处理过程多个运行指标动态特性的同时描述，Asadi 等人通过分析城市污水处理过程厌氧硝化机理特性和城市污水处理过程运行特征数据，建立了一种基于数据挖掘的城市污水处理过程出水水质和操作能耗模型，获取了出水水质和操作能耗与过程变量入水流量、溶解氧浓度、硝态氮浓度等之间的关系[119]。实验结果显示，所提出的基于数据驱动的运行指标优化模型能够实现对城市污水处理过程动态特性的准确描述。Huang 等人设计了一种基于模糊神经网络的出水水质和曝气能耗模型，模型输入为 pH 值、氧化还原电位、溶解氧浓度等，模型输出为出水水质和曝气能耗。结果显示，所提出的城市污水处理过程运行指标优化模型能够实现对出水水质和曝气能耗的准确预测[120]。同时，Durrenmatt 等人建立了一种基于自组织映射的城市污水处理能耗和出水水质评价模型，利用机理分析和数据挖掘获取能耗和出水水质模型与关键过程变量的动态特征关系。仿真实验结果表明，所提出的能耗和出水水质性能指标模型能够准确地描述城市污水处理过程的运行状态[121]。Han 等人设计了一种基于径向基神经网络的城市污水处理过程出水水质和操作能耗优化模型，通过处理过程实际运行数据对优化模型参数和结构进行自适应调整，保证出水水质和操作能耗优化模型的准确性[122]。实验结果显示，所提出的运行指标优化模型能够实时获取出水水质和操作能耗的动态特性。近年来，随着城市污水处理数据采集系统的普遍应用，越来越多的学者提出了数据驱动的运行指标优化模型[123-125]。虽然上述数据驱动的运行指标优化模型能够实现运行指标动态特性的描述，然而，城市污水处理过程同时包含多种运行指标，各运行指标随着反应过程的变化而动态变化，如何根据运行指标特点设计合适的综合运行指标优化模型仍是污水处理过程优化运行面临的难题[126,127]。

（2）数据驱动的优化控制方法研究现状

城市污水处理过程优化运行的基本思想是通过构建准确的运行指标优化模型和设计合理的优化算法获取控制变量优化设定值，并通过跟踪控制实现优化运行，因此，优化算法的设计是决定优化运行效果的重要因素[128-130]。Sadeghassadi 等人设计了一种城市污水处理过程优化控制策略，利用非线性优化策略对运行指标优化模型进行优化，获得溶解氧浓度优化设定值，实现城市污水处理过程的优化运行[131]。实验结果表明，所提出的优化控制策略能够降低城市污水处理过程曝气能耗。Duzinkiewicz 等人提出了一种基于遗传算法的城市污水处理过程优化控制策略，利用遗传算法实时优化能耗模型，获得溶解氧浓度优化设定值，通过预测控制对溶解氧浓度优化设定值进行跟踪控制 [132]。仿真结果显示，该优化控制方法能够改善城市污水处理运行性能，降低操作能耗。Bayo 等人提出了一种基于聚类优化的城市污水处理过程出水水质优化控制策略，通过聚类优化方法对出水水质指标模型进行实时优化，获得动态的控制变量优化设定值。结果表明，所提出的优化控制策略能够有效改善城市污水处理过程出水水质 [133]。虽然上述城市污水处理过程优化控制策略能够实现对操作过程的实时优化，然而，上述优化控制策略多是针对单个运行指标进行优化操作的，而城市污水处理过程同时包含多个运行指标，如出水水质、曝气能耗、泵送能耗等，导致城市污水处理优化运行受到一定的限制 [134,135]。

考虑到城市污水处理过程的多回路以及多指标的特点，多目标优化控制策略得到了研究者的青睐 [136-138]。Verdaguer 等人设计了一种基于加权蚁群优化算法的城市污水处理过程多目标优化控制策略，实现控制变量溶解氧浓度和硝态氮浓度的实时优化控制 [139]。在该策略中，利用加权因子将出水水质优化模型和操作能耗优化模型转化为单目标，通过蚁群优化算法对单目标进行优化，获得控制变量优化设定值。实验结果表明，该策略能够改善城市污水处理运行性能，降低运行能耗。Vega 等人提出了一种城市污水处理过程多目标优化控制策略，用于同时优化出水水质和操作成本，提高城市污水处理过程运行效率 [140]。在优化控制过程中，通过权重因子将出水水质指标、曝气能耗指标、泵送能耗指标转化为单目标，利用序列二次规划算法对单目标进行优化，获得溶解氧浓度和硝态氮浓度的优化设定值，并通过 PID 控制策略对控制变量优化设定值进行跟踪控制。结果显示，该优化控制策略能够有效平衡城市污水处理过程出水水质和操作成本之间的关系。此外，上述城市污水处理过程优化控制的思想是将多个运行指标优化模型通过权重参数等方式转化为单目标，无法真正实现多个运行指标的有效平衡；同时，由于城市污水处理过程的动态时变特性，难以获取合理的权重参数，无法保证城市污水处理优化效果 [141-143]。

近年来，随着多目标优化算法的快速发展，城市污水处理过程多目标优化控制策略引起了研究学者和操作人员的兴趣 [144-146]。Bhatti 等人设计了一种基于多目标遗传算法的城市污水处理过程多目标优化控制策略，实现对溶解氧浓度和硝态氮浓度的实时获取 [147]。利用多目标遗传算法对城市污水处理过程出水水质优化模型和操作成本优化模型进行同时优化，获得控制变量优化设定值。实验结果表明，所提出的多目标优化控制策略能够有效改善出水水质，降低操作成本。针对城市污水处理过程中出水水质和操作能耗相互冲突的问题，Qiao 等人设计了一种基于自适应多目标差分进化算法和自适应模糊神经网络控制器的动态优化控制方法，优化城市污水处理过程运行指标，获得溶解氧浓度和硝态氮浓度的优化设定值，完成优化设定值的跟踪控制[148]。实验结果表明，所提出的多目标优化控制方法能获得达标的出水水质以及降低的平均操作能耗。针对城市污水处理过程能耗过高的问题，张伟等人设计了一种基于多目标遗传算法的城市污水处理过程动态多目标优化控制策略[149]。该方法通过多目标遗传进化算法同时优化城市污水处理过程中的曝气能耗和泵送能耗，实现溶解氧浓度和硝态氮浓度设定值的动态寻优，利用 PID 控制实现底层跟踪。实验结果证明，所提出的多目标优化控制方法在保证出水水质达标的前提下可以获得更优的节能效果。Kroll 等人设计了一种自适应模糊优化控制方法，利用运行数据完成了溶解氧浓度的优化设定，并利用自适应模糊控制方法实现优化设定值的跟踪控制，完成了溶解氧浓度的精确控制，提高了污水处理过程优化运行效果[150]。针对城市污水处理曝气过程能耗较大的问题，Han 等人设计了一种基于自组织径向基函数的神经网络模型预测控制方法。该模型预测控制通过建立基于自组织神经网络的污水处理过程模型，获得了运行过程的关键变量；同时，利用梯度下降方法求取控制率。实验结果显示，该方法能够提高溶解氧浓度的控制精度，改善出水水质，降低运行能耗[151]。上述基于数据的优化控制方法虽然克服了模型对优化控制过程的制约，但是由于基于数据的优化控制理论和方法研究尚处于起步阶段，如何实现恶劣环境条件下运行过程变量数据的实时获取，如何将数据有效应用于优化控制，如何保证数据驱动的优化控制方法的稳定性等有待进一步研究[152,153]。

综上所述，围绕城市污水处理过程优化控制，国内外学者已经取得了部分阶段性研究成果。然而，由于城市污水处理过程涉及物理、化学和生物等多个过程，具有强非线性、时变、时滞、不确定性严重等特点，目前的城市污水处理过程优化控制尚无法实现污水处理全流程稳定运行；同时，随着城市污水处理厂规模越来越大，城市污水处理全流程优化控制越来越困难。因此，如何在现有方法的基础上，深入分析城市污水处理全流程运行特点，研究有效的城市污水处理过程优化控制方法，是实现污水处理全流程稳定运行迫切需要解决的挑战性问题。

1.3.3 知识驱动的城市污水处理过程优化控制研究现状

知识驱动的城市污水处理过程优化控制能够借助专家系统、决策树等知识，具有一定的灵活性，更易于表示污水处理过程中各种类型数据的特点[153,154]。针对知识驱动的城市污水处理过程优化控制，分别从知识驱动的运行指标优化模型构建和知识驱动的优化控制方法两方面进行概述。

（1）知识驱动的运行指标优化模型研究现状

知识驱动的城市污水处理过程运行指标优化模型构建是利用运行知识和专家

经验等，分析城市污水处理过程变量与运行指标之间的关系，从而建立运行指标特征模型，实现运行指标动态特性的准确描述[155,156]。Durrenmatt 等人结合专家操作经验，建立了基于自组织映射的出水氨氮浓度系统模型，用以描述城市污水处理过程关键变量与出水氨氮浓度之间的动态关系，出水氨氮浓度系统模型能够准确评价出水氨氮浓度[157]。Wang 等人设计了一种基于模糊推理的出水总氮浓度系统模型，利用模糊推理挖掘碳氮比、溶解氧浓度、次氯酸钠浓度、酸碱值和出水总氮浓度之间的关系，实现出水总氮浓度的预测。实验结果显示，出水总氮浓度系统模型能够有效监测出水总氮浓度[158]。Xiao 等人研究了一种规则辅助统计模型用于城市污水处理系统出水总磷浓度的检测，该统计模型能够充分利用基于规则的专家知识，提高出水总磷浓度的检测精度[159]。Zuthi 等人设计了一种基于专家知识的出水总磷浓度系统模型，描述了污水处理过程中水质参数与出水总磷浓度之间的关系，实现了出水总磷浓度在线检测[160]。Fernandez 等人建立了一种基于案例推理的污水处理出水总氮浓度系统模型，描述了出水总氮浓度与其溶解氧浓度、硝态氮浓度等关键过程变量之间的关系，并通过污水处理厂实际运行过程数据和模型预测结果完成了模型验证[161]。Torregrossa 等人基于模糊逻辑构建了城市污水处理过程的出水生化需氧量预测模型，描述了污水流量、能量与出水生化需氧量的动态关系，并将其应用于德国部分城市污水处理厂中，实际应用表明，该系统模型具有较好的预测性能[162]。虽然以上基于运行知识的城市污水处理系统模型具有较好的效果，但模型参数不易在线学习与更新，难以保证检测精度[163,164]。

为了提高城市污水处理系统模型的学习和适应能力，Deepnarain 等人设计了一种混合知识决策树算法的出水化学需氧量系统模型，其中模型的输入变量为混合悬浮物浓度、pH 值、溶解氧浓度、温度、总悬浮物浓度。根据运行结果动态更新知识库，与基于机理或过程数据模型的方法相比，基于混合知识决策树算法的出水化学需氧量系统模型更准确[165]。Corominas 等人提出了一种基于决策树和案例推理的出水氨氮浓度和出水总磷浓度系统模型，通过决策树将关键变量和出水水质之间的关系表达成 if-then 的规则形式，实现出水氨氮浓度和出水总磷浓度的在线检测，利用基于案例推理的方法对决策树动态调整，提高出水水质检测精度[166]。尽管出水氨氮浓度和出水总磷浓度系统模型实现了出水水质的预测，但是构造的出水水质软测量模型自身的信息处理能力较差，预测效果不能满足实际要求[167-169]。为了解决上述问题，Chen 等人根据粗糙集理论，将与出水水质相关的实际污水处理过程中可测量的水质参数进行特征提取，采用提取出的四个水质变量作为案例库的输入，建立了一种基于案例推理的出水总氮浓度模型，实现了出水总氮浓度的预测[170]。Comas 等人提出了一种基于启发式信息的知识建模方法，利用决策树的开发获取污水处理过程知识，实现对过程中絮凝物形状、数量等特征的判断，提高污水处理厂的运行效率[171]。针对污水处理脱氮过程，Baeza 等人设计了一种基于知识的专家系统的出水总氮浓度系统模型，与常规操作条件相比，提高了出水总氮浓度的预测精度[172]。Xu 等人提出了一种知识驱动的城市污水处理过程出水氨氮浓度系统模型，采用案例推理实现了出水氨氮浓度与相关过程变量之间的映射关系表征，并动态更新案例库，保证了出水氨氮浓度预测的准确性，有效表征了城市污水处理过程的动态特性[173]。此外，Comas 等人设计了一种知识控制器应用于污水处理过程中，通过渗透率、曝气流量等关键变量，利用基于决策支持的知识库，实现对运行过程中空气流量的预测并降低污染率[174]。上述基于运行知识的城市污水处理系统模型方法能够弥补过程数据不完备状况下的建模需求，并保证了检测精度。然而，在实际应用过程中仍然存在一些挑战，例如，有效知识的获取、知识推理和增殖、知识的自适应学习等，均是当前基于运行知识的城市污水处理系统建模所面临的难题[175-178]。

（2）知识驱动的优化控制方法研究现状

知识驱动的优化控制方法可充分利用运行过程中可获得的专家知识等信息，能够有效弥补数据不完备等情况。例如，韩红桂等人提出了一种知识和数据驱动的城市污水处理过程多目标优化控制[179]，建立了出水水质、能耗以及系统运行状态的表达关系，获得了运行过程优化目标模型，设计了基于知识迁徙学习的动态多目标粒子群优化算法，实现了控制变量优化设定值的自适应求解，并将提出的优化控制方法应用于基准仿真 1 号模型（Benchmark Simulation Model No.1，BSM1）。结果表明，该方法能够提高出水水质，降低运行能耗。栗三一等人以抑制出水氨氮浓度、总氮浓度峰值和降低能耗为目标，提出了一种污水处理决策优化控制方法[180]。在该方法中，基于神经网络建立了出水指标和能耗模型，并将其作为优化模型，通过遗传算法对模型进行优化得到溶解氧浓度和硝态氮浓度的设定值，根据出水指标预测结果设计模糊抑制控制策略和优化控制策略，以保证出水水质的达标排放。基于基准仿真模型的实验结果显示，该方法能有效抑制出水氨氮浓度和总氮浓度的峰值，减少出水超标时间和降低能耗。乔俊飞等人提出了一种基于回声状态网络的多指标优化控制策略，提出了基于回声状态网络的性能指标评价函数逼近模型，利用双启发式动态规划算法逐步逼近最优的控制策略。实验结果表明，将单一评价指标分解为多个评价指标，可以更清楚地了解各控制量对每个评价指标分量的影响，从而更利于在控制策略的搜索过程中加入先验知识[181]。

机理驱动、数据驱动和知识驱动的优化控制方法能够保证性能指标的优化设定，但仍难以满足优化控制的需求，主要原因在于大多方法只针对城市污水处理单个流程或局部单元，而城市污水处理是多流程、多设备、多工序组成的复杂过程，其优化性能指标具有多时间尺度和目标数可变等特点[182,183]。因此，如何获取城市污水处理全流程优化性能指标，研究城市污水处理全流程多目标动态优化方法，是城市污水处理优化控制仍需解决的问题。

1.4 城市污水处理过程优化控制的主要挑战

城市污水处理过程优化控制的本质是通过构建指标模型来获取运行状态，并利用优化算法对性能指标进行优化设定，获取控制变量优化设定值，最后设计控制策略实现优化设定值的跟踪控制。下面分别对城市污水处理过程运行指标模型构建、城市污水处理过程性能指标优化设定和城市污水处理过程优化设定值跟踪控制三方面面临的主要挑战进行描述。

1.4.1 城市污水处理过程运行指标模型构建

城市污水处理过程优化控制实施的前提条件是对运行指标动态特性的实时描述，进而获得最优的执行操作，完成预期的控制任务。运行指标模型一方面能够解析出运行指标与过程变量之间的关联关系，从而为选择优化决策变量及控制变量等提供必要的依据；另一方面可以提供运行状态的反馈信息，为优化控制的闭环计算提供信息基础。前者通常依赖于机理模型，后者则既可以通过机理模型也可以依据数据驱动模型。此外，由于过程控制对运行状态、关键出水指标等质量要求较高，须达到完备、实时和精准的标准，如何构建准确可靠的运行指标模型仍是一个亟待解决的难题，具体为：

① 运行指标机理解析。城市污水处理是一个典型的非线性、非平稳过程，运行指标与过程变量间以及过程变量之间具有耦合相关性，事实证明传统的一维和简约的二维，以及三维数学模型都难以描述其内部的生化反应动力学与传递过程特征，使用广泛的活性污泥模型的参数场均匀分布的假设前提条件难以成立，且在工况发生变化的情况下无法保持稳定的模型性能。因此，需要解析不同工况下城市污水处理的运行状态与传递 / 反应过程中微观机理之间的关系。

② 运行指标模型设计。由于城市污水处理过程精确的运行指标机理模型难以获取，如何借助神经网络、模糊系统等人工智能手段，结合运行数据及知识信息，构建运行指标特征模型是实施城市污水处理过程优化控制的基础。然而，在数据方面，城市污水处理过程的数据采样具有不规则、多时空以及多异常等特征，如

何利用过程数据建立一个准确的运行指标特征模型是困难的。此外，污水处理过程包含部分知识信息，如何有效融合现有的数据信息和知识信息，保证运行指标模型的性能仍是一个亟待解决的难题。

1.4.2 城市污水处理过程性能指标优化设定

城市污水处理过程性能指标优化设定的主要目标是在保证出水水质达标排放的基础上降低运行能耗。出水水质和运行能耗是相互冲突、相互耦合的运行指标，如何有效平衡关键性能指标间的关系，改善城市污水处理效率是性能指标优化设定需要解决的问题。然而，城市污水处理过程具有多目标、动态性、多时间尺度及多回路等特点，导致性能指标优化设定仍面临诸多难点。因此，如何根据城市污水处理过程运行特点，设计合适的优化设定策略，获取可行的控制变量优化设定值，实现性能指标间的动态平衡仍是一个亟须解决的问题，具体为：

① 动态性能指标优化设定。城市污水处理过程性能指标优化是指实现出水水质、运行能耗等多个指标的平衡，虽然性能指标间具有一些相同的状态变量和一定的关联性，但是性能指标间仍存在着很大的冲突性，无法同时达到最优，必须设计合理的控制变量优化设定值权衡性能指标间的关系。因此，性能指标优化设定是一个典型的多目标优化问题。随着进水水质、进水水量、运行条件等的实时变化，构建的优化目标也是动态变化的，建立准确的映射关系以描述污水性能指标的特征，并动态更新获取的映射关系，是一个亟待解决的难题，此外，由于所构建的动态性能指标优化模型的真实帕累托（Pareto）前沿是时变的，如何设计求解城市污水处理全流程运行动态多目标优化问题的实时优化设定点，追踪动态变化的帕累托前沿也是挑战性难题。

② 多时间尺度性能指标优化设定。由于城市污水处理过程的反应机理、运行周期等差异，性能指标间呈现多时间尺度的特点，例如控制变量溶解氧浓度和硝态氮浓度的调节时间，导致性能指标间如出水水质和操作能耗难以协同优化。因此，如何挖掘不同时间尺度性能指标之间的多时间尺度特点和协同性，构建城市污水处理过程协同优化目标，是需要解决的挑战问题。另外，由于城市污水处理过程机理复杂，操作条件动态变化，如何设计城市污水处理过程多时间尺度性能指标优化策略，协同不同时间尺度性能指标间的关系，求解不同时间尺度优化目标模型，实时获取过程变量优化设定值，实现性能指标间的协同优化，提高污水处理效率，仍然是城市污水处理过程面临的挑战性难题。

③ 多任务性能指标优化设定。城市污水处理是一个典型的多回路、多流程过程，在其运行过程中需同时实现多种任务，而各任务之间是相互影响且相互制约的，每个任务又有其不同的运行需求和相互冲突的优化目标。因此，如何构建城

市污水处理过程多任务性能指标优化评价模型，实现性能指标动态特性的准确描述是一个亟待解决的问题。此外，多任务性能指标之间存在冲突且时空尺度不一致，如何设计一种多任务优化控制策略实现脱氮、除磷等多个任务的并行优化仍是一个开放性难题。

1.4.3 城市污水处理过程优化设定值跟踪控制

城市污水处理过程优化设定值跟踪控制的主要任务包括：一方面根据控制对象特点与控制需求，设计一个合理的控制结构，确保控制器能够完成指定的跟踪控制任务，同时具备解决干扰、不确定性所带来的影响；另一方面是依据过程动态信息，对控制器结构和参数进行校正，以确保控制器能够跟踪时变的优化设定值。城市污水处理过程优化设定值跟踪控制需解决以下难题：

① 控制策略选择。目前城市污水处理领域仍然没有一套有效的控制策略来满足不同工况下各个单元的控制需求，目前的控制策略大多根据系统的运行特点和待控制单元的控制需求决定。但城市污水处理过程不仅涉及多个单元，而且还具有复杂的生化反应过程，各反应过程体现的特征也有所不同。例如，强化脱氮过程需要精细化调控污水处理过程中的硝化和反硝化过程，其中关于溶解氧浓度的控制，一方面需要避免溶解氧浓度过高对反硝化过程的干扰，另一方面需要稳定溶解氧浓度确保硝化过程的进程，因此该过程要依据过程体现的扰动、时变以及非线性特征，选择合适的控制策略调控溶解氧浓度。因此，如何针对不同运行特点，设计有效的控制策略是一个亟待解决的问题。

② 控制器校正。城市污水处理过程跟踪控制需要设计来计算出控制律并形成控制信号。控制律的计算则与控制器自身以及过程状态信息的反馈相关。如何确保控制律能完全适配当前时刻的控制需求，需要根据过程状态信息动态设置和校正控制器的结构和参数。然而，由于城市污水处理过程具有显著的复杂特征，构造的控制器往往涉及多个前馈、反馈等结构，还包含较多的可变参数和不变参数，如何根据污水处理过程运行状态信息校正控制器结构和参数，保证过程控制的性能仍是一个亟待解决的难题。

1.5 章节安排

本书共分为10章。前三章分别对城市污水处理现状及城市污水处理过程运行特点、优化控制研究现状、优化控制的主要挑战、运行指标智能特征检测和性能指标智能优化设定进行分析。第 4、5 章分别从单目标和多目标的角度对城市污水处理过程运行特点进行描述，设计智能优化控制方法。第 6 ～ 9 章针对城市污水处理过程的动态特性、多任务、多时间尺度、全流程等特点，分别设计智能优化控制方法，实现城市污水处理过程的优化运行。最后一章对城市污水处理过程智能优化控制发展进行展望。该书整体架构的具体安排如图 1-12 所示。

图 1-12 该书整体架构

第 1 章针对城市污水处理优化控制存在的问题，引出了城市污水处理运行优化的必要性和紧迫性，描述了城市污水处理运行特点和不同处理工艺，分析了城市污水处理运行控制研究现状和存在的挑战性问题。

第 2 章描述了城市污水处理过程运行指标特性分析，给出了运行指标特征变量挖掘策略，设计了城市污水处理过程运行指标智能特征检测模型，给出了特征检测模型的校正过程，并进行了实验验证。

第 3 章分析了城市污水处理过程性能指标特性，构建了性能指标优化目标模型，设计了城市污水处理过程性能指标智能优化设定方法，给出了性能指标优化设定的性能分析，并进行了实验验证。

第 4 章设计了城市污水处理过程单目标智能优化控制基本框架，分析了运行特点，提出了城市污水处理过程单目标智能优化设定方法，设计了单目标智能优化控制方法，并进行了实验验证。

第 5 章围绕城市污水处理过程多目标优化控制问题，设计了其基本框架，提出了城市污水处理过程多目标智能优化设定方法，研究了多目标智能优化控制方法，并进行了实验验证。

第 6 章给出了城市污水处理过程动态目标智能优化控制基础，构建了动态优化目标，分别设计了城市污水处理过程动态目标智能优化设定方法和城市污水处理过程动态目标智能优化控制方法，并进行了实验验证。

第 7 章围绕城市污水处理过程多任务优化控制问题，设计了多任务智能优化控制的基本框架，构建了多任务优化目标，分别设计了城市污水处理过程多任务智能优化设定方法和城市污水处理过程多任务智能优化控制方法，并进行了实验验证。

第 8 章详细介绍了多时间尺度分层智能优化控制，设计了分层智能优化控制的基本框架，构建了多时间尺度优化目标，设计了城市污水处理过程多时间尺度分层智能优化设定方法和城市污水处理过程多时间尺度分层智能优化控制方法，并进行了实验验证。

第 9 章围绕城市污水处理过程全流程协同优化，给出了全流程协同优化基本框架，分析了运行指标特性，构建了全流程协同优化目标，分别设计了城市污水处理过程全流程协同优化设定方法和城市污水处理过程全流程协同优化控制方法，并进行了实验验证。

第 10 章提出了城市污水处理过程智能优化控制未来的主要发展方向，分别从运行指标智能特征检测方法、性能指标智能优化设定方法、智能优化控制方法和智能优化控制系统进行详述。

Cutting-Edge Technologies in
Smart Environmental Protection

第 2 章

城市污水处理过程运行指标智能特征检测

2.1 概述

城市污水处理过程运行指标智能特征检测主要利用过程信息（进水水质、过程变量、运行环境、运行状态等），挖掘出能够描述城市污水处理过程运行指标的特征变量，建立特征变量与运行指标之间的关系，完成运行指标获取。城市污水处理过程运行指标不仅是衡量水体质量优劣程度和变化趋势的依据，也是保障污水处理过程高效稳定运行和节能降耗的基础。为了确定城市污水处理过程运行指标，需要从城市污水处理运行优化需求出发，调研污水处理厂的规模和所处环境，分析关键处理工艺，确定运行总需求和流程需求。另外，需要进一步分析城市污水处理过程运行特征，明确城市污水处理生物脱氮流程、生物除磷流程以及厌氧生物处理流程的生化反应原理，确定不同城市污水处理过程运行指标，分析影响各运行指标的特征变量。因此，根据城市污水处理过程运行机理，提取运行指标的特征变量，实现运行指标智能特征检测。

城市污水处理过程运行指标智能特征检测根据运行特征构建城市污水处理过程运行指标特征模型，完成运行指标特征检测。本章围绕运行指标智能特征检测的实现展开介绍。首先，介绍运行指标特性分析，深入分析了运行机理、关联度指标以及特性评价；其次，描述运行指标特征变量挖掘，包括辅助变量和特征变量选取；随后，重点设计运行指标智能特征检测模型，概述模型结构和参数设计，并对模型进行动态调整；最后，介绍典型运行指标智能特征检测，验证运行指标智能特征检测模型性能。

2.2 城市污水处理过程运行指标特性分析

城市污水处理过程运行指标机理复杂，随着进水水质、进水流量、反应过程、操作时间等的动态变化，相互之间存在耦合关系，难以准确描述运行指标动态特性。本节将详细介绍城市污水处理过程运行指标机理，分析运行指标关联度，完成运行指标特性评价。

2.2.1 城市污水处理过程运行指标机理分析

城市污水处理过程主要运行指标包含出水氨氮浓度、出水总氮浓度、出水总磷浓度、出水生化需氧量、出水化学需氧量和出水悬浮物浓度等。运行指标作为衡量城市污水处理出水质量优劣程度和变化趋势的重要指标，是城市污水处理厂达标运行的重要依据。为了准确描述运行指标动态特性，以出水氨氮浓度和出水总磷浓度为例，对其机理展开分析。

（1）出水氨氮浓度机理分析

在活性污泥法污水处理过程中，微生物将水中的有机氮和无机氮转化为氨和氮氧化物，以此来实现氨氮的去除，主要是基于氨化、硝化和反硝化三个独立反应过程。其反应过程为：

$$RCHNH_2COOH + O_2 \longrightarrow RCOOH + CO_2 + NH_3 \tag{2-1}$$

$$NH_4^+ + 2O_2 = NO_3^- + H_2O + 2H^+ \tag{2-2}$$

$$4NO_3^- + 5C + 2H_2O = 2N_2\uparrow + 5CO_2 + 4OH^- \tag{2-3}$$

其中，$RCHNH_2COOH$ 表示氨基酸；O_2 表示氧气；RCOOH 表示羧酸；CO_2 表示二氧化碳；NH_3 表示氨气；NH_4^+ 表示铵根离子；NO_3^- 表示硝酸根离子；H_2O 表示水；H^+ 表示氢离子；C 表示有机碳；N_2 表示氮气；OH^- 表示氢氧根离子。硝化反应和反硝化反应作为两个独立的反应阶段分别在各自的反应池或者在交替形成好氧 - 缺氧环境的同一反应池内进行。污水处理过程中氨氮的去除反应主要发生在曝气池和厌氧池中，两个反应过程相互独立，交替进行，并且具有较强的氨氮去除能力。

活性污泥系列模型（Activated Sludge Models，ASMs）常用于描述污水处理运行过程的动力学特性。根据动态活性污泥 2 号模型描述的活性污泥法去除有机物和硝化、反硝化以及除磷的生物过程，找到与氨氮相关的影响因素，从氨氮参与的反应过程中可以推导出与氨氮去除相关的一些因素。S_{NH_4} 参与的主要反应过程包括以下五个过程：厌氧水解、缺氧水解、好氧水解、X_{AUT} 的好氧水解和 X_{AUT} 的自身氧化。

S_{NH_4} 参与的反应速率方程式可描述为：

$$\frac{dS_{NH_4}}{dt} = v_{1,NH_4}\left(\rho_1 + \rho_2 + \rho_3\right) - \left(\frac{1}{Y_A} + i_{N,BM}\right)\rho_{16} - v_{17,NH_4}\rho_{17} \tag{2-4}$$

其反应速率及相关化学计量系数解释如表 2-1 所示。

表 2-1　反应速率及化学计量系数

过程	反应速率 ρ
厌氧水解反应	$\rho_1 = K_h \eta_{fe} \frac{K_{O_2}}{K_{O_2} + S_{O_2}} \times \frac{S_{NO_3}}{K_{NO_3} + S_{NO_3}} \times \frac{X_S/X_H}{K_X + X_S/X_H} X_H$

续表

过程	反应速率 ρ
缺氧水解反应	$\rho_2 = K_h \eta_{NO_3} \frac{K_{O_2}}{K_{O_2}+S_{O_2}} \times \frac{S_{NO_3}}{K_{NO_3}+S_{NO_3}} \times \frac{X_S/X_H}{K_X + X_S/X_H} X_H$
好氧水解反应	$\rho_3 = K_h \frac{S_{O_2}}{K_{O_2}+S_{O_2}} \times \frac{X_S/X_H}{K_X + X_S/X_H} X_H$
自养硝化菌	$\rho_{16} = \mu_{AUT} \frac{S_{O_2}}{K_{O_2}+S_{O_2}} \times \frac{S_{PO_4}}{K_P+S_{PO_4}} \times \frac{S_{NH_4}}{K_{NH_4}+S_{NH_4}} \times \frac{S_{NH_4}}{K_{ALK}+S_{ALK}} X_{AUT}$
X_{AUT} 自身氧化	$\rho_{17} = b_{AUT} X_{AUT}$
过程	**化学计量系数**
厌氧	$\nu_{1,NH_4} = -\left(1-f_{s_I}\right) i_{N,S_F} - f_{S_I} i_{N,S_I} + i_{N,X_S}$
好氧	$\nu_{17,NH_4} = -f_{X_I} i_{N,X_I} - \left(1-f_{X_I}\right) i_{N,X_S} + i_{N,BM}$

其中，Y_A 表示自养菌化学需氧量 COD 产率系数；f_{S_I} 表示惰性 COD 在颗粒性基质中的比例；i_{N,S_F} 表示可发酵易生物降解有机物（S_F 为其浓度）中的含氮量；i_{N,S_I} 表示惰性溶解性有机物（S_I 为其浓度）中的含氮量；i_{N,X_S} 表示可缓慢生物降解有机物（X_S 为其浓度）中的含氮量；f_{X_I} 表示惰性 COD 在氧化物中的比例；i_{N,X_I} 表示惰性颗粒性有机物（X_I 为其浓度）中的含氮量；$i_{N,BM}$ 表示惰性颗粒性有机物（X_H 为其浓度）、聚磷菌 (X_{PAO} 为其浓度) 和自养硝化菌 (X_{AUT} 为其浓度) 中的含氮量；K_h 表示水溶解速率函数；η_{fe} 表示厌氧水解减速因素；K_{O_2} 表示氧饱和 / 抑制系数；K_{NO_3} 表示硝酸根饱和 / 抑制系数；K_X 表示 COD 饱和系数；η_{NO_3} 表示缺氧水解减速因素；μ_{AUT} 表示最大生长速率；K_P 表示磷储藏饱和系数；S_{PO_4} 代表溶解性无机磷浓度；K_{NH_4} 表示氨氮饱和系数；K_{ALK} 表示碱度饱和系数；S_{ALK} 代表污水的碳酸盐碱度；S_{O_2} 代表溶解氧浓度；S_{NO_3} 代表硝酸盐氮浓度和亚硝酸盐氮浓度；X_S 代表慢性可生物降解有机物浓度；X_H 代表异养菌浓度；b_{AUT} 表示衰减速率。

通过已知的化学计量学系数和动力学参数值可以计算推导出氨氮参与的反应，具体表示为：

$$\frac{dS_{NH_4}}{dt} = 0.01(\rho_1+\rho_2+\rho_3) - \left(0.07+\frac{1}{Y_A}\right) - 0.031\rho_{16} - 0.031\rho_{17} \tag{2-5}$$

另外，影响氨氮去除效果的环境条件主要有：温度、pH 值、溶解氧浓度、有机负荷、碳氮比、碱度、污泥龄和有毒有害物质等。其中，pH 值是微生物硝化反应的一个重要因素，会通过 NH_4^+ 和 NH_3 含量之间的平衡影响氨氮的硝化反应过程。pH 值小于 7 时，硝化反应速率明显降低；pH 值小于 6 或者大于 6 时，硝化反应停止。通常在生物脱氮的硝化阶段，需要将 pH 值控制在 7.2 ～ 8.0，这样可以最大效率地保证反应的进行。温度会影响硝化菌的比增长率和活性。温度范围为 5 ～ 35℃时，硝化反应速率随温度升高而加快；温度超过 30℃时，由于蛋白质的变性降低硝化菌的活性，硝化反应速率增加幅度变慢；温度低于 5℃时，硝化菌生命活动几乎停止。因此，硝化反应的适宜温度保持在 25 ～ 30℃。由于氨氮的硝化反应是在曝气池中进行的，且硝化反应必须在好氧的条件下进行，因此溶解氧浓度的高低对硝化反应速率与硝化菌的生长繁殖有很大的影响，溶解氧浓度低于 2mg/L 时，氨氮需要较长的污泥龄才有可能完全被硝化。因此，在活性污泥系统中，溶解氧浓度大部分都控制在 2 ～ 3mg/L。

（2）出水总磷浓度机理分析

ASM2d 模型能够描述生物除磷过程，相比于 ASM1 模型增加了生物和化学除磷过程。ASM2d 生物除磷过程中聚磷菌（X_{PAO} 为其浓度）的生长只能够利用胞内存储的有机物（X_{PHA} 为其浓度）作为基底，氧（S_O 为其浓度）或者硝态氮（S_{NO} 为其浓度）作为电子受体。存储过程只有当发酵产物为乙酸盐（S_A 为其浓度）时才能发生，不依赖于电子受体情况。在实际运行中，除非发生严重的紊乱问题，否则存储过程只发生在活性污泥厌氧阶段。基于 ASM2d 模型，生物除磷的机理如图 2-1 所示。

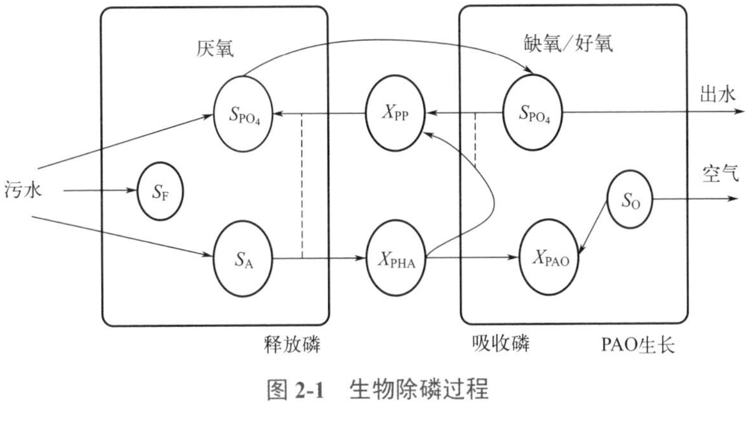

图 2-1　生物除磷过程

多磷酸盐浓度（X_{PP}）、聚磷微生物的胞内储存物浓度（X_{PHA}）、X_{PAO} 即为聚磷菌的组分，两条虚线（见图 2-1）代表组分转换连接。图 2-1 描述了生物除磷的四个基本反应过程，具体可描述为：

① 化学需氧量（COD）是可以发酵的，发酵的产物是挥发性脂肪酸（VFA），并以聚 β- 羟基烷酸（PHA）的形式储存碳，X_{PHA} 则由聚磷微生物产生；

② 多磷酸盐释放磷与挥发性脂肪酸转换成 PHA 同时发生；

③ 聚 β- 羟基烷酸和溶解氧能够促进溶解性磷（S_{PO_4} 为其浓度）的吸收；

④ 聚 β- 羟基烷酸和溶解氧能够促进聚磷微生物的生长。

生物除磷过程较为复杂的原因之一是异养菌和反硝化过程对 VFA 的竞争。维持 PAO 较快生长并保持磷的吸收多于释放能够有效地促进生物除磷。生物除磷主要利用聚磷微生物具有厌氧释磷和好氧超量吸磷的特性，在好氧或缺氧阶段降低磷的含量，最终通过排放含有大量聚磷颗粒的污泥将磷从废水中去除。污水处理过程各个阶段反应如下。

在厌氧阶段，微生物利用多磷酸盐水解产生的能量，例如乙酸和丙酸，将其水解后以 PHA 形式存储，反应过程可描述为：

$$\mathrm{ATP} + \mathrm{H_2O} \longrightarrow \mathrm{ADP} + \mathrm{H_3PO_4} + 能量 \tag{2-6}$$

其中，ATP 表示三磷酸腺苷；H_2O 表示水；ADP 表示二磷酸腺苷；H_3PO_4 表示正磷酸。

在好氧阶段，由于环境中缺乏碳源，聚磷菌吸磷时，利用厌氧阶段存储的 PHA 作为能源和碳源，通过氧化磷酸产生三磷酸腺苷（ATP）。产生的 ATP 用于聚磷菌好氧生长、聚磷合成、糖原合成以及聚磷菌自身维持，反应过程为：

$$\mathrm{ADP} + \mathrm{H_3PO_4} + 能量 \longrightarrow \mathrm{ATP} + \mathrm{H_2O} \tag{2-7}$$

生物除磷需要满足更多的运行条件，例如：较高的微生物产量、较短的污泥停留时间、合适的 pH 值等。根据生物除磷机理分析，提高生物除磷效率与聚磷生物的活性相关，而很多参数都会影响到聚磷菌的活性。同时，将聚磷菌与聚糖菌的竞争最小化也可以提高除磷时有机碳和氧的利用效率。

① 污泥停留时间的影响　不同的污泥停留时间主要影响微生物的繁殖和生长。在增强生物除磷系统中污泥停留时间（*SRT*）通常保持较高的值（约 10 天），因此，有足够的时间促进聚磷菌的生长。同时，在污水温度较低的情况下，由于较低的温度能够减缓硝化菌的生长速度，硝化作用所需的 *SRT* 要高于碳质氧化作用。改变 *SRT* 时，需要控制剩余污泥量并考虑流出物悬浮物（ESS）的损失。在反硝化过程中，大部分可降解有机物被消耗掉。因此，反硝化过程的最大好处是满足碳质物质需氧量的分配。为了能够有效地控制 *SRT*，计算混合液悬浮固体和污泥剩余量的变化率是一种有效的手段：

$$SRT = \frac{V_0 X}{Q_w X + Q_e X_e} \tag{2-8}$$

其中，V_0 是污水处理厂的容积；X 是一个循环结束后的混合悬浮物浓度；Q_w

是每天的剩余污泥量；Q_e 是每个反应器每天排放的排放量；X_e 是出水中悬浮物的浓度。

② pH 值的影响　污水处理系统中，尽管微生物可以在 pH 值变化范围为 6 ～ 9 的环境中生长，但是 pH 值的变化会显著影响微生物种群结构。在生物除磷系统的好氧区内聚糖菌相比于聚磷菌对 pH 值的变化更加敏感，当 pH 值在 7.4 ～ 8.4 范围内时，聚糖菌处于主导位置，而 pH 值为 6.4 ～ 7.0 时，聚磷菌处于主导位置。在好氧处理过程中，通常 pH 值初始值设置为中性或弱碱性以促进酶具有更高的活性。在厌氧处理过程中，最优的 pH 值范围为 6.6 ～ 7.5，因为甲烷在 pH 值 6.0 ～ 8.0 下可以稳定生产。当超过这个 pH 值范围，大部分产甲烷微生物会被抑制。

③ 溶解氧浓度的影响　溶解氧浓度是污水处理过程生物除磷重要的参数，很多研究表明溶解氧浓度会影响到微生物的种群结构和污染物的去除效率。较高的溶解氧浓度有利于硝化，限制反硝化作用，而较低的溶解氧浓度增强反硝化作用，限制硝化作用。当污水处理系统长期运行在低溶解氧浓度的情况下时，亚硝酸的稳定累积速率将会被破坏，这也将抑制亚硝酸盐氧化菌（NOB）的增殖，而低溶解氧浓度可以抑制氨氧化细菌（AOB）的活性并可能促进氨氧化古菌（AOA）的增长。溶解氧浓度影响聚糖菌和聚磷菌之间的竞争，在溶解氧浓度较低的情况下聚磷菌由于具有较高的氧亲和力，因此聚磷菌此时相对于聚糖菌能够保持更强的有氧活性。因此，低溶解氧浓度小于 0.2mg/L 有利于建立优化的微生物群落结构。

在厌氧阶段，溶解氧浓度直接影响聚磷微生物释磷能力和合成 PHA 的能力，溶解氧浓度应低于 0.2mg/L；在好氧阶段，为了维持聚磷菌的呼吸，溶解氧浓度应该保持在一定浓度范围内，过度的曝气会导致生物除磷能力下降。

2.2.2　城市污水处理过程运行指标关联度分析

相关系数是用来衡量两个变量之间关联度强弱的统计指标。对于变量 x 与运行指标 y 来说，它们之间的相关系数取值在 $[-1, 1]$ 范围内，相关系数的值越接近 0，表示 x 与 y 的相关性越弱，反之相关性越强。当相关系数为 1 时，表示 x 与 y 是完全正线性相关的；当相关系数为 -1 时，表示 x 与 y 是完全负线性相关的；当相关系数为 0 时，表示 x 与 y 是完全独立的，不具有相关关系。变量 x 与运行指标 y 的相关系数可表示为：

$$r_{xy} = \frac{S_{xy}}{S_x S_y} \tag{2-9}$$

其中，S_{xy} 表示变量 x 与运行指标 y 之间的协方差；S_x 表示变量 x 的标准差；

S_y 表示变量 y 的标准差。变量 x 与运行指标 y 之间的协方差 S_{xy} 可表示为：

$$S_{xy}=\frac{\sum_{i=1}^{n}(x_i-\overline{x})(y_i-\overline{y})}{n-1} \tag{2-10}$$

其中，$\overline{x}$ 表示变量 x 的均值；$\overline{y}$ 表示性能指标 y 的均值。变量 x 的标准差计算公式为：

$$S_x=\sqrt{\frac{\sum_{i=1}^{n}(x_i-\overline{x})^2}{n-1}} \tag{2-11}$$

变量 y 的标准差计算公式为：

$$S_y=\sqrt{\frac{\sum_{i=1}^{n}(y_i-\overline{y})^2}{n-1}} \tag{2-12}$$

相关系数可以通过数值的大小来衡量过程变量与性能指标之间相关性的强弱，数值的绝对值越接近于 1 代表过程变量与性能指标之间的相关性越强，绝对值越接近于 0 则代表过程变量与性能指标之间的相关性越弱，而数值为 0 时代表过程变量与性能指标不相关；此外，还可以通过数值的正负来判断相关性的方向，其中数值为正代表过程变量与性能指标是正相关的，数值为负代表过程变量与性能指标是负相关的。

2.3 城市污水处理过程运行指标特征变量挖掘

在活性污泥法城市污水处理过程中，出水指标作为主要的运行指标，只有通过实时获取城市污水处理过程动态特性，才能实现对运行状态的准确描述，保证城市污水处理过程的高效运行。在构建运行指标智能特征检测模型之前，需准确获取其关键特征变量，降低检测模型复杂性，保证模型精度。

2.3.1 城市污水处理过程运行指标辅助变量选取

（1）出水氨氮浓度辅助变量的选取

根据活性污泥法污水处理过程氨氮参与的反应过程，通过机理分析初步得到与主导变量出水氨氮浓度相关性比较大的 12 个初始辅助变量［温度、厌氧末端 ORP、好氧前端 ORP、好氧前端浓度、好氧末端 TSS 浓度、出水 pH 值、好氧末端 DO 浓度、污泥回流量、污泥龄、进水氨氮浓度、出水总磷浓度和出水硝态氮浓度]。

利用检测仪表从污水处理过程的相应反应池内对 12 个初始选定的变量和特征变量出水氨氮浓度进行数据的采集与分析。现场采集的数据由于仪表原因、异常数据或者人为操作造成的一些随机因素而产生误差，因此必须对采集的样本数据事先进行预处理操作。下面将从两方面对样本数据预处理进行详细描述。

① 剔除异常数据　在科研、工程以及教学领域，拉依达准则剔除异常值已普遍应用，该准则在测量次数超过 10 次时才能有效使用[184]。

算法原理如下：

设样本测量数据 x_1, x_2, …, x_n。其平均值为 $\bar{x}$，偏差为 $v_i=x_i-\bar{x}$（i=1, 2,⋯,n），按照贝塞尔公式计算测量数据的标准偏差，计算公式如下所示：

$$\sigma=\sqrt{\sum_{i=1}^{n}v_i^2/(n-1)} \tag{2-13}$$

若样本数据 x_i 的偏差 v_i（$1 \leqslant i \leqslant n$）满足以下公式：

$$|v_i|>3\sigma \tag{2-14}$$

则认为 x 是包含粗大误差的异常数据，应将其剔除。

② 数据归一化变换　由于从污水厂采集的数据较多，类型差别比较大而且量纲不同，为了消除数据间由量纲导致的差异对软测量模型的影响，需要对样本数据进行归一化处理，处理公式如下所示：

$$x_{i,\mathrm{norm}}=\frac{x_i-x_{i,\min}}{x_{i,\max}-x_{i,\min}} \tag{2-15}$$

其中，$x_{i,\mathrm{norm}}$、$x_{i,\max}$ 和 $x_{i,\min}$ 分别表示每一维输入数据 x_i 标准化后的值、最大值和最小值，i=1,2,⋯,12。经过归一化处理后，每个样本数据范围都为 [0,1]，消除了数据间量纲与数量级不同对软测量模型带来的不良影响。对数据训练完之后应该对数据进行反归一化，将数据的范围变换到原来的数据范围。

（2）出水总磷浓度辅助变量的选取

在出水总磷浓度数据采集与传输系统中，通过安装的传感器探头、在线检测仪表和相关设备实现数据采集，能够采集大量的过程数据。每种数据采集设备具有不同的原理和参数，部分设备参数具体如下：

① pH 检测探头：pH 电极通常用电位分析法测量液体的酸度。测试范围为 2 ～ 12，测试精度为 ±0.004。

② DO 探头：DO 电极可以用来测量现场或实验室内被测样品水溶液内的 DO 含量。测试范围为 0 ～ 60mg/L，测试准确度为 ±0.5mg/L，工作环境为 0 ～ 60℃，尺寸为 360mm×40mm。

③ ORP 探头：ORP 检测探头由传感器和二次表两部分组成。测试范围为 -2000 ～ +2000mV，测试准确度为 ±0.5mV，工作环境为 0 ～ 60℃，尺寸为

508mm×40mm。

④ TSS 探头：TSS 浊度计的工作原理为传感器上发射器发送的红外光在传输过程中经过被测物的吸收、反射和散射后，有一部分透射光线能照射到 180°方向的检测器上，有一部分散射光照射到 90°方向的检测器上。测试范围为 0 ～ 300g/L，工作环境为 0 ～ 60℃，尺寸为 365mm×40mm。

⑤ TP 分析仪：总磷浓度测定仪采用钼蓝比色法在线测量总磷的浓度，其型号是 WTW TresCon TP，测量的范围为 0.01 ～ 3mg/L，测量的精准度为 ±3%。

⑥ COD 分析仪：COD 在线分析仪通过测量水质在不同波长下的吸光度从而描绘出吸收曲线，从而定性、定量测量水质成分，其型号为 WTW CarboVis 705IQ，测量范围为 0.5 ～ 4000mg/L，测量精度为 0.01，可用于污水处理厂入口、生化池和排放口测量。

⑦ 配置了一种总氮（TN）浓度测定仪用于在线测量污水中总氮的浓度，其型号为 WTW TresCon A111+ON210+ON510，测量范围为 0 ～ 100mg/L。该测定仪通过内置的三个模块分别测量氨氮、硝态氮和亚硝酸氮的浓度，经过简单计算就可以算出总氮的浓度。

在数据采集时，数据中含有污水处理过程的重要信息，但采集的数据中通常会含有一些异常值，即这些数据超出了数据的正常变化范围。导致数据异常的因素有很多，例如：电磁干扰、设备未正常安装、复杂的测量环境、缺乏定期维护、设备故障和电流信号的干扰等。数据采集设备无法实现对异常数据的识别和处理，这些数据会和正常数据一起被采集和存储。将异常值处理作为数据预处理的一部分，这对软测量模型建立十分重要。如果不对这些数据进行预处理，会对数据分析、软测量模型建立、关键变量检测和出水总磷浓度控制产生较大的影响。

异常值的验证可以通过多余的检测设备或者数字滤波进行。采用多余的检测设备验证异常值，至少需要两套传感器对同一位置进行检测，对比检测值是否一样。然而，这种验证方式的成本太高，无法应用于实际污水处理过程。在大中型污水处理厂，每个反应池都会有几个廊道，很多污水处理厂认为可以利用其他廊道的数据来验证。但是每个廊道的污泥含量、曝气量等都是动态的，这种方式的可靠性存在一定问题。通常异常值的处理有两种方法：第一种是用一些合理的值来代替异常值；第二种是基于历史数据采用数学统计的方法，最常用的方法就是 3σ 准则，假定数据序列近似正态分布。第二种方法是定义采样数据的范围，即 $\mu(x)\pm3\sigma(x)$，其中 $\mu(x)$ 是变量 x 的均值，$\sigma(x)$ 是标准差。

此外，污水处理过程由于过程参数采集点的设置、参数的差异性等原因，采集的数据通常会有很大的差异，如 TSS 的浓度值为每毫升几百克而溶解氧的浓度则为每毫升几克或者零点几克，同样这些变量在单位上也存在着一定的差异。若将这些未经处理的数据用于建立软测量模型会导致神经网络在调整过程中出现不稳定的现象。数据归一化的处理可以避免变量值的大小或者是单位上的差异带来的影响，因为归一化以后数据的范围为 0 ～ 1。具体的归一化表达式如下：

$$x_{ij}^{*}=\frac{x_{ij}-\overline{x}_{j}}{S_{j}} \tag{2-16}$$

其中，$i=1,2,\cdots,m$，m 为数据采样的次数；$j=1,2,\cdots,n$，n 为变量的个数；$\overline{x}_j$ 为 x_j 的均值；S_j 为变量 x_j 的标准差。

污水处理是一个十分复杂的生物和化学反应过程，微生物的种类和结构关系到处理过程中磷的吸收和释放。在厌氧池中微生物吸收磷，好氧池中微生物释放磷，因此在这两个反应池中与微生物活性相关的参数，必定与出水总磷的浓度相关，其中 pH 值、温度、污泥停留时间、水力停留时间、浊度以及溶解氧浓度等影响微生物的活性。污水处理厂需要对重要的出水指标参数进行在线监控，如总磷浓度、氨氮浓度、化学需氧量和生物需氧量等，以保证出水水质达标。除此之外，污水处理过程参数如温度、酸碱度、氧化还原电位、浊度、总固体悬浮物浓度等数十种一直是污水处理厂在线检测的参数。

2.3.2 城市污水处理过程运行指标特征变量选取

根据对活性污泥法污水处理过程模型与出水氨氮浓度、出水总磷浓度相关的机理分析，以及过程变量对主导变量的相关性分析，经过上一部分异常数据的剔除和数据标准化之后，采集的过程变量之间仍然存在严重的相互关联和影响。为了进一步简化模型的输入，提高软测量建模的效率，本小节采用主元分析法 PCA 来消除变量间的相关性，去除噪声和冗余，简化原始过程数据特性分析的复杂度。该方法的优点是计算简单，且没有参数限制，方便地应用于各种场合且应用极其广泛。

PCA 算法的主要步骤如下。

首先，设有 n 组样本，每组样本有 p 个变量，这样形成一个数据矩阵 $\boldsymbol{X}$，大小为 $n\times p$，具体可表示为：

$$\boldsymbol{X}=\begin{bmatrix} x_{11} & x_{12} & \cdots & x_{1p} \\ x_{21} & x_{22} & \cdots & x_{2p} \\ \vdots & \vdots & & \vdots \\ x_{n1} & x_{n2} & \cdots & x_{np} \end{bmatrix} \tag{2-17}$$

（1）数据标准化

为消除指标间量纲和数量级不同带来的影响，必须在主成分计算之前，对原始指标进行数据标准化，即按照比例将属性数据缩放落入一个较小的特定空间。处理公式如下所示：

$$x_{ij}^* = \frac{x_{ij} - \bar{x}_j}{s_j} \qquad i = 1,2,\cdots,n\text{；} j = 1,2,\cdots,p \tag{2-18}$$

其中，$\overline{x_j} = \frac{1}{n}\sum_{i=1}^{n} x_{ij}$，$s_j = \frac{1}{n-1}\sum_{i=1}^{n}\left(x_{ij} - \overline{x_j}\right)^2$。

（2）计算矩阵 X 的协方差矩阵

通过协方差矩阵的公式，原变量相关系数矩阵就是通过标准化后的协方差矩阵推导出的。相关系数矩阵 $\boldsymbol{S}$ 如下所示：

$$\boldsymbol{S} = \begin{bmatrix} r_{11} & r_{12} & \cdots & r_{1p} \\ r_{21} & r_{22} & \cdots & r_{2p} \\ \vdots & \vdots & \vdots & \vdots \\ r_{p1} & r_{p2} & \cdots & r_{pp} \end{bmatrix} \tag{2-19}$$

其中，r_{ij}（i, j=1, 2, …, p）为原变量 x_i 与 x_j 之间的相关系数，计算公式如下所示：

$$r_{ij} = \frac{\sum_{k=1}^{n}\left(x_{ki}^* - \overline{x_i^*})(x_{kj}^* - \overline{x_j^*}\right)}{\sqrt{\sum_{k=1}^{n}\left(x_{ki}^* - \overline{x_i^*}\right)^2 \sum_{k=1}^{n}\left(x_{kj}^* - \overline{x_j^*}\right)^2}} \tag{2-20}$$

因为相关系数矩阵 $\boldsymbol{S}$ 是实对称矩阵，其中 $r_{ij}=r_{ji}$，因此只需要计算矩阵上三角元素或者下三角元素即可。为了实现原始数据间的相关性最小，也即相关系数矩阵 $\boldsymbol{S}$ 非对角线的元素为 0，可得：

$$\lambda = \boldsymbol{IR} \text{ 即 } |\lambda \boldsymbol{I} - \boldsymbol{R}| = 0 \tag{2-21}$$

（3）计算特征值与特征向量

首先，求解特征方程 $|\lambda \boldsymbol{I} - \boldsymbol{R}| = 0$，求出特征值 $\lambda_i(i = 1,2,\cdots,p)$，并将其按照大小顺序排列，即 $\lambda_1 \geqslant \cdots \geqslant \lambda_p \geqslant 0$，然后分别求出每个特征值 λ_i 对应的特征向量 $\boldsymbol{e}_i(i = 1,2,\cdots,p)$。这里要求 $\|\boldsymbol{e}_i\| = 1$，也即 $\sum_{j=1}^{p} e_{ij}^2 = 1$，其中 $\boldsymbol{e}_{ij}$ 表示特征向量 $\boldsymbol{e}_i$ 的第 j 个分量。

（4）进行各个主成分的贡献率及其累计贡献率的计算

各个主成分的贡献率表达式如下所示：

$$\frac{\lambda_i}{\sum_{k=1}^{n} \lambda_k} \quad (i=1,2,\cdots,m;\ k=1,2,\cdots,p) \tag{2-22}$$

方差累计贡献率 $G(m)$ 表达式如下所示：

$$G(m)=\frac{\sum_{i=1}^{m}\lambda_k}{\sum_{k=1}^{p}\lambda_k}\quad(i=1,2,\cdots,m;\ k=1,2,\cdots,p) \tag{2-23}$$

主成分个数 m 的确定是通过方差累计贡献率确定的，只有当方差累计贡献率大于 85% 时，才认为其能足够反映原来变量的信息，对应的个数 m 就是选取的主成分的个数。

（5）主成分因子载荷矩阵及其得分的计算

因子载荷矩阵计算公式如下所示：

$$l_{ij}=p(z_i,x_j)=\sqrt{\lambda_i}e_{ij}(i,j=1,2,\cdots,p) \tag{2-24}$$

按照上式计算出各主成分的载荷后，再根据式（2-25）进一步计算，进而可以得到各主成分的得分，也即对原主成分降维，得到新变量 $z_1,z_2,z_3,\cdots,z_m$（$m\leqslant p$）。

$$\begin{cases} z_1=l_{11}x_1^*+l_{12}x_2^*+\cdots+l_{1p}x_p^* \\ z_2=l_{21}x_1^*+l_{22}x_2^*+\cdots+l_{2p}x_p^* \\ \quad\cdots\cdots \\ z_m=l_{m1}x_1^*+l_{m2}x_2^*+\cdots+l_{mp}x_p^* \end{cases} \tag{2-25}$$

得到成分降维后的新变量矩阵公式如下所示：

$$\boldsymbol{Z}=\begin{bmatrix} z_{11} & z_{12} & \cdots & z_{1m} \\ z_{21} & z_{22} & \cdots & z_{2m} \\ \vdots & \vdots & \vdots & \vdots \\ z_{n1} & z_{n2} & \cdots & z_{nm} \end{bmatrix} \tag{2-26}$$

通过上述步骤可实现运行指标特征变量的选取。

2.4 城市污水处理过程运行指标智能特征检测模型设计

2.4.1 城市污水处理过程运行指标智能特征检测模型结构设计

性能指标智能特征检测模型设计（见图 2-2）主要包含四部分：数据预处理、特征挖掘、智能特征检测模型构建与参数调整、智能特征检测模型校正。

① 数据预处理　通过对污水处理工艺机理分析并且结合实际采集到的数据初步确定模型的输入变量。

② 特征挖掘　通过机理分析选择影响性能指标的辅助变量，并利用主元分析法对选定的辅助变量进行降维处理，获取影响性能指标的特征变量，并将其作为智能特征检测模型的输入。

③ 智能特征检测模型构建与参数调整　基于输入输出维数构建性能指标智能特征检测模型结构，设计智能特征检测模型的参数调整策略。

④ 智能特征检测模型校正　设计智能特征检测模型校正策略，保证模型性能。

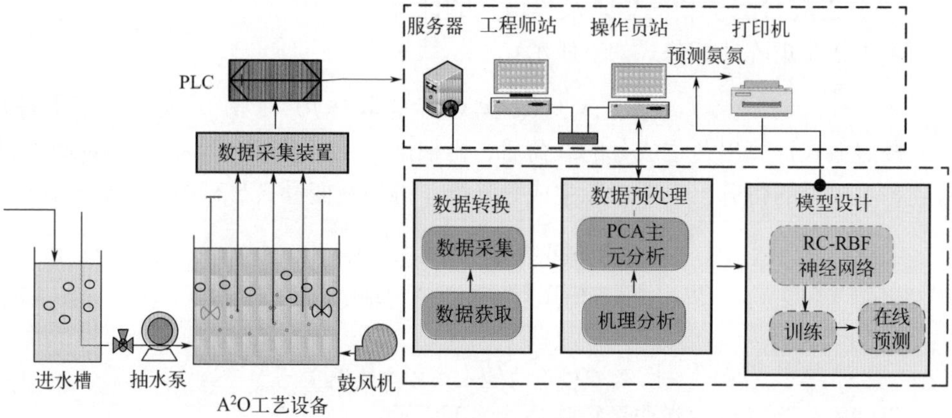

图 2-2　性能指标智能特征检测模型架构图

RBF 神经网络是一种前馈型神经网络，具有模仿人脑智能的能力，探索新的信息表示、存储和处理的方式，能够依靠系统本身的复杂度，通过调节系统内部大量节点之间的相互连接关系，达到信息处理的目的。基于此，设计基于径向基神经网络的性能指标智能特征检测模型，模型结构为六输入单输出（见图 2-3），共包含三层结构，分别为输入层、隐含层和输出层。

（1）输入层

输入层共有 I 个神经元，智能特征检测模型的输入向量可表示为：

$$\boldsymbol{X}(t)=[x_1(t),x_2(t),\cdots,x_I(t)],\ i=1,2,\cdots,I \tag{2-27}$$

其中，$x_I(t)$ 表示在 t 时刻第 i 个输入层节点的输入。

（2）隐含层

隐含层的主要作用是对输入信息进行变换，传递函数常选用标准的高斯函数。在 t 时刻，隐含层第 h 个神经元的输出可表示为：

$$\theta_h(t)=\mathrm{e}^{-\|\boldsymbol{X}_h(t)-\boldsymbol{C}_h(t)\|^2/2\sigma_h^2(t)} \tag{2-28}$$

其中，$\boldsymbol{X}_h(t)$ 表示隐含层第 j 个神经元的输入向量；$\boldsymbol{C}_h(t)$ 表示隐含层第 h 个节点的中心向量；$\theta_h(t)$ 表示隐含层第 h 个隐节点的输出向量，h=1, 2, …H，H 为隐含层神经元的总数。

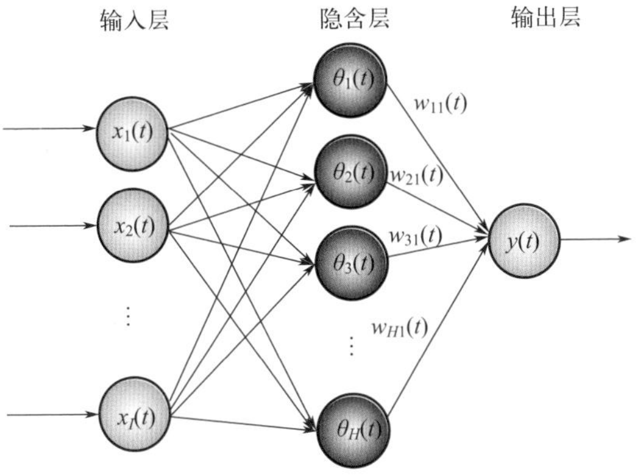

图 2-3　性能指标智能特征检测模型架构图

（3）输出层

基于 RBF 网络的智能特征检测模型的输出可表示为：

$$y(t)=\sum_{h=1}^{H}\boldsymbol{w}_h(t)\times\boldsymbol{\theta}_h(t) \tag{2-29}$$

其中，$y(t)$ 表示 t 时刻智能特征检测模型的输出；H 表示隐含层神经元个数；$\boldsymbol{w}_h(t)$ 表示隐含层与输出层之间的输出权值矩阵。

2.4.2　城市污水处理过程运行智能特征检测模型参数设计

基于 RBF 神经网络的智能特征检测模型的性能严重依赖模型中所有可调的参数，包括隐节点的中心、宽度和输出权值。为减少算法的计算量和提高算法的收敛速度，针对智能特征检测模型参数优化问题，设计了一种改进的自适应 LM 算法（AILM），对模型中的所有参数进行调整。

所提出的 AILM 算法结合了改进的 LM 和自适应学习率的优化算法，该算法不需要存储巨大的雅可比矩阵，并且不同于之前的矩阵相乘方式，雅可比矩阵的计算采用向量相乘的方式得到，矩阵大小与输入模式和输出模式个数无关，因此提出的算法基本适合无限数量的输入模式，同时自适应学习率的引入加快了算法的收敛速度。算法在迭代过程中，拟海塞矩阵和梯度向量的计算是通过相应的子矩阵和子向量累加求和实现的，避免了传统雅可比矩阵的计算和存储，不需要较大的存储空间，使得算法迭代次数少、训练速度快，并且获得了较高的训练精度。

源于快速梯度下降算法和牛顿算法，基本的LM算法更新公式如下所示：

$$\Delta \boldsymbol{w} = (\boldsymbol{J}^{\mathrm{T}}\boldsymbol{J} + \mu \boldsymbol{I})^{-1}\boldsymbol{J}^{\mathrm{T}}\boldsymbol{e} \tag{2-30}$$

其中，$\Delta \boldsymbol{w}$ 为参数向量；$\boldsymbol{I}$ 为单位矩阵；μ 为混合系数；$\boldsymbol{J}$ 为雅可比矩阵，大小为 $(P \times M) \times N$，$\boldsymbol{e}$ 为误差向量，表达式分别如下所示：

$$\boldsymbol{J} = \begin{pmatrix} \dfrac{\partial e_{11}}{\partial w_1} & \cdots & \dfrac{\partial e_{11}}{\partial w_N} \\ \vdots & \ddots & \vdots \\ \dfrac{\partial e_{PM}}{\partial w_1} & \cdots & \dfrac{\partial e_{PM}}{\partial w_N} \end{pmatrix} \tag{2-31}$$

$$\boldsymbol{e} = \begin{bmatrix} e_{11} & e_{12} & \cdots & e_{PM} \end{bmatrix}^{\mathrm{T}} \tag{2-32}$$

其中，e_{PM} 代表第 P 个样本产生的网络输出和实际输出的差值，P 代表模式输入的个数，M 代表输出层神经元的个数；N 为参数的个数。由以上内容可知，雅可比矩阵的大小与输入模式和输出模式成正比。因此，当输入模式和输出模式数量较多时，巨大的雅可比矩阵不仅需要额外的存储空间，而且算法运行速度会变慢，针对上述问题，这里采用一种改进的自适应LM算法去更新网络中的参数。

下面叙述改进的算法中更新公式的矩阵推导过程。

定义误差函数 $e_p(t)$，表达式如下所示：

$$e_p(t) = y_p(t) - o_p(t) \tag{2-33}$$

其中，P 表示样本数；$e_p(t)$ 为第 p 个样本的训练误差；$y_p(t)$ 与 $o_p(t)$ 分别代表第 p 个输入样本对应的网络输出与期望输出。

误差平方和函数SSE作为评价训练RBF神经网络过程的目标函数，表达式如下所示：

$$E(w) = \frac{1}{2}\sum_{p=1}^{P} e_p^2 \tag{2-34}$$

$N \times N$ 海塞矩阵 $\boldsymbol{H}$ 表示一个由自变量为向量的实值函数的二阶偏导数构成的方阵，描述了函数的局部曲率，表达式如下所示：

$$\boldsymbol{H} = \begin{pmatrix} \dfrac{\partial^2 E}{\partial {w_1}^2} & \dfrac{\partial^2 E}{\partial w_1 \partial w_2} & & \dfrac{\partial^2 E}{\partial w_1 \partial w_N} \\ \dfrac{\partial^2 E}{\partial w_2 \partial w_1} & \dfrac{\partial^2 E}{\partial {w_2}^2} & \cdots & \dfrac{\partial^2 E}{\partial w_2 \partial w_N} \\ & \vdots & & \\ \dfrac{\partial^2 E}{\partial w_N \partial w_1} & \dfrac{\partial^2 E}{\partial w_N \partial w_2} & & \dfrac{\partial^2 E}{\partial w_N^2} \end{pmatrix} \tag{2-35}$$

矩阵 $\boldsymbol{H}$ 中某个元素的推导公式如下所示：

$$\frac{\partial^2 E}{\partial w_i \partial w_j}=\sum_{p=1}^{P}\sum_{m=1}^{M}\left(\frac{\partial\left(e_{pm}\dfrac{\partial e_{pm}}{\partial w_i}\right)}{\partial w_j}\right)=\sum_{p=1}^{P}\sum_{m=1}^{M}\left(\frac{\partial e_{pm}}{\partial w_i}\times\frac{\partial e_{pm}}{\partial w_j}+\frac{\partial^2 e_{pm}}{\partial w_i \partial w_j}e_{pm}\right) \tag{2-36}$$

在 LM 算法中，式（2-36）近似为如下表达式[185]：

$$\frac{\partial^2 E}{\partial w_i \partial w_j}=\sum_{p=1}^{P}\sum_{m=1}^{M}\left(\frac{\partial e_{pm}}{\partial w_i}\times\frac{\partial e_{pm}}{\partial w_j}\right)=\boldsymbol{q}_{ij} \tag{2-37}$$

拟海塞可以作为海塞矩阵的近似，表示为：

$$\boldsymbol{H}\approx\boldsymbol{Q}=\boldsymbol{J}^{\mathrm{T}}\boldsymbol{J} \tag{2-38}$$

雅可比矩阵具体的相乘是将矩阵的第一列乘以第二个矩阵的行得到一个小的子矩阵 $\boldsymbol{q}_{pm}$，子矩阵需要相乘 $P\times M$ 次得到拟海塞矩阵 $\boldsymbol{Q}$，计算只需要存储雅可比矩阵行向量即可。

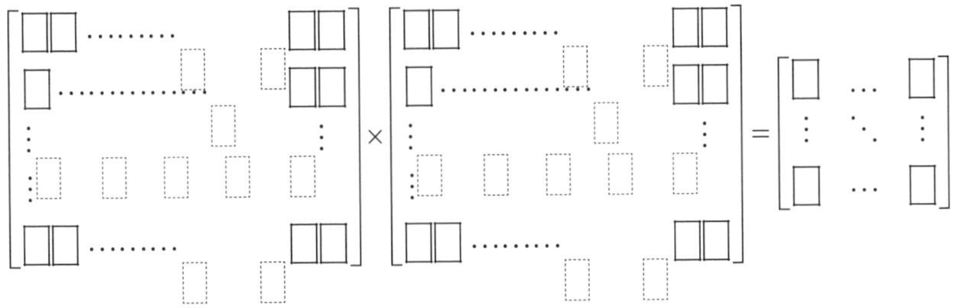
（2-39）

改进的拟海塞矩阵 $\boldsymbol{Q}(t)$ 的表达式如下所示：

$$\boldsymbol{Q}(t)=\sum_{p=1}^{P}\sum_{m=1}^{M}\boldsymbol{q}_{pm}=\sum_{p=1}^{P}\sum_{m=1}^{M}\boldsymbol{j}_{pm}^{\mathrm{T}}\boldsymbol{j}_{pm} \tag{2-40}$$

雅可比矩阵行向量表达式如下所示：

$$\boldsymbol{j}_{pm}=\left[\frac{\partial e_{pm}}{\partial w_1},\frac{\partial e_{pm}}{\partial w_1},\cdots,\frac{\partial e_{pm}}{\partial w_N}\right] \tag{2-41}$$

定义的 $N\times 1$ 阶误差对权值的梯度向量 $\boldsymbol{\Theta}(t)$ 如下所示：

$$\boldsymbol{\Theta}(t)=\left[\frac{\partial E}{\partial w_1},\frac{\partial E}{\partial w_2},\cdots,\frac{\partial E}{\partial w_N}\right]^{\mathrm{T}} \tag{2-42}$$

上式中误差对参数的一阶求导公式如下所示：

$$g_i = \frac{\partial E}{\partial w_i} = \sum_{p=1}^{P}\sum_{m=1}^{M}\left(\frac{\partial e_{pm}}{\partial w_i} e_{pm}\right) \tag{2-43}$$

拟海塞矩阵 $\boldsymbol{Q}(t)$ 和梯度向量 $\boldsymbol{\Theta}(t)$ 的更新过程可表示为：

$$\boldsymbol{Q}(t)=\boldsymbol{J}^{\mathrm{T}}\boldsymbol{J} \tag{2-44}$$

$$\boldsymbol{\Theta}(t) = \boldsymbol{J}^{\mathrm{T}}\boldsymbol{e} \tag{2-45}$$

所以，参数的更新过程可表示为：

$$\boldsymbol{\Omega}(t+1) = \boldsymbol{\Omega}(t) - (\boldsymbol{Q}(t) + \lambda(t)\boldsymbol{I})^{-1}\boldsymbol{\Theta}(t) \tag{2-46}$$

其中，$\boldsymbol{\Omega}(t)$ 为更新公式中 RBF 网络的参数向量；$\boldsymbol{I}$ 为单位矩阵；$\lambda(t)$ 为学习率；$\boldsymbol{Q}(t)$ 为拟海塞矩阵，大小为 $N\times N$；$\boldsymbol{\Theta}(t)$ 为梯度向量，大小为 $N\times 1$。根据以上分析观察到，拟海塞矩阵大小与输入模式 p 和输出个数 M 大小无关，因此更新过程不需要存储雅可比矩阵，从而减少矩阵的存储空间，使得算法计算时间快。

LM 算法结合了梯度下降算法与高斯 - 牛顿算法，既有梯度下降算法的全局特性，又有高斯 - 牛顿算法的局部收敛特性，学习率 $\lambda(t)$ 较大时，算法接近于梯度下降算法，学习率较小近似为 0 时，算法近似于高斯 - 牛顿算法。因此，选择合适的参数可以加速算法的收敛速度和网络预测性能，还可以避免拟海塞矩阵奇异的情形。根据文献 [186]，自适应学习率 $\lambda(t)$ 被定义为：

$$\lambda(t) = \alpha\left\|\boldsymbol{e}(t)\right\| + (1-\alpha)\left\|\boldsymbol{j}^{\mathrm{T}}(t)\boldsymbol{e}(t)\right\| \tag{2-47}$$

其中，α 为正实数，$\alpha \in (0,1)$。

利用改进的 AILM 算法更新智能特征检测模型的参数，包括中心 c_{hi}、宽度 σ_h 和权值 w_h。雅可比矩阵行向量 $\boldsymbol{j}_p(t)$ 包含误差对权值的导数、误差对宽度的导数、误差对中心的导数，表达式如下所示：

$$\boldsymbol{j}_p(t) = \left[\frac{\partial e_p(t)}{\partial w_1(t)}\cdots\frac{\partial e_p(t)}{\partial w_H(t)},\frac{\partial e_p(t)}{\partial \sigma_1(t)}\cdots\frac{\partial e_p(t)}{\partial \sigma_H(t)},\frac{\partial e_p(t)}{\partial c_{11}(t)}\cdots\frac{\partial e_p(t)}{\partial c_{hi}(t)}\cdots\frac{\partial e_p(t)}{\partial c_{HI}(t)}\right] \tag{2-48}$$

雅可比矩阵行向量中各个元素的计算公式表达式分别如下所示：

$$\frac{\partial e_{pm}}{\partial w_{hm}} = -\varphi_h(\boldsymbol{X}_P) \tag{2-49}$$

$$\frac{\partial e_{pm}}{\partial \sigma_h} = -\frac{w_{hm}\varphi_h(\boldsymbol{X}_p)\left\|\boldsymbol{y}_{ph} - \boldsymbol{c}_h\right\|^2}{\sigma_h^2} \tag{2-50}$$

$$\frac{\partial e_{pm}}{\partial c_{hi}} = -\frac{2w_{hm}\varphi_h(\boldsymbol{X}_p)(x_{pi} - c_{hi})}{\sigma_h} \tag{2-51}$$

其中，p 表示输入模式的数量；i 表示输入维数；h 表示隐含层节点数；m 表示输出的数量；k 表示迭代次数。

2.4.3 城市污水处理过程运行智能特征检测模型校正

城市污水处理是一个典型的动态过程，其运行指标随着进水水质、进水水量、微生物反应活性等的变化而变化。固定结构的智能特征检测模型难以随着运行条件的变化准确描述运行指标的动态特性。为了解决上述问题，提出了一种基于相对贡献指标的智能特征检测模型结构调整方法。

智能特征检测模型结构调整机制的设计是基于回归的思想，分别在隐含层和输出层之间进行特征成分 $\boldsymbol{t}_i$ 和 $\boldsymbol{v}_i$ 的提取，希望各自提取的成分对于原变量能够具有最大的可解释性和代表性的能力，并且提取的成分具有最大的相互关联，这样就能表示隐含层和输出层神经元之间的连接关系，进而得出智能特征检测模型隐含层神经元动态调整的相对贡献指标判断机制。

相对贡献指标：当输入样本个数为 P 时，智能特征检测模型隐节点 j 和输出层神经元之间的贡献程度。具体可表示为：

$$RC(j)=\frac{\sum_{i=1}^{r}(\Upsilon_{ih}\beta_i)}{\sum_{h=1}^{H}\left(\sum_{i=1}^{r}\Upsilon_{ih}\beta_i\right)} \tag{2-52}$$

其中，$\boldsymbol{\Upsilon}_i=(\boldsymbol{\Upsilon}_{i1},\boldsymbol{\Upsilon}_{i2},\cdots,\boldsymbol{\Upsilon}_{iH})$ 为提取成分 $\boldsymbol{t}_i$ 的权重向量；$\boldsymbol{\beta}_i$ 为成分的负荷量；H 为隐含层节点的数量；r 为提取的成分个数。对每次提取的成分进行计算：

$$\boldsymbol{t}_i=\boldsymbol{\Phi}_{i-1}\Upsilon_i, 0\leqslant i\leqslant r \tag{2-53}$$

$$\boldsymbol{\Phi}_{i-1}=t_i\boldsymbol{\alpha}_i^{\mathrm{T}}+\boldsymbol{\Phi}_i \tag{2-54}$$

$$\boldsymbol{v}_i=\boldsymbol{y}_{i-1}\boldsymbol{u}_i \tag{2-55}$$

$$\boldsymbol{y}_{i-1}=\boldsymbol{v}_i\boldsymbol{\beta}_i^{\mathrm{T}}+\boldsymbol{y}_i \tag{2-56}$$

$$\beta_i=\frac{\boldsymbol{y}_i^{\mathrm{T}}\boldsymbol{t}_i}{\|\boldsymbol{t}_i\|^2}\quad \alpha_i=\frac{\boldsymbol{\Phi}_i^{\mathrm{T}}\boldsymbol{t}_i}{\|\boldsymbol{t}_i\|^2} \tag{2-57}$$

隐含层输出矩阵标准化表达式如下所示：

$$\boldsymbol{\Phi}_0(t)=\frac{\boldsymbol{\Phi}(t)-\overline{\boldsymbol{\Phi}(t)}}{\delta_1(t)} \tag{2-58}$$

其中，$\boldsymbol{\Phi}(t)=(\boldsymbol{\Phi}_1(t),\boldsymbol{\Phi}_2(t),\boldsymbol{\Phi}_j(t),\cdots,\boldsymbol{\Phi}_H(t))$ 为当前隐含层输出矩阵；$\delta_1(t)$ 为标准差；$\boldsymbol{\Phi}_j(t)=(\boldsymbol{\Phi}_j(t-p+1),\boldsymbol{\Phi}_j(t-p+2),\boldsymbol{\Phi}_j(t-p+3),\cdots,\boldsymbol{\Phi}_j(t), j=1,2,\cdots,H$ 为第 j 个神经元对于

P 个样本的隐含层输出。

P 个输入样本对应的隐含层输出矩阵的平均值表达式如下所示：

$$\overline{\boldsymbol{\Phi}_j(t)} = \frac{\sum_{l=1-p}^{P} \boldsymbol{\Phi}_j(t+l)}{P} \tag{2-59}$$

网络输出矩阵标准化表达式如下所示：

$$y_0(t) = \frac{y_1(t) - \overline{y_1(t)}}{\delta_2(t)} \tag{2-60}$$

其中，$\boldsymbol{y}(t)=(y_1(t), y_1(t-1), \cdots, y_1(t-p+1))$ 表示 p 个样本对应的网络输出矩阵；$\boldsymbol{t}_i$ 和 $\boldsymbol{v}_i$ 分别表示第 i 对成分的得分向量；$\boldsymbol{\alpha}_i$ 和 $\boldsymbol{\beta}_i$ 代表提取成分的负荷量；$\boldsymbol{\Phi}_i$ 和 $\boldsymbol{y}_i$ 代表第 i 次迭代产生的残差矩阵，不断迭代直到得到 r 个成分，并且满足条件时才停止：$r=\text{rank}(\boldsymbol{\Phi}_0)$。$\boldsymbol{\Phi}_0$ 代表 P 个输入样本对应的隐含层输出的标准化矩阵。另外，要求提取的成分具有最大的相关性，即使得内积最大，通过拉格朗日法转化为求权重向量 $\boldsymbol{\varUpsilon}_i$ 和 $\boldsymbol{u}_i$。表达式如下所示，进而求出相对贡献指标。

$$\begin{cases} \max(\boldsymbol{\varUpsilon}_i^{\mathrm{T}} \boldsymbol{\Phi}_{i-1}^{\mathrm{T}} \boldsymbol{y}_{i-1} \boldsymbol{u}_i) \\ \|\boldsymbol{\varUpsilon}_i\|^2 = 1, \|\boldsymbol{u}_i\|^2 = 1 \end{cases} \tag{2-61}$$

根据矩阵 $\boldsymbol{A} = \boldsymbol{\Phi}_{i-1}^{\mathrm{T}} \boldsymbol{y}_{i-1} \boldsymbol{y}_{i-1}^{\mathrm{T}} \boldsymbol{\Phi}_{i-1}$ 的特征值和特征向量，最大特征值为 θ_i^2，$\theta_i=\boldsymbol{w}_i^{\mathrm{T}} \boldsymbol{\Phi}_{i-1}^{\mathrm{T}} \boldsymbol{y}_{i-1} \boldsymbol{u}_i$，进而求得 $\boldsymbol{\varUpsilon}_i$ 和 $\boldsymbol{u}_i = \theta_i^{-1} \boldsymbol{y}_{i-1} \boldsymbol{y}$。

基于上述分析的相对贡献指标衡量隐含层神经元对输出层神经元的贡献程度，并结合模型误差信息处理能力，提出一种结构动态调整的智能特征检测模型，其可以实现根据实际处理过程在线增加或者删减隐含层相应的神经元。

（1）智能特征检测模型动态调整增加机制

智能特征检测模型在训练过程中，如果满足迭代 t 次的误差比 $t-n$ 次大，则表示网络此时对于动态过程的信息处理能力不足，需要增加新的神经元。此时，应选择隐含层神经元与输出层神经元之间具有最大相对贡献程度的隐含层神经元 j，此神经元表示和输出层神经元之间具有最大的贡献度，因此将其进行分裂，即满足以下表达式：

$$\begin{cases} E(t) - E(t-n) > 0 \\ j = \arg \max\limits_{1 \leqslant j \leqslant H} (RC(j)) \end{cases} \tag{2-62}$$

其中，$E(t)$ 和 $E(t-n)$ 分别代表算法迭代次数为 t 和 $t-n$ 时的训练误差；n 代表样本间隔数；j 代表的是隐含层和输出层相对贡献指标最大的神经元；H 代表 t 时刻存在的隐含层神经元数目。

如果满足上述神经元增加机制，则将第 j 个神经元进行分裂，分裂后新的神经元的参数设置表达式分别如下所示：

$$\boldsymbol{c}_{\text{new}}(t)=\frac{1}{2}(\boldsymbol{c}_j(t)+\boldsymbol{x}(t)) \tag{2-63}$$

$$\sigma_{\text{new}}(t)=\sigma_j(t) \tag{2-64}$$

$$w_{\text{new}}(t)=\frac{e_j(t)}{\theta_{\text{new}}(t)} \tag{2-65}$$

其中，$\boldsymbol{c}_j(t)$、$\sigma_j(t)$ 分别代表第 j 个神经元的中心和宽度；$\boldsymbol{c}_{\text{new}}$、$\sigma_{\text{new}}$ 分别代表新分裂后增加的神经元的中心和宽度；w_{new} 为新增加神经元的输出连接权值；$e_j(t)$ 代表 t 时刻神经网络产生的误差；$\boldsymbol{\theta}_{\text{new}}(t)$ 为新增加神经元的隐含层输出值。

（2）智能特征检测模型动态调整删减机制

模型在训练过程中，如果当前隐含层第 k 个神经元和输出层的相对贡献指标 RC 小于某个设定的阈值 ε（较小的正数），可以认为此神经元对输出的贡献程度较小甚至可以忽略不计，断开此神经元和输出之间的连接权值。因此需要将第 k 个神经元删除，删减条件表达式如下所示：

$$\begin{cases}\min(RC(j))<\varepsilon \\ k=\arg\min\limits_{1\leqslant j\leqslant H}(RC(j))\end{cases} \tag{2-66}$$

其中，k 代表隐含层神经元和输出层神经元相对贡献小于阈值的神经元；ε 为设定的较小的删减阈值。

对距离删减神经元欧氏距离最近的神经元进行参数设置，具体可表示为：

$$\boldsymbol{c}'_{i-1}(t)=\boldsymbol{c}_k(t) \tag{2-67}$$

$$\sigma'_{i-1}(t)=\sigma_k(t) \tag{2-68}$$

$$w''_{i-1}(t)=w'_{i-1}(t)+\frac{\theta_k(t)}{\theta'_{i-1}(t)}w_k(t) \tag{2-69}$$

其中，i-1 表示与第 k 个神经元欧氏距离最近的隐含层神经元；$\boldsymbol{c}'_{i-1}(t)$ 和 $\sigma'_{i-1}(t)$ 分别表示第 k 个神经元删除后，与其欧氏距离最近的神经元 i-1 的中心和宽度；$\boldsymbol{c}_k(t)$ 和 $\sigma_k(t)$ 分别表示第 k 个隐含层神经元的中心和宽度；$w'_{i-1}(t)$ 和 $w''_{i-1}(t)$ 分别表示第 k 个神经元删除之前和之后，第 i-1 个神经元和输出之间的连接权值；$\boldsymbol{\theta}_k(t)$ 和 $\boldsymbol{\theta}'_{i-1}(t)$ 分别表示第 k 个隐含层神经元的输出和删除此神经元之前，与隐含层神经元 i 欧氏距离最近的隐含层神经元 i-1 的输出值。

基于相对贡献指标的结构调整机制设计和参数优化设计，所设计的基于 RBF 神经网络的智能特征检测模型能够实现对性能指标动态特性的准确描述，进而取得良好的建模效果。基于 RBF 神经网络的智能特征检测模型校正过程如图 2-4 所示，主要包含模型参数调整和结构调整。

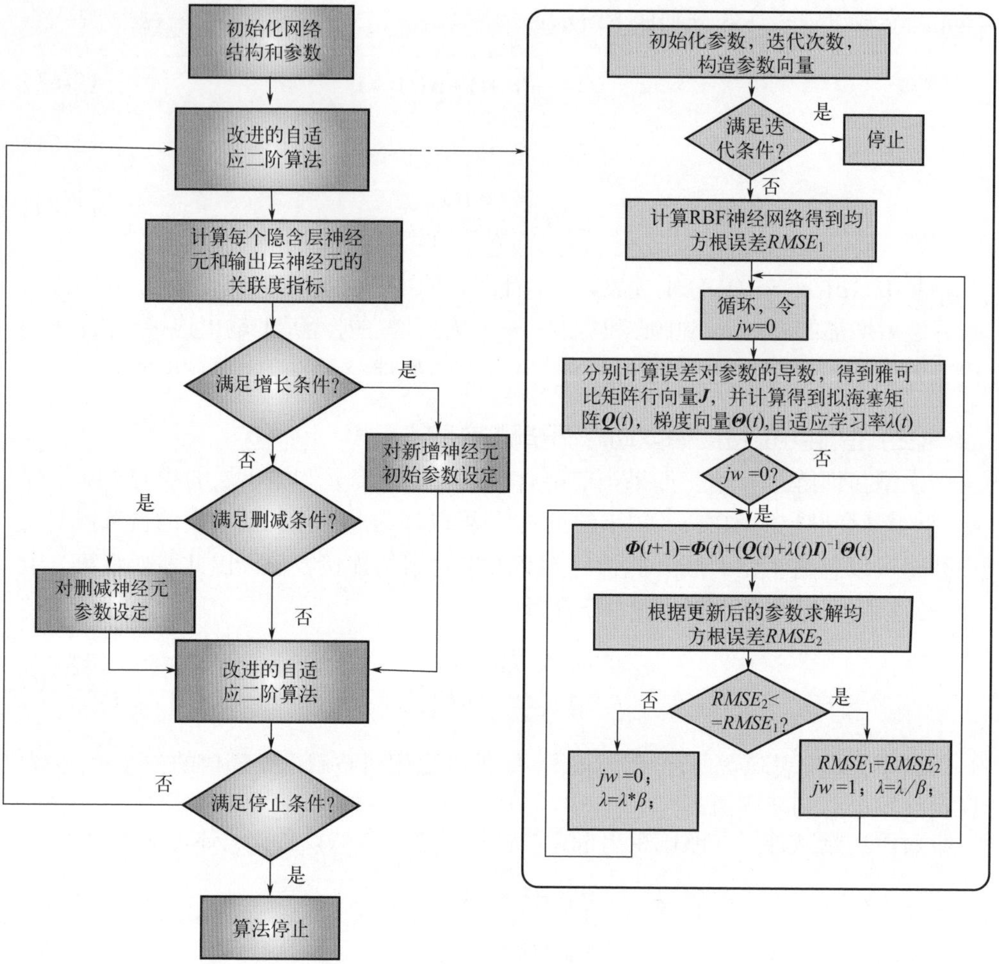

图 2-4 基于 RBF 神经网络的智能特征检测模型校正过程

2.5 城市污水处理过程典型运行指标智能特征检测实现

为了验证所提出的基于自组织 RBF 神经网络的出水氨氮浓度智能特征检测模型（RC-RBF-IDM）的有效性，利用北京市某城市污水处理厂的运行数据对智能特征检测模型进行验证。在分析实验结果之前，先给出模型实验设置。

2.5.1 城市污水处理过程运行指标智能特征检测实验设计

为了验证出水氨氮浓度智能特征检测模型的效果，使用从北京某城市污水处理厂获取的 2018 年的运行数据，数据采样周期为 2h。将采集的数据进行异常数据剔除和数据归一化处理，经过预处理之后剩下 190 组数据，140 组数据作为训练样本数据，50 组数据作为测试样本数据。模型的输入变量选择温度 T、好氧前端 DO 浓度、好氧末端 TSS 浓度、出水 pH、厌氧末端 ORP、污泥龄，输出变量选为出水氨氮浓度。网络的初始结构设为 6-2-1。删减阈值设为 0.1，学习率 α 设为 0.57，迭代步数为 150 步，滑动窗格的大小设置为 5 个。

为了评价出水氨氮浓度软智能特征检测模型的性能，采用均方根误差函数 *RMSE* 和预测氨氮浓度的准确度两个指标，具体可表示为：

$$RMSE(t)=\sqrt{\frac{1}{2P}\sum_{p=1}^{P}(y_p(t)-o_p(t))^2} \tag{2-70}$$

其中，P 表示训练样本总数；$o_p(t)$ 表示 t 时刻第 p 个样本对应产生的出水氨氮浓度的期望输出值；$y_p(t)$ 为 t 时刻第 p 个样本产生的网络输出值。

$$PA=\frac{\sum_{t=1}^{N}(1-|y_p(t)-o(t)|/o(t))}{N} \tag{2-71}$$

其中，预测精度 *PA* 越大，说明基于 RC-RBF 神经网络的氨氮浓度预测模型性能越好。

在出水总磷浓度智能特征检测模型中，使用来自两个不同的城市污水处理厂的数据，剔除异常数据后，各得到 700 组标准化样本。其中 500 组样本被用来作为训练数据，剩余的 200 组样本作为测试数据。筛选出与出水总磷浓度相关的辅助变量作为模型输入，包括：进水 TP 浓度、温度、ORP、DO 浓度、TSS 浓度和 pH 值，出水 TP 浓度作为模型输出。网络的初始结构设为 6-4-1。删减阈值设为 0.1，学习率 α 设为 0.57，迭代步数为 150 步，滑动窗格的大小设置为 5 个。同样利用 *RMSE* 和 *PA* 验证出水总磷浓度智能特征模型的性能。

2.5.2 城市污水处理过程运行指标智能特征检测结果分析

图 2-5 ～图 2-10 分别显示了出水氨氮浓度智能特征检测模型的仿真结果。图 2-5 给出了基于自组织 RBF 神经网络的出水氨氮浓度智能特征检测模型训练输出和实际输出的曲线，图 2-6 给出了训练误差，从图中可以看出所提出的智能特征检测模型能够准确地描述出水氨氮浓度的动态特性。图 2-7 给出了算法在训练过程中 *RMSE* 的变化，训练过程中 *RMSE* 的值一直呈现下降趋势，迅速收敛到较

低的误差范围内。图 2-8 给出了训练过程中隐节点的数目变化，其数目最终可以稳定到 8。图 2-9 显示的是出水氨氮浓度智能特征检测模型的测试输出和实际输出结果，结果表明训练好的智能特征检测模型适合污水处理出水氨氮浓度的在线预测。图 2-10 显示的是出水氨氮浓度智能特征检测模型的测试误差曲线，测试误差在 [-0.15，0.15] 较小的范围内，证明基于出水氨氮浓度智能特征检测模型具有良好的泛化性能。

为了验证所提出的 RC-RBF-IDM 效果，将结果与其他基于神经网络的智能特征检测模型进行对比，包括采用固定结构神经元的改进 LM 算法优化的 RBF 神经网络智能特征检测模型（ILM-RBF-IDM）、基本的基于 RBF 神经网络的智能特征检测模型（RBF-IDM）、基于 BP 神经网络的智能特征检测模型（BP-IDM）、改进 K-means 的 RBF 智能特征检测模型（K-means-RBF-IDM）[187]。

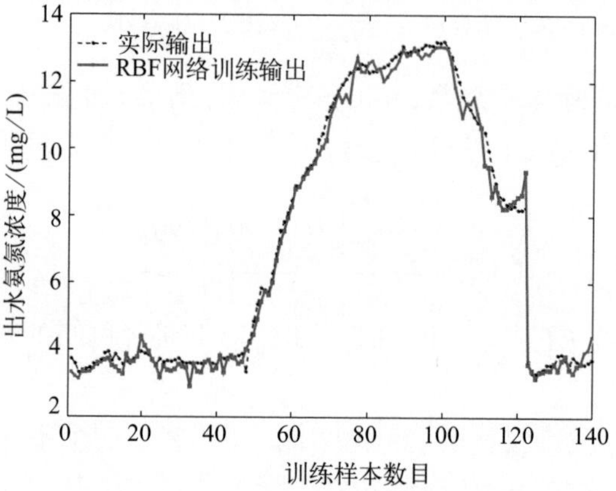

图 2-5　网络训练输出和实际输出曲线

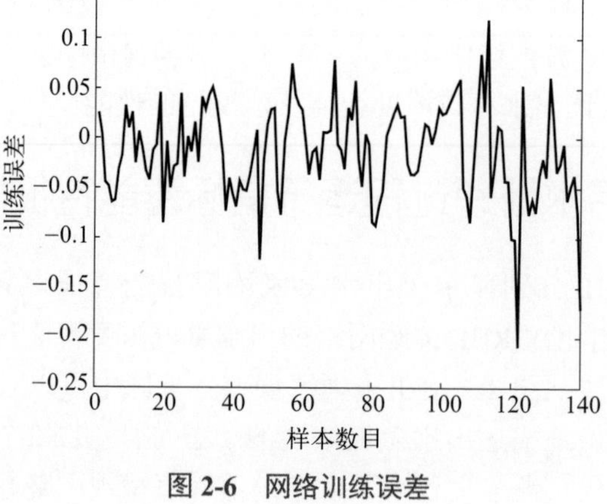

图 2-6　网络训练误差

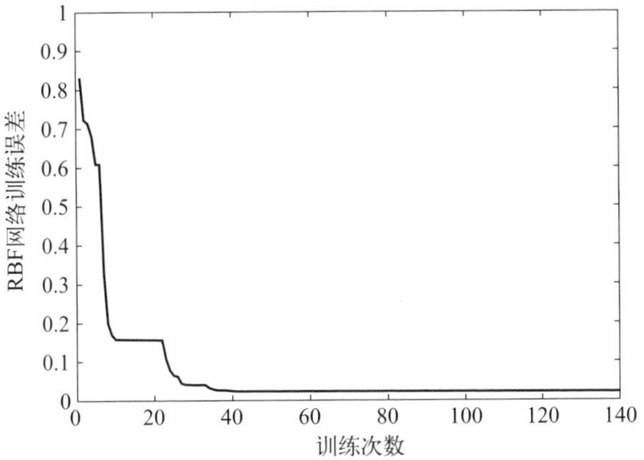

图 **2-7**　训练过程中 ***RMSE*** 值的变化

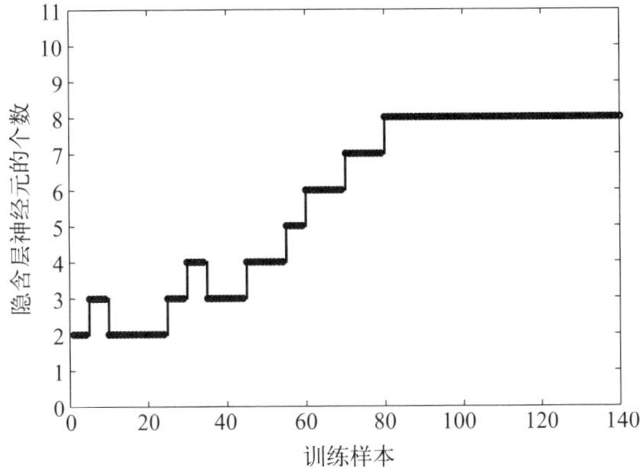

图 **2-8**　训练过程中隐节点的数目变化

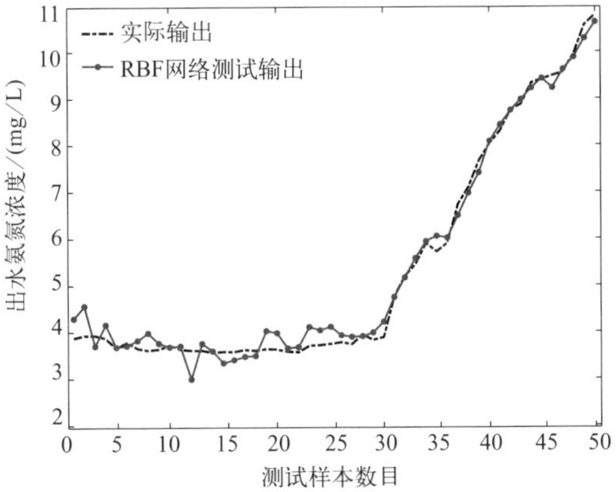

图 **2-9**　模型测试输出和实际输出

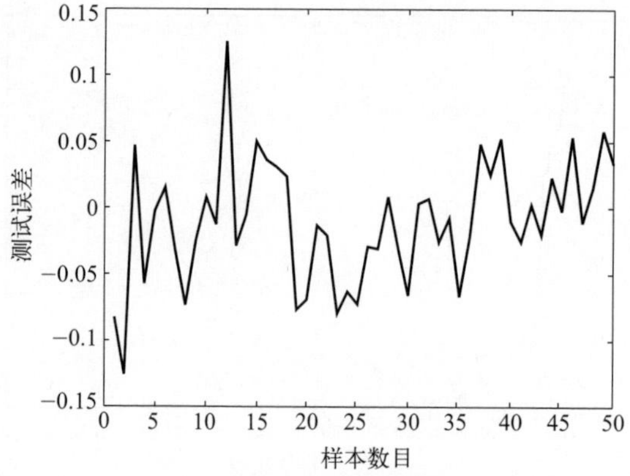

图 2-10　模型测试误差曲线

表 2-2 给出了不同算法对出水氨氮浓度预测的性能指标对比，RC-RBF-IDM 神经网络与 ILM-RBF-IDM 神经网络相比，虽然隐含层数目不是最少的，但是预测出水氨氮浓度的 *RMSE* 最小，预测精度更高，而且能够根据实时采集的数据动态调整其结构和参数。

表 2-2　不同智能特征检测模型的性能对比

智能特征检测模型	隐含层数目	预测精度（*PA*）	训练 *RMSE*	测试 *RMSE*
RC-RBF-IDM	8	98.84%	0.0237	0.0306
ILM-RBF-IDM	5	94.55%	0.1475	0.1870
RBF-IDM	10	90.63%	0.2870	0.3173
BP-IDM	10	88.42%	0.3841	0.4751
K-means-RBF-IDM	5	93.32%	—	—

以上实验结果表明：提出的 RC-RBF-IDM 能够很好地实现对污水处理过程出水氨氮浓度的在线预测，并且模型具有较小的训练误差和测试误差，同时具有较高的预测精度，对于实际的污水处理厂出水氨氮浓度的实时检测和有效预防具有一定的实际意义，更加有利于污水处理厂正常的维护和运行。

出水总磷浓度智能特征检测模型预测效果如图 2-11 ～图 2-14 所示。其中，图 2-11 所示为 RC-RBF-IDM 模型在训练过程中隐含层的变化；图 2-12 所示示为 RC-RBF-IDM 模型训练 *RMSE*；图 2-13 所示为 RC-RBF-IDM 模型测试效果图；测试误差如图 2-14 所示，从图中可以看出，基于 RC-RBF-IDM 的出水总磷浓度智能特征检测模型的预测误差保持在 [−0.04, 0.03] 的范围内。

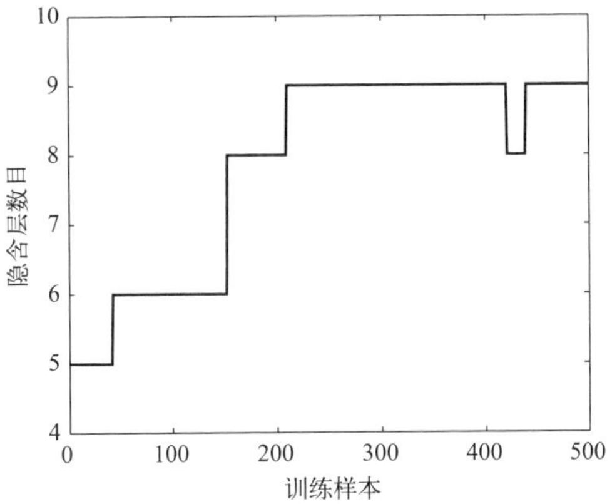

图 2-11　训练过程中隐含层的数目变化

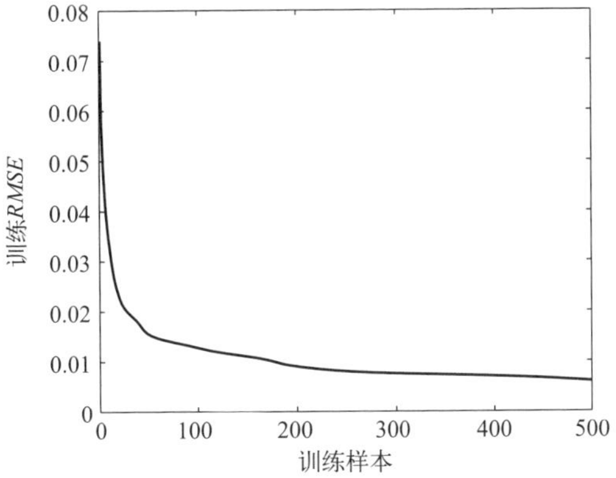

图 2-12　训练过程中 ***RMSE*** 值的变化

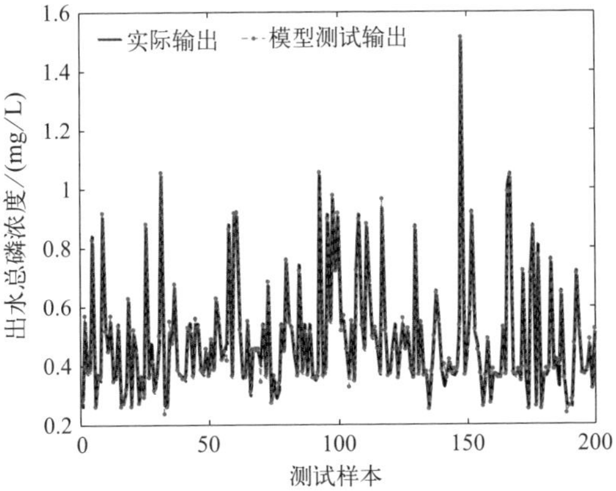

图 2-13　模型测试输出和实际输出

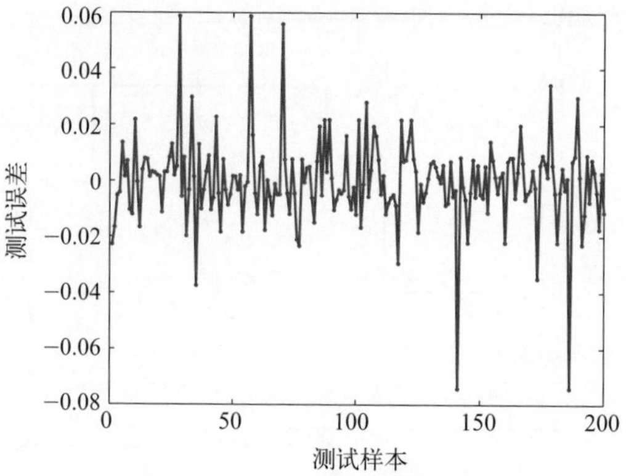

图 2-14　模型测试误差曲线

表 2-3 给出了 RC-RBF-IDM 模型和其他四种出水总磷浓度智能特征检测模型的实验结果，包括基于 RBF 神经网络的智能特征检测模型（RBF-IDM）、基于广义增长修剪 RBF 神经网络的智能特征检测模型（GID-RBF-IDM）、基于动态模糊神经网络的智能特征检测模型（DFS-IDM）和基于广义动态模糊神经网络的智能特征检测模型（GDFS-IDM）。从表中可以看出，与其他系统模型相比，RC-RBF-IDM 模型具有更低的平均测试误差和更紧凑的结构。因此，所提出的基于 RBF 神经网络的智能特征检测模型能够获得较好的预测效果。

表 2-3　数据驱动的出水总磷浓度智能特征检测模型实验结果

智能特征检测模型	隐含层数目	训练 ***RMSE***	测试 ***RMSE***
RC-RBF-IDM	9	0.0060	0.0077
RBF-IDM	11	0.0065	0.0089
GID-RBF-IDM	9	0.0061	0.0079
DFS-IDM	8	0.0066	0.0084
GDFS-IDM	10	0.0061	0.0081

2.6 本章小结

本章主要针对污水处理过程中出水氨氮浓度和出水总磷浓度难以准确、实时地在线检测等问题，采用主元分析法 PCA 对初步选定的辅助变量进行降维，进一步选择出模型的输入变量，采用适合处理非线性动态过程的 RC-RBF 神经网络建立出水氨氮浓度和出水总磷浓度智能特征检测模型。利用选择好的输入变量作为智能特征模型的输入变量，采用基于相对贡献指标判断隐含层神经元的重要程度，对模型的结构进行动态调整，同时还利用改进的自适应 LM 算法对模型中所有的参数进行优化调整。通过以上对基于 RBF 神经网络的智能特征检测模型结构和参数进行设计，实现出水氨氮浓度和出水总磷浓度的准确预测，仿真结果表明：

① 针对污水处理过程的建模特点，采用基于相对贡献指标的 RBF 神经网络对出水氨氮浓度和出水总磷浓度进行智能特征建模，使得特征模型能够根据实际应用中采集的输入 - 输出数据实时调整网络结构的情况。

② 将设计的基于 RC-RBF 神经网络的智能特征检测模型用于出水氨氮浓度和出水总磷浓度预测过程中，保证用精简的网络结构去实现较高的预测精度，提高网络的泛化性能。为了证明提出方法的有效性，与其他基于神经网络的出水氨氮浓度和出水总磷浓度特征模型进行了实验对比，结果表明采用的 RC-RBF-IDM 能够很好地描述出水氨氮浓度和出水总磷浓度动态特性，结果再次证明了所提出的智能特征模型的有效性和可行性。

Cutting-Edge Technologies in
Smart Environmental Protection

第3章

城市污水处理过程性能指标智能优化设定

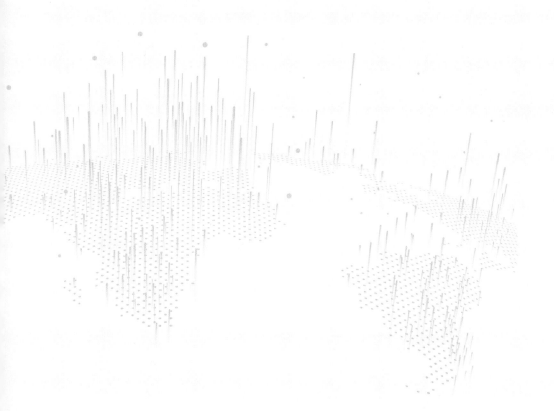

3.1 概述

城市污水处理过程中厌氧和好氧环境并存，硝化和反硝化反应交替进行，过程变量间存在强耦合关系，运行过程中的操作能耗、出水水质等性能指标相互制约，控制变量的操作要求相互矛盾，既要保证出水水质（出水总氮浓度、出水氨氮浓度等）达标排放，又要降低操作消耗（曝气能耗、泵送能耗等）。因此，城市污水处理过程性能指标优化设定是一个典型的多目标优化问题。

为了实现城市污水处理过程多指标间的优化设定，要充分考虑城市污水处理过程的特点，明确污水处理过程的影响因素和污水排放指标等限制；同时，在污水处理系统的运行过程中，还需要充分考虑实际污水处理系统的运行条件。城市污水处理过程的优化设定一般以节约系统能源消耗和减少污染物排放为优化目标，以出水水质达标为约束条件，兼顾进水流量和水质波动的干扰，获得优化变量的动态设定值。由此可见，在城市污水处理优化设定过程中，优化目标的选定、关键过程变量的动态寻优是必须解决的关键问题。

为了解决多冲突性能指标的动态优化，实现运行指标间的有效平衡，多目标进化算法得到了广泛的研究，如多目标粒子群优化算法（MOPSO）、多目标非支配解排序遗传算法（NSGA Ⅱ）、多目标差分进化算法（MODE）等。MOPSO 算法以其优化参数少、收敛速度快以及易于实现等特点，被广大学者用于解决工业过程多目标优化问题。NSGA Ⅱ算法是一种带有精英保留策略的快速非支配多目标优化算法，也是一种基于帕累托最优解的多目标优化算法。MODE 算法中变异向量是由父代差分向量生成的，并与父代个体向量交叉生成新个体向量，直接与其父代个体进行选择。然而，对于城市污水处理过程性能指标优化模型而言，其随着运行过程的变化进行动态变化，对于动态的优化目标模型，其主要难点在于进化状态信息的准确描述以及优化解的搜索。

本章根据城市污水处理过程性能指标优化的需求，研究基于多目标梯度的 MOPSO 算法、基于局部策略的 NSGA Ⅱ算法以及基于进化过程信息的自适应 MODE 方法，提高算法的优化搜索能力，实现性能指标间的优化设定，实现城市污水处理过程的优化运行。

3.2 城市污水处理过程性能指标特性分析

3.2.1 城市污水处理过程性能指标机理分析

城市污水处理过程性能指标主要包括出水水质（EQ）和操作能耗（EC）。其中，EQ 是指向受纳水体排放污染物所需要缴纳的罚款，其大小取决于出水水质的好坏，出水水质越好，则 EQ 越小；操作能耗是指城市污水处理过程中产生的能耗，主要包括曝气能耗（AE）、泵送能耗（PE）。

$$EQ = \frac{1}{1000 \times T}\int_{t=7}^{t=14}\begin{pmatrix} 2SS_{\mathrm{e}}(t) + COD_{\mathrm{e}}(t) + 30S_{\mathrm{NO,e}}(t) + \\ 10S_{\mathrm{NKj,e}}(t) + 2BOD_{5,\mathrm{e}}(t) \end{pmatrix} \times Q_{\mathrm{e}}(t)\mathrm{d}t \tag{3-1}$$

其约束条件为：

$$\text{s.t.}\begin{cases} 0\ \mathrm{mg/L} < SS_{\mathrm{e}}(t) < 30\ \mathrm{mg/L} \\ 0\ \mathrm{mg/L} < COD_{\mathrm{e}}(t) < 100\ \mathrm{mg/L} \\ 0\ \mathrm{mg/L} < BOD_{\mathrm{e}}(t) < 10\ \mathrm{mg/L} \\ 0\ \mathrm{mg/L} < N_{\mathrm{tot,e}}(t) < 18\ \mathrm{mg/L} \\ 0\ \mathrm{mg/L} < S_{\mathrm{NH,e}}(t) < 4\ \mathrm{mg/L} \end{cases} \tag{3-2}$$

其中，$N_{\mathrm{tot,e}}(t)$ 表示 t 时刻出水总氮浓度，$N_{\mathrm{tot,e}}(t)$=$S_{\mathrm{NKj,e}}(t)$+$S_{\mathrm{NO,e}}(t)$；$S_{\mathrm{NH,e}}(t)$ 表示 t 时刻出水氨氮浓度。由式（3-1）可得，出水有机物浓度越低，则对应的出水水质罚款越少。影响出水水质的主要变量为 $SS_{\mathrm{e}}(t)$、$COD_{\mathrm{e}}(t)$、$BOD_{5,\mathrm{e}}(t)$、$S_{\mathrm{NH,e}}(t)$ 和 $N_{\mathrm{tot,e}}(t)$。

$$\begin{aligned} EC = & \frac{S_{\mathrm{O,sat}}}{1800T}\int_{t=7}^{t=14}\sum_{i=1}^{i=5} V_i(K_{\mathrm{L}}a_i(t))\mathrm{d}t + \\ & \frac{1}{T}\int_{t=7}^{t=14}(0.004Q_{\mathrm{a}}(t) + 0.05Q_{\mathrm{w}}(t) + 0.008Q_{\mathrm{r}}(t))\mathrm{d}t \end{aligned} \tag{3-3}$$

其中，$K_{\mathrm{L}}a_i(t)$ 表示 t 时刻第 i 个分区的氧传递系数。从式（3-3）中可以看出，在城市污水处理过程中，$K_{\mathrm{L}}a_i(t)$ 越小，EC 会越小，则运行成本会越小。影响 EC 的主要变量为 $K_{\mathrm{L}}a_i(t)$、$Q_{\mathrm{a}}(t)$、$Q_{\mathrm{w}}(t)$ 和 $Q_{\mathrm{r}}(t)$。在城市污水处理基准仿真模型中，$K_{\mathrm{L}}a_1(t)$=0mol/L，$K_{\mathrm{L}}a_2(t)$=0mol/L，$K_{\mathrm{L}}a_3(t)$=120mol/L，$K_{\mathrm{L}}a_4(t)$=120mol/L，$K_{\mathrm{L}}a_5(t)$ 在 0 ～ 240mol/L 范围内变化，V_1=V_2=1000m^3，V_3=V_4=V_5=1333m^3。

在城市污水处理过程中，关键性能指标 EQ 和 EC 的机理模型如式（3-1）和式（3-3）所示，可以看出，影响 EQ 的主要操作变量为 $SS_{\mathrm{e}}(t)$、$COD_{\mathrm{e}}(t)$、$BOD_{5,\mathrm{e}}(t)$、

$S_{NH,e}(t)$ 和 $N_{tot,e}(t)$，其中：

$$SS_e(t)=0.75(X_{S,e}(t)+X_{I,e}(t)+X_{BH,e}(t)+X_{BA,e}(t)+X_{P,e}(t)) \tag{3-4}$$

$$COD_e(t)=S_{S,e}(t)+S_{I,e}(t)+X_{S,e}(t)+X_{I,e}(t)+X_{BH,e}(t)+X_{BA,e}(t)+X_{P,e}(t) \tag{3-5}$$

$$BOD_{5,e}(t)=0.25(S_{S,e}(t)+X_{S,e}(t)+(1-f_P)(X_{BH,e}(t)+X_{BA,e}(t))) \tag{3-6}$$

$$\begin{aligned}S_{NKj,e}(t)=&S_{NH,e}(t)+S_{ND,e}(t)+X_{ND,e}(t)+\\&i_{XB}(X_{BA,e}(t)+X_{BH,e}(t)+i_P(X_{P,e}(t)+X_{I,e}(t))\end{aligned} \tag{3-7}$$

其中，$X_{S,e}(t)$ 表示 t 时刻出水缓慢生物降解基质浓度；$X_{I,e}(t)$ 表示 t 时刻出水颗粒惰性有机物浓度；$X_{BH,e}(t)$ 表示 t 时刻出水活性异养生物量浓度；$X_{BA,e}(t)$ 表示 t 时刻出水活性自养生物量浓度，$X_{P,e}(t)$ 表示 t 时刻出水颗粒物生物质衰变产物浓度；$S_{S,e}(t)$ 表示 t 时刻出水易生物降解基质浓度，$S_{I,e}(t)$ 表示 t 时刻出水可溶性惰性有机物浓度；f_P 表示无量纲系数；$S_{NH,e}(t)$ 表示 t 时刻出水氨氮浓度；$S_{ND,e}(t)$ 表示 t 时刻出水可溶性可生物降解有机氮浓度；$X_{ND,e}(t)$ 表示 t 时刻出水颗粒性可生物降解有机氮浓度；i_{XB} 表示生物量系数；i_P 表示颗粒物系数。在活性污泥法城市污水处理过程中，通常假设其出水有机物浓度与污水处理反应过程中的有机物浓度具有一定的比例关系，如 $X_{BA,e}$=0.0038X_{BA}，$X_{BH,e}$=0.0038X_{BH}[107]。对于出水水质指标，$SS_e(t)$ 主要受二沉池 SS 浓度的影响，$COD_e(t)$ 主要受第五分区 COD 的影响，$BOD_{5,e}(t)$ 主要受第五分区 BOD 的影响，$S_{NH,e}(t)$ 主要受第五分区 S_{NH} 的影响，$N_{tot,e}(t)$ 主要受第五分区 N_{tot} 的影响。

影响 EC 的主要变量为 $K_La_i(t)$、$Q_a(t)$、$Q_r(t)$ 和 $Q_w(t)$。其中，$K_La_5(t)$ 主要用于调整第五分区溶解氧浓度（S_O）。其中，S_O 的反应机理可描述为：

$$\begin{aligned}\frac{dS_O}{dt}=&-\mu_H\left(\frac{1-Y_H}{Y_H}\right)\left(\frac{S_S}{K_S+S_S}\right)\left(\frac{S_O}{K_{OH}+S_O}\right)X_{BH}+\\&\mu_A\left(\frac{4.57-Y_A}{Y_A}\right)\left(\frac{S_{NH}}{K_{NH}+S_{NH}}\right)\left(\frac{S_O}{K_{OH}+S_O}\right)X_{B,A}\end{aligned} \tag{3-8}$$

其中，μ_H 表示异养菌的最大生长速率；Y_H 表示异养菌 COD 的产率系数。$Q_a(t)$ 主要用于调整第二分区硝态氮浓度（S_{NO}）。其中，S_{NO} 的反应机理可描述为：

$$\begin{aligned}\frac{dS_{NO}}{dt}=&-\mu_H\left(\frac{Y_H}{1-Y_H}\right)\left(\frac{S_S}{K_S+S_S}\right)\left(\frac{K_{OH}}{K_{OH}+S_O}\right)\left(\frac{S_{NO}}{K_{NO}+S_{NO}}\right)X_{BH}+\\&\frac{\mu_A}{Y_A}\left(\frac{S_{NH}}{K_{NH}+S_{NH}}\right)\left(\frac{S_O}{K_{OH}+S_O}\right)X_{BA}\end{aligned} \tag{3-9}$$

$Q_r(t)$ 主要用于调整混合悬浮液固体浓度（$MLSS$）。其中，$MLSS$ 的反应机理为：

$$MLSS = X_S + X_{BH} + X_{BA} + X_P \tag{3-10}$$

在活性污泥法城市污水处理过程中，经实践操作经验表明，入水流量和温度也是影响性能指标 EQ 和 EC 的主要因素，因此，基于上述机理特点分析，可确定影响 EQ 和 EC 的相关过程变量为：

$$EQ = f_1(S_O, S_{NO}, SS, S_S, S_{NH}, S_{ND}, S_I, X_{ND}, X_{BA}, X_{BH}, X_P, X_S, X_I, T_{em}, Q_{in}) \tag{3-11}$$

$$EC = f_2(S_O, S_{NO}, MLSS, S_S, S_{NH}, X_{BA}, X_{BH}, X_P, X_S, T_{em}, Q_{in}) \tag{3-12}$$

其中，$f_1(\cdot)$ 和 $f_2(\cdot)$ 分别表示关于性能指标 EQ 和 EC 的非线性函数。影响 EQ 的相关过程变量为 S_O、S_{NO}、SS、S_S、S_{NH}、S_{ND}、S_I、X_{ND}、X_{BA}、X_{BH}、X_P、X_S、X_I、T_{em} 和 Q_{in}，影响 EC 的相关过程变量为 S_O、S_{NO}、$MLSS$、S_S、S_{NH}、X_{BA}、X_{BH}、X_P、X_S、T_{em} 和 Q_{in}。

3.2.2 城市污水处理过程性能指标关联度分析

根据城市污水处理过程性能指标 EQ 和 EC 机理模型的分析，初步确定影响 EQ 的 15 个相关过程变量（S_O、S_{NO}、SS、S_S、S_{NH}、S_{ND}、S_I、X_{ND}、X_{BA}、X_{BH}、X_P、X_S、X_I、T_{em} 和 Q_{in}）和影响 EC 的 11 个相关过程变量（S_O、S_{NO}、$MLSS$、S_S、S_{NH}、X_{BA}、X_{BH}、X_P、X_S、T_{em} 和 Q_{in}）。

在相关过程变量检测过程中，由于测量仪器的灵敏度、操作环境的变化以及人为操作等造成的随机误差会导致获取的相关过程变量数据信息具有一定的误差和波动性，若将未经处理过的数据直接用于综合运行指标 EQ 和 EC 的预测，不仅无法获取准确的运行指标预测值，同时也无法为城市污水处理过程优化控制提供可靠的参考信息。因此，在利用相关过程变量信息前需对获取的相关过程变量数据进行预处理，以保证数据的可靠性和有效性。同时，由于城市污水处理过程同时包含多种过程变量，若将相关的过程变量全部用于综合运行指标预测时，不仅会将多种过程变量的噪声和干扰等考虑进去，而且会造成综合运行指标预测模型复杂度过高，降低综合运行指标预测模型的实用性和可操作性。为了实现性能指标 EQ 和 EC 动态特性的准确描述，利用主元分析法获取影响性能指标的关键特征变量。具体操作过程为：

① 采用 Pauta 准则对相关过程变量样本数据进行初始化处理，运行指标 EQ 和 EC 相关过程变量数据样本 $\boldsymbol{U}_{L\times 17}$ 可表示为：

$$\boldsymbol{U} = \begin{bmatrix} u_{1,1} & u_{1,2} & \cdots & u_{1,15} & u_{1,16} & u_{1,17} \\ u_{2,1} & u_{2,2} & \cdots & u_{2,15} & u_{2,16} & u_{2,17} \\ \vdots & \vdots & & \vdots & \vdots & \vdots \\ u_{L,1} & u_{L,2} & \cdots & u_{L,15} & u_{L,16} & u_{L,17} \end{bmatrix} \tag{3-13}$$

其中，l 表示过程变量数据样本的行数，l=1,2,⋯,L；17 表示过程变量数据样本的列数（前 15 列为影响 EQ 和 EC 的所有相关过程变量，后两列分别为 EQ 和 EC）。第 i 列过程变量数据样本的平均值为 $\bar{u}_i$，每列数据样本与对应列数据样本平均值之间的误差为 $v_{l,i}=u_{l,i}-\bar{u}_i$（$l$=1,2,⋯,$L$；$i$=1,2,⋯,17），利用 Pauta 准则对数据样本进行处理：

$$\sigma_i=\frac{\sqrt{\sum_{l=1}^{L}(u_{l,i}-\bar{u}_i)^2}}{L} \tag{3-14}$$

如果满足：

$$|v_{l,i}|>3\sigma_i \tag{3-15}$$

则认为该数据样本是正常样本，否则删除该行样本。同时，考虑到不同数据样本维度的差异，在关键特征变量挖掘过程中需要对数据样本进行归一化处理。数据样本归一化过程为：

$$u_{i\mathrm{norm}}=\frac{u_i-u_{i\min}}{u_{i\max}-u_{i\min}} \tag{3-16}$$

其中，$u_{i\mathrm{norm}}$ 表示归一化后的样本数据；$u_{i\min}$ 和 $u_{i\max}$ 分别表示第 i 列数据样本中的最小样本和最大样本。经归一化处理后，所有的样本处于 [0,1] 之间。同时，值得注意的是，在测试结果输出时应将所有的样本进行反归一化处理。归一化后的数据样本 $\boldsymbol{X}_{M\times 17}$ 可表示为：

$$\boldsymbol{X}=\begin{bmatrix} x_{1,1} & x_{1,2} & \cdots & x_{1,15} & x_{1,16} & x_{1,17} \\ x_{2,1} & x_{2,2} & \cdots & x_{2,15} & x_{2,16} & x_{2,17} \\ \vdots & \vdots & & \vdots & \vdots & \vdots \\ x_{M,1} & x_{M,2} & \cdots & x_{M,15} & x_{M,16} & x_{M,17} \end{bmatrix} \tag{3-17}$$

② 计算数据样本 $\boldsymbol{X}_{M\times 17}$ 的协方差矩阵 $\boldsymbol{C_X}$：

$$\boldsymbol{C_X}=Cov(\boldsymbol{X})=\begin{bmatrix} r_{1,1} & r_{1,2} & \cdots & r_{1,M} \\ r_{2,1} & r_{2,2} & \cdots & r_{2,M} \\ \vdots & \vdots & \vdots & \vdots \\ r_{M,1} & r_{M,2} & \cdots & r_{M,M} \end{bmatrix} \tag{3-18}$$

其中，$r_{M,M}$ 表示相关系数。

③ 计算协方差矩阵 $\boldsymbol{C_X}$ 的特征值和对应的特征向量：

$$\boldsymbol{C_X}=\boldsymbol{V\Lambda V}^{\mathrm{T}} \tag{3-19}$$

其中，$\boldsymbol{V}$ 表示协方差矩阵的特征向量；$\boldsymbol{\Lambda}$ 表示矩阵特征向量相关特征值组成的对角矩阵：

$$\boldsymbol{\Lambda}=\begin{bmatrix}\lambda_{1,1} & & \\ & \cdots & \\ & & \lambda_{M,M}\end{bmatrix} \tag{3-20}$$

④ 按照从大到小的顺序对特征值进行排列，计算前 N 个特征值的累计贡献率：

$$\eta(N)=\frac{\sum_{m=1}^{N}\lambda_m}{\sum_{m=1}^{M}\lambda_m} \tag{3-21}$$

⑤ 取前 N 个较大的特征值对应的特征向量组成变换矩阵 $\boldsymbol{P}^{\mathrm{T}}$。

⑥ 根据 $\boldsymbol{Y}=\boldsymbol{P}^{\mathrm{T}}\boldsymbol{X}$ 计算前 N 个主成分，以达到降维的目的。

利用主元分析法计算 15 个相关过程变量的累计贡献率，以 η>85% 为判断依据，获取影响性能指标 EQ 和 EC 的关键特征变量，并将 EQ 和 EC 关键特征变量作为性能指标特征模型的输入变量，实现性能指标动态特性的精准描述。

3.3 城市污水处理过程性能指标优化目标构建

3.3.1 城市污水处理过程性能指标优化目标设计

为了建立性能指标 EQ 和 EC 优化目标模型，本节设计了一种基于自适应核函数的建模方法。核函数已成为一种有效的用于解决非线性函数建模问题的方法。在核函数建模方法中，S 表示关键特征变量的状态空间，将核函数从 $S\times S$ 空间映射到 R 空间，根据 Mercer 定理可知，存在希尔伯特空间 H 和从 S 到 R 的映射，满足：

$$k(S_i,S_j)=<\theta(S_i),\theta(S_j)> \tag{3-22}$$

其中，$<\bullet,\bullet>$ 表示 H 的内积；$\theta(\bullet)$ 表示映射函数。为了表征 EQ、EC 和关键特征变量间的关系，基于自适应核函数的优化目标模型可设计为：

$$EQ=g_1(S)+d_1(S) \tag{3-23}$$

$$EC=g_2(S)+d_2(S) \tag{3-24}$$

其中，$g_1(\bullet)$ 和 $g_2(\bullet)$ 分别表示 EQ、EC 与关键特征变量间的核函数模型；$d_1(\bullet)$

和 $d_2(\bullet)$ 分别表示 EQ 和 EC 优化目标模型的干扰。

为了更清晰地表示性能指标 EQ、EC 和关键特征变量间的关系，利用自适应径向基核函数进行描述，具体为：

$$y_1(t)=\sum_{q=1}^{Q}W_{1q}(t)K_{1q}(t)+W_{10}(t)+d_1(t) \tag{3-25}$$

$$y_2(t)=\sum_{q=1}^{Q}W_{2q}(t)K_{2q}(t)+W_{20}(t)+d_2(t) \tag{3-26}$$

其中，$y_1(t)$ 表示 EQ 优化目标模型输出；$y_2(t)$ 表示 EC 优化目标模型输出；Q 表示核函数个数；$W_{1q}(t)$、$W_{2q}(t)$、$W_{10}(t)$ 和 $W_{20}(t)$ 表示核函数权重参数；$K_{1q}(t)$ 和 $K_{2q}(t)$ 表示径向基核函数：

$$K_{1q}(t)=\mathrm{e}^{-\left\|\boldsymbol{\varepsilon}(t)-\boldsymbol{c}_{1q}(t)\right\|^2/2b_{1q}(t)^2} \tag{3-27}$$

$$K_{2q}(t)=\mathrm{e}^{-\left\|\boldsymbol{v}(t)-\boldsymbol{c}_{2q}(t)\right\|^2/2b_{2q}(t)^2} \tag{3-28}$$

其中，$\boldsymbol{\varepsilon}(t)$ 和 $\boldsymbol{v}(t)$ 分别表示 EQ 和 EC 优化目标模型的输入变量；$b_{1q}(t)$ 和 $b_{2q}(t)$ 分别表示 EQ 和 EC 优化目标模型的核宽度；$\boldsymbol{c}_{1q}(t)$ 和 $\boldsymbol{c}_{2q}(t)$ 分别表示 EQ 和 EC 优化目标模型的核中心。

$d_1(t)$ 和 $d_2(t)$ 分别表示 EQ 和 EC 优化目标模型的干扰：

$$d_1(t)=d_1(t-1)-\gamma_1 e_1(t-1) \tag{3-29}$$

$$d_2(t)=d_2(t-1)-\gamma_2 e_2(t-1) \tag{3-30}$$

其中，γ_1 和 γ_2 分别表示 EQ 和 EC 优化目标模型干扰的增益；$e_1(t-1)$ 和 $e_2(t-1)$ 分别表示 $t-1$ 时刻 EQ 和 EC 优化目标模型的预测误差。

3.3.2 城市污水处理过程性能指标优化目标参数更新

考虑城市污水处理过程的动态特性，设计了一种基于自适应二阶优化算法对性能指标优化目标模型参数进行调整，以保证模型的有效性。在设计的 EQ 和 EC 核函数模型中，所有的模型参数 $W_{1q}(t)$、$b_{1q}(t)$、$\boldsymbol{c}_{1q}(t)$ 和 $W_{2q}(t)$、$b_{2q}(t)$、$\boldsymbol{c}_{2q}(t)$ 都需要动态调整。基于自适应核函数的 EQ 和 EC 模型参数可表示为：

$$\boldsymbol{\Phi}_1(t)=\left[W_{11}(t),\cdots,W_{1Q}(t),\boldsymbol{c}_{11}(t),\cdots,\boldsymbol{c}_{1Q}(t),b_{11}(t),\cdots,b_{1Q}(t)\right] \tag{3-31}$$

$$\boldsymbol{\Phi}_2(t)=\left[W_{21}(t),\cdots,W_{2Q}(t),\boldsymbol{c}_{21}(t),\cdots,\boldsymbol{c}_{2Q}(t),b_{21}(t),\cdots,b_{2Q}(t)\right] \tag{3-32}$$

其中，$\boldsymbol{\Phi}_1(t)$ 和 $\boldsymbol{\Phi}_2(t)$ 表示包含所有核函数参数的向量，其更新方式为：

$$\boldsymbol{\Phi}_1(t+1)=\boldsymbol{\Phi}_1(t)+(\boldsymbol{\Psi}_1(t)+\lambda_1(t)\boldsymbol{I})^{-1}\times\boldsymbol{\Omega}_1(t) \tag{3-33}$$

$$\boldsymbol{\Phi}_2(t+1)=\boldsymbol{\Phi}_2(t)+(\boldsymbol{\Psi}_2(t)+\lambda_2(t)\boldsymbol{I})^{-1}\times\boldsymbol{\Omega}_2(t) \tag{3-34}$$

其中，$\boldsymbol{\Psi}_1(t)$ 和 $\boldsymbol{\Psi}_2(t)$ 是拟海塞矩阵，其计算过程为：

$$\boldsymbol{\Psi}_1(t)=\boldsymbol{j}_1^{\mathrm{T}}(t)\boldsymbol{j}_1(t) \tag{3-35}$$

$$\boldsymbol{\Psi}_2(t)=\boldsymbol{j}_2^{\mathrm{T}}(t)\boldsymbol{j}_2(t) \tag{3-36}$$

其中，$\boldsymbol{j}_1(t)$ 和 $\boldsymbol{j}_2(t)$ 的计算过程为：

$$\boldsymbol{j}_1(t)=\left[\frac{\partial e_1(t)}{\partial W_{11}(t)},\cdots,\frac{\partial e_1(t)}{\partial W_{1Q}(t)},\frac{\partial e_1(t)}{\partial \boldsymbol{c}_{11}(t)},\cdots,\frac{\partial e_1(t)}{\partial \boldsymbol{c}_{1Q}(t)},\frac{\partial e_1(t)}{\partial b_{11}(t)},\cdots,\frac{\partial e_1(t)}{\partial b_{1Q}(t)}\right] \tag{3-37}$$

$$\boldsymbol{j}_2(t)=\left[\frac{\partial e_2(t)}{\partial W_{21}(t)},\cdots,\frac{\partial e_2(t)}{\partial W_{2Q}(t)},\frac{\partial e_2(t)}{\partial \boldsymbol{c}_{21}(t)},\cdots,\frac{\partial e_2(t)}{\partial \boldsymbol{c}_{2Q}(t)},\frac{\partial e_2(t)}{\partial b_{21}(t)},\cdots,\frac{\partial e_2(t)}{\partial b_{2Q}(t)}\right] \tag{3-38}$$

$\boldsymbol{\Omega}_1(t)$ 和 $\boldsymbol{\Omega}_2(t)$ 表示梯度向量，其计算过程可表示为：

$$\boldsymbol{\Omega}_1(t)=\boldsymbol{j}_1^{\mathrm{T}}(t)e_1(t) \tag{3-39}$$

$$\boldsymbol{\Omega}_2(t)=\boldsymbol{j}_2^{\mathrm{T}}(t)e_2(t) \tag{3-40}$$

$\boldsymbol{I}$ 表示单位矩阵；$\lambda_1(t)$ 和 $\lambda_2(t)$ 表示自适应学习率，其更新过程为：

$$\lambda_1(t)=\mu_1(t)\lambda_1(t-1) \tag{3-41}$$

$$\lambda_2(t)=\mu_2(t)\lambda_2(t-1) \tag{3-42}$$

$$\mu_1(t)=\frac{\tau_1^{\min}(t)+\lambda_1(t-1)}{\tau_1^{\max}(t)+1} \tag{3-43}$$

$$\mu_2(t)=\frac{\tau_2^{\min}(t)+\lambda_2(t-1)}{\tau_2^{\max}(t)+1} \tag{3-44}$$

其中，$\tau_1^{\max}(t)$ 和 $\tau_1^{\min}(t)$ 分别表示 $\boldsymbol{\Psi}_1(t)$ 的最大和最小特征值，$\tau_2^{\max}(t)$ 和 $\tau_2^{\min}(t)$ 分别表示 $\boldsymbol{\Psi}_2(t)$ 的最大和最小特征值，$0<\tau_1^{\min}(t)<\tau_1^{\max}(t)$，$0<\lambda_1(t)<1$，$0<\tau_2^{\min}(t)<\tau_2^{\max}(t)$，$0<\lambda_2(t)<1$。

3.3.3 城市污水处理过程性能指标模型收敛性分析

为了验证所设计的基于自适应核函数的综合运行指标模型的稳定性，通过李雅普诺夫稳定性方法对其收敛性进行分析。以 EQ 优化目标模型为例，定义 EQ 优化目标模型误差：

$$e_1(t)=y_1(t)-r_1(t) \tag{3-45}$$

其中，$y_1(t)$ 表示 EQ 优化目标模型输出；$r_1(t)$ 表示实际输出。

定理 3-1 基于式（3-33）对基于自适应核函数的 EQ 优化目标模型参数进行更新，对于固定的学习率，如果满足：

$$\|\Delta \boldsymbol{\Phi}_1(t)\| \leqslant \iota_1(t) \tag{3-46}$$

$$\iota_1(t) = \min\left\{\|\Delta \boldsymbol{\Phi}_1(t-1)\|, \frac{\|\boldsymbol{\Omega}_1(\boldsymbol{\Phi}_1(t-1))\|}{\|\boldsymbol{\Psi}_1(\boldsymbol{\Phi}_1(t-1))\|}\right\} \tag{3-47}$$

则 EQ 优化目标模型的稳定性可保证：

$$\lim_{t\to\infty} e_1(t) = 0 \tag{3-48}$$

证明　定义李雅普诺夫函数为：

$$V(\boldsymbol{\Phi}_1(t)) = \frac{1}{2}e_1^2(t) \tag{3-49}$$

根据泰勒展开式，所定义的李雅普诺夫函数的误差可改写为：

$$\begin{aligned}\Delta V(\boldsymbol{\Phi}_1(t)) &= V(\boldsymbol{\Phi}_1(t+1)) - V(\boldsymbol{\Phi}_1(t)) \\ &= -\nabla \boldsymbol{E}^{\mathrm{T}}(\boldsymbol{\Phi}_1(t))\Delta \boldsymbol{\Phi}_1(t) + \frac{1}{2}\Delta \boldsymbol{\Phi}_1^{\mathrm{T}}(t)\nabla^2 \boldsymbol{E}(\boldsymbol{\Phi}_1(t))\Delta \boldsymbol{\Phi}_1(t)\end{aligned} \tag{3-50}$$

其中，$\nabla \boldsymbol{E}(\Delta \boldsymbol{\Phi}_1(t))$ 表示李雅普诺夫函数的一阶导函数；$\nabla^2 \boldsymbol{E}(\Delta \boldsymbol{\Phi}_1(t))$ 表示李雅普诺夫函数的二阶导函数。由式（3-33）可得：

$$\Delta \boldsymbol{\Phi}_1(t) = (\boldsymbol{\Psi}_1(\boldsymbol{\Phi}_1(t)) + \lambda_1(t)\boldsymbol{I})^{-1}\boldsymbol{\Omega}_1(\boldsymbol{\Phi}_1(t)) \tag{3-51}$$

$$\nabla \boldsymbol{E}(\boldsymbol{\Phi}_1(t)) = \boldsymbol{\Omega}_1(\boldsymbol{\Phi}_1(t)) \tag{3-52}$$

$$\nabla^2 \boldsymbol{E}(\boldsymbol{\Phi}_1(t)) = \boldsymbol{\Psi}_1(\boldsymbol{\Phi}_1(t)) + \lambda_1(t)\boldsymbol{I} \tag{3-53}$$

根据式（3-51）和式（3-53），式（3-50）可改写为：

$$\Delta V(\boldsymbol{\Phi}_1(t)) = -\frac{1}{2}\Delta \boldsymbol{\Phi}_1^{\mathrm{T}}(t)\nabla^2 \boldsymbol{E}(\boldsymbol{\Phi}_1(t))\Delta \boldsymbol{\Phi}_1(t) \tag{3-54}$$

根据式（3-49）可得：

$$V(\boldsymbol{\Phi}_1(t)) > 0 \tag{3-55}$$

如果满足式（3-53）和式（3-54），$\nabla^2 \boldsymbol{E}(\Delta \boldsymbol{\Phi}_1(t))$ 是正定的，则：

$$\Delta V(\boldsymbol{\Phi}_1(t)) < 0 \tag{3-56}$$

因此，基于李雅普诺夫定理，可以得到当 $t \to \infty$ 时，$e_1(t) \to 0$。至此，证明了学习率固定阶段 EQ 优化目标模型的稳定性。

定理 3-2　对于所提出的自适应 EQ 优化目标模型，当学习率按照式（3-41）和式（3-43）方式更新时，基于定理 3-1，仍能保证 EQ 优化目标模型的稳定性。

证明　固定学习率和自适应学习率的李雅普诺夫函数可改写为：

$$V(\boldsymbol{\Phi}_1(t+1)) = V(\boldsymbol{\Phi}_1(t)) - \nabla \boldsymbol{E}^{\mathrm{T}}(\boldsymbol{\Phi}_1(t))\Delta \boldsymbol{\Phi}_1(t) + \frac{1}{2}\Delta \boldsymbol{\Phi}_1^{\mathrm{T}}(t)\nabla^2 \boldsymbol{E}(\boldsymbol{\Phi}_1(t))\Delta \boldsymbol{\Phi}_1(t) \tag{3-57}$$

$$\bar{V}(\boldsymbol{\Phi}_1(t+1)) = V(\boldsymbol{\Phi}_1(t)) - \nabla \bar{\boldsymbol{E}}^{\mathrm{T}}(\boldsymbol{\Phi}_1(t))\Delta \bar{\boldsymbol{\Phi}}_1(t) + \frac{1}{2}\Delta \bar{\boldsymbol{\Phi}}_1^{\mathrm{T}}(t)\nabla^2 \bar{\boldsymbol{E}}(\boldsymbol{\Phi}_1(t))\Delta \bar{\boldsymbol{\Phi}}_1(t) \tag{3-58}$$

和

$$\Delta\bar{\boldsymbol{\Phi}}_1(t)=(\boldsymbol{\Psi}_1(\boldsymbol{\Phi}_1(t))+\lambda_1(t-1)\boldsymbol{I})^{-1}\boldsymbol{\Omega}_1(\boldsymbol{\Phi}_1(t)) \tag{3-59}$$

$$\nabla^2\bar{\boldsymbol{E}}(\boldsymbol{\Phi}_1(t))=\boldsymbol{\Psi}_1(\boldsymbol{\Phi}_1(t))+\lambda_1(t-1)\boldsymbol{I} \tag{3-60}$$

根据式（3-51)、式（3-53）中 $\Delta\boldsymbol{\Phi}_1(t)$ 和 $\nabla^2\boldsymbol{E}(\Delta\boldsymbol{\Phi}_1(t))$ 的计算方式，以及定理 3-1 中的结果，式（3-57)、式（3-58）中两个李雅普诺夫的差值可表示为：

$$\begin{aligned}V(\boldsymbol{\Phi}_1(t+1))-\bar{V}(\boldsymbol{\Phi}_1(t+1))&=\frac{1}{2}\Delta\bar{\boldsymbol{\Phi}}_1^{\mathrm{T}}(t)\nabla^2\bar{\boldsymbol{E}}(\boldsymbol{\Phi}_1(t))\Delta\bar{\boldsymbol{\Phi}}_1(t)-\frac{1}{2}\Delta\boldsymbol{\Phi}_1^{\mathrm{T}}(t)\nabla^2\boldsymbol{E}(\boldsymbol{\Phi}_1(t))\Delta\boldsymbol{\Phi}_1(t)\\&=\frac{1}{2}\boldsymbol{\Omega}_1^{\mathrm{T}}(\boldsymbol{\Phi}_1(t))\left[\frac{1}{\boldsymbol{\Psi}_1(\boldsymbol{\Phi}_1(t))+\lambda_1(t-1)\boldsymbol{I}}-\frac{1}{\boldsymbol{\Psi}_1(\boldsymbol{\Phi}_1(t))+\mu_1(t)\lambda_1(t-1)\boldsymbol{I}}\right]\boldsymbol{\Omega}_1(\boldsymbol{\Phi}_1(t))\\&=\frac{1}{2}\boldsymbol{\Omega}_1^{\mathrm{T}}(\boldsymbol{\Phi}_1(t))\frac{(\mu_1(t)\lambda_1(t-1)-\lambda_1(t-1))}{\nabla^2\bar{\boldsymbol{E}}(\boldsymbol{\Phi}_1(t))\nabla^2\boldsymbol{E}(\boldsymbol{\Phi}_1(t))}\boldsymbol{\Omega}_1(\boldsymbol{\Phi}_1(t))\\&=\frac{1}{2}\lambda_1(t-1)(\mu_1(t)-1)\boldsymbol{\Omega}_1^{\mathrm{T}}(\boldsymbol{\Phi}_1(t))\left[\nabla^2\bar{\boldsymbol{E}}(\boldsymbol{\Phi}_1(t))\nabla^2\boldsymbol{E}(\boldsymbol{\Phi}_1(t))\right]^{-1}\boldsymbol{\Omega}_1(\boldsymbol{\Phi}_1(t))\end{aligned} \tag{3-61}$$

根据式（3-41）和式（3-43）中学习率的更新过程，以及 $0<\lambda_1(t)<1$，可得：

$$1-\frac{\tau_1^{\min}(t-1)(1+\tau_1^{\max}(t-1))}{\tau_1^{\max}(t-1)}<\lambda_1(t-1) \tag{3-62}$$

因此：

$$\mu_1(t)<1 \tag{3-63}$$

根据式（3-61）和式（3-63）可得：

$$V(\boldsymbol{\Phi}_1(t+1))-\bar{V}(\boldsymbol{\Phi}_1(t+1))<0 \tag{3-64}$$

至此已证明了带有自适应学习率的 *EQ* 优化目标模型的收敛性。该收敛性证明方法同样适用于基于自适应核函数的 *EC* 优化目标模型。

根据定理 3-1 和定理 3-2，已通过李雅普诺夫稳定性证明了所构建的基于自适应核函数的 *EQ* 和 *EC* 性能指标优化模型的性能。带有自适应学习率的 *EQ* 和 *EC* 性能指标优化模型的特点可总结为：

① 满意的预测精度。其原因在于所选择的关键特征变量能够准确描述综合运行指标的动态特性，同时，所设计的性能指标模型在模型更新方法中也展现了有效性。

② 较快的计算速度。这不仅取决于降维后的关键特征变量，也取决于综合运行指标模型的简洁性以及模型参数的自适应更新方法。

③ 收敛性分析。模型的收敛性是保证成功应用的关键，所提出的基于自适应核函数的 *EQ* 和 *EC* 模型能够成功保证其收敛性能，便于其实际应用。因此，可将构建的性能指标优化模型作为优化目标来实现性能指标的优化设定。

3.4 城市污水处理过程性能指标智能优化设定方法设计

城市污水处理过程性能指标优化设定主要通过多目标优化算法对构建的性能指标优化模型进行优化求解，从而获得控制变量优化设定值。下面从城市污水处理过程性能指标智能优化方法设计和城市污水处理过程性能指标优化设定两部分实现性能指标的优化设定。

3.4.1 城市污水处理过程性能指标智能优化方法设计

城市污水处理过程性能指标（如出水水质、操作能耗）之间相互冲突，不可能使得所有的目标同时达到最优，性能指标的选择通常表现为一组使得各个目标值折中的解集。而多目标优化算法为解决这类多目标优化问题、完成性能指标优化设定提供了可能。常用的多目标优化算法包括 MOPSO、NSGA Ⅱ、MODE 算法，其特点如表 3-1 所示。

表 3-1 常用的多目标优化算法特点分析

多目标优化算法	特点
MOPSO	依靠粒子速度完成搜索，并且在迭代进化中只有最优的粒子把信息传递给其他粒子，搜索速度快；需调整的参数较少，结构简单
NSGA Ⅱ	将父代种群与其产生的子代种群组合，共同竞争产生下一代种群，采用拥挤度和拥挤度比较算子，保证了种群的多样性
MODE	个体不断重复经历变异、交叉和选择过程，促使新产生的个体向着全局最优解不断靠拢。该算法结构简单、通用性强、可控参数少

将构建好的城市污水处理过程性能指标模型作为优化目标，通过多目标优化算法对优化目标进行优化求解，具体可表示为：

$$\min \boldsymbol{F}(\boldsymbol{x}(t)) = (f_1(\boldsymbol{x}(t)), f_2(\boldsymbol{x}(t)))^{\mathrm{T}} \tag{3-65}$$

$$\text{s.t.} \begin{cases} \boldsymbol{x}(t) = (\boldsymbol{x}_1(t), \boldsymbol{x}_2(t), \cdots, \boldsymbol{x}_D(t)) \subset \mathbf{R}^D \\ \boldsymbol{F}(\boldsymbol{x}(t)) \subset \mathbf{R}^M \\ f : \mathbf{R}^D \to \mathbf{R}^M \end{cases} \tag{3-66}$$

其中，$\boldsymbol{F}(\boldsymbol{x}(t))$ 表示待优化的性能指标模型；$f_1(\boldsymbol{x}(t))$ 表示构建的 *EQ* 优化目标；$f_2(\boldsymbol{x}(t))$ 表示构建的 *EC* 优化目标；$\boldsymbol{x}(t)$ 表示决策变量。为了同时实现性能指标 *EQ* 和 *EC* 间的最小化，分别利用 MOPSO、NSGA Ⅱ、MODE 对其进行优化求解，具体求解流程如表 3-2 所示。

表 3-2　常用多目标优化算法的优化求解流程

多目标优化算法	特点
MOPSO	①初始化种群数，加速度常量 c_1，c_2 及种群迭代次数，速度及位置范围，并初始化速度及位置； ②计算各粒子的各个适应度值，并按照支配关系进行非支配排序； ③根据非支配排序机制更新档案库； ④对档案库中每一个解进行密度评估； ⑤判断档案库解是否超过容量，超过则基于密度策略删减，否则不删减； ⑥根据解得的密度选择全局最优解，并更新个体最优解； ⑦更新粒子位置及速度； ⑧判断是否达到终止条件，如达到，则结束，否则回到②
NSGA Ⅱ	①初始化种群数； ②计算初始种群中所有解的适应度值和拥挤距离，对解进行非支配排序； ③对初始种群进行交叉变异，形成子代； ④计算非支配解中所有解的稀疏度，选择稀疏度最小的解为稀疏解； ⑤产生局部解； ⑥对所有解进行非支配排序和拥挤距离计算，从而选择最优的解形成下一代种群； ⑦判断是否达到终止条件，如达到，则结束，否则回到④
MODE	①随机生成种群规模为 *NP* 的 *D* 维个体，组成初始种群 $\boldsymbol{X}(0)$； ②变异操作，类似于生物学中的基因突变，第 t 代种群的目标向量经过基于基向量和差分向量的变异操作，生成种群的合成向量； ③为了加强种群的多样性，在变异操作后进行交叉操作； ④采用基于 Pareto 的选择机制，对目标向量和试验向量中的解进行非占优排序； ⑤若进化代数 t 小于设定的最大进化代数 T_{max}，则返回②，否则将进化所得的优秀个体组成多目标优化问题的 Pareto 解集，输出结果

基于多目标优化算法的性能指标优化设定的目标是找到一组非支配解集，即 Pareto 最优解集。对于 Pareto 解集，主要考虑两个性能指标：一是 Pareto 解集中的非支配解与 Pareto 前沿的距离，即收敛度；二是 Pareto 解集中非支配解的分布均匀性，即多样性。为了获得合适的非支配解集，在设计多目标优化算法时需要考虑如何选择全局最优解、如何维护档案库及如何保证解集的多样性等问题。

3.4.2 城市污水处理过程性能指标优化设定

为了更有效地实现城市污水处理过程性能指标的优化设定，保证优化性能，设计了基于多目标梯度的粒子群优化算法、基于局部搜索的非支配解排序遗传算法以及自适应多目标差分进化算法。

（1）基于多目标梯度的粒子群优化算法（AGMOPSO）

在多目标粒子群优化算法中，全局最优解的选择以及档案库的更新等问题是影响优化设定性能的关键。因此，在设计 MOPSO 算法时，应充分考虑如何更有效地更新档案库和选择全局最优解，保证解的多样性和收敛性。为了提高 MOPSO 算法的性能，需详细分析影响 MOPSO 多样性及收敛性的因素。对于最终解的多样性，主要由粒子的多样性及非支配解的多样性决定。粒子多样性受惯性权重、加速因子、全局最优及个体最优的影响，并且通过变异等方法增强粒子的多样性。而非支配解的多样性与评价策略、删减机制等相关。收敛性与多样性的影响因素类似，来自粒子因素及档案库两方面。基于以上分析，提出一种自适应多目标梯度的粒子群优化算法（AGMOPSO），其流程图如图 3-1 所示。

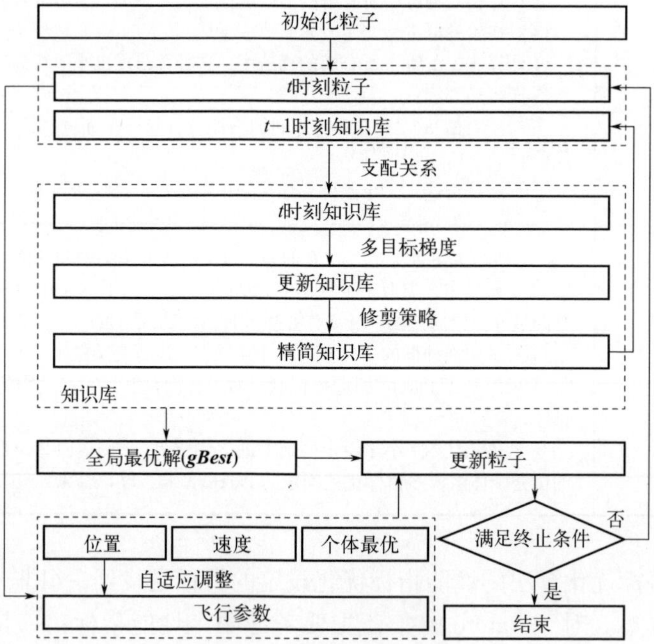

图 3-1 AGMOPSO 算法

为了提高粒子局部开发能力并加快收敛速度，设计了一种多目标梯度（MOG）算法来进一步更新档案库 $\boldsymbol{A}(t)$ 中的 Pareto 解集，使 Pareto 解集更加接近

Pareto 最优前沿，增加解的收敛度。在点 $\boldsymbol{a}_j(t)$ 的 $\bar{\boldsymbol{u}}_j(t)$ 方向上，其目标函数 $f_i(\boldsymbol{a}_j(t))$ 的变化率可表示为：

$$\nabla_{\bar{\boldsymbol{u}}_j(t)} f_i(\boldsymbol{a}_j(t)) = \lim_{\delta\to 0}\left\{\frac{f_i(\boldsymbol{a}_j(t)+\delta\bar{\boldsymbol{u}}_j(t)) - f_i(\boldsymbol{a}_j(t))}{\delta}\right\} \tag{3-67}$$

其中，$\delta>0$，$\bar{\boldsymbol{u}}_j(t)=[\bar{u}_{1,j}(t),\bar{u}_{2,j}(t),\cdots,\bar{u}_{m,j}(t)]$，$i=1,2,\cdots,m$，$j=1,2,\cdots,K$。MOG 的方向可以表示为：

$$\nabla_{\bar{\boldsymbol{u}}_j(t)} \boldsymbol{F}(\boldsymbol{a}_j(t)) = [\nabla_{\bar{\boldsymbol{u}}_j(t)} f_1(\boldsymbol{a}_j(t)),\nabla_{\bar{\boldsymbol{u}}_j(t)} f_2(\boldsymbol{a}_j(t)),\cdots,\nabla_{\bar{\boldsymbol{u}}_j(t)} f_m(\boldsymbol{a}_j(t))]^{\mathrm{T}} \tag{3-68}$$

其偏导表示为：

$$\nabla_{\bar{\boldsymbol{u}}_j(t)} f_i(\boldsymbol{a}_j(t)) = \nabla f_i(\boldsymbol{a}_j(t))\bar{\boldsymbol{u}}_j(t) \tag{3-69}$$

其最小方向通过如下公式计算：

$$\hat{\boldsymbol{u}}_j(t) = \frac{\sum_{i=1}^{m}\nabla f_i(\boldsymbol{a}_j(t))}{\left\|\sum_{i=1}^{m}\nabla f_i(\boldsymbol{a}_j(t))\right\|} \tag{3-70}$$

因此，$\left\|\hat{\boldsymbol{u}}_j(t)\right\|=1$。而在点 $\boldsymbol{a}_j(t)$，需：

$$\sum_{i=1}^{m}\alpha_i(t)\hat{\boldsymbol{u}}_j(t)=1,\ \sum_{i=1}^{m}\alpha_i(t)=1,\ \alpha_i(t)\geqslant 0,\forall i \tag{3-71}$$

权值向量设置为：

$$\boldsymbol{a}(t)=\frac{1}{\|\hat{\boldsymbol{u}}^{\mathrm{T}}\hat{\boldsymbol{u}}\|^2}[\|\hat{\boldsymbol{u}}_1\|^2,\|\hat{\boldsymbol{u}}_2\|^2,\cdots,\|\hat{\boldsymbol{u}}_m\|^2]^{\mathrm{T}} \tag{3-72}$$

其中，$\alpha_i(t)=\left\|\hat{\boldsymbol{u}}_i\right\|^2\Big/\left\|\hat{\boldsymbol{u}}^{\mathrm{T}}\hat{\boldsymbol{u}}\right\|^2$，并且 $\left\|\boldsymbol{\alpha}\right\|=1$。

为了找到 Pareto 最优解，多目标梯度下降方向为：

$$\nabla\boldsymbol{F}(\boldsymbol{a}_j(t))=\sum_{i=1}^{m}\alpha_i(t)\hat{\boldsymbol{u}}_j(t),\ \sum_{i=1}^{m}\alpha_i(t)=1,\ \alpha_i(t)\geqslant 0,\forall i \tag{3-73}$$

这个结果可以被用来调整方向。综合以上分析，档案库 $\boldsymbol{A}(t)$ 更新如下：

$$\bar{\boldsymbol{a}}_j(t)=\boldsymbol{a}_j(t)+h\bullet\nabla\boldsymbol{F}(\boldsymbol{a}_j(t)),\ j=1,2,\cdots,K \tag{3-74}$$

其中，h 表示步长；$\boldsymbol{a}_j(t)$ 和 $\bar{\boldsymbol{a}}_j(\boldsymbol{t})$ 表示 t 时刻档案库中第 j 个非支配解通过 MOG 算法更新前后位置，并且同时更新对应非支配解的适应度值。

此外，在 AGMOPSO 算法中，随着迭代的进行，非支配解的数量增加，如果不加限制，将极大增加计算负担。因此，本节为档案库设定固定容量，当非支配解数超过容量时，将通过平均距离删减策略删除过多的解，以保持档案库解分布的均匀性。

在进化过程中，个体最优、全局最优和飞行参数（$\boldsymbol{\omega}$、$\boldsymbol{c}_1$ 和 $\boldsymbol{c}_2$）对于平衡粒子全局搜索能力及局部开发能力有重要影响，并且对非支配解的收敛性及多样性也有决定性作用。事实上，MOPSO 早期的分析研究表明，当 $\boldsymbol{\omega}$ 和 $\boldsymbol{c}_1$ 较大，并且 $\boldsymbol{c}_2$ 较小时，将使得粒子具有更强的全局探索能力。另外，当 $\boldsymbol{\omega}$ 和 $\boldsymbol{c}_1$ 较小，而 $\boldsymbol{c}_2$ 较大时，使得粒子具有更好的局部开发能力。因此，为了更加有效地调整粒子飞行参数，本节基于多样性信息和支配关系提出了一种自适应的飞行参数机制，来平衡全局探索能力和局部开发能力，提高粒子搜索精度。

在进化过程中，t 时刻档案库 $\boldsymbol{A}(t)$ 是根据 $t-1$ 时刻的档案库 $\boldsymbol{A}(t-1)$ 和 $t-1$ 时刻的粒子个体最优来获得的。根据支配关系，如果粒子个体最优被支配，则不存入 $\boldsymbol{A}(t)$ 中，说明粒子没有找到更优的解，则 $\boldsymbol{\omega}$ 和 $\boldsymbol{c}_1$ 参数变大，参数 $\boldsymbol{c}_2$ 应该变小，从而增强该粒子的全局搜索能力。如果粒子个体最优存入 $\boldsymbol{A}(t)$ 中，说明粒子找到了更优的解，应该增强局部开发能力，进一步搜索附近的可行解，此时，应该使 $\boldsymbol{\omega}$ 和 $\boldsymbol{c}_1$ 变小，$\boldsymbol{c}_2$ 变大。基于以上分析，本节基于历史非支配解和个体最优解的支配关系，提出了一种自适应的飞行参数机制，设计为：

$$Re_i(t)=\frac{d_{\min}(t)+d_{\max}(t)}{d_{\max}(t)+d_i(t)} \tag{3-75}$$

其中，$Re_i(t)$ 表示第 i 个粒子的自适应参数；$d_{\min}(t)$ 表示所有粒子与最优解之间的最小距离；$d_{\max}(t)$ 表示所有粒子与最优解之间的最大距离；$d_i(t)$ 表示第 i 个粒子与最优解之间的距离。

基于以上考虑，飞行参数 $\boldsymbol{\omega}=[\omega_1(t),\omega_2(t),\cdots,\omega_K(t)]$，$\boldsymbol{c}_1=[c_{11}(t),c_{12}(t),\cdots,c_{1K}(t)]$ $\boldsymbol{c}_2=[c_{21}(t),c_{22}(t),\cdots,c_{2K}(t)]$ 的自适应策略可以表示为：

$$\omega_i(t)=\begin{cases}\omega_i(t-1),\boldsymbol{p}_i(t-1)\prec\succ\boldsymbol{p}_i(t)\\ \omega_i(t-1)\times\left(1-Re_i(t)\right),\boldsymbol{p}_i(t-1)\prec\boldsymbol{p}_i(t)\\ \omega_i(t-1)\times\left(1+Re_i(t)\right),\boldsymbol{p}_i(t-1)\succ\boldsymbol{p}_i(t)\end{cases} \tag{3-76}$$

$$c_{1i}(t)=\begin{cases}c_{1i}(t-1),\boldsymbol{p}_i(t-1)\prec\succ\boldsymbol{p}_i(t)\\ c_{1i}(t-1)\times\left(1-Re_i(t)\right),\boldsymbol{p}_i(t-1)\prec\boldsymbol{p}_i(t)\\ c_{1i}(t-1)\times\left(1+Re_i(t)\right),\boldsymbol{p}_i(t-1)\succ\boldsymbol{p}_i(t)\end{cases} \tag{3-77}$$

$$c_{2i}(t)=\begin{cases}c_{2i}(t-1),\boldsymbol{p}_i(t-1)\prec\succ\boldsymbol{p}_i(t)\\ c_{2i}(t-1)\times\left(1-Re_i(t)\right),\boldsymbol{p}_i(t-1)\succ\boldsymbol{p}_i(t)\\ c_{2i}(t-1)\times\left(1+Re_i(t)\right),\boldsymbol{p}_i(t-1)\prec\boldsymbol{p}_i(t)\end{cases} \tag{3-78}$$

其中，$\omega_i(t)$ 表示 t 时刻第 i 个粒子的惯性权重；$c_{1i}(t)$ 和 $c_{2i}(t)$ 表示 t 时刻第 i 个粒子的加速度常量。

基于以上分析，通过基于 MOG 和档案库删减机制的档案库维护策略，可以提高档案库中非支配解的多样性，并加快收敛。此外，基于粒子飞行信息，提出一种自适应飞行参数调整策略，可有效避免陷入局部最优。

（2）基于局部搜索的非支配解排序遗传算法（NSGA Ⅱ）

NSGA Ⅱ是城市污水处理过程性能指标优化设定常用的方法之一，其主要框架为父代进行交叉、变异操作形成子代，然后通过非支配排序和拥挤距离排序从父代和子代中挑选优秀个体保留。局部搜索的 NSGA Ⅱ算法在挑选优秀个体之前对每个父代都进行局部搜索操作，产生局部解集，之后在父代、子代和局部解集中挑选优秀个体保留。由于每次局部搜索操作都在每个父代个体周围产生局部解，因此局部解个数数倍于父代个体数，而所有局部解都要调用目标函数进行计算，因此局部搜索类 NSGA Ⅱ算法存在计算量大的问题。为了解决该问题，提出了基于密度的局部搜索策略。

① 基于记忆的种群初始化　为了利用历史信息初始化种群，需要建立一个记忆库用于存储特征解和相应的环境变量值。环境变量的设置主要基于以下原则：对于一个动态多目标优化问题，环境变量相同时可以视为同一个静态系统。换言之，当环境变量相同时，系统拥有相同的帕累托解和帕累托前沿。

当环境变量发生变化时，当前的中心解、交界解和环境变量值形成记忆，更新记忆库中的记忆或作为新的记忆存入记忆库。中心解为所有解的均值，交界解在至少一个目标函数中拥有最大的值。

当记忆记录之后，如果新的环境变量在记忆库中没有对应的记忆，则所有种群随机初始化。若记忆库中有匹配的记忆，则将记忆中的解加入初始种群，其他的解随机生成。种群初始化公式如下：

$$X_r = (x_{r,1}, x_{r,2}, \cdots, x_{r,n}),\ r = 1, \cdots, m+1$$

$$X_i = (x_{i,1}, \cdots, x_{i,j}, \cdots, x_{i,n}),\ i = 1, 2, \cdots, N-m-1$$

$$x_{i,j} = \lambda\left(u_j - l_j\right) + l_j,\ j = 1, 2, \cdots, n \tag{3-79}$$

其中，X_r 为记忆中的解；m 为目标向量的维数，记忆中的解共有 m+1 个；X_i 为第 i 个初始解；n 为决策变量维数；N 为初始种群规模；λ 为 0 ～ 1 之间的随机数。

② 稀疏度计算　设种群总数为 N，即有 N 个解，首先对目标函数值进行归一化。设第 i 个解 X_i 的目标向量为 $\boldsymbol{F}\left(X_i\right) = (f_1(X_i), \cdots, f_m(X_i))$，则归一化公式为[125]：

$$\bar{f}_j\left(X_i\right) = \frac{f_j\left(X_i\right) - f_{j\min}}{f_{j\max} - f_{j\min}}, j = 1, \cdots, m \tag{3-80}$$

其中，$f_{j\min}$ 和 $f_{j\max}$ 分别为当前所有解对应的第 j 个目标函数值的最大值和最小值。归一化后第 i 个解 X_i 的稀疏度计算公式如下：

$$SP(X_i)=\frac{n_i}{N}, i=1,2,\cdots,N \tag{3-81}$$

其中，n_i 表示目标函数空间中与目标向量 $\boldsymbol{F}(X_i)$ 欧氏距离小于 r 的其他目标向量的个数，r 的取值范围为 $0<r<1$。

③ 基于密度的局部搜索策略　NSGA Ⅱ-DM 将当前非支配解中稀疏度最小的解作为稀疏解。该稀疏解的设定使 NSGA Ⅱ-DM 具有以下优势：当解分布不均匀时该方法有效提高稀疏解周围空间的探索，从而使得解分布均匀；当非支配解分布均匀时，解集两端的解稀疏度最小，则算法开始向边缘以外探索，从而增加解的广泛性。

稀疏解设定后，使用两种变异策略同时产生局部解。首先使用极限优化策略在稀疏解周围产生新种群。极限优化变异方法在产生局部解时，每个局部解只变动稀疏解的一个决策变量。极限优化策略提高了种群接近 Pareto 最优解时的局部搜索能力，有效提高解的精度，具体方法如下：设当前稀疏解为 $X=(x_1,x_2,\cdots,x_n)$，n 为决策变量个数，种群总数为 N，则产生的局部解个数为 n，产生局部解的变异公式为：

$$X_i=(x_1,\cdots,x_i',\cdots,x_n)\text{，}0<i\leqslant n \tag{3-82}$$

$$x_i'=x_i+\alpha\beta_{\max}(x_i)\text{，}0<i\leqslant n \tag{3-83}$$

$$\alpha=\begin{cases}(2h)^{(1/(q+1))}-1 & \text{，}0<h<0.5\\ 1-\left[2(1-h)\right]^{(1/q+1)} & \text{，}0.5\leqslant h<1\end{cases} \tag{3-84}$$

$$\beta_{\max}(x_i)=\max\left[x_i-l_i,u_i-x_i\right]\text{，}0<i\leqslant n \tag{3-85}$$

其中，x_i 表示决策变量；h 表示 0 ～ 1 之间的随机数；q 表示正实数，称为形状参数，q=11；$\beta_{\max}(x_i)$ 为当前决策变量 x_i 可变动的最大值。极限优化变异方法每次只改变一个决策变量，具有很强的微调能力，但搜索范围小。为了增加算法的收敛速度，同时采用第二种变异策略，设当前稀疏解为 $X=(x_1,x_2,\cdots,x_n)$，n 为决策变量个数，种群总数为 N，则产生的局部解个数为种群总数的 20%[188]（如不能整除则取整），变异公式为：

$$X_k=(x_1',\cdots,x_i',\cdots,x_n')\text{，}\quad k=1,2,\cdots,\lceil 0.2N\rceil \tag{3-86}$$

$$x_i'=x_i+\gamma(u_i-l_i), i=1,2,\cdots,n,-0.2<\gamma<0.2 \tag{3-87}$$

其中，γ 表示 -0.2 ～ 0.2 之间的随机数。同时还产生 $0.1N$ 个随机解以保证种群的多样性。以上变异策略共产生 $n+\lceil 0.3N\rceil$ 个局部解。

（3）自适应多目标差分进化算法（AMODE）

基于自适应多目标差分进化算法的城市污水处理过程性能指标优化设定与其他进化算法类似，随机生成一个初始种群，通过变异、交叉和选择操作产生新的种群，重复该过程，直到满足停止条件。从多目标差分进化算法的基本流程中可见，算法在运行过程中仅包含三个可调整参数，即变异率、交叉率和种群规模。这三个参数的合理取值，将直接影响种群的进化，决定多目标差分进化算法的寻优性能。

① 变异率的动态调整机制　变异操作是基于基向量和差分向量对目标向量进行放大或缩小的操作，变异率的取值影响多目标差分进化算法的搜索范围。

在种群进化的初期，宜采用较大的变异率，提高种群的多样性，有利于群体中个体的进化；在种群进化的后期，宜采用较小的变异率，提高算法的搜索效率，有助于保留群体中的优良个体。基于此分析，建立变异率动态调整机制，随着进化过程信息的减小，变异率逐渐减小。变异操作具体可表示为：

$$F_p(t)=F_p(t-1)[\mu_{p,\mathrm{L}}+(\mu_{p,\mathrm{H}}-\mu_{p,\mathrm{L}})\theta(t)] \tag{3-88}$$

$$\boldsymbol{v}_p(t)=\boldsymbol{x}_{r1}(t)+F_p(t)(\boldsymbol{x}_{r2}(t)-\boldsymbol{x}_{r3}(t)) \tag{3-89}$$

其中，$F_p(t)$ 表示第 t 代中第 p 个个体的变异率；$F_p(t-1)$ 表示第 t–1 代中第 p 个体的变异率；$\mu_{p,\mathrm{H}}$ 表示第 p 个个体变异率的最大值；$\mu_{p,\mathrm{L}}$ 表示第 p 个个体变异率的最小值；$\boldsymbol{v}_p(t)$ 表示第 t 代中第 p 个合成向量；$\boldsymbol{x}_{r_1}(t)$、$\boldsymbol{x}_{r_2}(t)$、$\boldsymbol{x}_{r_3}(t)$ 分别表示第 t 代中随机选取的第 r_1、r_2 和 r_3 个个体，且 $r_1\neq r_2\neq r_3\neq p$。

② 交叉率的动态调整机制　交叉操作是多目标差分进化算法中生成新个体的主要方法，交叉率的取值影响多目标差分进化算法的搜索方向。

为平衡算法的局部搜索能力与全局探索能力，通过比较父代个体适应度值与群体平均适应度值，动态调整交叉率，有效提高算法性能。基于此分析，建立交叉率动态调整机制，对于个体适应度值小于种群平均适应度值的优秀个体，其交叉率数值保持不变，对于个体适应度值大于或等于种群平均适应度值的个体，增大交叉率的数值，增加种群的多样性，具体可表示为：

$$Cr_p(t)=\begin{cases}Cr_p(t-1), & f_p(t)<f_{\mathrm{m}}(t)\\ Cr_p(t-1)[\rho_{p,\mathrm{L}}+(\rho_{p,\mathrm{H}}-\rho_{p,\mathrm{L}})/\theta(t)], & f_p(t)\geqslant f_{\mathrm{m}}(t)\end{cases} \tag{3-90}$$

$$w_{p,q}(t)=\begin{cases}v_{p,q}(t), & \mathrm{rand}[0,1]\leqslant Cr_p(t)\ \text{或}\ q=q_{\mathrm{rand}}\\ x_{p,q}(t), & \text{其他}\end{cases} \tag{3-91}$$

其中，$Cr_p(t)$ 表示第 t 代第 p 个个体的交叉率；$Cr_p(t-1)$ 表示第 t–1 代第 p 个

个体的交叉率；$f_p(t)$ 表示第 t 代第 p 个个体的适应度值；$f_{\mathrm{m}}(t)$ 表示第 t 代的平均适应度值；$\rho_{p,\mathrm{L}}$ 表示第 p 个个体交叉率的最小值；$\rho_{p,\mathrm{H}}$ 表示第 p 个个体交叉率的最大值；$w_{p,q}(t)$ 表示第 t 代第 p 个试验向量的第 q 维元素值；rand[0,1] 表示 0 ～ 1 之间的随机数；q_{rand} 表示随机选择的一个标志位，以保证在进化过程中算法能够从父代中继承至少一位元素。

③ 种群规模的动态调整机制　选择操作是采用非占优排序策略，对个体进行择优选择，优秀个体进入下一代。解与解之间的非占优排序操作占用了算法大量的时间成本，而且随着目标函数数量与解集数量的增加，算法的时间复杂度和空间复杂度将会激增。从整个非占优排序的过程中可见，在保证解集质量的前提下，减少种群规模是降低算法时间复杂度和空间复杂度的有效方法。在种群进化初期，宜采用较大的种群规模，提供大量候选解；在算法进化后期，宜采用较小的种群规模，有效减少解集数量，提高算法收敛速度。基于此分析，建立种群规模动态调整机制，具体可表示为：

$$NP(t+1) = (1+\theta(t))NP(t) \tag{3-92}$$

由此可知，当 $0 < \theta(t) < 1$ 时种群规模 $NP(t+1)$ 的取值会在 $NP(t)$ 和 $2NP(t)$ 之间。随着算法进程的持续更新，种群规模会逐渐减小，这样能够有效减少比较操作次数，提高非占优排序效率。

3.4.3 城市污水处理过程性能指标优化设定性能分析

为了保证城市污水处理过程性能指标优化设定的性能，需要对获得的优化解进行性能分析。以 AGMOPSO 算法获得的优化解为例，对优化解的收敛性进行深入分析，得到优化解的收敛条件。

对于 AGMOPSO 获得的优化解，假设在优化过程中，s 个粒子随机分布在搜索空间中，基于 Pareto 最优原则分析其收敛性。通过解的速度及位置更新可知，在更新过程中，每个解的位置及速度是相互独立的。为保证分析的普适性，一些变量被引入：

$$\begin{cases} \beta_1 = c_1 r_1 \\ \beta_2 = c_2 r_2 \\ \beta = \beta_1 + \beta_2 \end{cases} \tag{3-93}$$

此外，为了更好地分析 AGMOPSO 获得的解的收敛性，一些基本的假设定义如下：

假设 3-1　个体历史最优位置 $\boldsymbol{p}_i(t)$ 和群体最优位置 $\boldsymbol{g}(t)$ 满足条件：$\{\boldsymbol{p}_i(t), \boldsymbol{g}(t)\} \in \Gamma$。其中 Γ 是搜索空间，$i=1,2,\cdots,s$。并且个体历史最优位置 $\boldsymbol{p}_i(t)$ 和群体最优位置 $\boldsymbol{g}(t)$ 有下限。

假设 3-2 对于 $\boldsymbol{p}_i(t)$，存在“Pareto- 最优”解集 $\boldsymbol{p}^*$，$i=1,2,\cdots,s$。

假设 3-3 存在 $c_1r_1>0$、$c_2r_2>0$ 和参数 β 满足条件：$0<\beta<2(1+\omega_i(t))$。

定理 3-3 当假设 3-1、假设 3-2 和假设 3-3 被满足时，且 $\beta_1\geqslant 0$、$\beta_2\geqslant 0$，粒子位置 $\boldsymbol{x}_i(t)$ 将收敛至 $\boldsymbol{p}^*$。

证明 粒子位置表达式可表示为：

$$x_{i,d}(t+1)=(1+\omega_i(t)-\beta)x_{i,d}(t)-\omega_i(t)x_{i,d}(t-1)+\beta_1 p_{i,d}(t)+\beta_2 g_d(t) \tag{3-94}$$

其中，$i=1, 2, \cdots, s$，$d=1, 2, \cdots, D$。式（3-94）可表示为：

$$\begin{bmatrix} x_{i,d}(t+1) \\ x_{i,d}(t) \\ 1 \end{bmatrix}=\boldsymbol{\varphi}(t)\begin{bmatrix} x_{i,d}(t) \\ x_{i,d}(t-1) \\ 1 \end{bmatrix} \tag{3-95}$$

其中，矩阵系数 $\boldsymbol{\varphi}(t)$ 为：

$$\boldsymbol{\varphi}(t)=\begin{bmatrix} 1+\omega_i(t)-\beta & -\omega_i(t) & \beta_1 p_{i,d}(t)+\beta_2 g_d(t) \\ 1 & 0 & 0 \\ 0 & 0 & 1 \end{bmatrix} \tag{3-96}$$

矩阵 $\boldsymbol{\varphi}(t)$ 的特征多项式为：

$$(\lambda-1)(\lambda^2-(1+\omega_i(t)-\beta)\lambda+\omega_i(t))=0 \tag{3-97}$$

并且 $\boldsymbol{\varphi}(t)$ 的特征值为：

$$\lambda_1=1,\ \lambda_2=\frac{1+\omega_i(t)-\beta+\sqrt{(1+\omega_i(t)-\beta)^2-4\omega_i(t)}}{2}$$

$$\lambda_3=\frac{1+\omega_i(t)-\beta-\sqrt{(1+\omega_i(t)-\beta)^2-4\omega_i(t)}}{2} \tag{3-98}$$

因此粒子位置能够表示为：

$$x_{i,d}(t)=k_1+k_2\lambda_2^t+k_3\lambda_3^t \tag{3-99}$$

其中，k_1、k_2 和 k_3 为常数。

参数 $\omega_i(t)$ 和 β 影响特征值。基于 AGMOPSO 的解的收敛条件是 $\max(|\lambda_2|,|\lambda_3|)<1$。因此：

$$\frac{1}{2}\left|1+\omega_i(t)-\beta\pm\sqrt{(1+\omega_i(t)-\beta)^2-4\omega_i(t)}\right|<1 \tag{3-100}$$

可将上式分成如下两种情况：

① $(1+\omega_i(t)-\beta)^2-4\omega_i(t)<0$；

② $(1+\omega_i(t)-\beta)^2-4\omega_i(t)\geqslant 0$。

在情况①中，特征值 λ_2 和 λ_3 是复数，并且：

$$\left|\lambda_2\right|^2=\left|\lambda_3\right|^2=\frac{1}{4}\left|1+\omega_i(t)-\beta\pm\sqrt{(1+\omega_i(t)-\beta)^2-4\omega_i(t)}\right|^2=\omega_i(t) \tag{3-101}$$

此外，$\max(|\lambda_2|,|\lambda_3|)<1$ 仅仅要求 $\omega_i(t)<1$，同时要求满足 $(1+\omega_i(t)-2\sqrt{\omega_i(t)})<\beta<(1+\omega_i(t)+2\sqrt{\omega_i(t)})$，并且 $\omega_i(t)>0$。因此，情况①时收敛条件为：

$$\begin{cases}0<\omega_i(t)<1\\(1+\omega_i(t)-2\sqrt{\omega_i(t)})<\beta<(1+\omega_i(t)+2\sqrt{\omega_i(t)})\end{cases} \tag{3-102}$$

在情况②时，特征值 λ_2 和 λ_3 是实数。情况②的条件等同于 $\omega_i(t)\geqslant 0$，且 $\beta\leqslant(1+\omega_i(t)-2\sqrt{\omega_i(t)})$ 或 $\beta\geqslant(1+\omega_i(t)+2\sqrt{\omega_i(t)})$。如果 $\beta\leqslant(1+\omega_i(t)-2\sqrt{\omega_i(t)})$，则 $\max(|\lambda_2|,|\lambda_3|)<1$ 要求：

$$\frac{1}{2}\left[1+\omega_i(t)-\beta+\sqrt{(1+\omega_i(t)-\beta)^2-4\omega_i(t)}\right]<1 \tag{3-103}$$

因而，$0<\beta\leqslant(1+\omega_i(t)-2\sqrt{\omega_i(t)})$ 且 $\omega_i(t)<1$。如果 $\beta\geqslant(1+\omega_i(t)+2\sqrt{\omega_i(t)})$，$\max(|\lambda_2|,|\lambda_3|)<1$ 则要求：

$$\frac{1}{2}\left[1+\omega_i(t)-\beta-\sqrt{(1+\omega_i(t)-\beta)^2-4\omega_i(t)}\right]>-1 \tag{3-104}$$

因此，它使得 $(1+\omega_i(t)+2\sqrt{\omega_i(t)})<\beta<2(1+\omega_i(t))$ 且 $\omega_i(t)<1$。情况②的收敛条件是：

$$\begin{cases}0\leqslant\omega_i(t)<1\\(1+\omega_i(t)+2\sqrt{\omega_i(t)})<\beta<2(1+\omega_i(t))\end{cases} \tag{3-105}$$

综合情况①和情况②，基于 AGMOPSO 的优化解的收敛条件为：

$$\begin{cases}0\leqslant\omega_i(t)<1\\0<\beta<2(1+\omega_i(t))\end{cases} \tag{3-106}$$

此外：

$$0 < Re_i(t) \leqslant 1 \tag{3-107}$$

存在 $0 \leqslant \omega_i(t) < 1$ 在 AGMOPSO 进化过程中。因此，粒子位置收敛值为：

$$\lim_{t \to \infty} x_{i,d}(t) = k_1 \tag{3-108}$$

在式（3-99）中令 t=0、t=1 及 t=2，粒子位置值能够计算为：

$$\lim_{t \to \infty} x_{i,d}(t) = \lim_{t \to \infty} (\beta_1 p_{i,d}(t) + \beta_2 g_d(t)) / (\beta_1 + \beta_2) \tag{3-109}$$

如果假设 3-1 和假设 3-2 是有效的，则：

$$\boldsymbol{p}_i(t) \succ \boldsymbol{p}_i(t-1) \text{ 或 } \boldsymbol{p}_i(t) \prec\succ \boldsymbol{p}_i(t-1) \tag{3-110}$$

$$\boldsymbol{g}(t) \succ \boldsymbol{p}_i(t) \text{或} \boldsymbol{g}(t) \prec\succ \boldsymbol{p}_i(t) \tag{3-111}$$

对于 AGMOPSO，群体最优 $\boldsymbol{g}(t)$ 将通过 MOG 方法进一步更新，并且它已被证明收敛到静态 Pareto 解集。因此：

$$\lim_{t \to \infty} \boldsymbol{p}_i(t) = \boldsymbol{p}^* \tag{3-112}$$

其中，i=1,2,⋯,s；$\boldsymbol{p}^* = [p_1^*, p_2^*, \cdots, p_D^*]$。

此外，群体最优 $\boldsymbol{g}(t)$ 是从当前非支配解集 $\boldsymbol{p}_i(t)$ 中选择的，因此：

$$\lim_{t \to \infty} \boldsymbol{g}(t) = \boldsymbol{p}^* \tag{3-113}$$

通过式（3-112）和式（3-113），式（3-109）能够被表示为：

$$\lim_{t \to \infty} \boldsymbol{x}_i(t) = (\beta_1 \boldsymbol{p}^* + \beta_2 \boldsymbol{p}^*) / (\beta_1 + \beta_2) = \boldsymbol{p}^* \tag{3-114}$$

其中，$\boldsymbol{x}_i(t) = [x_{i,1}(t), x_{i,2}(t), \cdots, x_{i,D}(t)]$，$i$=1,2,⋯, s。因此，定理 3-3 被证明。

定理 3-4 如果假设 3-1、假设 3-2 和假设 3-3 满足，且 $\beta_1 \geqslant 0, \beta_2 \geqslant 0$，则粒子速度 $\boldsymbol{v}_i(t)$ 将收敛到 $\boldsymbol{0}$。

证明 粒子群的速度公式为：

$$v_{i,d}(t+1) - (1 + \omega_i(t) - \beta) v_{i,d}(t) + \omega_i(t) v_{i,d}(t-1) = 0 \tag{3-115}$$

其系数矩阵的特征多项式为：

$$(\lambda^2 - (1 + \omega_i(t) - \beta)\lambda + \omega_i(t)) = 0 \tag{3-116}$$

其特征值为：

$$\lambda_4 = \frac{1 + \omega_i(t) - \beta + \sqrt{(1 + \omega_i(t) - \beta)^2 - 4\omega_i(t)}}{2}$$

$$\lambda_5 = \frac{1 + \omega_i(t) - \beta - \sqrt{(1 + \omega_i(t) - \beta)^2 - 4\omega_i(t)}}{2} \tag{3-117}$$

并且粒子速度能够表示为：

$$v_{i,d}(t)=k_4\lambda_4+k_5\lambda_5 \tag{3-118}$$

如果假设 3-1、假设 3-2 和假设 3-3 是有效的，通过定理 3-3 的分析，存在：

$$\lim_{t\to\infty} v_{i,d}(t)=0 \tag{3-119}$$

因此，能够推导速度有：

$$\lim_{t\to\infty} \boldsymbol{v}_i(t)=\boldsymbol{0} \tag{3-120}$$

其中，$\boldsymbol{v}_i(t)=[v_{i,1}(t),v_{i,2}(t),\cdots,v_{i,D}(t)]$。因此 AGMOPSO 在一定条件下能够收敛。基于此证明了所获取的优化解能收敛到 Pareto 解，该结果能够保证城市污水处理过程性能指标优化设定的性能。

3.5 城市污水处理过程性能指标智能优化设定实现

3.5.1 城市污水处理过程性能指标智能优化设定实验设计

以北京市某城市污水处理厂的实际采集数据作为运行目标优化主成分分析法的输入矩阵，获取与出水水质、运行能耗相关性强的关键变量。其中，主成分分析法的输入是 S_{O}、S_{NO}、$MLSS$、S_{NH}、Q_{in}、T_{em}、运行能耗，以及 S_{O}、Q_{in}、$MLSS$、S_{NO}、S_{NH}、X_{BA}、出水水质。对于出水水质，其关键变量 S_{O}、$MLSS$、S_{NO}、S_{NH}、Q_{in} 和 T_{e} 的贡献率分别为 43%、28%、10%、7%、5%、5%；对于运行能耗，其关键变量 S_{O}、Q_{in}、$MLSS$、S_{NO}、S_{NH} 和 X_{BA} 的贡献率分别为 41.9%、27.75%、10.01%、7.29%、6.61%、5.35%。因此，将 S_{O}、S_{NO}、$MLSS$、S_{NH}、Q_{in} 和 T_{em} 作为水质模型的输入变量，S_{O}、Q_{in}、$MLSS$、S_{NO}、S_{NH} 和 X_{BA} 作为能耗模型的输入。水质和能耗关键特征变量、单位及其相关的检测仪表如表 3-3 所示。

表 3-3　关键特征变量、单位及相关检测仪表

关键特征变量	单位	检测仪表
S_{O}	mg/L	WTW oxi/340i
Q_{in}	m^3	CX-UWM-TDS
S_{NO}	mg/L	JT-SJ48TF

续表

关键特征变量	单位	检测仪表
S_{NH}	mg/L	Amtax inter2C
$MLSS$	mg/L	7110 MTF-FG
T_{em}	℃	pH700/Temperature
X_{BA}	mg/L	BI-2000

城市污水处理过程数据采集后，通过数据预处理和归一化处理等操作，将规范化数据应用于出水水质和运行能耗模型构建中。为了构建出水水质、运行能耗及其关键变量之间的动态映射关系，以 2018 年采集的数据进行模型精度的实际测试。首先对原始数据进行清洗，获取有效的数据，然后选择 1000 组数据样本进行模型训练和测试，训练和测试样本数量分别为 700 组和 300 组。网络模型参数随机生成，模糊规则数量为 10。

为了检测运行目标优化模型的预测精度，采用均方根误差和预测精度对出水水质和运行能耗优化模型进行定量分析。均方根误差计算方式为：

$$RMSE(t)=\sqrt{\sum_{n=1}^{N}(y_n(t)-r_n(t))^2/N} \tag{3-121}$$

其中，$RMSE(t)$ 为 t 时刻均方根误差；N 为样本个数；$y_n(t)$ 为第 n 个预测输出样本；$r_n(t)$ 为第 n 个实际输出样本。预测精度计算方式为：

$$PA(t)=\left[1-\left|\frac{\sum_{n=1}^{N}(y_n(t)-r_n(t))}{\sum_{n=1}^{N}y_n(t)}\right|\right]\times 100\% \tag{3-122}$$

其中，$PA(t)$ 为 t 时刻均方根误差；N 是样本个数。

此外，为了验证所提出的三种多目标优化算法在城市污水处理过程性能指标智能优化设定时的性能，将所提出的算法应用到基准仿真平台 BSM1 上应用验证。分别模拟在晴天、雨天和暴雨天气下连续进行 7 天优化控制来验证所提方法的有效性。城市污水处理过程性能指标智能优化设定仿真流程如图 3-2 所示。相关的实验参数设计为：

进水干扰：基于污水处理仿真平台中进水水质的设定，可测的扰动包括进水流量和进水氨氮浓度的波动。

出水限制：出水水质必须达到国家规定的排放标准，包括对出水中硝态氮浓度、总氮浓度、生物需氧量、化学需氧量和悬浮物浓度的要求。

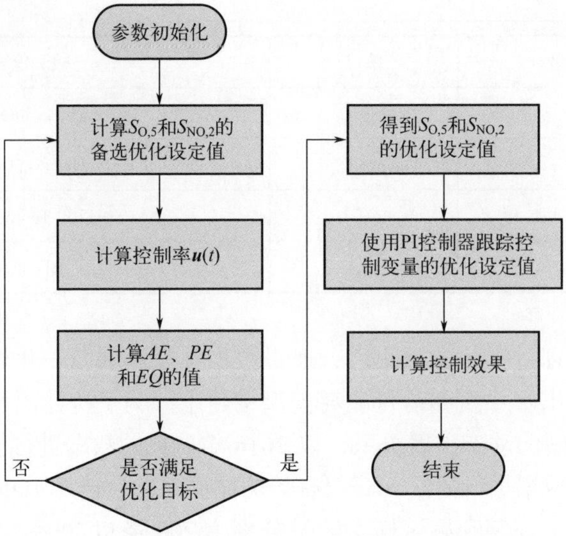

图 3-2　污水处理过程性能指标优化设定仿真流程图

采样操作周期：根据污水处理厂实际运行工况特征，采样周期定为15min/次，优化周期定为2h/次，变量的操作周期为15min/次。

优化层参数设定：

① 最大进化代数 T_{max}=200；

② 初始种群规模 $NP(0)$=200；

③ 初始变异率 $F(0)$=0.5；

④ 初始交叉率 $Cr(0)$=0.2。

控制层参数设定：

① 溶解氧浓度控制器系数 K_p=200，K_i=40；

② $0<K_La_5<242$mol/L；

③ 硝态氮浓度控制器系数 K_p=10000，K_i=4000；

④ $0<Q_a<100000$m^3/d。

3.5.2　城市污水处理过程性能指标智能优化设定结果分析

（1）性能指标预测结果及分析

性能指标优化模型预测效果如图 3-3、图 3-4 所示，其中，图 3-3 为出水水质模型测试效果图，其测试误差如图 3-4 所示。

出水水质模型的运行效果如图 3-3 所示，从图中可以看出，基于自适应模糊神经网络的数据驱动模型能够快速追踪上实际出水水质的变化趋势。为了更清晰地描述污水处理过程出水水质模型的有效性，图 3-4 展示了该模型的测试误差，可以看出，该模型能够获得良好的预测效果，结果证明了数据驱动优化模型的有效性。

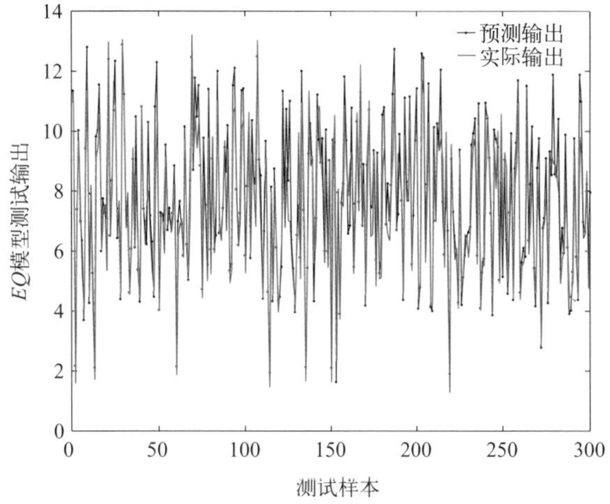

图 3-3　*EQ* 模型测试效果图

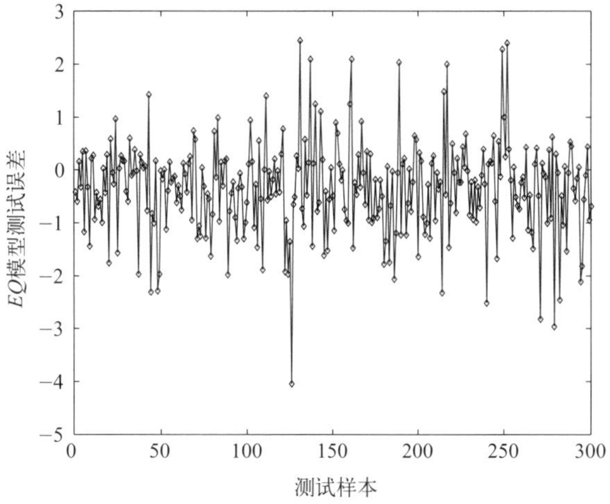

图 3-4　*EQ* 模型测试误差图

同时，为了验证所提出的基于自适应模糊神经网络的出水水质模型（AFNN-EQ）的有效性，将该模型与未进行相关变量挖掘的自适应模糊神经网络模型（AFNN-PV）、基于梯度下降的自适应模糊神经网络模型（AFNN-GDA）、基于主成分分析的全生命评估模型（PCA-LCA）[64] 进行对比，不同优化模型构建方法的对比结果如表 3-4 所示。

表 3-4　不同 *EQ* 模型性能比较

建模方法	测试 *RMSE*	预测精度 *PA*
AFNN-EQ	**0.6953**	**92.56%**
AFNN-PV	0.8963	89.63%
AFNN-GDA	0.8356	88.79%
PCA-LCA	—	89.24%

表 3-4 给出了不同的出水水质模型所对应的测试 *RMSE*、*PA*。可以看出，与其他方法相比，基于自适应模糊神经网络的出水水质模型具有更小的 *RMSE*（0.6953）和最大的 *PA*（92.56%），其中，测试 *RMSE* 为 0.6953，明显低于其他几种对比的测试 *RMSE*。实验结果表明，所设计的基于主成分分析的关键变量选择方法和基于自适应模糊神经网络的出水水质模型都是有效的，而且与基于梯度下降算法的参数调整方式相比，基于自适应二阶 LM 算法的参数调整方式有助于模糊神经网络产生良好的预测效果。此外，基于自适应模糊神经网络的出水水质模型 PA 为 92.56%。实验结果表明，所提出的数据驱动出水水质优化模型具有较好的模型预测精度。

基于自适应模糊神经网络的数据驱动运行能耗优化模型预测效果如图 3-5、图 3-6 所示，其中，图 3-5 给出了运行能耗优化模型测试效果图，图 3-6 给出了运行能耗优化模型测试误差图。由图 3-5 和图 3-6 可以看出，基于自适应模糊神经网络的运行能耗优化模型具有良好的预测精度，运行能耗测试误差可以保持在 [−0.15, 0.07] 范围内。可以证明，基于自适应模糊神经网络的运行能耗模型具有良好的性能。

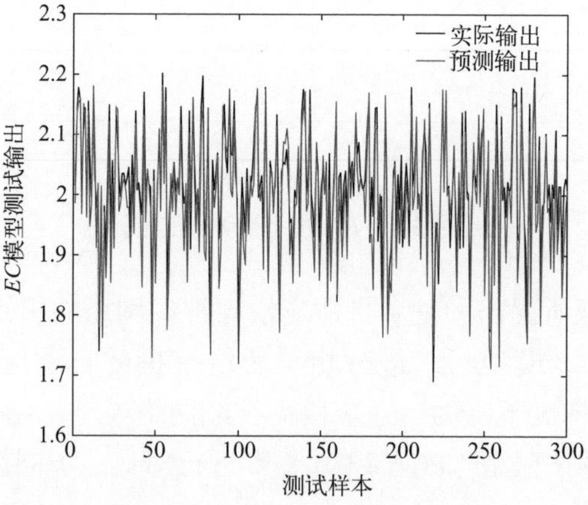

图 3-5　*EC* 模型测试效果图

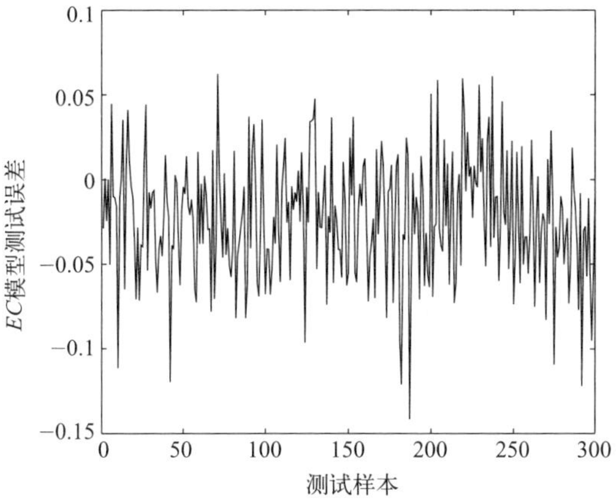

图 3-6　*EC* 模型测试误差图

为了验证基于自适应模糊神经网络的运行能耗模型（AFNN-EC）的有效性，将其与 AFNN-PV、AFNN-GDA、回归网络（GRNN）和基于四种好氧技术的污水综合处理模型（FST-FAM）进行性能比较，结果如表 3-5 所示。可以看出，AFNN-EC 具有最好的 *RMSE*（0.0065）和 *PA*（99.53%），证明所提出的数据驱动优化模型具有显著的优越性。

表 3-5　不同 *EC* 模型性能比较

建模方法	测试 *RMSE*	预测精度 *PA*
AFNN-EC	**0.0065**	**99.53%**
AFNN-PV	0.0132	96.60%
AFNN-GDA	0.0086	98.39%
GRNN	0.0081	—
FST-FAM	—	99.50%

（2）性能指标优化结果及分析

① 基于 AGMOPSO 的性能指标优化结果及分析　为了验证所提出的 AGMOPSO 优化策略的有效性，将该策略在三种不同天气（晴天、雨天和暴雨）下进行测试，测试结果如图 3-7 ～图 3-12 所示。

图 3-7 给出了晴天天气下 S_O 的优化设定值，从图中可以看出所提出的 AGMOPSO 可以获得有效的 S_O 优化设定值。图 3-8 给出了晴天天气下 S_{NO} 的优化设定值以及 S_{NO} 的优化效果图，图中结果显示所设计的 AGMOPSO 能够实现对 S_{NO} 优化设定值的跟踪控制。

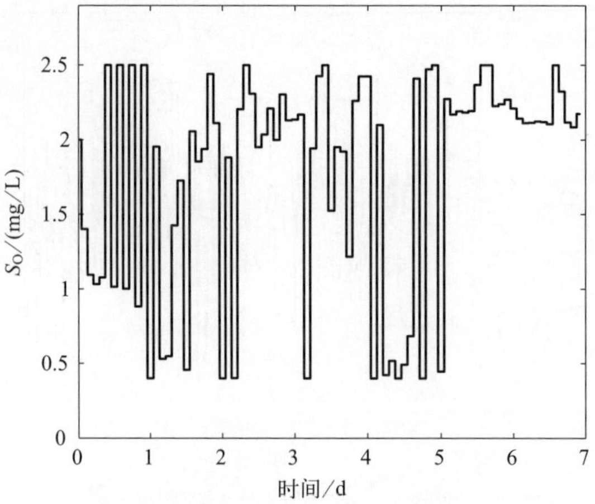

图 3-7　晴天天气下 S_O 优化效果图

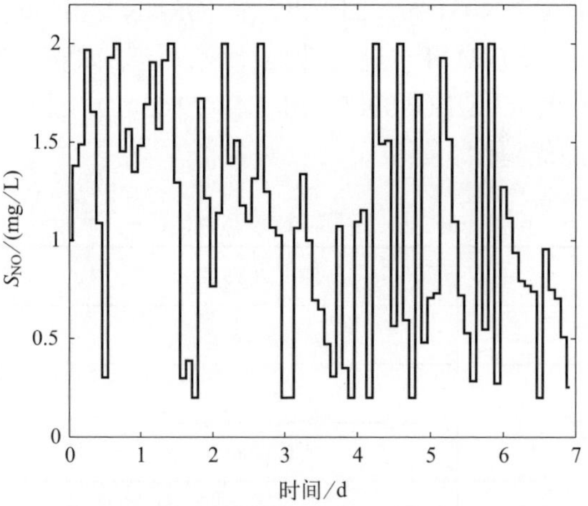

图 3-8　晴天天气下 S_{NO} 优化效果图

为了验证所提出的 AGMOPSO 算法的有效性，将该算法与一些对比算法，包括基于自适应多目标差分进化算法的优化控制（AMODE-PI）[55]、动态多目标优化控制（DMOOC）[127]、基于实时优化的非线性模型预测控制（RTO-NMPC）[140] 和基于自适应多目标进化算法与自适应神经网络控制器的优化控制算法（AMODE-AFNN）[55] 进行对比，对比结果如表 3-6 所示。

为了评价所提出的 AGMOPSO 算法的有效性，通过优化性能 *EC*（表中单位 €/*d* 代表欧元 / 天）和 *EQ*（表中单位 kg poll unit/d 代表每天每个单元内的污染物重量）以及控制性能（*ISE* 和 *IAE*）与其他优化控制策略进行对比。从表 3-6 中可以看出，AGMOPSO 策略的 *EQ* 和 *EC* 分别为 7539.8kg poll unit/d 和 728.8 € /d，与

AMODE-PI 策略相比，能耗降低了 1.6%。由于 EQ 和 EC 是一对相互冲突的变量，所提出的 AGMOPSO 能够获得 EQ 和 EC 间的平衡。

表 3-6　晴天天气下不同优化性能对比

天气	方法	EC/[€ (欧元) /d]	EQ (kg poll unit/d)
晴天	AGMOPSO	728.8	7539.8
	AMODE-PI	740.4[①]	6048.25[①]
	DMOOC	**722.41**[①]	7867.17[①]
	RTO-NMPC	740.0[①]	7102.9[①]
	AMODE-AFNN	736.1[①]	**6045.62**[①]

①结果对应方法原文数据。

图 3-9 给出了雨天天气下 S_O 的优化设定值，从图中可以看出即使在有入水流量和入水 NH 突变的干扰下，所提出的 AGMOPSO 仍然可以获取满意的优化效果。图 3-10 给出了雨天天气下 S_{NO} 的优化设定值，图中结果显示所设计的 AGMOPSO 能够实现对 S_{NO} 的优化设定。进一步验证所提出的 AGMOPSO 算法的有效性，将该算法与 AMODE-PI、DMOOC、RTO-NMPC 和 AMODE-AFNN 进行对比，对比结果如表 3-7 所示。从表 3-7 中可以看出，AGMOPSO 的 EC 值为 735.7 € /d，明显低于其他优化控制策略；EQ 值为 8180.59kg poll unit/d。从 EQ 和 EC 的结果中可以看出所提出的 AGMOPSO 算法能够实现 EQ 和 EC 的平衡。表 3-7 中的优化性能结果验证了所提出的优化控制算法的有效性。

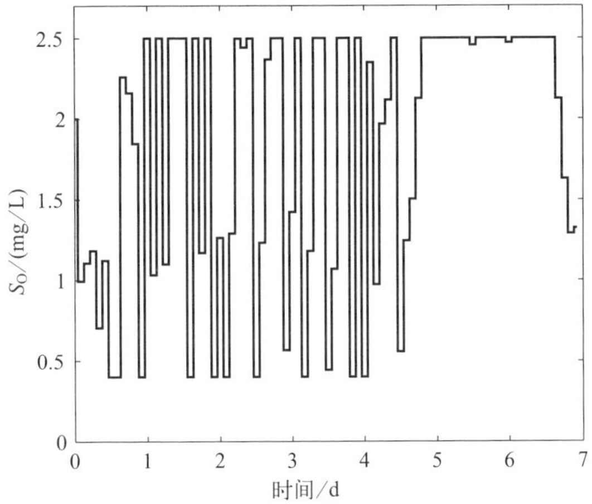

图 3-9　雨天天气下 S_O 优化效果图

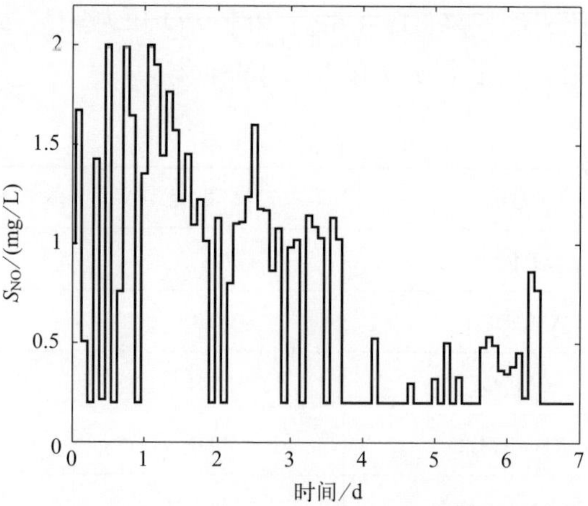

图 3-10　雨天天气下 S_{NO} 优化效果图

表 3-7　雨天天气下不同优化性能对比

天气	方法	$EC/(€/d)$	$EQ/(kg\ poll\ unit/d)$
雨天	AGMOPSO	**735.7**	8180.59
	AMODE-PI	744.2[①]	8090.32[①]
	DMOOC	746.64[①]	8176.786[①]
	RTO-NMPC	739.26[①]	**7582.8**[①]
	AMODE-AFNN	743.0[①]	8082.32[①]

① 结果对应方法原文数据。

图 3-11 给出了暴雨天气下 S_O 的优化设定值，从图中可以看出在暴雨天气下所提出的 AGMOPSO 仍然可以获得较好的优化效果。图 3-12 给出了暴雨天气下 S_{NO} 的优化设定值，图中结果显示所设计的 AGMOPSO 能够实现对 S_{NO} 的优化设定。为了验证所提出的 AGMOPSO 算法的有效性，将该算法与 AMODE-PI[47]、DMOOC[91]、RTO-NMPC[107] 和 AMODE-AFNN[47] 进行对比，对比结果如表 3-8 所示。从结果中可以看出，AGMOPSO 的 EC 值和 EQ 值分别为 731.52 € /d 和 7236.45kg poll unit/d，相比于 AMODE-PI，其 EC 降低了 2.1%。其优化结果表明了 AGMOPSO 策略能够实现 EQ 和 EC 的平衡。表 3-8 中的优化性能结果验证了所提出的 AGMOPSO 算法的有效性。

② 基于 NSGA Ⅱ 的性能指标优化设定结果及分析　在基于 NSGA Ⅱ 的优化设定方法中，晴天天气下的溶解氧浓度和硝态氮浓度设定值变化效果如图 3-13、图 3-14 所示。从图中可以看出所提出的优化策略能够实现 S_O 和 S_{NO} 的动态优化设定。

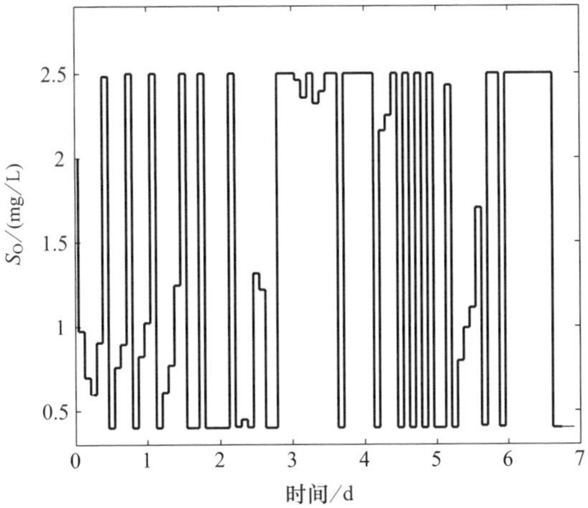

图 3-11　暴雨天气下 S_O 优化效果图

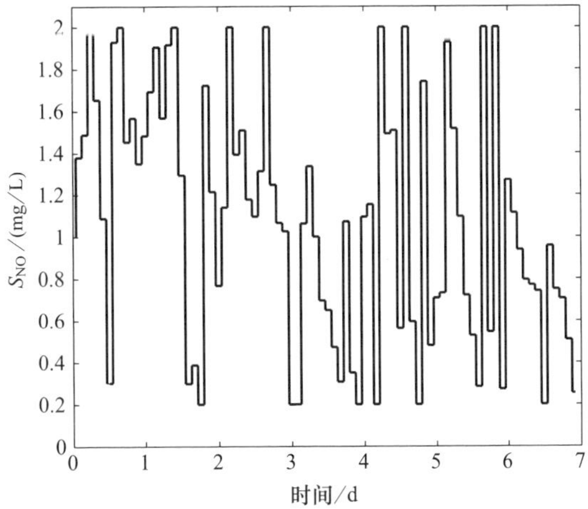

图 3-12　暴雨天气下 S_{NO} 优化效果图

表 3-8　暴雨天气下不同优化性能对比

天气	方法	***EC***/（€ /d）	***EQ***/（kg poll unit/d）
暴雨	AGMOPSO	731.52	7236.45
	AMODE-PI	747.1①	7133.16①
	DMOOC	734.23①	7466.13①
	RTO-NMPC	**721.72**①	7680.2①
	AMODE-AFNN	745①	**7127.33**①

① 结果对应方法原文数据。

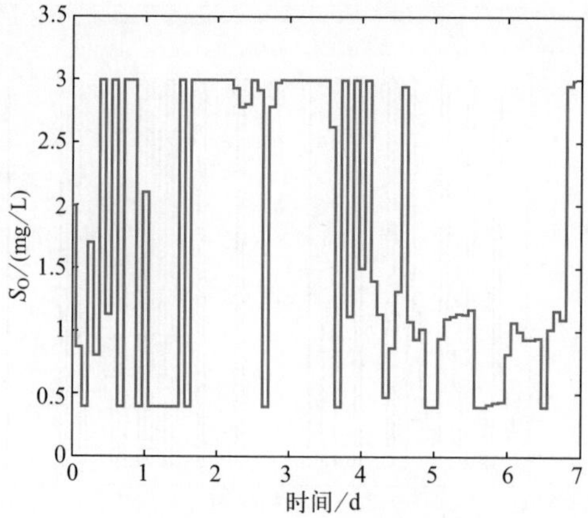

图 3-13　晴天天气下 S_O 优化效果图

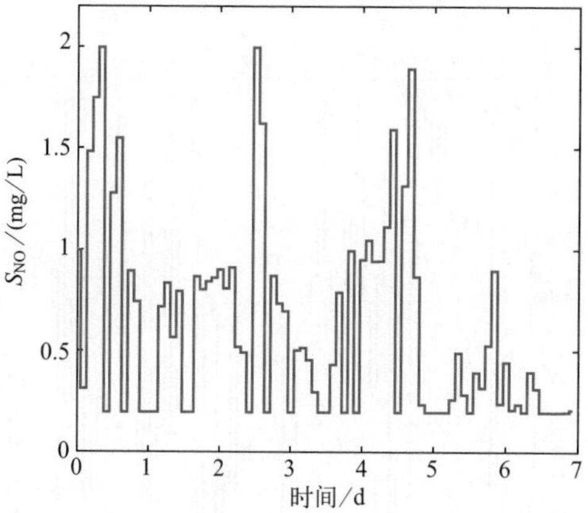

图 3-14　晴天天气下 S_{NO} 优化效果图

由图 3-13、图 3-14 可见，基于 NSGA Ⅱ的城市污水处理过程优化设定方法能够在晴好天气下，同时对操作能耗和出水水质进行多目标优化，根据进水情况的变化，动态寻找到控制变量的优化设定值，并对动态的 S_O 和 S_{NO} 优化设定值进行精准的跟踪控制。在雨天天气工况下，使用 NSGA Ⅱ算法进行多目标寻优，得到 S_O 和 S_{NO} 的优化设定值，如图 3-15、图 3-16 所示。图 3-15 给出了雨天天气下 S_O 的优化设定值，从图中可以看出所提出的优化策略可以获取满意的优化效果。图 3-16 给出了雨天天气下 S_{NO} 的优化设定值，图中结果显示所设计的优化策略能够实现对 S_{NO} 的优化设定。

由图 3-15、图 3-16 可见，基于 NSGA Ⅱ的城市污水处理过程优化设定方法能够在雨天天气下，同时对操作能耗和出水水质进行多目标优化，根据进水情况的变化，动态寻找到控制变量的优化设定值，并对动态的 S_O 和 S_{NO} 优化设定值进行精准的跟踪控制。

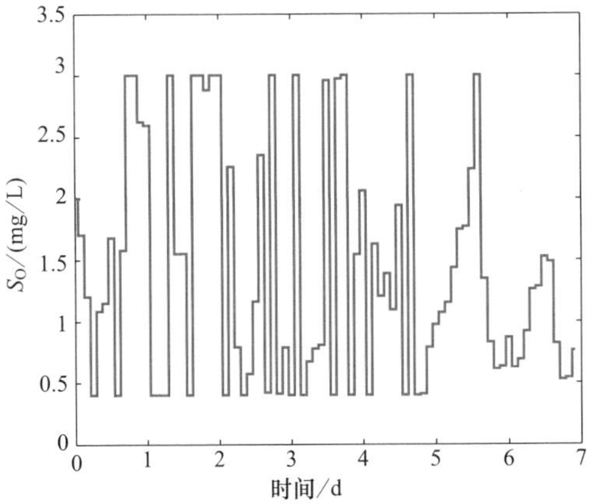

图 3-15 雨天天气下 S_O 优化效果图

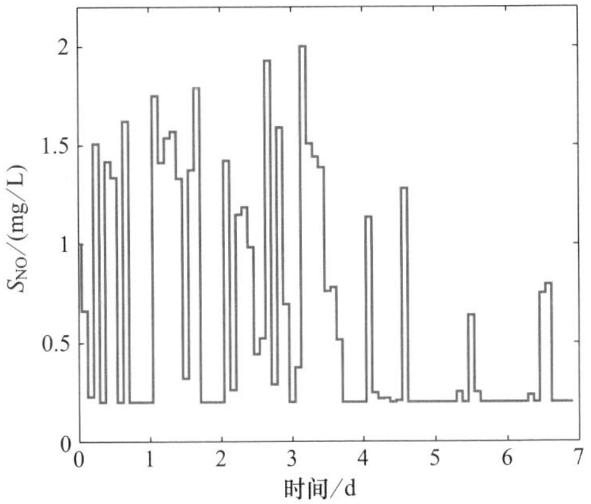

图 3-16 雨天天气下 S_{NO} 优化效果图

在暴雨天气工况下，使用 NSGA Ⅱ算法进行多目标寻优，得到 S_O 和 S_{NO} 的优化设定值，如图 3-17、图 3-18 所示。图 3-17 给出了暴雨天气下 S_O 的优化设定值，从图中可以看出所提出的优化策略可以获取满意的优化效果。图 3-18 给出了暴雨天气下 S_{NO} 的优化设定值，图中结果显示所设计的优化策略能够实现对 S_{NO} 的优化设定。

由图 3-17、图 3-18 可见，基于 NSGA Ⅱ的城市污水处理过程优化设定方法能够在暴雨天气下，同时对操作能耗和出水水质进行多目标优化，根据进水情况的变化，动态寻找到控制变量的优化设定值，并对动态的 S_O 和 S_{NO} 优化设定值进行精准的跟踪控制。

③ 基于 AMODE 的性能指标优化设定结果及分析　以活性污泥法污水处理过程为研究对象，将最小化曝气能耗、泵送能耗和出水水质作为优化目标，使用

AMODE算法，得到S_O和S_{NO}的优化设定值。

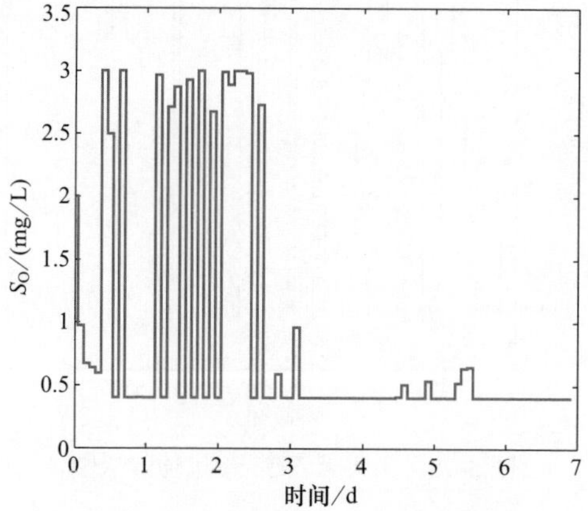

图 3-17　暴雨天气下 S_O 优化效果图

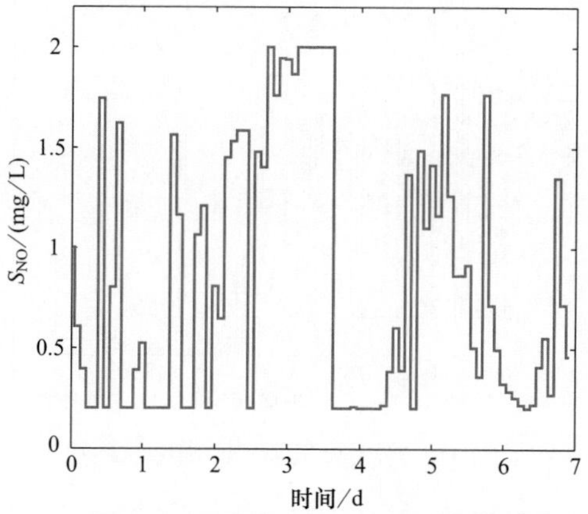

图 3-18　暴雨天气下 S_{NO} 优化效果图

在晴天、雨天和暴雨天气工况下，污水处理多目标优化控制方案的参数变化和跟踪控制效果如图3-19～图3-24所示。在晴天天气工况下，使用AMODE算法对污水处理过程进行多目标寻优，得到S_O和S_{NO}的优化设定值，如图3-19和图3-20所示。由图3-19、图3-20可见，S_O和S_{NO}的优化设定值呈现周期性变化趋势，周中比周末的数值高，白天比夜晚的数值高，这个趋势与进水流量和污染物浓度变化情况有关，两者间存在一定的时延与非线性关系。S_O和S_{NO}优化设定值的周期性变化趋势表明，控制变量的数值能够根据进水水质的变化进行动态调整，寻找到相应的最优设定值。由图3-19、图3-20可见，污水处理过程AMODE方法能够在晴天天气工况下，同时对曝气能耗、泵送能耗和出水水质进行多目标优化，根据进水情况的变化，动态寻找到控制变量的优化设定值，并对动态的 S_O 和 S_{NO} 优化设定值进行精准的跟踪控制。

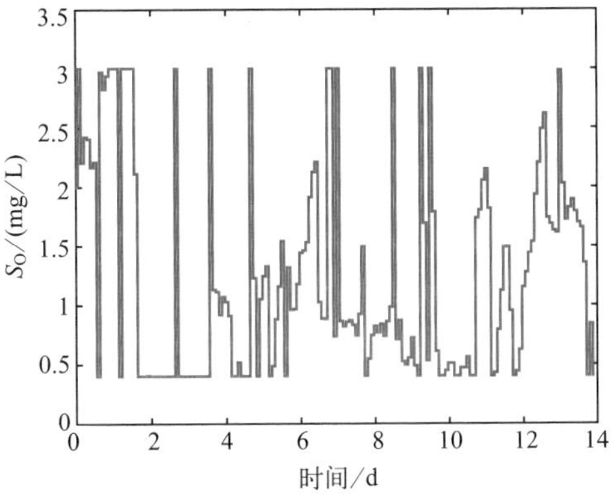

图 3-19　晴天天气下 S_O 优化效果图

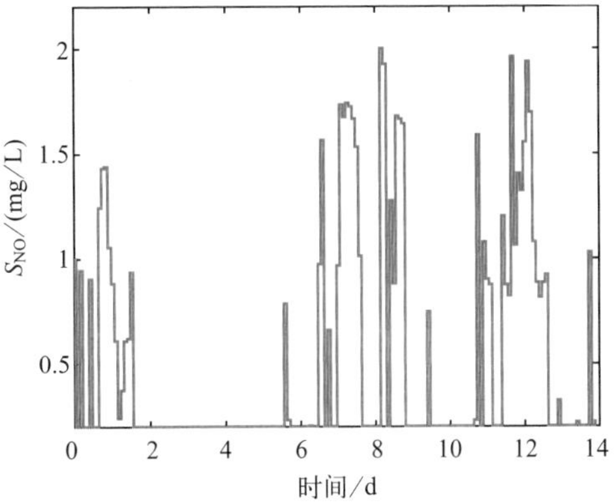

图 3-20　晴天天气下 S_{NO} 优化效果图

在雨天天气工况下，使用 AMODE 算法进行多目标寻优，得到 S_O 和 S_{NO} 的优化设定值，如图 3-21、图 3-22 所示。由图 3-21、图 3-22 可见，S_O 和 S_{NO} 的优化设定值在时间轴上仍然呈现周期性变化规律，数据变化平稳。与晴天天气工况相比，在持续性降雨发生时，S_O 和 S_{NO} 的优化设定值发生明显变化，表明最优设定值能够根据进水情况的变化进行相应的调整，解决多目标寻优问题。

在暴雨天气工况下，使用 AMODE 算法进行多目标寻优，得到 S_O 和 S_{NO} 的优化设定值，如图 3-23、图 3-24 所示。由图 3-23 和图 3-24 可见，S_O 和 S_{NO} 的优化设定值在整体时间轴上继续呈现周期性变化规律，由于在第 2 天和第 4 天发生突发性强降雨，致使进水流量和水质瞬间发生强烈变化，考虑时延因素的影响，S_O 和 S_{NO} 优化设定值在突然性降雨之后发生剧烈变化，表明控制变量的优化设定值能够根据进水情况的突变进行相应的调整。

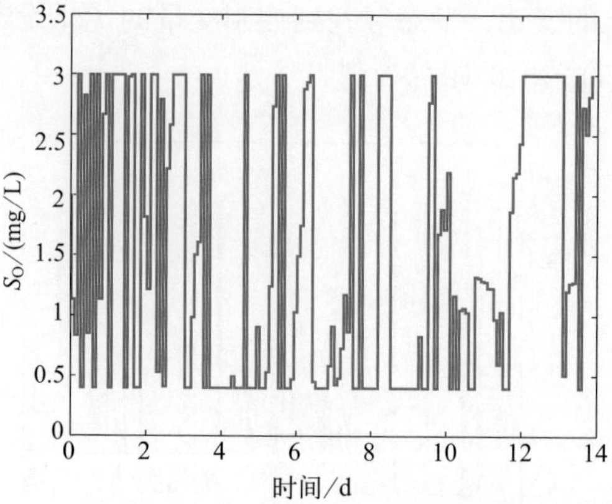

图 3-21 雨天天气下 S_O 优化效果图

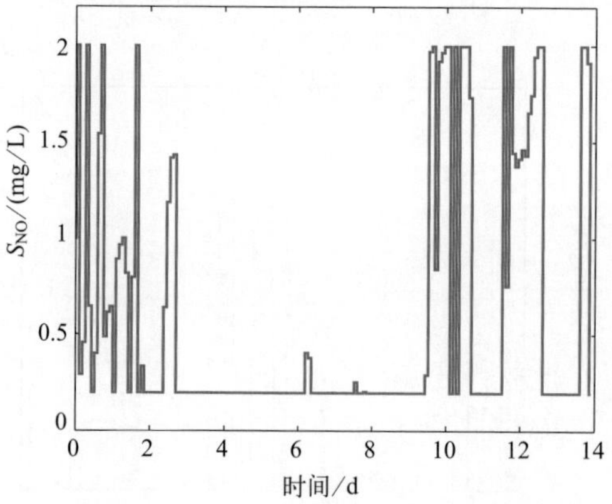

图 3-22 雨天天气下 S_{NO} 优化效果图

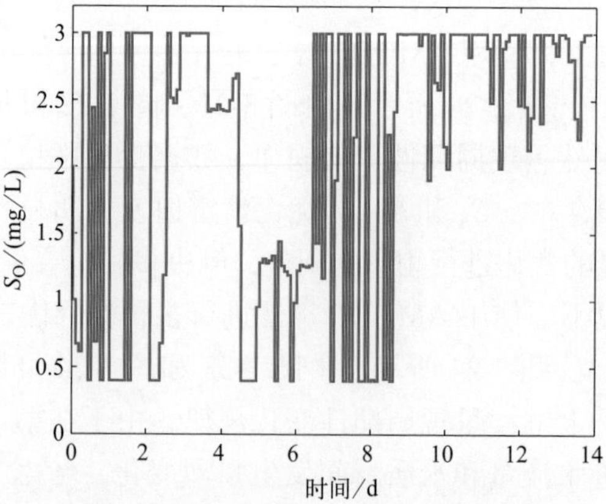

图 3-23 暴雨天气下 S_O 优化效果图

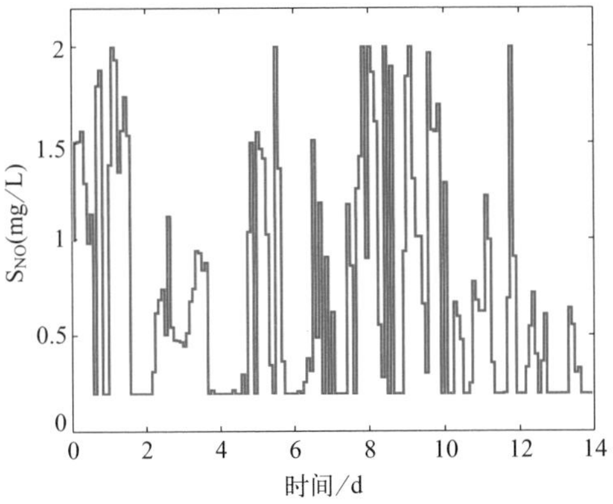

图 3-24　暴雨天气下 S_{NO} 优化效果图

3.6 本章小结

本章针对城市污水处理过程性能指标优化设定的问题，提出了基于多目标梯度的 MOPSO 算法，基于局部搜索的 NSGA Ⅱ算法以及自适应多目标差分进化算法，用于实现性能指标的优化设定。具体可总结为：

① 性能指标智能优化设定的主要问题之一是性能指标优化目标函数的构建。针对该问题，提出了基于自适应核函数的运行指标构建方法，用于获取城市污水处理过程性能指标的动态特性，完成优化目标的设计。

② 性能指标智能优化设定的另一关键问题是控制变量优化设定值的实时获取。为了获取有效的控制变量优化设定值，设计了基于动态多目标粒子群的优化设定值求取策略，利用多目标梯度下降策略和飞行参数自适应更新策略来保证优化过程的性能，提高优化解的有效性；设计了基于局部搜索的 NSGA Ⅱ算法，其有效解决无规律多目标动态优化问题，同时，基于密度的局部搜索算法有效提高了种群收敛速度和种群多样性；设计了自适应多目标差分进化算法，该算法能够根据进水流量和水质的变化进行动态调整优化设定值，改善污水处理性能。

Cutting-Edge Technologies in
Smart Environmental Protection

第4章

城市污水处理过程单目标智能优化控制

4.1 概述

城市污水处理过程反应机理复杂，微生物行为和种群分布不断变化，具有很强的非线性特点，导致过程控制中存在很大困难。首先，污水处理生化反应过程复杂，过程参数随时间呈现动态变化，系统具有明显的不确定性和时变特性。从“厌氧”反硝化脱氮到“好氧”硝化去除氨氮的过程需要较长时间，从开始曝气到曝气池内 DO 浓度变化，系统均存在大时滞。其次，随着进水流量、污水浓度、天气和气温等条件变化，污水处理系统经常受到这些不同类型干扰（脉冲、阶跃、斜坡和周期干扰）的影响。污水处理系统负荷扰动大，不确定性干扰严重，系统多运行于非平稳状态。对于复杂控制系统，即使是其中单个变量的控制（如溶解氧浓度控制），也体现出滞后、不确定性、强非线性等特点。随着全社会对于环境保护的日益重视，国家对于污水处理系统的出水水质提出了严格的要求，而目前我国大部分的污水处理企业仍停留在简单 PID 控制阶段。传统 PID 控制鲁棒性较弱，不能自动调整控制器参数，当进水水质参数发生较大波动时难以取得理想的效果，因此需要研究简单实用、自适应能力强的控制方法。

污水处理属于能量密集的行业，电能消耗大，运行费用高。如何实现污水处理过程的优化控制，提高出水水质，降低运行费用，是我国污水处理行业面临的最大障碍。污水处理过程中影响控制目标的因素众多，包括污水进水成分、进水流量、污染物浓度、水温、pH 值、停留时间、溶解氧浓度等，其中污水进水成分、进水流量、污染物浓度、水温、pH 值等因素在污水处理过程中是动态变化的，同时还是被动接受的，即在处理过程中是不对这些参数进行控制的（若实施控制将明显提高污水处理成本）。但在实施优化控制时又必须考虑这些因素的影响，因此需要通过主动调整控制参数来动态优化控制系统。

为了降低城市污水处理过程中的运行能耗，本章设计了单目标智能优化控制策略。首先，给出城市污水处理过程单目标智能优化控制基础，确定单目标智能优化控制架构，分析单目标智能优化控制特点；其次，设计城市污水处理过程智能优化设定方法，通过分析单目标影响因素，获取单目标关键变量，并构建单目标优化模型，设计单目标智能优化设定方法；然后，设计城市污水处理过程单目标智能优化控制方法，并对其性能进行分析；最后，对典型目标智能优化控制进行实验设计并分析结果，验证其有效性。

4.2 城市污水处理过程单目标智能优化控制基础

4.2.1 城市污水处理过程单目标智能优化控制基本架构

城市污水处理过程单目标智能优化控制基本架构主要包括优化控制问题描述、优化控制策略设计、优化和控制方法确定。

（1）优化控制问题描述

该步骤主要根据运行机理和运行数据确定综合运行指标关键特征变量，建立城市污水处理过程运行指标模型，设计运行指标约束条件，分析运行指标对处理过程状态的影响；基于运行指标特点，确定被控对象和可控变量，建立优化控制目标函数，完成城市污水处理过程优化控制问题的描述。

（2）优化控制策略设计

在设计城市污水处理过程优化控制策略时，应在满足运行指标约束、控制变量约束等的条件下实现运行指标最优化，因此，城市污水处理过程优化控制策略可以转化为控制变量优化设定值的在线计算和跟踪控制问题。控制变量优化设定值的在线计算是基于运行指标模型的最优化获得的，优化设定值的在线跟踪控制是通过实时跟踪控制变量优化设定值来实现的。

（3）优化和控制方法确定

基于城市污水处理过程优化控制问题描述和设计的城市污水处理过程优化控制策略，分析运行指标模型和控制过程特点，确定合适的优化和控制方法，实现控制变量优化设定值的实时获取和高精度跟踪控制。近年来，随着人工智能和数据驱动等的快速发展，多目标进化算法和智能控制方法已得到学者们的广泛关注和研究。

4.2.2 城市污水处理过程单目标智能优化控制特点分析

在典型城市污水处理工艺中，好氧区的 DO 浓度和缺氧区的 S_{NO} 是影响硝化、反硝化进程的重要参数。好氧区中 DO 浓度过高，会导致进入缺氧区的 DO 增多，无法保证反硝化所需的缺氧环境，增大了缺氧区可快速降解有机碳的消耗，从而影响处理效果；另外，曝气耗费往往占污水处理厂总运行费用的 50% 以上，在实际生产运行中，实现 DO 浓度的优化控制，对污水处理效果与运行费用均非常有意义。同样，只有维持合适的缺氧区 S_{NO}，才能够高效利用缺氧区反硝化作用，同时避免过高的内循环回流量，提高脱氮去除率并有效减少动力消耗。因此，根据入水水质水量的动态变化优化 DO 浓度和 S_{NO} 的设定值，是提高污水处理系统处理效果、降低运行成本的一种可行性方法，也是当前亟待解决的问题。

典型的城市污水处理工艺主要包括生化池和二沉池，生化池部分共包括 5 个单元，前两个单元是缺氧区，后三个单元是好氧区。以 BSM1 为基础，优化控制系统采用层级式结构（图 4-1），上层采用基于分工策略的粒子群优化算法，根据物料平衡约束、执行器约束以及出水条件约束得到底层控制回路的设定值；下层是 4 个神经元自适应 PID 控制器，第一个通过调节内回流量 Q_a 控制缺氧区单元 2 的硝酸氮浓度，后三个通过调节单元 3 ～单元 5 的氧气转换系数 K_La 控制该单元溶解氧浓度。采用优化控制策略动态调整 4 个控制回路的设定值——后三个单元的 DO 设定值 S_{O5}^*、S_{O4}^*、S_{O3}^* 和 S_{NO} 设定值 S_{NO}^*，可以有效地降低运行费用。

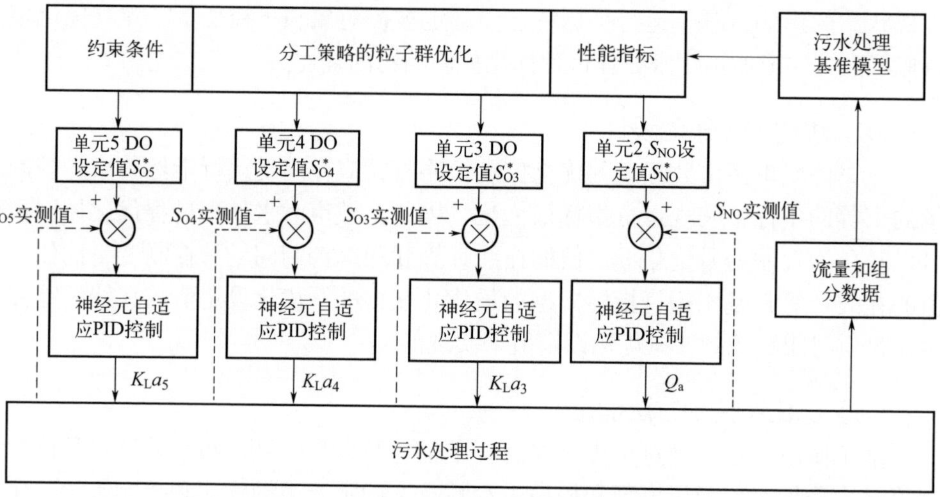

图 4-1　城市污水处理优化控制系统结构

优化问题的目标函数：

$$J = \min \frac{1}{T}\int_t^{t+T} \left(Energy + EQ\right) \mathrm{d}t \tag{4-1}$$

其中，T 表示运行周期，一般取 7 天；$Energy = AE + PE$，表示运行费用，AE 为曝气能耗：

$$AE = \frac{S_{O,sat}}{T \times 1.8 \times 1000}\int_t^{t+T} \sum_{i=1}^{i=5} V_i K_L a_i(t) \mathrm{d}t \tag{4-2}$$

其中，$S_{O,sat}$ 代表饱和溶解氧浓度，一般取 8mg/L；缺氧区两个单元体积

$V_1=V_2=1000m^3$，好氧区三个单元的体积 $V_3=V_4=V_5=1333m^3$；以氧气转换系数 K_La_i 作为调整溶解氧浓度的操作变量。

PE 为泵送能耗：

$$PE=\frac{1}{T}\int_t^{t+T}\left(0.004Q_a(t)+0.05Q_w(t)+0.008Q_r(t)\right)dt \tag{4-3}$$

其中，Q_a 为硝化液内回流量；Q_r 为污泥回流量；Q_w 为剩余污泥排放量。

EQ 表示向受纳水体排放污染物需要支付的费用，它的大小与出水水质的好坏有关，出水水质越好，EQ 越小。

$$EQ=\frac{1}{T\times1000}\int_t^{t+T}\begin{pmatrix}B_{SS}SS_e(t)+B_{COD}COD_e(t)+\\B_{NKj}S_{NKj,e}(t)+B_{NO}S_{NO,e}(t)\\+B_{BOD5}BOD_e(t)\end{pmatrix}Q_e(t)dt \tag{4-4}$$

出水水质约束如表 4-1 所示。

表 **4-1** 出水水质约束

出水变量	约束值
总氮浓度（N_{tot}）	$<18g/m^3$
化学需氧量（COD）	$<100g/m^3$
氨氮浓度（S_{NH}）	$<4g/m^3$
总固体悬浮物（TSS）浓度	$<30g/m^3$
五天生化需氧量（BOD_5）	$<10g/m^3$

执行器约束包括：操作变量 $0<S_{O5}^*<3$，$0<S_{O4}^*<3$，$0<S_{O3}^*<3$，$0<S_{NO}^*<3$，控制变量 $0<K_La<240mol/L$，$0<Q_a<92230$。

污水处理过程的最优控制问题是一个模型复杂、约束条件众多的优化问题，而且 DO 设定值 S_{O5}^*、S_{O4}^*、S_{O3}^* 和 S_{NO} 设定值 S_{NO}^* 与出水水质以及能量消耗之间的关系非常复杂，采用最优化计算方法（如牛顿法、庞特里亚金极大值原理等）比较困难，而这正是智能优化方法的用武之地。目前针对污水处理过程优化控制的研究大多采用遗传算法，但基本上是稳态优化，没有根据污水进水水质水量的变化动态调整设定值。本章研究基于粒子群算法的动态优化控制，与遗传算法相比，粒子群算法不需要复杂的交叉变异操作，算法简单，参数少，易于实现，在近十几年得到了很大的发展。

4.3 城市污水处理过程单目标智能优化设定方法设计

城市污水处理过程单目标智能优化设定步骤主要包括优化目标的确定、优化目标关键影响因素的分析、关键变量的确定、优化模型的构建以及优化设定方法的设计。本节通过分析城市污水处理过程主要目标和影响因素，得到单目标关键特征变量，并且采用机理构建单目标优化模型，对优化目标建模，以描述城市污水处理过程运行优化目标与关键特征变量之间的动态关系。

4.3.1 城市污水处理过程单目标影响因素分析

（1）城市污水处理过程的主要目标

城市污水处理厂排放的污水中，氮污染物含量增加是出水氨氮和出水总氮含量增加的重要原因。水体中氮污染物含量过高，含氮物质的输入输出失去平衡将引起水体的富营养化，导致藻类及其他浮游生物迅速繁殖，水体溶解氧量下降，水体生态系统物种分布失衡，进而破坏系统中物质与能量的流动，造成生态环境恶化，动植物的生存也会因此受到威胁。

氨氮含量较高的污水排入外部环境之后，氨氮在硝化菌的作用下会氧化成亚硝酸盐和硝酸盐，而完全氧化 1mg 氨氮需要 4.57mg 溶解氧，溶解氧的大量消耗使得水体溶解氧浓度过低，影响水生动植物的生存。例如，氨氮浓度对鱼鳃中氧的传递有影响，水体中氨氮对鱼的致死量约为 1mg/L。对城市污水氨氮排放量加以控制，能避免氨氮对水生动植物生存环境产生的不良影响。因此，降低出水氨氮浓度，是城市污水处理生物脱氮过程的一个主要目标。

出水总氮浓度是出水水质中的硝态氮浓度和凯氏氮浓度之和，在水体中以亚硝酸盐和硝酸盐的形态存在。一般水体中硝酸盐含量不大于 15mg/L，亚硝酸盐含量极少超过 1mg/L。然而，近 20 年来，多数国家的水体中硝酸盐含量呈稳步上涨趋势，造成这种形势的一个重要原因是，污水处理过程主要强调污水的硝化处理，忽视了硝态氮反硝化过程的重要性。而水体中的亚硝酸盐被人体或动物摄入后，在人体或动物体中亚硝酸盐能很快地被肠胃吸收，被吸收的亚硝酸盐能够与人体中的血红蛋白发生反应，形成高铁变性血红蛋白，进而引发变性血红蛋白血症。这种疾病在婴幼儿以及年幼的动物中更容易发生。另外，硝酸盐在人体或动物体中还可能会转化为亚硝胺，这是一种致变、致畸、致癌物，对人体以及动物的生命造成严重威胁。因此，降低出水总氮浓度是城市污水处理生物脱氮过程的另一主要目标。

此外，城市污水处理生物脱氮过程会不可避免地造成大量能耗。随着我国城市污水处理规模的日渐增大，脱氮过程造成的能耗也越来越高，2018 年，我国污水处理厂电耗占全国总电耗的 0.26%。污水处理生物脱氮过程能耗逐年递增，导致城市污水处理厂的运行成本居高不下，而主要能耗来自火力发电。火电厂生产电能带来的排放物会对环境产生恶劣影响。这些排放物包括燃料燃烧过程产生的尘粒、二氧化硫、氧化氮等，以及电厂各类设备运行中排出的废水、粉煤灰渣，电厂运行时发出的噪声等。因此，降低城市污水处理生物脱氮过程的能耗也是需要考虑的重要目标。

（2）城市污水处理过程的影响因素

① 温度　城市污水处理生物脱氮过程可以在 4 ～ 45℃的环境下进行，温度对硝化菌的活性和增长速度都有一定影响。在可行温度范围内，随着温度的升高，硝化反应的速度也随之增加。当温度低于 15℃时，硝化菌活性被抑制，易产生亚硝酸盐，当温度低于 4℃时，硝化菌基本失去活性。另外，温度对反硝化反应速率也起到促进作用，由于微生物悬浮生长、硝酸盐负荷率在不同工艺中有所差异，温度对反硝化过程的影响程度并不相同。

② pH 值　在城市污水处理生物脱氮过程中，pH 值对微生物的生命活动影响较大，不仅会影响代谢过程中的酶活性，也会对污水处理过程中物质的离解状态产生影响。硝化与反硝化过程对环境 pH 值的需求是相近的，硝化过程中的耗碱产酸反应将会降低污水中的 pH 值。而 pH 值的变化将会引起底物和细菌体内酶蛋白的荷电状态变化，硝化菌对 pH 值的变化非常敏感，亚硝化菌和硝化菌分别在 pH 值为 7.0 ～ 7.8、7.7 ～ 8.1 时拥有最高的生物活性，而反硝化反应过程适宜 7.0 ～ 7.5 的 pH 值条件。研究表明，低 pH 值对硝化菌群的影响弱于高 pH 值，同时反硝化过程耗酸产碱，对城市污水处理过程反应池的 pH 值一般控制在 6.0 ～ 8.5。当 pH 值低于 6.5 时，不利于细菌和微生物的生长，尤其会对菌胶团细菌造成不利影响。相反，较高的 pH 值有助于霉菌及酵母菌的生长，从而破坏污泥的吸附和絮凝能力，引发丝状菌污泥膨胀。

③ 溶解氧浓度　溶解氧对污水处理生物脱氮过程两个反应工序的作用是相对立的。硝化菌具有强烈的好氧性，高溶解氧浓度对硝化反应速率和硝化菌增长率起促进作用，因此，硝化过程建立在充足的曝气条件下。而在反硝化过程中，生物膜或生物絮体内部的溶解氧浓度会消耗硝态氮所需的电子供体，抑制硝酸盐还原酶活性。若好氧池中溶解氧浓度不足，则会对微生物的生长活动产生一定的抑制作用，进而影响城市污水处理生物脱氮进程和活性污泥的生存环境。好氧区内

溶解氧浓度需维持在 3 ～ 4mg/L，且不低于 2mg/L，而在好氧区的某些局部区域，如好氧池进口区，此处污水中有机物浓度较高，好氧速率较高，溶解氧浓度应当保持在 2mg/L 左右，且不应低于 1mg/L。

④ 内循环回流比　内循环回流将好氧区的硝态氮混合液回流到缺氧区，反硝化反应才会顺利进行。若缺氧区末端硝态氮浓度太低，会导致反硝化速率低，硝态氮去除率降低。因此，需有效控制内循环回流比以提高系统反硝化速率，降低出水总氮浓度。随着内循环回流比的增加，出水氨氮浓度并无明显变化，这说明内循环回流量的变化并不影响氨氮的去除，而出水硝态氮浓度和总氮浓度逐渐降低。当回流比增至 1.25 时，出水硝态氮浓度和总氮浓度相对最低，这与回流比 R 和脱氮效率 R_N 呈 $R_N=R/(R+1)$ 的关系相矛盾。如继续增加回流比，出水硝态氮浓度和总氮浓度反而升高。试验证明，提高内循环回流量并不一定可以提高硝态氮去除率，反硝化速率还与进水碳源是否充足和缺氧区的反硝化潜力有关。

⑤ 污泥回流比　回流污泥中的微生物是各段反应菌种生长、繁殖的基础。生物脱氮过程是通过回流污泥来维持反应器中所需的污泥浓度，使之进行生化反应。过低的污泥回流比会降低反应器的污泥浓度和参与硝化反应硝化菌的数量，使硝化效果变差；相反，污泥回流比过高时，反应器中污泥浓度的增加会加大污泥的内源耗氧量，增加二沉池水力负荷和扰动，对泥水分离过程和出水水质造成影响。

⑥ 有机碳源　有机碳源（含碳有机物）是细菌获取能源的重要渠道，添加外部碳源是城市污水处理生物脱氮过程常用的处理方式。反硝化过程兼性厌氧菌的反应，是利用硝酸盐作为电子受体，以有机物为碳源和电子供体发生还原反应。有机碳源作为生物脱氮过程的重要原料之一，在反硝化环节起到重要的作用。当微生物对污水中碳源有机物的需求量大于污水中碳源实际含量时，应向污水中投加含碳量高的有机物质。在碳源的选取上，碳源原料不同，产生的效益也不同。甲醇和乙醇是较为理想的碳源物质，可以有效促进反硝化过程的反应速率。营养比与溶解氧的质量浓度是反硝化菌进行反硝化的关键因素，当营养比为 4 ～ 5 时，可以得到最佳的反硝化活性，该营养比在缺氧反硝化时所需要的营养高。另外，碳负荷和氨负荷越高，反硝化效果也越好。

因此，生物脱氮过程的主要影响因素包括温度、pH 值、溶解氧浓度、内循环回流比、污泥回流比和有机碳源。其中，温度与 pH 值是不可控变量；污泥回流比可根据入水流量进行设定；内循环回流比通过硝态氮浓度反映；外加碳源量可通过加药流量进行设定；溶解氧浓度可直接进行设定。影响因素的分析为后续优化目标的构建奠定了基础。

4.3.2 城市污水处理过程单目标优化模型构建

BSM1 中，在测试时推荐使用的基本控制策略是两个底层 PI 控制回路：第一个回路是通过调节最后一个单元即第五单元的氧气转换系数控制溶解氧浓度的稳定；第二个回路是通过调节内回流量控制缺氧区第二单元的硝态氮浓度。

性能评价标准分为两层。第一层关注底层控制回路，以绝对误差积分（Integral of the Absolute Error，IAE）、误差平方积分（Integral of the Squared Error，ISE）、测量值与实际值之间的最大偏差和平均偏差等标准来评估底层控制系统的性能。第二层关注应用控制策略后污水处理系统的整体性能，它又包含出水水质和操作费用两个方面。

4.3.3 城市污水处理过程单目标智能优化设定方法

为增强粒子群算法的全局寻优能力，提出基于分工策略的粒子群算法，设搜索空间为 D 维，粒子个数为 $3M$，将整个群体 POP 分为 3 个分工不同的子群体：POP_Core、POP_Near 和 POP_Far。

（1）子群 POP_Core

选择群体中适应度最高的 M 个粒子构成 POP_Core，POP_Core 子群中的粒子进行变异和选择操作，不断地在群体最优附近探索新的群体最优，保证群体最优解附近的充分搜索。变异策略可以增加粒子的搜索区域，随机的变异能使粒子探测到较小的、孤立的可行解区域。对该种群中的每个粒子的速度和位置同时进行变异，变异式为：

$$v'_{id} = \theta\delta v_{id}\text{rand} \tag{4-5}$$

$$x'_{id} = x_{id} + v'_{id} \tag{4-6}$$

其中，$1 \leqslant i \leqslant M$，$1 \leqslant d \leqslant D$；$\theta$ 表示随机生成的方向，取值为 -1 或者 1；δ 表示变异步长，$0<\delta<0.2$；rand 为（0,1）之间的随机数；v_{id} 表示粒子 i 进行变异前第 d 维的速度；x_{id} 表示粒子 i 进行变异前第 d 维的位置；v'_{id} 表示粒子 i 进行变异后第 d 维的速度；x'_{id} 表示粒子 i 进行变异后第 d 维的位置。当粒子的速度发生变异时，粒子的位置随着速度的改变而改变一次。POP_Core 中 M 个粒子变异后又产生了 M 个粒子，在这 $2M$ 个粒子中选择出最优的 M 个粒子重新构成下一代 POP_Core。

（2）子群 POP_Near

假设 POP_Core=$\{X_1,X_2,\cdots,X_M\}$，令其数据中心为 Core_Center，位置记为 $P_{\text{core\_center}}$，$P_{\text{core\_center}}=\left(\sum_{i=1}^{M}X_i\right)\Big/M$，在整个群体 POP 除去 POP_Core 中 M 个粒子的剩余粒子中选择 M 个距离数据中心 Core_Center 最近（欧氏距离最小）的粒子构成 POP_Near。该子群中粒子的作用是在中心位置与个体最优位置之间的更广泛的区域内进行搜索。POP_Near 中的粒子按照下式进行更新：

$$v'_{jd}=wv_{jd}+c_1\text{rand}\left(p_{jd}-x_{jd}\right)+c_2\text{rand}\left(P_{\text{core\_center}}-x_{jd}\right) \tag{4-7}$$

$$x'_{jd}=x_{jd}+v_{jd} \tag{4-8}$$

其中，$M+1\leqslant j\leqslant 2M$；$1\leqslant d\leqslant D$；选择 $c_1=2$，$c_2=2$，并使惯性权重 w 在（0.1, 0.9）范围内随算法迭代的运行线性减小，以提高算法的性能。

（3）子群 POP_Far

整个群体 POP 中除去 POP_Core 和 POP_Near 中的粒子的剩余粒子组成 POP_Far，这些粒子距离 Core_Center 较远。设置该子群中的粒子参数使粒子运行轨迹发散，它们在算法执行过程中承担着开辟新搜索区域的任务，这部分粒子使群体充分地保持了个体的多样性，避免算法“早熟”现象的发生。在迭代过程中 POP_Far 中粒子按下式执行：

$$v'_{kd}=wv_{kd}+c_1\text{rand}\left(p_{kd}-x_{kd}\right)+c_2\text{rand}\left(p_{gd}-x_{kd}\right) \tag{4-9}$$

$$x'_{kd}=x_{kd}+v_{kd} \tag{4-10}$$

其中，$2M+1\leqslant k\leqslant 3M$，$1\leqslant d\leqslant D$。使惯性权重 $w>1$，这样就不会满足粒子运行轨迹稳定的条件，粒子将会发散；当粒子某一维超过解空间范围时，增加反射墙，进行反弹处理，使粒子朝着解空间相反的方向运动，而不是直接取它在这一维度上的上界或下界。优化算法的流程可以描述为：

① 随机产生 $3M$ 个粒子构成种群 POP，并初始化粒子的位置和速度；

② 计算每个粒子的适应度，并更新本粒子的历史最优点和种群的全局历史最优点；

③ 选择出 POP 中适应度值最高的 M 个粒子构成 POP_Core，并计算 POP_Core 的中心位置 Core_Center；

④ 计算 POP−POP_Core 中粒子与 Core_Center 的欧氏距离，选择最近的 M 个粒子构成子群 POP_Near，剩下的粒子构成子群 POP_Far；

⑤ 对子群 POP_Core 中的粒子，设置变异步长 δ，对各个粒子的速度和位置

按式（4-5）和式（4-6）进行计算，选择出最优的 M 个粒子；

⑥ 对子群 POP_Near 中的粒子，选择合适的 c_1、c_2、w 范围是（0.1,0.9），按照式（4-7）和式（4-8）更新粒子的速度和位置；

⑦ 对子群 POP_Far 中的粒子，取 $w>1$ 使该子群中粒子的轨迹发散，按照式（4-9）和式（4-10）计算更新粒子的速度和位置，对于粒子超过搜索空间的维度进行反弹处理，即将粒子速度的大小保持不变，方向取反；

⑧ 重新合并三个子种群，构成种群 POP；

⑨ 满足终止条件则算法结束，否则转到步骤②。

在该算法中将种群划分为三个子种群，每个子种群的分工不同。POP_Core 不断地在群体最优附近探索新的群体最优，从而保证了群体最优解附近的充分搜索。POP_Near 中粒子的搜索范围是 Core_Center 与粒子群中的最优个体 P_i 之间的更广泛的区域。通常情况下，这一区域被认为是最有希望发现群体最优和个体最优的区域。POP_Far 中的粒子，通过设置惯性因子 w 使粒子运行轨迹发散，它们在算法执行过程中承担着开辟新搜索区域的任务，这部分粒子使群体充分地保持了个体的多样性，避免算法“早熟”现象的发生。需要注意的是，每个子种群中的粒子并不是固定不变的，POP_Far 中的粒子下一步有可能成为 POP_Near 或 POP_Core 中的粒子，这意味着有新搜索区域被开辟。在算法执行过程中，不断有新群体最优和个体最优被发现，直到满足终止条件。

4.4 城市污水处理过程单目标智能优化控制方法设计

生物脱氮过程优化设定点的求解是一个典型的多目标优化问题，本节设计了一种自组织 MOPSO（Self Organization MOPSO， SOMOPSO）算法，通过分析性能指标与种群规模之间的关系，建立一种种群规模判断依据，实现进化过程中种群规模的有效判断。此外，设计一种种群规模自组织机制和自适应参数调整机制，在进化过程中动态地调整算法的种群规模和参数，提高 MOPSO 算法的搜索能力，获得更好的优化设定点。

4.4.1 城市污水处理过程单目标智能优化控制算法设计

用神经元实现的自适应 PID 控制器结构框图如图 4-2 所示。

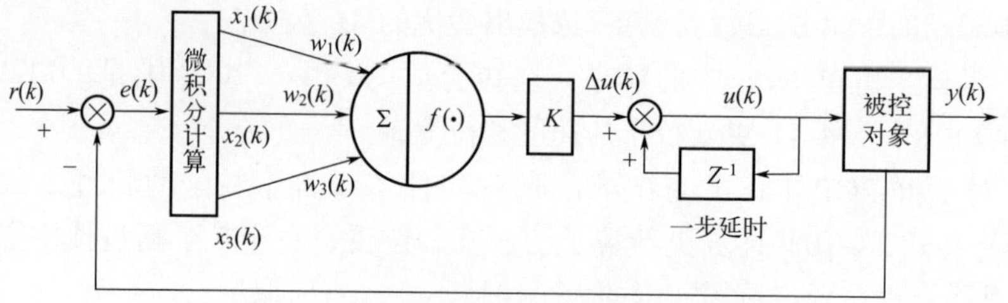

图 4-2　神经元自适应 PID 控制器结构框图

图 4-2 中，$r(k)$ 表示给定值；$y(k)$ 表示系统输出；$f(\cdot)$ 表示神经元转移函数；微积分模块计算三个量：

$$\begin{cases} x_1(k) = e(k) \\ x_2(k) = \Delta e(k) = e(k) - e(k-1) \\ x_3(k) = \Delta^2 e(k) = e(k) - 2e(k-1) + e(k-2) \end{cases} \tag{4-11}$$

神经元的输出 $u(k)$ 为：

$$u(k) = u(k-1) + Kf\left(\sum_{i=1}^{3} w_i(k)x_i(k)\right) \tag{4-12}$$

$$f(x) = \frac{2}{1+\exp(-2x)} - 1，\quad x = \sum_{i=1}^{3} w_i(k)x_i(k) \tag{4-13}$$

其中，K 表示神经元的增益系数；$w_1(k)$、$w_2(k)$、$w_3(k)$ 分别为神经元对 $x_1(k)$、$x_2(k)$、$x_3(k)$ 的权重系数。

4.4.2　城市污水处理过程单目标智能优化控制算法实现

由于神经元控制系统中的参数能够进行自适应调整，故可大大提高控制器的鲁棒性。参数的调整是根据一些典型的学习规则实现的。本节采用最优控制中二次型性能指标的思想、在加权系数的调整中使输出误差的平方和最小，从而实现自适应 PID 的最优控制。取目标函数：

$$J(k) = \frac{1}{2}e^2(k) \tag{4-14}$$

为保证权重值修正以 $J(k)$ 相应于 $w_i(k)$ 的负梯度方向进行，必须有：

$$w_i(k+1) = w_i(k) + \Delta w_i(k) = w_i(k) - \eta_i \frac{\partial J(k)}{\partial w_i(k)} \tag{4-15}$$

其中，η_i 表示学习率，$\eta_i>0$。

由式（4-14）、式（4-15）可得：

$$\frac{\partial J(k)}{\partial w_i(k)}=\frac{\partial J(k)}{\partial e(k)}\times\frac{\partial e(k)}{\partial u(k)}\times\frac{\partial u(k)}{\partial w_i(k)} \tag{4-16}$$

又有 $\frac{\partial J(k)}{\partial e(k)}=e(k)$，$\frac{\partial u(k)}{\partial w_i(k)}=K(1-f^2(x))x_i(k)$，$\frac{\partial e(k)}{\partial u(k)}=-\frac{\partial y(k)}{\partial u(k)}$，而被控对象的特性未知时，$\frac{\partial y(k)}{\partial u(k)}$ 难以求得，这里采用一种近似求此式的方法，这种方法既有较高的速度，又有较快的运算速度，适合在线实时控制：即：

$$\frac{\partial y(k)}{\partial u(k)}=\frac{\Delta y(k)-\Delta y(k-1)}{\Delta u(k)-\Delta u(k-1)} \tag{4-17}$$

令 $\xi(k)=\frac{\Delta y(k)-\Delta y(k-1)}{\Delta u(k)-\Delta u(k-1)}$，三个权值的更新规则可以写成：

$$\begin{cases} w_1(k)=w_1(k-1)+\eta_1 K(1-f^2(x))e(k)x_1(k)\xi(k) \\ w_2(k)=w_2(k-1)+\eta_2 K(1-f^2(x))e(k)x_2(k)\xi(k) \\ w_3(k)=w_3(k-1)+\eta_3 K(1-f^2(x))e(k)x_3(k)\xi(k) \end{cases} \tag{4-18}$$

其中，η_1、η_2、η_3 分别表示比例、积分、微分的学习速率。通过以上分析可知，常规 PID 与神经元参数自学习 PID 的公式的形式十分相似，所不同的是神经元转移函数 $f(x)$ 为一非线性函数，而常规 PID 则将 $f(x)$ 取值为 1。

实践证明，神经元增益系数 K 的选取对控制性能影响很大。K 取值较大时，系统动态启动快，但超调量大且超调时间长；K 取值较小时，系统响应变慢，超调量下降；若 K 取得太小，则响应无法跟踪给定信号。在此，我们考虑对系数 K 进行在线调整。调整思想为：误差较大时，K 取值较大，以保证较快的启动速度；误差减小时，K 值相应减小，以防止超调。设置 K 的非线性调整公式为：

$$K(k)=K_0+ae(k)^3/r(k)^2 \tag{4-19}$$

其中，K_0 为稳态时神经元比例系数；a 为调整系数；可以先取 $0.1K_0$，再根据实际情况调整。这种方法的优点在于：当初期误差较大时，其三次方增大了后项的作用，使 K 值较大时系统启动速度较理想；当误差较小尤其是小于 1 时，后项的三次方大大地减小了后项对 K 的影响，使系统不至于有较大超调。

4.4.3 城市污水处理过程单目标智能优化控制性能分析

下面分析神经元自适应 PID 学习算法的稳定性。取李雅普诺夫函数为：

$$v(k)=\frac{1}{2}\sum_{i=1}^{k}e^{2}(i) \tag{4-20}$$

学习过程导致 $v(k)$ 的变化量为：

$$\Delta v(k)=\frac{1}{2}\left(\sum_{i=1}^{k+1}e^{2}(i)-\sum_{i=1}^{k}e^{2}(i)\right)=\frac{1}{2}\sum_{i=0}^{k}\left(e^{2}(i+1)-e^{2}(i)\right) \tag{4-21}$$

令 $e(0)=0$，得：

$$\Delta v(k)=\frac{1}{2}\sum_{i=0}^{k}\left(\left(e(i)+\Delta e(i)\right)^{2}-e^{2}(i)\right)=\frac{1}{2}\sum_{i=0}^{k}\left(2e(i)\Delta e(i)-\Delta e^{2}(i)\right) \tag{4-22}$$

由式（4-16）可得权值修正公式为：

$$\frac{\partial J(k)}{\partial w(k)}=e(k)\frac{\partial e(k)}{\partial u(k)}\times\frac{\partial u(k)}{\partial w(k)} \tag{4-23}$$

$$\Delta w(k)=-\eta\frac{\partial J(k)}{\partial w(k)}=-\eta e(k)\frac{\partial e(k)}{\partial u(k)}\times\frac{\partial u(k)}{\partial w(k)} \tag{4-24}$$

学习过程中误差的变化量为：

$$e(k+1)=e(k)+\Delta e(k)=e(k)+\frac{\partial e(k)}{\partial w(k)}\Delta w(k) \tag{4-25}$$

令 $\boldsymbol{A}=\dfrac{\partial e(k)}{\partial w(k)}=\dfrac{\partial e(k)}{\partial u(k)}\times\dfrac{\partial u(k)}{\partial w(k)}$，则：

$$\Delta e(k)=-\eta\boldsymbol{A}\boldsymbol{A}^{\mathrm{T}}e(k) \tag{4-26}$$

将式（4-26）代入式（4-22）得：

$$\begin{aligned}\Delta v(k)&=\frac{1}{2}\sum_{i=0}^{k}\left(-2e(i)\eta\boldsymbol{A}\boldsymbol{A}^{\mathrm{T}}e(i)+\eta^{2}\boldsymbol{A}\boldsymbol{A}^{\mathrm{T}}\left(A^{\mathrm{T}}e(i)\right)^{\mathrm{T}}\left(\boldsymbol{A}^{\mathrm{T}}e(i)\right)\right)\\&=-\frac{1}{2}\sum_{i=0}^{k}\left(\boldsymbol{A}^{\mathrm{T}}e(i)\right)^{\mathrm{T}}\left(2\eta-\eta^{2}\boldsymbol{A}\boldsymbol{A}^{\mathrm{T}}\right)\left(\boldsymbol{A}^{\mathrm{T}}e(i)\right)\end{aligned} \tag{4-27}$$

根据李雅普诺夫稳定性理论可知，当 $\Delta v(k)<0$ 时整个系统稳定，此时有 $2\eta-\eta^{2}\boldsymbol{A}\boldsymbol{A}^{\mathrm{T}}>0$，由此可以得到学习率保持学习算法稳定的取值范围是：

$$0 < \eta < 2\left(\boldsymbol{A}\boldsymbol{A}^{\mathrm{T}}\right)^{-1} \tag{4-28}$$

由于 $\Delta v(k)<0$，随着 k 的增大 $e(k)$ 趋向于 0。学习算法收敛，控制系统稳定。

4.5 城市污水处理过程典型目标智能优化控制实现

为了评价城市污水处理过程典型目标智能优化控制策略的有效性，本节在 BSM1 上对运行优化策略进行验证，获得优化控制结果，并将该优化控制策略与其他优化控制策略的优化结果进行比较。

4.5.1 城市污水处理过程典型目标智能优化控制实验设计

采用基于分工策略的粒子群优化算法解决污水处理过程的优化控制问题，综合考虑出水水质、曝气能耗和泵送能耗，动态优化底层神经元自适应 PID 控制器的 DO 浓度和 S_{NO} 的设定值，保证在污水出水水质达标的情况下实现污水处理过程节能降耗，解决能耗过高的问题。以国际水协会（IAWQ）提出的国际基准仿真模型 BSM1 为基础，按照图 4-1 所示的控制结构，可以得到优化控制系统的整体流程，如图 4-3 所示。

采用 BSM1 提供的晴好天气下输入文件中前 7 天的数据，采样间隔为 15min，污水组分已分为 ASM1 对应的 13 种组分，其中入水流量和 S_S、S_{NH}、S_{ND} 的入水污染物浓度变化情况如图 4-4 和图 4-5 所示，可以看出流量变化和入水水质波动都非常剧烈。

在城市污水处理优化控制策略中首先确定优化周期，由于 S_O 在 0.7h 后稳定在设定值，而 S_{NO} 也能够在 1.5h 以内跟踪设定值，确定优化周期为 2h。根据优化算法得到单元 5～单元 3 的 DO 浓度设定值 S_{O5}^*、S_{O4}^*、S_{O4}^* 后，执行底层神经元自适应 PID 控制，调节各单元对应的氧气转换系数 K_La 控制该单元溶解氧浓度。三个神经元自适应 PID 控制器的参数相同，采样周期为 1.5min，为 K_0 取 2，三个学习率均取 0.1，初始权值分别为 10、5、1。单元 2 的 S_{NO} 设定值 S_{NO}^* 通过调节内回流量 Q_a 控制。S_{NO} 控制器参数为：K_0 取 18，三个学习率均取 2，初始权值分别为 21500、225、50。

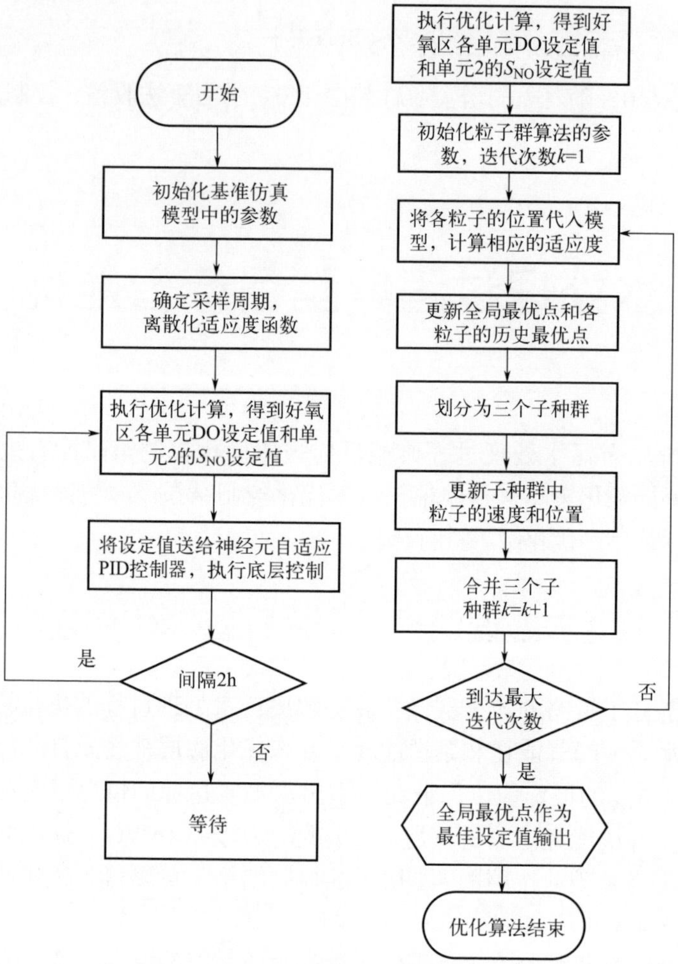

图 4-3　优化控制流程图

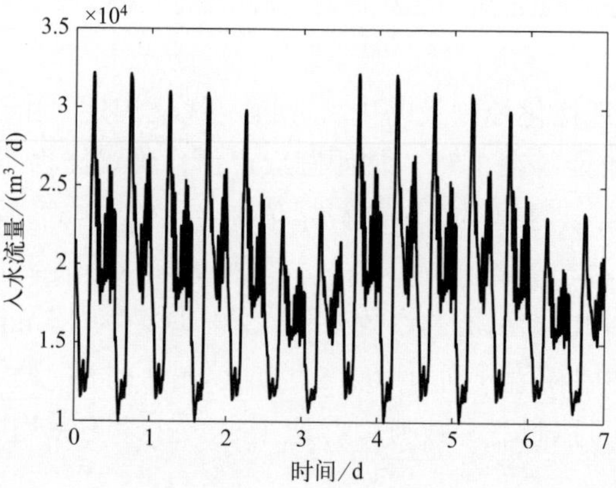

图 4-4　入水流量的变化图

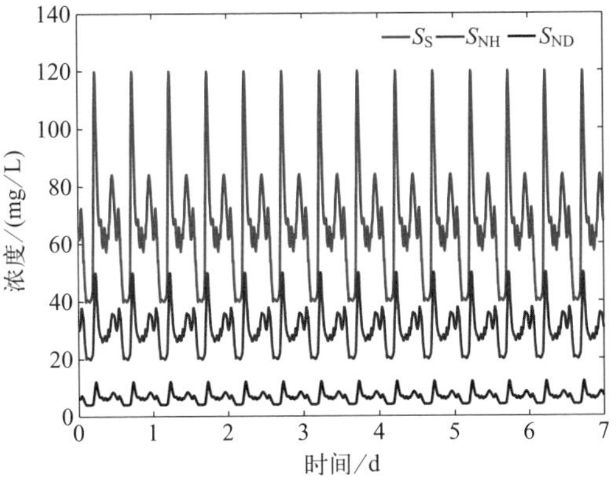

图 4-5　入水污染物浓度变化曲线

4.5.2　城市污水处理过程典型目标智能优化控制结果分析

该优化问题为 4 维，粒子群优化算法的参数如下：粒子数为 60，最大进化代数为 100，$c_1=c_2=2$，δ=0.2rand，粒子的位置定义为$\left[S_{O5}^*\ S_{O4}^*\ S_{O3}^*\ S_{NO}^*\right]$，搜索范围限制为 $0<S_{O5}^*<3$，$0<S_{O4}^*<3$，$0<S_{O3}^*<3$，$0<S_{NO}^*<4$，最大速度限制为 [0.5 0.5 0.5 0.8]。

对优化控制系统进行仿真，图 4-6 ～图 4-8 分别为单元 3 ～单元 5 的溶解氧浓度优化控制曲线，实线为优化设定值，虚线为跟踪控制效果；图 4-9 为单元 2 的硝酸氮浓度优化控制曲线，实线为优化设定值，虚线为跟踪控制效果。

从图 4-6 ～图 4-9 中可以看出，随着入水流量和 S_S、S_{NH}、S_{NO} 等入水污染物浓度的变化情况，4 个设定值可以进行动态变化。表 4-1 给出了开环控制、神经元 PID 控制和优化控制三种控制策略的优化性能对比。开环控制即保持内回流量 Q_a 和曝气量不变，Q_a=55338m³/d，K_La=240mol/L；神经元 PID 控制是指两个回路采用神经元自适应 PID 控制器，固定 $S_{O5}^*=2$，$S_{NO}^*=1$；优化控制即采用本节的动态优化策略计算 S_{O5}^*、S_{O4}^*、S_{O3}^* 和 S_{NO}^*。优化控制与开环控制相比，*EQ* 减少 2.784%，*AE* 减少 12.202%，*PE* 减少 30.406%，总 *Energy* 减少 14.096%；优化控制与神经元 PID 控制相比，*EQ* 增大 4.366%，*AE* 减少 20.216%，*PE* 增大 16.212%，总 *Energy* 减少 18.051%，优化控制中使曝气能耗 *AE* 减少，而泵送能耗 *PE* 增大，说明降低总运行成本需要综合考虑曝气能耗和泵送能耗。

虽然优化控制出水水质不如固定设定值的神经元自适应 PID 控制效果好，但与表 4-2 对比可以发现出水水质能够达到排放标准，重要的是优化控制使能耗大幅减少，节能效果明显，表明动态优化设定值可以在保证出水水质要求下减少运行费用，证明该方法的有效性。

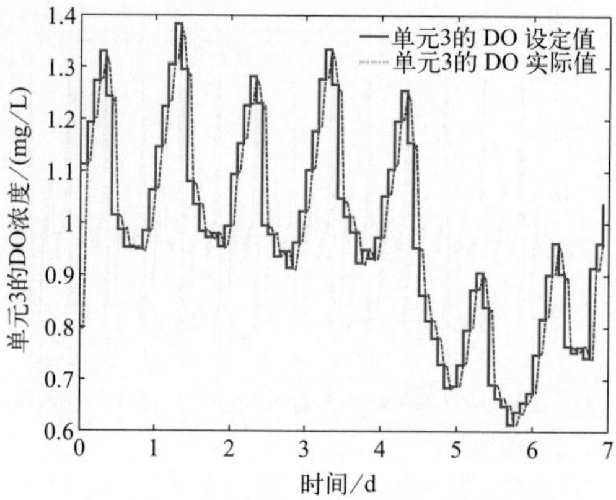

图 4-6　单元 3 的 DO 浓度优化控制曲线

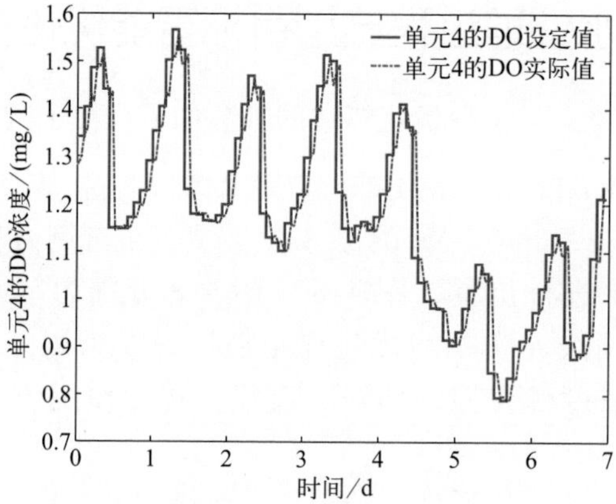

图 4-7　单元 4 的 DO 浓度优化控制曲线

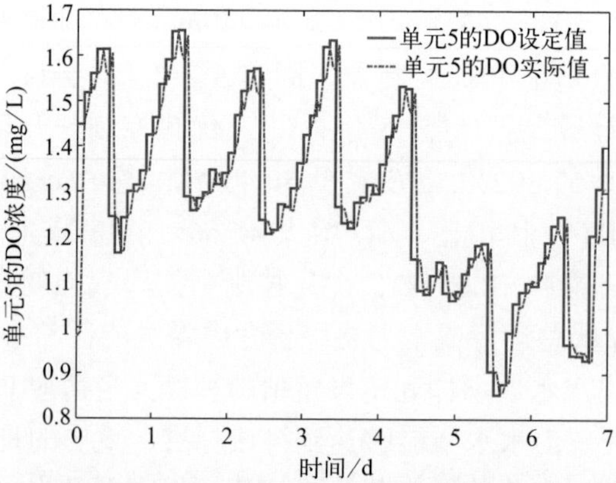

图 4-8　单元 5 的 DO 浓度优化控制曲线

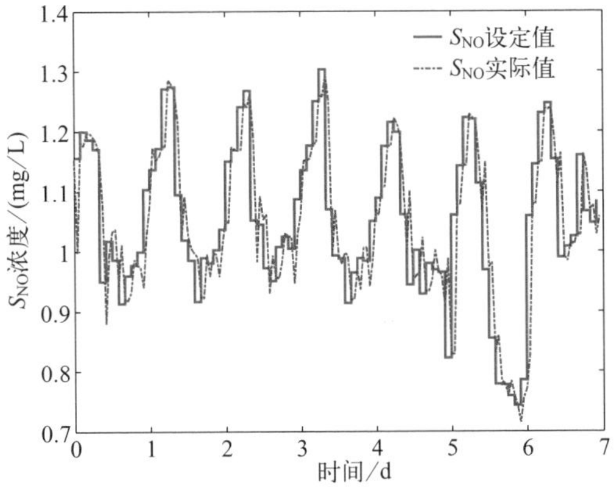

图 4-9 单元 2 的 S_{NO} 优化控制曲线

表 4-2 三种控制策略的优化性能对比

控制策略	*EQ* /（kg poll unit/d）	*AE* /（kW·h/d）	*PE* /（kW·h/d）	*Energy* /（kW·h/d）
开环控制	6528.2	3341.387	388.17	3729.5
神经元 PID 控制	6080.9	3677.016	232.455	3909.5
优化控制	6346.4	2933.655	270.141	3203.8

4.6 本章小结

本章提出了一种基于分工策略粒子群算法的优化控制方案，以基准仿真模型 BSM1 为基础，综合考虑出水水质、曝气能耗和泵送能耗，通过动态优化底层神经元自适应 PID 控制器的最佳设定值达到出水水质高、能量消耗少的目的。首先详细阐述 BSM1 优化问题的构成，分析了性能指标函数、约束条件，给出优化控制系统结构。随后介绍了标准 PSO 算法，深入分析其重要参数，在此基础上证明粒子运动轨迹的收敛性。根据粒子运动的收敛性条件，提出了基于分工策略的改进粒子群优化算法，对种群划分方法以及相应子种群中粒子的操作方式进行介绍。为了验证该方法的优化效果，将该分工策略的 PSO 应用于污水处理的优化控制系统中，动态优化好氧区的 DO 浓度和缺氧区末端的 S_{NO} 浓度的设定值，仿真结果表明该优化控制策略有利于降低污水处理过程中的能量消耗。

Cutting-Edge Technologies in
Smart Environmental Protection

第5章

城市污水处理过程多目标智能优化控制

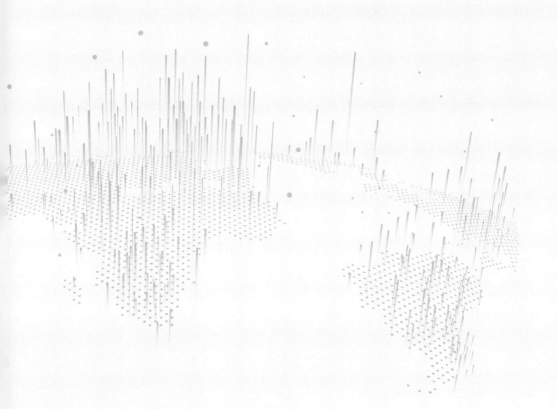

5.1 概述

城市污水处理过程的主要操作目标是保证出水水质达标排放，这需要对关键变量进行调整，如增加溶解氧浓度或硝态氮浓度。然而，关键变量的调整可能会使城市污水处理过程产生较高的能耗，高能耗已成为城市污水处理厂面临的主要问题。出水水质的提高和运行能耗的降低是互相冲突的目标，因此，城市污水处理过程优化控制是典型的多目标问题。出水水质和操作能耗是一对相互耦合的运行指标，各运行指标受到不同控制变量的影响。由于城市污水处理过程各运行指标动力学特性复杂且控制变量相互耦合等特点，导致难以获得有效的控制变量优化设定值，实现运行指标的动态平衡。因此，如何根据城市污水处理过程运行指标的操作特点，设计智能优化控制策略，获取合适的控制变量优化设定值，实现出水水质达标排放和降低操作能耗是亟待解决的难题。多目标冲突是城市污水处理优化控制的重要特征之一，这主要体现在城市污水处理过程有多种运行需求，包括保证出水水质达标，降低运行能耗，满足各生化反应区的实际运行需求。受入水流量、入水水质等非平稳性因素的影响，城市污水处理是一个动态的过程，如何根据城市污水处理过程运行指标动态和互相冲突的特点，设计动态多目标优化方法，实现运行指标动态优化是城市污水处理过程优化控制的一个亟待解决的问题。

为了有效平衡各运行指标的关系，实现城市污水处理过程优化运行，一些城市污水处理过程优化控制策略得到了广泛研究。目前的城市污水处理过程优化控制策略能够根据运行指标动态特性获取实时的控制变量优化设定值，实现运行指标的平衡。然而，由于城市污水处理过程运行指标的动态特性难以准确获取，同时，各运行指标间耦合关系难以实时优化，因此，如何设计有效的城市污水处理过程智能优化控制策略，获取合适的控制变量优化设定值，提高运行效率仍然是城市污水处理优化运行的难点问题。

因此，本章提出了城市污水处理过程智能优化控制策略，设计了基于多目标粒子群算法的优化设定值获取方法和基于自适应模糊神经网络控制器的优化设定值跟踪控制方法，实现出水水质和操作能耗的动态平衡，保证运行效果，提高优化控制性能。

5.2 城市污水处理过程多目标智能优化控制基础

5.2.1 城市污水处理过程多目标智能优化控制基本架构

(1) 城市污水处理过程优化控制目标分析

保证出水水质达标排放，降低系统运行能耗，以及满足不同生化反应区的运行需求是城市污水处理过程优化控制的主要目标，具体如下。

① 保证出水水质达标排放　超标的出水水质排放到受纳水体中，容易导致水体富营养化，加重水污染和水资源短缺问题，严重影响生态系统的稳定运行。近年来，国家出台的污水排放标准对污染物允许排放浓度有了更严格的限制，加之人们生活污水中污染物的种类和浓度逐年增加，使污水处理厂面临前所未有的挑战。因此，需要对城市污水处理厂进行相应的技术操作，保证出水水质达到或接近法规的要求。

② 降低系统运行能耗　城市污水处理厂的系统运行能耗主要由曝气能耗和泵送能耗组成。系统运行能耗高，增加了污水处理成本，加重了城市污水处理厂的经济压力。城市污水处理厂所接纳的入水流量和入水水质等是动态变化的，通过有效的优化控制，对不同的系统运行状态设置相应的运行操作流程，有助于降低城市污水处理系统运行能耗，减少运营成本。

③ 满足不同生化反应区的运行需求　活性污泥法处理工艺中，生化反应区是维持活性微生物生化反应过程正常进行的主要场所。厌氧区要维持泥水良好的混合，保证厌氧环境和适量的微生物浓度等；缺氧区要控制内回流量，调节生化反应速率、反应进程，维持反硝化环境等；好氧区要控制溶解氧浓度，保证活性微生物的代谢和健康生长。由于不同生化反应区之间相互影响，因此需要设计合理的优化控制方法满足不同生化反应区的运行要求。

(2) 城市污水处理过程优化控制主要流程

以满足城市污水处理厂实际运行需求为主要目的，构建了城市污水处理过程优化控制架构，涉及城市污水处理过程运行目标优化模型、城市污水处理过程关键变量优化设定，以及关键变量优化设定值跟踪控制三个主要部分：

① 运行目标优化模型：基于城市污水处理过程运行机理，获取与运行指标相关的过程变量，并对相关过程变量数据进行检测和提取，采用数据分析方法获取运行目标关键变量，并结合城市污水处理过程动态特征，构建运行目标优化模型，

完成城市污水处理过程优化目标与关键变量的动态关系的描述。

② 关键变量优化设定：基于城市污水处理过程动态运行目标优化模型的时变性，以及优化目标的状态信息和约束条件，设计动态多目标优化算法。基于种群搜索过程中获取的收敛性和多样性知识，构建关键变量评价指标，获取城市污水处理过程关键变量优化设定值。

③ 关键变量优化设定值跟踪控制：基于城市污水处理关键变量优化设定点的获取，以及实际运行过程中关键变量的运行状态，获取实际可行的优化设定值，作为跟踪控制器的目标值，设计有效的跟踪方法，确保关键变量设定值的有效设定，提高城市污水处理运行效率。

（3）城市污水处理过程优化控制关键点分析

运行目标优化模型构建、关键变量优化设定和关键变量优化设定值的跟踪控制，是城市污水处理过程优化控制的难点和关键部分，具体分析如下。

① 城市污水处理过程运行指标优化模型的构建一直是实现城市污水处理过程优化控制的难点，这是由于入水流量、入水水质、各组分浓度等动态变化，导致城市污水处理系统始终处于动态环境中。而且，污水处理经过氧化、吸附、物理、生化等多个反应阶段才能实现有机污染物的降解和去除，具有很复杂的机理，各个变量之间相互影响，变量之间存在强非线性映射关系。另外，城市污水处理过程影响因素众多，包括 pH 值、温度、微生物种群、溶解氧浓度等，多种变量相互耦合且相互影响，采用机理模型难以准确描述运行目标与变量之间的动态关系。因此，如何构建有效的运行目标优化模型是城市污水处理过程优化控制的关键点之一。

② 在城市污水处理过程关键变量优化设定过程中，运行指标不是单一的，如在众多研究中，所优化的出水水质指标和能耗指标，两个优化运行指标之间具有冲突性和耦合性，且具有共同的关键变量。因此，在求解关键变量优化设定值时，需要考虑污水处理多目标运行特性，设计多目标优化方法实现关键变量优化设定值的求解。在城市污水处理过程优化模型的构建过程中，由于入水流量、入水组分等系统状态变量动态变化，优化模型也需要不断更新和变化，以使城市污水处理过程运行指标和关键变量之间的动态关系可以有效表达，因此，运行目标优化模型也是动态时变的。在求解多目标优化问题时，多目标优化方法的搜索性能对关键变量优化设定起到了至关重要的作用，当优化方法搜索能力强时，才能对关键变量进行有效设定。因此，如何求解动态目标优化模型，对关键变量进行优化设定是实施优化控制的一个亟待解决的问题。

③ 城市污水处理过程关键变量设定值跟踪控制是检测关键变量优化设定效果的关键步骤。在设定值跟踪过程中，由于城市污水处理过程的动态特性，不同优

化周期内运行目标优化模型是动态时变的，因此，在不同优化周期中所求解得到的关键变量优化设定值是时变的，需要设计动态控制方法跟踪变化的优化设定点。由于城市污水处理过程多目标优化特性，多目标优化方法所求解的优化设定值是一组解，而不是单一的解。受城市污水处理过程实际运行条件和操作变量等的限制和约束，这些解作为优化设定点在相邻时间段内的变化可能很大，容易造成跟踪控制性能不佳、优化设定值无法准确跟踪等问题。在城市污水处理过程中存在一些扰动，导致关键变量优化设定点跟踪具有一定的不确定性，因此，设计高精度的关键变量优化设定值跟踪控制器是一个具有挑战性的问题。

5.2.2 城市污水处理过程多目标智能优化控制特点分析

城市污水处理过程主要包括硝化反应、反硝化反应等生化反应过程。作为一种依赖微生物生化反应的多流程复杂工业过程，城市污水处理过程具有众多复杂工业过程共通的特点。为了制定城市污水处理过程的优化方案，本节详细分析城市污水处理过程的特征。

（1）反应机理复杂

城市污水处理过程主体包括：在厌氧条件下的聚磷菌分解胞内聚磷酸盐和糖原，将污水中的挥发性脂肪酸等有机物摄入细胞；在好氧条件下的聚磷菌利用溶解氧作为电子受体，以储存的挥发性脂肪酸作为电子供体，通过氧化分解作用聚磷，将污水内的磷酸盐聚集在自身体内。其反应机理的复杂性主要体现在动力学方程的复杂非线性、过程的强干扰性和时变性等。具体而言，城市污水处理过程依赖于物理、生物、化学等复杂生化反应，涉及多种强非线性的反应动力学，且过程变量相互影响、相互耦合。强干扰性主要体现在回流液干扰，进水流量变化，水泵运行工况变化，暴雨、冰雪消融带入有毒有害物质等。时变性主要由于每日进水水量与水质波动，多个工序随着时间的推移动态变化，且不同生化反应具有不同的运行特点、性质和规律。

（2）多种反应过程耦合

城市污水生物除磷过程受多种过程变量影响，过程变量之间具有复杂耦合关系，多种生化反应既相互促进也相互抑制。为了分析各反应过程之间的耦合关系，列举了几种与生物除磷相关的反应方程：

$$
\begin{aligned}
\rho_1 &= \vartheta_1(S_{\mathrm{O}}, S_{\mathrm{NH}}, X_{\mathrm{PAO}}) \\
\rho_2 &= \vartheta_2(S_{\mathrm{O}}, S_{\mathrm{NO}}, X_{\mathrm{PAO}}) \\
\rho_3 &= \vartheta_3(S_{\mathrm{A}}, X_{\mathrm{PP}}, X_{\mathrm{PAO}}, S_{\mathrm{O}}, S_{\mathrm{NO}}) \\
\rho_4 &= \vartheta_4(S_{\mathrm{O}}, S_{\mathrm{PO_4}}, X_{\mathrm{PAO}})
\end{aligned}
\tag{5-1}
$$

其中，ρ_1 表示聚磷菌好氧生长速率；ρ_2 表示聚磷菌缺氧生长速率；ρ_3 表示聚磷菌释磷速率；ρ_4 表示聚磷菌吸磷速率。根据除磷机理知识可知，保持较高的除磷效率首先要保证聚磷菌的生长速率，而其生长速率与污水中的聚磷菌浓度、硝态氮浓度、氨氮浓度和溶解氧浓度相关。在厌氧反应端，要具备聚磷菌释磷所需条件，即合适的聚磷菌浓度、无机磷浓度、可生化降解有机物浓度、溶解氧浓度和硝态氮浓度。为了保证磷沉淀效率，即保证聚磷菌吸磷效率，好氧区需要具有合适的磷酸根浓度、溶解氧浓度和聚磷菌浓度。同时，根据除氮机理反应可知，硝态氮、氨氮的去除效率与磷酸根浓度、溶解氧浓度相关。因此，城市污水处理除磷过程中，聚磷菌的生长、释磷、吸磷过程存在耦合，单独促进某一种反应过程会影响甚至抑制其他反应过程。

（3）磷浓度、氮浓度与外部碳源相互影响

聚磷菌吸磷、释磷过程需要外部碳源参与，这导致三者之间存在极强的相关性。在生物脱氮除磷系统，除磷操作过程中所涉及的聚磷菌厌氧释磷与反硝化过程是消耗碳源的主要环节。水体中碳源的含量越高，聚磷菌在厌氧区中对磷的释放越充分、在好氧区中对磷的吸收情况越好，最终除磷效果越好。同样地，在硝态氮保持一定浓度的情况下，挥发性脂肪酸的浓度越高，污水处理过程中发生的反硝化速率越高，脱氮效率越高。反硝化菌以硝酸盐为电子受体，利用易于降解的有机物作为碳源，将以硝态氮形式存在的氮元素还原为氮气后去除。在经历以上过程后，待处理污水流至缺氧区中，可生化降解有机物浓度降低，影响了反硝化过程，使得反硝化除磷效果变差。由于污水处理过程中的聚磷菌厌氧放磷、反硝化脱氮操作均以进水易降解有机物作为碳源，而进水水体中的有机物含量有限，导致两个反应过程间对水体中的碳源形成竞争关系。

（4）多种运行优化目标冲突

城市污水处理生物除磷过程主要涉及两个性能指标，即总磷（Total Phosphorus，TP）浓度与运行能耗（Operational Consumption，OC）。OC 包括曝气能耗和泵送能耗，一般情况下，曝气能耗可以通过 K_La 计算，且与 S_O 有关。若要保证高除磷效率，需调整曝气与回流泵频率至合适值。过低的曝气与回流泵频率虽然可以降低能耗，但必然无法满足除磷需求，导致出水总磷浓度超标。若将曝气与回流泵频率调整至优化值，则必定导致能耗过高。因此，出水总磷浓度与运行能耗无法同时最小化，即为一对冲突优化目标。

（5）生化反应参数难以测量

城市污水处理生物除磷生化参数包括影响组分浓度变化的动力学参数与影响生化反应速率的化学计量参数。动力学参数表征相关组分浓度对反应速率的

影响，化学计量参数表征单个过程中各组分之间相互转化的数量关系。然而，由于在线检测技术的限制，大多数生化反应参数无法实时检测。此外，污水处理生物除磷过程具有不均匀性，同一反应容器内的不同位置可能对应不同的温度、pH 值、氧化还原电位等参数。不均匀反应过程中的各个生化反应参数无法准确检测。

5.3 城市污水处理过程多目标智能优化设定方法设计

城市污水处理过程运行优化的目标是提升出水水质、降低运行能耗。为了实现优化控制，建立运行能耗优化模型是必要的。然而，由于城市污水处理生化反应过程动力学复杂、运行状态时变、涉及多种相互影响的反应过程，运行性能指标模型难以精确建立。针对这个问题，本节提出一种数据驱动的优化目标模型，介绍主要目标及影响因素，从众多影响因素中选择相关性及可操作性较强的因素作为优化目标模型的输入变量，并利用自适应核函数建立所选变量与多种目标函数之间的函数关系，完成运行优化目标模型的建立，采用动态多目标粒子群优化算法进行设定值求解，实现多目标智能优化设定。

5.3.1 城市污水处理过程多目标影响因素分析

城市污水处理过程生化反应机理复杂，包含多种参加生化反应的微生物，微生物活性及其生化反应速率受众多影响因素限制，如温度、pH 值、溶解氧浓度、混合液回流比、碳含量、氧化还原电位、水的活度与渗透压和毒性物质等。本节以 pH 值、溶解氧浓度、混合液回流比三种影响因素为例进行分析。

(1) pH 值

进行硝化反应的硝化菌对污水的酸碱度反应非常敏感。亚硝酸菌在 pH 值为 7.0 ～ 7.8 时具有最好的活性，硝酸菌在 pH 值为 7.7 ～ 8.1 时具有最好的活性，若 pH 值处于 5.0 ～ 5.5 之间，硝化反应几乎停止。反硝化菌的 pH 最佳值为 7.0 ～ 7.5，pH 值过高或过低主要通过影响细菌的增殖和酶的活性进而影响生化反应，如果 pH 值小于 0.6 或大于 0.8，则反硝化反应无法正常进行。另外，污水处理过程中涉及的其他菌体受 pH 值的影响也很大，当 pH 值低于或高于适宜条件时，细菌生命活动都会受到影响。

（2）溶解氧浓度

硝化菌进行硝化反应的条件是好氧环境，污水中溶解氧浓度的变化对硝化反应的影响极大，当溶解氧浓度上升时会加快硝化反应。一般情况下，硝化反应正常进行的适宜环境为大于 2mg/L 的溶解氧浓度。另外，较高的溶解氧浓度会抑制反硝化反应的正常进行，反硝化反应更适宜在缺氧的环境中进行。在生物除磷过程中，生物吸磷时聚磷菌需要在有氧条件下进行，生物释磷时，聚磷菌需要在厌氧条件下进行。

（3）混合液回流比

污水处理混合液回流的主要作用是将好氧池末端的硝态氮混合液回流至缺氧池，硝化菌在缺氧池中将硝态氮氧化为氮气，达到除氮的作用。混合液回流比对脱氮效率产生直接的影响。当回流比增加时，会提高脱氮效率，但会增加污水处理泵送能耗成本。相反，脱氮效率降低，成本降低。

5.3.2 城市污水处理过程多目标优化模型构建

将城市污水处理过程出水水质和运行能耗作为优化目标，以基于主成分分析方法获取的关键变量作为输入变量，构建基于自适应模糊神经网络的优化模型，实现出水水质和运行能耗的有效表达。

模糊神经网络能够处理带有干扰的数据，广泛应用于建模过程。基于模糊神经网络的优化模型结构主要包括四层：输入层、模糊规则层、归一化层和输出层。

输入层为基于主成分分析提取的关键变量，表示方式为：

$$\boldsymbol{s}(t)=[s_1(t),s_2(t),\cdots,s_H(t)] \tag{5-2}$$

其中，$\boldsymbol{s}(t)$ 表示模糊神经网络输入向量；$s_H(t)$ 表示输入层第 H 个变量。

模糊规则层实现了输入数据的模糊化处理，它的输出为：

$$\phi_j(t)=\prod_{i=1}^{K}\mathrm{e}^{-\frac{(s_i(t)-\mu_{ij}(t))^2}{2(\sigma_{ij}(t))^2}}=\mathrm{e}^{-\sum\limits_{i=1}^{K}\frac{(s_i(t)-\mu_{ij}(t))^2}{2\sigma_{ij}^2(t)}} \tag{5-3}$$

其中，$\phi_j(t)$ 表示模糊规则层第 j 个神经元的输出，j=1,2, ⋯,P，P 表示模糊规则层神经元的数量；$\boldsymbol{\mu}_j(t)=[\mu_{1j}(t),\cdots,\mu_{ij}(t),\cdots,\mu_{Kj}(t)]$ 表示模糊规则层的中心向量；$\boldsymbol{\sigma}_j(t)=[\sigma_{1j}(t),\cdots,\sigma_{ij}(t),\cdots,\sigma_{Kj}(t)]$ 表示模糊规则层的宽度向量。

归一化层中神经元的数量与模糊规则层神经元的数量相同，归一化层神经元的输出表示为：

$$\varphi_j(t)=\frac{\phi_j(t)}{\sum_{j=1}^{P}\phi_j(t)}=\frac{e^{-\sum_{i=1}^{K}\frac{(s_i(t)-\mu_{ij}(t))^2}{2\sigma_{ij}^2(t)}}}{\sum_{j=1}^{P}e^{-\sum_{i=1}^{K}\frac{(s_i(t)-\mu_{ij}(t))^2}{2\sigma_{ij}^2(t)}}} \tag{5-4}$$

其中，$\varphi_j(t)$ 表示归一化层第 j 个神经元的输出；$\boldsymbol{\varphi}(t)=[\varphi_1(t), \cdots, \varphi_P(t)]$ 表示模糊神经网络归一化层的输出向量。

输出层为出水水质和运行能耗：

$$EQ(t)=\boldsymbol{\varphi}(t)\boldsymbol{w}^{1\mathrm{T}}(t) \tag{5-5}$$

$$EC(t)=\boldsymbol{\varphi}(t)\boldsymbol{w}^{2\mathrm{T}}(t) \tag{5-6}$$

其中，$\boldsymbol{w}^q(t)=[w_1^q(t), \cdots, w_P^q(t)]$ 表示模糊神经网络归一化层与第 q 个输出连接的权重向量，当 q=1 时，输出为出水水质，当 q=2 时，输出为运行能耗。

基于模糊神经网络的优化模型参数主要包括归一化层与输出层之间的权重向量 $\boldsymbol{w}^q(t)=[w_1^q(t),\cdots, w_P^q(t)]$，模糊规则层各个神经元的中心和宽度，即 $\boldsymbol{\mu}_j(t)=[\mu_{1j}(t), \cdots, \mu_{ij}(t), \cdots, \mu_{Kj}(t)]$ 和 $\boldsymbol{\sigma}_j(t)=[\sigma_{1j}(t), \cdots, \sigma_{ij}(t), \cdots. \sigma_{Kj}(t)]$。为了提高基于模糊神经网络的优化模型的自适应能力，其参数更新规则为：

$$\boldsymbol{\Theta}(t+1)=\boldsymbol{\Theta}(t)+(\boldsymbol{\Phi}(t)+\chi(t)\boldsymbol{I})^{-1}\times\boldsymbol{\Lambda}(t) \tag{5-7}$$

其中，$\boldsymbol{\Theta}(t)= [\boldsymbol{w}^1(t), \boldsymbol{w}^2(t), \boldsymbol{\mu}_1(t),\cdots, \boldsymbol{\mu}_P(t), \boldsymbol{\sigma}_1(t), \cdots, \boldsymbol{\sigma}_P(t)]$ 为参数矩阵；$\boldsymbol{\Phi}(t)$ 为拟海塞矩阵；$\boldsymbol{\Lambda}(t)$ 为梯度向量；$\boldsymbol{I}$ 为单位矩阵，$\chi(t)$ 为自适应参数，更新方式为：

$$\chi(t)=\mu(t)\chi(t-1) \tag{5-8}$$

$$\mu(t)=(\delta^{\min}(t)+\chi(t-1))/(\delta^{\max}(t)+1) \tag{5-9}$$

其中，$\delta^{\min}(t)$ 和 $\delta^{\max}(t)$ 分别为拟海塞矩阵 $\boldsymbol{\Phi}(t)$ 的最小和最大特征值；自适应参数 $\chi(t)$ 满足 $0<\chi(t)<1$。拟海塞矩阵 $\boldsymbol{\Phi}(t)$ 和梯度向量 $\boldsymbol{\Lambda}(t)$ 的计算方式为：

$$\boldsymbol{\Phi}(t)=\sum_{q=1}^{2}\boldsymbol{J}_q^{\mathrm{T}}(t)\boldsymbol{J}_q(t) \tag{5-10}$$

$$\boldsymbol{\Lambda}(t)=\sum_{q=1}^{2}\boldsymbol{J}_q^{\mathrm{T}}(t)e_q(t) \tag{5-11}$$

其中，$\boldsymbol{J}_q(t)$ 表示雅可比矩阵；$e_q(t)$ 表示输出层第 q 个神经元的误差。自适应模糊神经网络充分考虑了城市污水处理过程动态以及易受扰动特性，描述了出水水质、能耗以及运行状态变量之间的动态关系，增加了模型的抗干扰能力。另外，优化模型的参数更新规则可以提高其自适应能力，改善模型精度。

5.3.3 城市污水处理过程多目标智能优化设定方法

为了实现城市污水处理过程出水水质和运行能耗的智能优化设定，本节设计了基于知识评估的动态 MOPSO 算法，通过获取种群在目标空间中的进化知识获取种群的进化状态，并基于知识评估方法将种群进化过程划分为 4 个阶段，分别为不同进化阶段的粒子设计不同的种群进化方向，以平衡种群的收敛性和多样性，提高种群的搜索性能。

（1）进化知识提取

在种群进化过程中，通常利用种群的分布信息来检测种群的状态。为了提高 MOPSO 种群状态检测的有效性，本节引入了进化知识，主要包括粒子在当前和历史迭代中的分布信息，其表示形式为：

$$\boldsymbol{EK}(t)=[\boldsymbol{S}(t),\boldsymbol{S}(t-1),\cdots,\boldsymbol{S}(t-t_0)] \tag{5-12}$$

其中，$\boldsymbol{EK}(t)$ 为种群在第 t 代获取的进化知识；$\boldsymbol{S}(t)$=[$S_1(t)$, ⋯, $S_i(t)$,⋯, $S_N(t)$] 为种群在第 t 代获得的进化信息；$S_i(t)$ 为第 i 个粒子在第 t 代的进化信息；N 为种群中粒子的数量；t_0 为历史粒子信息的迭代次数。

根据种群进化目标，进化知识可以划分为收敛性知识和多样性知识。其中，收敛性知识可以表示为：

$$\boldsymbol{CK}(t)=[\boldsymbol{CS}(t),\boldsymbol{CS}(t-1),\cdots,\boldsymbol{CS}(t-t_0)] \tag{5-13}$$

其中，$\boldsymbol{CK}(t)$ 为种群在第 t 代获取的收敛性知识；$\boldsymbol{CS}(t)$=[$CS_1(t)$，$CS_2(t)$,⋯, $CS_N(t)$] 为种群在第 t 代的收敛性信息；$CS_i(t)$ 为第 i 个粒子在第 t 代的收敛度，可以表示为：

$$CS_i(t)=\begin{cases}\left\|\boldsymbol{F}(\boldsymbol{p}_i(t-1)),\boldsymbol{F}(\boldsymbol{x}_i(t))\right\|, & \boldsymbol{x}_i(t)\prec \boldsymbol{p}_i(t-1)\\ 0, & \text{其他}\end{cases} \tag{5-14}$$

其中，$\boldsymbol{F}(\cdot)$ 为目标向量；$\|\cdot\|$ 表示欧氏距离；$\boldsymbol{p}_i$ 表示种群的第 i 个粒子；$\boldsymbol{x}_i$ 表示第 i 个粒子的决策向量；$p_i(t-1)$ 表示第 i 个粒子的适应度向量。

另外，多样性知识表示为：

$$\boldsymbol{DK}(t)=[\boldsymbol{DS}(t),\boldsymbol{DS}(t-1),\cdots,\boldsymbol{DS}(t-t_0)] \tag{5-15}$$

其中，$\boldsymbol{DK}(t)$ 为种群在第 t 代获取的多样性知识；$\boldsymbol{DS}(t)$=[$DS_1(t)$, $DS_2(t)$, ⋯, $DS_N(t)$] 为种群在第 t 代的多样性信息；$DS_i(t)$ 为第 i 个粒子在第 t 代的多样性程度，可以表示为：

$$DS_i(t)=\frac{\sum_{j=1}^{N}\sum_{m=1}^{M}\left|f_{i,m}(t)-f_{j,m}(t)\right|}{N} \tag{5-16}$$

其中，$f_{i,m}(t)$ 为第 i 个粒子在第 t 代的第 m 个目标；$|\cdot|$ 表示绝对值。为了更清

晰地描述种群的进化知识，图 5-1 给出了收敛性和多样性知识的计算机制图。

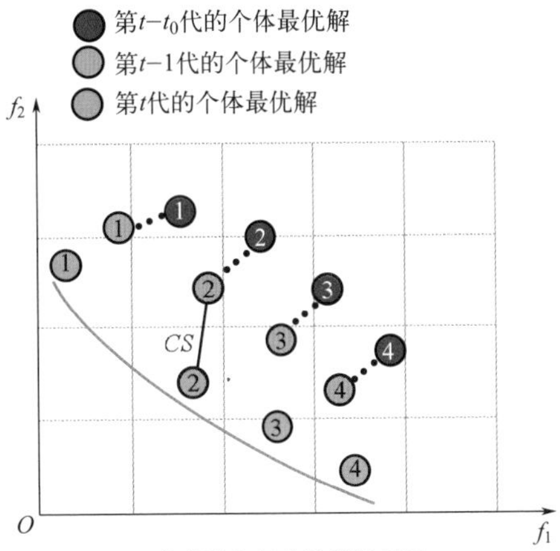

(a) 收敛性知识的计算机制图

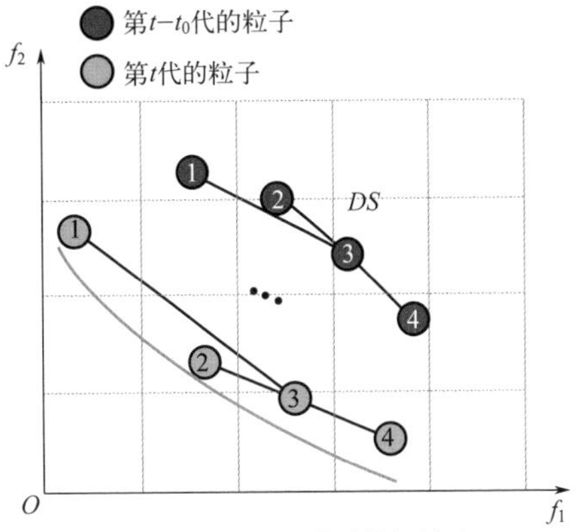

(b) 多样性知识的计算机制图

图 **5-1** 进化知识表示

图 5-1 给出了两个目标的示例，红圈表示第 $t-t_0$ 次迭代中的粒子或个体最优解，黄圈表示第 $t-1$ 次迭代中粒子的个体最优解，橙圈表示第 t 次迭代中的粒子的个体最优解。收敛性知识由多次迭代的收敛性信息组成。在获取粒子的收敛性知识时，计算每个粒子在相邻两次迭代之间的收敛度，构造收敛性信息。在进化过程中，利用个体最优解之间的距离构成收敛性信息。例如，第 $t-1$ 次迭代和第 t 次迭代中粒子 2 的个体最优解之间的距离就是粒子 2 的收敛度。此外，通过利用一个粒子和其他粒子之间的距离来计算多样性程度，以建立多样性信息。然后，与收敛性知识一样，通过多次迭代，利用多样性信息构造多样性知识。

（2）进化状态检测机制

为了描述个体和种群的收敛性状态和多样性状态，利用进化知识计算收敛性指标和多样性指标。个体收敛性指标可描述为：

$$IC_i(t)=\sum_{u=t-t_0}^{t} \mathrm{e}^{\frac{CS_i(t)}{t-u+1}} \tag{5-17}$$

其中，$IC_i(t)$ 表示第 i 个粒子在第 t 代的个体收敛性指标，在该公式中，应用粒子的收敛性分布来计算收敛性指标。在该理论中，采用指数形式建立了不同迭代的粒子收敛度之间的非线性关系。同时，后期迭代中的收敛性信息对收敛性指标的贡献度大于前期迭代中的收敛性信息。基于个体收敛性指标建立种群收敛性指标，具体可表示为：

$$PC(t)=\sum_{i=1}^{N} IC_i(t) \tag{5-18}$$

其中，$PC(t)$ 表示种群在第 t 代的种群收敛性指标。

另外，个体多样性指标为：

$$ID_i(t)=\sum_{u=t-t_0}^{t} \mathrm{e}^{\frac{DS_i(t)}{t-u+1}} \tag{5-19}$$

其中，$ID_i(t)$ 表示第 i 个粒子在第 t 代的个体多样性指标，在上式中，使用粒子的多样性分布来获得多样性指标。与收敛性指标类似，本节利用指数形式建立了不同迭代次数粒子多样性之间的非线性关系。此外，根据获得的个体多样性信息建立种群多样性指标，表示为：

$$PD(t)=\sum_{i=1}^{N} ID_i(t) \tag{5-20}$$

其中，$PD(t)$ 表示种群在第 t 代的种群收敛性指标。采用个体收敛性和个体多样性来描述每个粒子的状态，可以指导粒子向具有良好搜索性能的方向进化。此外，种群进化状态检测机制还利用种群收敛性指标和种群多样性指标来获取粒子的搜索状态。

（3）进化方向选择机制

在进化过程中，粒子的速度和位置的更新可以使粒子对种群进行搜索。为了提高粒子的搜索性能，本节提出了一种自适应方向选择方法，通过改变粒子的速度和位置实现方向的转换，具体地：

$$v_{i,d}(t)=\begin{cases} v_{i,d}^{\mathrm{E}}(t), & \varepsilon_{\mathrm{c}}(t)>0, \varepsilon_{\mathrm{d}}(t)>0 \\ v_{i,d}^{\mathrm{D}}(t), & \varepsilon_{\mathrm{c}}(t)<0, \varepsilon_{\mathrm{d}}(t)>0 \\ v_{i,d}^{\mathrm{C}}(t), & \varepsilon_{\mathrm{c}}(t)>0, \varepsilon_{\mathrm{d}}(t)<0 \\ v_{i,d}^{\mathrm{S}}(t), & \text{否则} \end{cases} \tag{5-21}$$

$$x_{i,d}(t)=\begin{cases} x_{i,d}^{\mathrm{E}}(t), & \varepsilon_{\mathrm{c}}(t)>0, \varepsilon_{\mathrm{d}}(t)>0 \\ x_{i,d}^{\mathrm{D}}(t), & \varepsilon_{\mathrm{c}}(t)<0, \varepsilon_{\mathrm{d}}(t)>0 \\ x_{i,d}^{\mathrm{C}}(t), & \varepsilon_{\mathrm{c}}(t)>0, \varepsilon_{\mathrm{d}}(t)<0 \\ x_{i,d}^{\mathrm{S}}(t), & \text{否则} \end{cases} \tag{5-22}$$

其中，$v_{i,d}^{\mathrm{E}}(t)$、$v_{i,d}^{\mathrm{D}}(t)$、$v_{i,d}^{\mathrm{C}}(t)$、$v_{i,d}^{\mathrm{S}}(t)$ 分别表示第 i 个粒子在进化、探索、开发和停止状态的速度的第 d 个维度；$x_{i,d}^{\mathrm{E}}(t)$、$x_{i,d}^{\mathrm{D}}(t)$、$x_{i,d}^{\mathrm{C}}(t)$、$x_{i,d}^{\mathrm{S}}(t)$ 分别表示第 i 个粒子在进化、探索、开发和停止状态的位置的第 d 个维度；$\varepsilon_{\mathrm{c}}(t)$ 和 $\varepsilon_{\mathrm{d}}(t)$ 分别表示种群收敛性和多样性的变化，表示为：

$$\varepsilon_{\mathrm{c}}(t)=PC(t)-PC(t-1) \tag{5-23}$$

$$\varepsilon_{\mathrm{d}}(t)=PD(t)-PD(t-1) \tag{5-24}$$

根据 $\varepsilon_c(t)$ 和 $\varepsilon_d(t)$ 的变化，可以将进化状态划分为四种进化状态，在四种进化状态下，种群进化如下所示：

① 增长状态　在增长状态下，种群的收敛性和多样性增加，即 $\varepsilon_c(t)>0$ 和 $\varepsilon_d(t)>0$。该状态下，个体最优解和全局最优解用于引导种群对可行空间的探索和开发，同时粒子的速度和位置更新方式为：

$$v_{i,d}^{E}(t+1)=\omega v_{i,d}(t)+c_1r_1(p_{i,d}(t)-x_{i,d}(t))+c_2r_2(g_d(t)-x_{i,d}(t)) \tag{5-25}$$

$$x_{i,d}^{E}(t+1)=x_{i,d}(t)+v_{i,d}^{E}(t+1) \tag{5-26}$$

其中，ω 是粒子的惯性权重；c_1 和 c_2 是粒子的加速度常量；r_1 和 r_2 是分布在 [0, 1] 中的随机值；$v_{i,d}^{E}$ 是粒子的速度；$x_{i,d}^{E}$ 是粒子的位置。

在这种进化状态下，粒子拥有探索和开发可行空间的合适方向。因此，粒子将根据原始方向进行更新以搜索可行空间。

② 探索状态　在探索状态下，收敛性降低，多样性增加，即 $\varepsilon_c(t)<0$ 和 $\varepsilon_d(t)>0$。粒子将被引导到收敛良好的方向。速度和位置的更新公式为：

$$v_{i,d}^{D}(t+1)=\omega v_{i,d}(t)+c_1r_1(p_{i,d}(t)-x_{i,d}(t))+c_2r_2(g_d(t)-x_{i,d}(t))+c_3r_3C_d(t) \tag{5-27}$$

$$x_{i,d}^{D}(t+1)=x_{i,d}(t)+v_{i,d}^{D}(t+1) \tag{5-28}$$

其中，r_3 是分布在 [0, 1] 中的随机值；c_3 是与收敛方向相关的飞行参数；$C_d(t)$ 是具有最大收敛性的粒子的飞行方向。

$$\varsigma(t)=\underset{i\in[1,N]}{\arg\max}\,(IC_i(t)) \tag{5-29}$$

$$C_d(t)=\frac{1}{t_0+1}(x_{\varsigma(t),d}(t)-x_{\varsigma(t),d}(t-t_0)) \tag{5-30}$$

其中，$\varsigma(t)$ 为第 t 次迭代中具有群体的最大收敛性的粒子的编号；$C_d(t)$ 为第 t 次迭代中收敛方向的第 d 个维度。在探索状态下，粒子将倾向于开发可行空间来提高种群收敛性。

③ 开发状态　在开发状态下，种群收敛性增加，种群多样性降低，即 $\varepsilon_c(t)>0$，$\varepsilon_d(t)<0$。当种群处于开发状态时，许多粒子支配个体最优解。在这种情况下，需要搜索种群未访问过的一些稀疏区域，以提高搜索性能。然后，粒子将被引导到具有良好多样性的方向。速度和位置的更新公式表示为：

$$v_{i,d}^{C}(t+1)=\omega v_{i,d}(t)+c_1r_1(p_{i,d}(t)-x_{i,d}(t))+c_2r_2(g_d(t)-x_{i,d}(t))+c_4r_4D_d(t) \tag{5-31}$$

$$x_{i,d}^{C}(t+1)=x_{i,d}(t)+v_{i,d}^{C}(t+1) \tag{5-32}$$

其中，r_4 为分布在 [0, 1] 中的随机值；c_4 为与多样性方向相关的飞行参数；$D_d(t)$ 为粒子群中具有最大多样性指数的方向。

$$\varphi(t)=\underset{i\in[1,N]}{\arg\max}\,(ID_i(t)) \tag{5-33}$$

$$D_d(t)=\frac{1}{t_0+1}(x_{\varphi(t),d}(t)-x_{\varphi(t),d}(t-t_0)) \tag{5-34}$$

其中，$\varphi(t)$ 表示在第 t 次迭代中具有最大种群多样性的粒子。在开发状态下，粒子将专注于探索可行空间以提高多样性。

④ 停滞状态　在停滞状态下，种群的收敛性和多样性降低或保持不变，即 $\varepsilon_c(t)\leqslant 0$ 和 $\varepsilon_d(t)\leqslant 0$，粒子很有可能进入局部区域。为了缓解这一问题，采用变异算子在周围区域生成粒子来搜索可行空间。速度和位置的更新方式为：

$$v_{i,d}^{S}(t+1)=\omega v_{i,d}(t)+c_1r_1(p_{i,d}(t)-x_{i,d}(t))+c_2r_2(g_d(t)-x_{i,d}(t)) \tag{5-35}$$

$$x_{i,d}^{S}(t+1)=mut(x_{i,d}(t)+v_{i,d}^{S}(t+1)) \tag{5-36}$$

其中，$mut(\cdot)$ 表示多项式变异算子。在这种停滞状态下，将采用变异算子来引导粒子，以提高粒子的多样性。

在自适应方向选择方法中，利用进化知识检测四种状态，包括进化状态、探索状态、开发状态和退化状态。此外，粒子的收敛性和多样性可用于为种群提供合适的方向。

5.4 城市污水处理过程多目标智能优化控制方法设计

城市污水处理过程中的出水水质和能耗是两个非常重要的性能指标。但是，在城市污水处理优化过程中，这两个指标往往是互相冲突的。因此，城市污水处理运行优化可以视作一个多目标优化过程。由于城市污水处理过程中的优化目标函数较为复杂，在求解该目标函数的过程中难以保证解的分布性。然而，决策者往往需要大量均匀分布的最优解以支撑决策过程，选取性能较好的过程变量优化设定值。因此，如何设计合适的多目标优化控制算法，以求解过程变量优化设定值，实现优化设定值的准确跟踪控制是一个亟待解决的问题。

5.4.1 城市污水处理过程多目标智能优化控制算法设计

在污水处理中，优化模型的动态特性导致求得的关键变量优化设定值是动态变化的。优化设定值的大幅度变化容易导致跟踪控制器难以快速跟踪。在城市污水处理过程多目标优化控制中，由于出水水质和运行能耗存在的冲突关系和此消彼长的现象，所求解得到的关键变量优化设定值是一组 Pareto 最优解，在 Pareto

前沿上的任意解都是满足优化目标的。但是由于跟踪控制器的跟踪作用和不同时刻实际溶解氧和硝态氮的浓度值需要选择合适的优化解进行优化设定，因此，选择与前一时刻相近的解 $S_{\mathrm{O}}^{*}(t)$ 和 $S_{\mathrm{NO}}^{*}(t)$ 进行跟踪。另外，城市污水处理过程中溶解氧和硝态氮的反应与污水中污染物的浓度有关，如氨氮浓度增加时，需要更多的溶解氧进行反应，因此，选择的优化设定点要比当前溶解氧浓度高，才能实现污水处理过程出水水质的有效降低。

采用模糊神经网络控制器对溶解氧浓度和硝态氮浓度的优化设定值 $S_{\mathrm{O}}^{*}(t)$ 和 $S_{\mathrm{NO}}^{*}(t)$ 进行跟踪控制。该模糊神经网络以溶解氧浓度和硝态氮浓度的实时控制误差以及控制误差的变化作为输入，第五分区氧传递系数 $K_{\mathrm{L}}a_5$ 和内循环流量 Q_{a} 的变化作为 FNN 的输出。输入向量的表达方式为：

$$\boldsymbol{\varepsilon}=[e_{S_{\mathrm{O}}}(t),\Delta e_{S_{\mathrm{O}}}(t),e_{S_{\mathrm{NO}}}(t),\Delta e_{S_{\mathrm{NO}}}(t)] \tag{5-37}$$

其中，$e_{S_{\mathrm{O}}}(t)$ 和 $e_{S_{\mathrm{NO}}}(t)$ 是溶解氧浓度和硝酸氮浓度的设定值和实际值之间的误差。

FNN 的输出向量表示为：

$$\boldsymbol{Y}=\boldsymbol{\theta\psi} \tag{5-38}$$

其中，$\boldsymbol{Y}=[y_1, y_2]^{\mathrm{T}}$ 表示输出向量，y_1 表示氧传递系数的变化量$\Delta K_{\mathrm{L}}a_5(t)$，$y_2$ 表示内循环流量的变化量$\Delta Q_{\mathrm{a}}(t)$；$\boldsymbol{\theta}$ 表示输出权重矩阵，$\boldsymbol{\theta}=[\boldsymbol{\theta}^1, \boldsymbol{\theta}^2]^{\mathrm{T}}$，$\boldsymbol{\theta}^q=[\theta_1^q, \theta_2^q, \cdots, \theta_{10}^q]$ 表示输出层与归一化层的权重；$\boldsymbol{\psi}$ 表示归一化的输出，表示方式为：

$$\psi_l=\frac{\zeta_l}{\sum_{j=1}^{10}\zeta_j}=\frac{\mathrm{e}^{-\sum_{i=1}^{4}\frac{(\varepsilon_i-\mu_{il})^2}{2b_{il}^2}}}{\sum_{j=1}^{10}\mathrm{e}^{-\sum_{i=1}^{4}\frac{(\varepsilon_i-\mu_{ij})^2}{2b_{ij}^2}}} \tag{5-39}$$

其中，l=1, 2, ⋯, 10 表示归一化层神经元的数量；ζ_j 表示径向基函数层第 j 个神经元的输出，表示方式为：

$$\zeta_j=\prod_{i=1}^{4}\mathrm{e}^{-\frac{(\boldsymbol{\varepsilon}_j-\boldsymbol{\mu}_j)^2}{2b_{ij}^2}}=\mathrm{e}^{-\sum_{i=1}^{4}\frac{(\boldsymbol{\varepsilon}_j-\boldsymbol{\mu}_j)^2}{2b_{ij}^2}} \tag{5-40}$$

其中，j=1, 2, 3, ⋯, 10；$\boldsymbol{\mu}_j=[\mu_{1j}, \mu_{2j}, \cdots, \mu_{10j}]$ 表示第 j 个神经元的中心向量；$\boldsymbol{b}_j=[b_{1j}, b_{2j}, \cdots, b_{10j}]$ 表示第 j 个神经元的宽度向量。

FNN 参数采用梯度学习方法进行更新，首先建立成本函数：

$$\boldsymbol{f}(t)=\frac{1}{2}\boldsymbol{e}^{\mathrm{T}}(t)\boldsymbol{e}(t) \tag{5-41}$$

其中，$\boldsymbol{e}(t)=\boldsymbol{y}^{*\mathrm{T}}(t)-\boldsymbol{y}^{\mathrm{T}}(t)$ 表示 t 时刻的控制误差，$\boldsymbol{y}^{*}(t)=[S_{\mathrm{NO}}^{*}(t, K), S_{\mathrm{O}}^{*}(t, K)]$ 表示 t 时刻的优化设定值，$\boldsymbol{y}(t)=[S_{\mathrm{NO}}(t), S_{\mathrm{O}}(t)]$ 表示 t 时刻的硝态氮浓度和溶解氧浓度。最终，FNN 参数的更新方式表示为：

$$\boldsymbol{\Phi}(t+1)=\boldsymbol{\Phi}(t)-\lambda \boldsymbol{g}(\boldsymbol{\Phi}(t)) \tag{5-42}$$

其中，$\boldsymbol{\Phi}(t)=[\boldsymbol{\mu}_1(t),\cdots,\boldsymbol{\mu}_{10}(t),\boldsymbol{b}_1(t),\cdots,\boldsymbol{b}_{10}(t),\boldsymbol{\theta}^1,\boldsymbol{\theta}^2]$ 表示 t 时刻的参数向量；$\boldsymbol{g}(\boldsymbol{\Phi}(t))=\partial f(t)/\partial \boldsymbol{\Phi}(t)$ 为 t 时刻的梯度向量。

5.4.2 城市污水处理过程多目标智能优化控制性能分析

优化解是通过基于动态多目标粒子群优化算法计算得到的，只要保证设计的优化算法中粒子的位置能够收敛到最优位置，就可得到有效的优化解。由前文优化解的收敛性分析可知，基于动态多目标粒子群优化算法获得的优化解能够保证其可行性。因此，可以推断优化解是可行的。

FNN 控制器的稳定性证明如下：

定理 5-1 假设 $f(t)$ 是连续可微的，则 FNN 控制器是稳定的。

证明 建立李雅普诺夫函数为：

$$\boldsymbol{V}(t)=\boldsymbol{f}(t)=\frac{1}{2}\boldsymbol{e}^{\mathrm{T}}(t)\boldsymbol{e}(t) \tag{5-43}$$

$\boldsymbol{V}(t)$ 的导数为：

$$\dot{\boldsymbol{V}}(t)=\frac{\partial f^{\mathrm{T}}(t)}{\partial \boldsymbol{\Phi}(t)}\times\frac{\partial \boldsymbol{\Phi}(t)}{\partial t} \tag{5-44}$$

组合式（5-43）和式（5-44），则：

$$\begin{aligned}\dot{\boldsymbol{V}}(t)&=\boldsymbol{g}^{\mathrm{T}}(\boldsymbol{\Phi}(t))\times\frac{\partial \boldsymbol{\Phi}(t)}{\partial t}\\&=-\lambda \boldsymbol{g}^{\mathrm{T}}(\boldsymbol{\Phi}(t))\boldsymbol{g}(\boldsymbol{\Phi}(t))\\&<0\end{aligned} \tag{5-45}$$

由于 $\boldsymbol{V}(t)\geqslant 0$ 和 $\dot{\boldsymbol{V}}(t)<0$，该控制器是稳定的，FNN 控制器的稳定性证毕。

5.5 城市污水处理过程典型多目标智能优化控制实现

为了验证所提出的多目标智能优化控制策略的有效性，将多目标智能优化控制策略与其他优化控制策略进行实验对比。为保证公平性，实验中采用城市污水处理过程基准仿真平台 BSM1，在干旱、雨天和暴雨三种天气状况下测试其性能。实验在 Windows10、CPU 1.80GHz、MATLAB2018 上运行。

5.5.1 城市污水处理过程典型多目标智能优化控制实验设计

为了验证数据和知识驱动的城市污水处理过程多目标优化控制（DK-MOC）方法的有效性，这里基于 BSM1 平台进行测试。在该实验中，以出水水质和运行能耗作为优化目标，利用自适应模糊神经网络构建关键变量与出水水质、运行能耗之间的关系模型，利用基于知识评估的动态多目标粒子群优化算法求解溶解氧浓度和硝态氮浓度的优化设定集合，采用基于知识决策的关键变量优化设定方法获取溶解氧浓度和硝态氮浓度的优化设定值。采用模糊神经网络方法构建优化设定值跟踪控制器，模糊神经网络的规则层和归一化层的神经元数量为 10。DK-MOC 的输入和输出描述如下。

输入：K_La 和 Q_a。K_La 表示第五分区氧传递系数，是与曝气能耗相关的操作变量。Q_a 表示内回流量，是与泵送能耗相关的操作变量。

输出：溶解氧浓度和硝态氮浓度。它们是与出水水质和运行能耗相关的易调整的状态变量，分别与 K_La 和 Q_a 相关。

污水处理优化控制方法的有效性主要从两方面进行评价。一方面，依据误差平方和（ISE）及绝对误差（IAE）进行评价：

$$ISE = \frac{\int_{t=1}^{t=14} e^2(t)\mathrm{d}t}{14} \tag{5-46}$$

$$IAE = \frac{\int_{t=1}^{t=14} |e(t)|\mathrm{d}t}{14} \tag{5-47}$$

其中，$e(t)$ 是控制误差。另一方面，依据污水处理运行指标进行评估，包括操作能耗 EC 和出水水质 EQ。

5.5.2 城市污水处理过程典型多目标智能优化控制结果分析

为了证明 DK-MOC 方法的可行性，将 DK-MOC 应用于干旱、雨天以及暴雨等天气状况，获取不同的优化控制结果。其中，干旱天气下溶解氧浓度的优化设定值和实际值的变化如图 5-2 所示，跟踪误差见图 5-3。实验结果表明，所提出的方法能够获取有效的优化设定值和跟踪性能。另外，图 5-2 表明，溶解氧浓度的优化设定值产生的大幅度波动频率较少，其跟踪控制性能可有效保持。

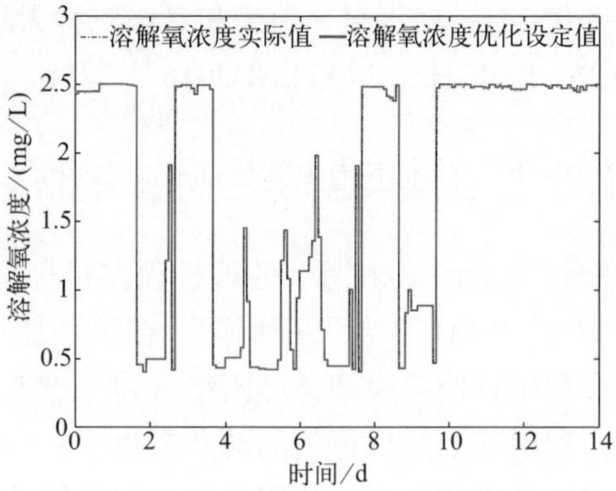

图 5-2　干旱天气下 S_O 变化图

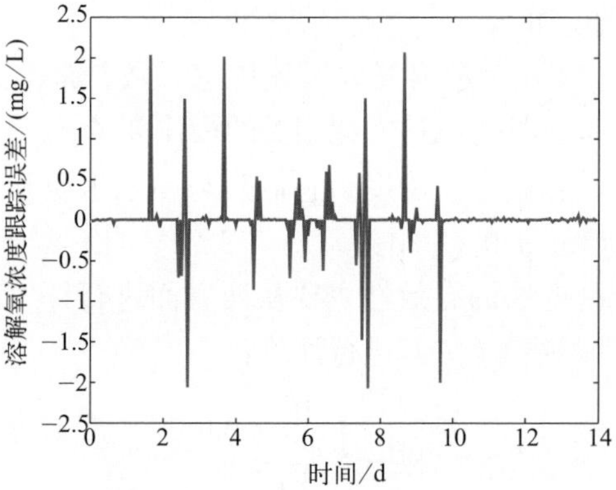

图 5-3　干旱天气下 S_O 跟踪误差图

图 5-4、图 5-5 给出了数据和知识驱动的城市污水处理过程关键变量优化设定结果及优化设定值跟踪误差。由图 5-4、图 5-5 可以看出，硝态氮浓度的优化设定值变化平缓，在大多数情况下，所采用的模糊神经网络控制器能够实现硝态氮浓度的有效跟踪。

为了更直观地表示溶解氧浓度和硝态氮浓度的调节过程，图 5-6 和图 5-7 分别给出了操作变量 K_La 和 Q_a 的调整图。结果表明，氧传递系数的变化范围在 50 ～ 250mol/L 之间，内回流的变化范围在 0 ～ 8×10^{4}m^3/d 之间。

为了评价所提出的 DK-MOC 策略的有效性，将其与 AMODE-PI[55]、DMOOC[127] 和 AMODE-AFNN[55] 进行对比，对比结果如表 5-1 所示。可以看出，DK-MOC 策略的运行能耗和出水水质分别为 3854kW • h 和 6859kg poll unit/d，与 AMODE-PI 策略相比，能耗显著降低。同时，通过 *ISE* 和 *IAE* 来反映模糊神经网络的跟踪控制性能，结果表明所设计的 DK-MOC 算法能够在干旱天气下取得理想的优化控制性能。

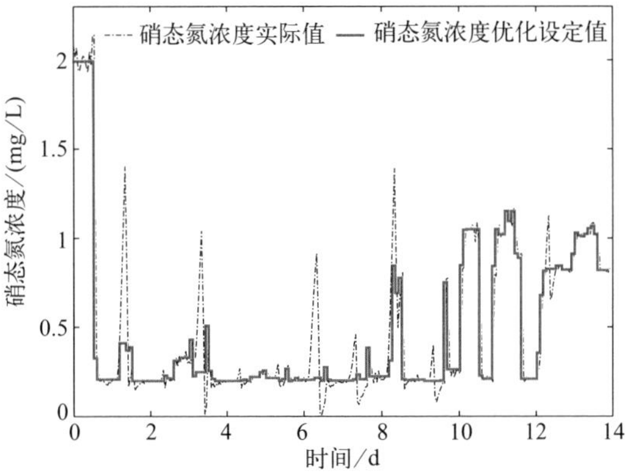

图 5-4 干旱天气下 S_{NO} 变化图

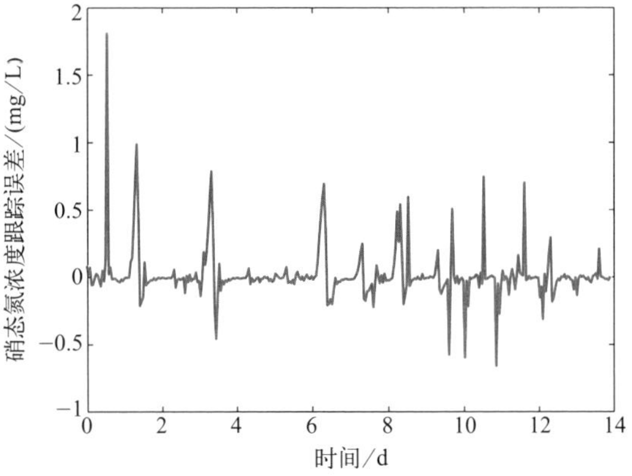

图 5-5 干旱天气下 S_{NO} 跟踪误差图

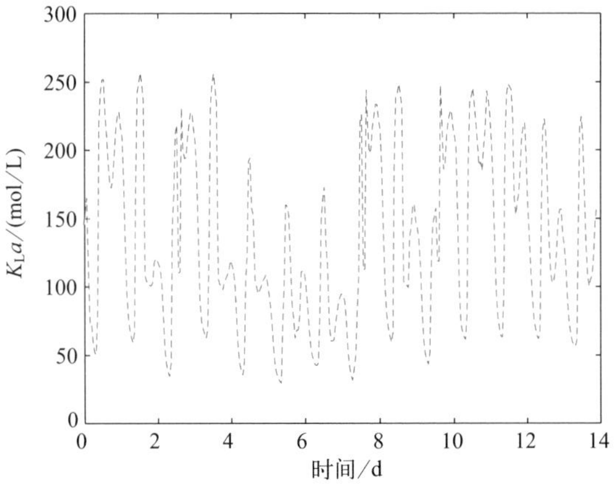

图 5-6 干旱天气下 K_La 变化图

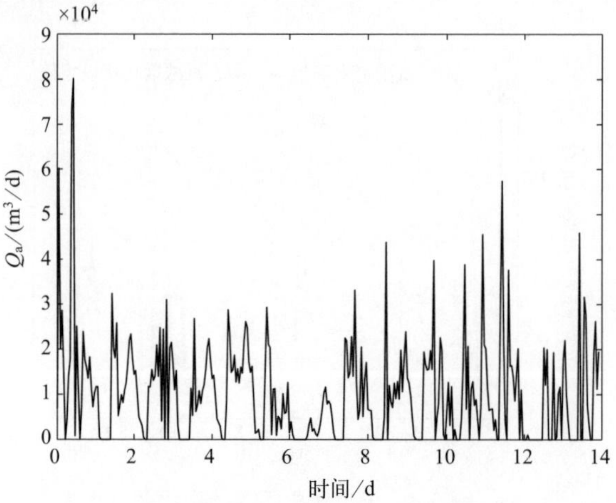

图 5-7　干旱天气下 Q_a 变化图

表 5-1　干旱天气下不同优化控制性能对比

天气	控制方法	EC /kW · h	EQ /(kg poll unit/d)	ISE/(mg/L)		IAE/(mg/L)	
				S_O	S_{NO}	S_O	S_{NO}
干旱	DK-MOC	**3854**	**6859**	0.1124	**0.0390**	**0.0878**	**0.0863**
	AMODE-PI	3977	7002	0.1565	0.0865	0.1581	0.1581
	DMOOC	3875	7895	0.1350	0.0671	0.0919	0.1197
	AMODE-AFNN	3902	6936	**0.1021**	0.0536	0.0921	0.0921

图 5-8 给出了雨天天气下溶解氧浓度的优化设定值及其跟踪控制效果图，结果表明所提出的 DK-MOC 能够取得良好的优化控制性能。溶解氧浓度跟踪误差见图 5-9，误差区间在 [−2, 2] 内，在部分时间内的跟踪效果差，主要原因是溶解氧浓度优化设定点在前后两个连续时间段内数值变化大。

图 5-10 为雨天天气下硝态氮浓度的优化设定值与硝态氮浓度的跟踪控制效果图，结果表明，所设计的 DK-MOC 能够取得良好的跟踪控制效果，其跟踪误差见图 5-11，误差区间为 [−1.5, 1.9]。

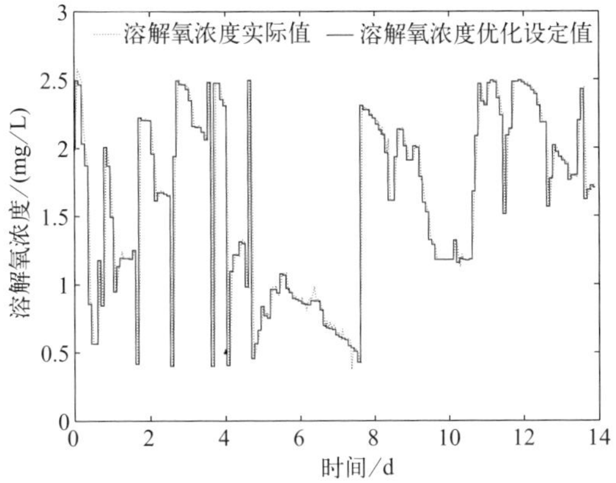

图 5-8　雨天天气下 S_O 变化图

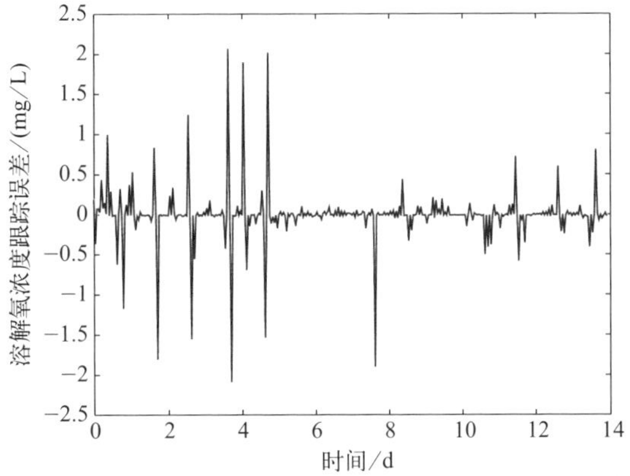

图 5-9　雨天天气下 S_O 跟踪误差图

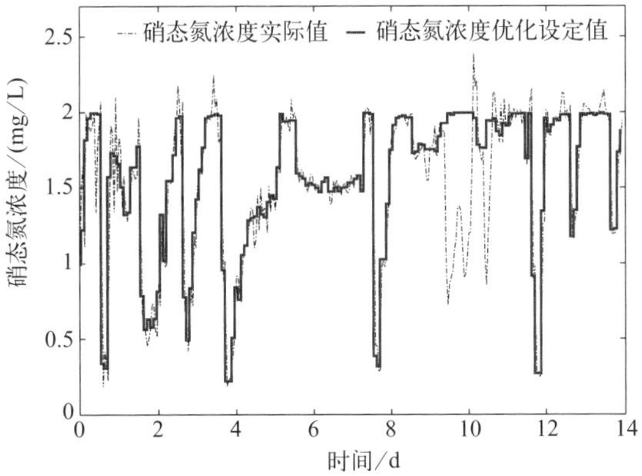

图 5-10　雨天天气下 S_{NO} 变化图

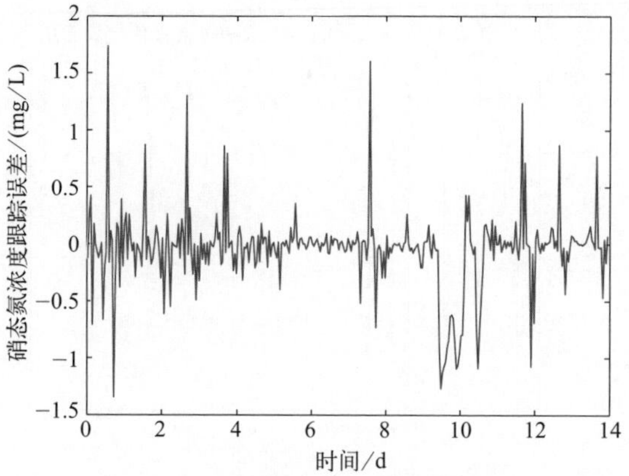

图 5-11　雨天天气下 S_{NO} 跟踪误差图

表 5-2 给出了雨天天气下的优化性能和控制性能。结果表明，DK-MOC 的运行能耗值为 3893kW・h，明显低于其他优化控制策略；出水水质值为 7589kg poll unit/d。从出水水质和运行能耗的结果可以看出，所提出的 DK-MOC 算法能够实现出水水质和运行能耗的平衡。此外，溶解氧浓度的 *ISE* 和 *IAE* 分别为 0.1170mg/L 和 0.1181mg/L，S_{NO} 的 *ISE* 和 *IAE* 分别为 0.1216mg/L 和 0.1867mg/L，相对优于 AMODE-PI 的性能（其溶解氧浓度的 *ISE* 和 *IAE* 分别为 0.1252mg/L 和 0.1612mg/L，S_{NO} 的 *ISE* 和 *IAE* 分别为 0.1257mg/L 和 0.1610mg/L）。表 5-2 中的优化和控制性能结果验证了所提出的优化控制算法的有效性。

表 5-2　雨天天气下不同优化控制性能对比

天气	控制方法	*EC* /kW・h	*EQ* /（kg poll unit/d）	*ISE*/（mg/L）		*IAE*/（mg/L）	
				S_O	S_{NO}	S_O	S_{NO}
雨天	DK-MOC	**3893**	**7589**	0.1170	**0.1216**	0.1181	0.1867
	AMODE-PI	4012	8356	0.1252	0.1257	0.1612	0.1610
	DMOOC	3988	8478	0.1286	0.1301	0.1642	0.1501
	AMODE-AFNN	3952	8322	**0.1011**	0.1251	**0.1130**	**0.1350**

图 5-12 给出了暴雨天气下溶解氧浓度的优化设定值，图 5-13 给出了溶解氧浓度的跟踪控制效果图，结果表明，在暴雨天气下所设计的 KD-MOC 依旧能够取得良好的优化控制效果。图 5-13 表明，在大多数情况下溶解氧浓度跟踪误差保持在 [−0.5, 0.5]。图 5-14 给出了暴雨天气下硝态氮浓度的优化设定值，图 5-15 给出了硝态氮浓度的跟踪控制效果图，结果表明，所设计的 DK-MOC 可以对硝态氮浓度优化设定值进行有效跟踪控制，硝态氮浓度跟踪误差范围为 [−2, 2]。

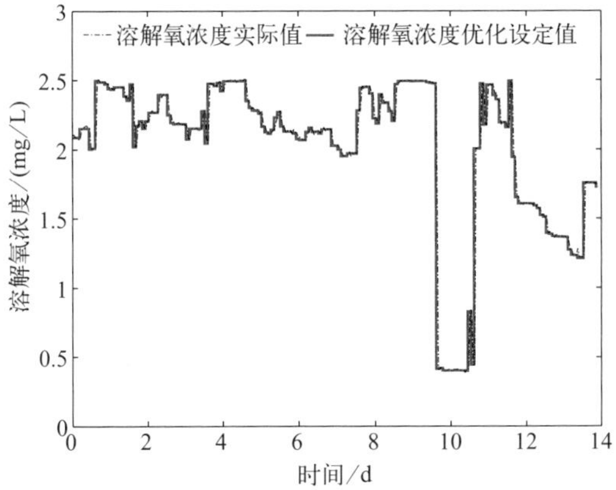

图 5-12　暴雨天气下 S_O 变化图

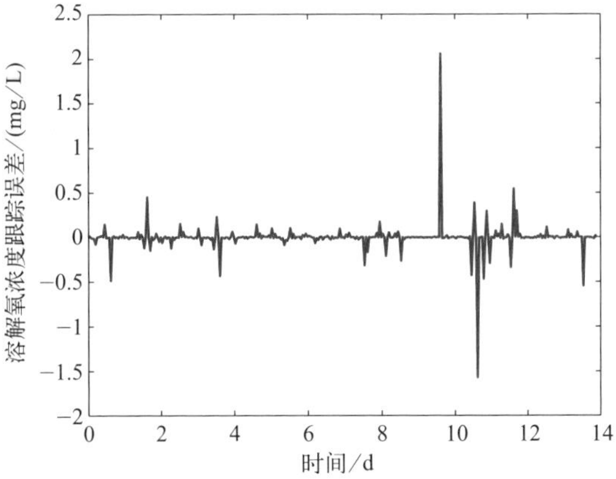

图 5-13　暴雨天气下 S_O 跟踪误差图

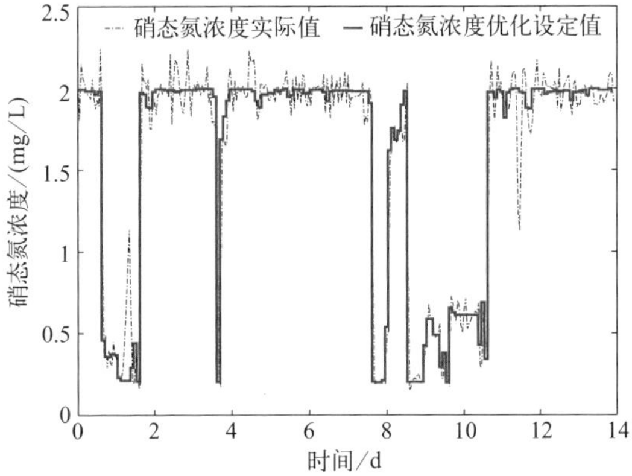

图 5-14　暴雨天气下 S_{NO} 变化图

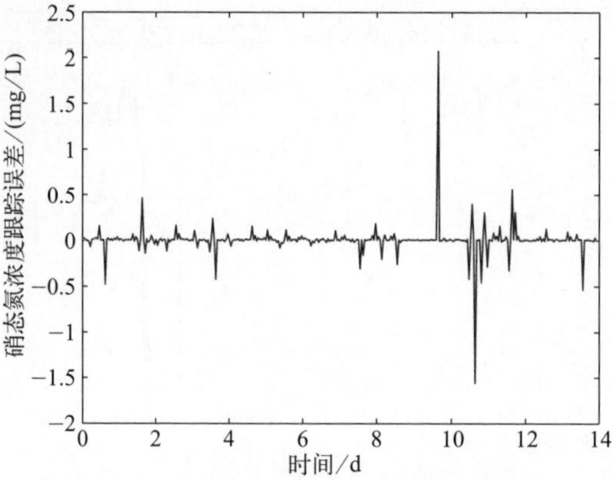

图 5-15　暴雨天气下 S_{NO} 跟踪误差图

为了对所设计的 DK-MOC 方法进行有效性评估，将其与 AMODE-PI、DMOOC 和 AMODE-AFNN 进行对比，对比结果如表 5-3 所示。结果表明，DK-MOC 的运行能耗值和出水水质值分别为 3970kW・h 和 7130kg poll unit/d，相比于 AMODE-PI，能耗值得到了显著的降低，其优化结果表明了 DK-MOC 策略能够实现出水水质和运行能耗的有效平衡。此外，所设计的 DK-MOC 中溶解氧浓度的 *ISE* 和 *IAE* 分别为 0.0284mg/L 和 0.0452mg/L，硝态氮浓度的 *ISE* 和 *IAE* 分别为 0.0778mg/L 和 0.1239mg/L，综合优于其他对比算法。表 5-3 中的优化控制结果验证了所提出的 DK-MOC 算法的有效性。

表 5-3　暴雨天气下不同优化控制性能对比

天气	控制方法	*EC* /kW・h	*EQ* /（kg poll unit/d）	*ISE*/（mg/L）		*IAE*/（mg/L）	
				S_O	S_{NO}	S_O	S_{NO}
暴雨	DK-MOC	**3970**	7130	0.0284	**0.0778**	**0.0452**	**0.1239**
	AMODE-PI	4025	7134	0.0351	0.0951	0.162	0.1621
	DMOOC	3992	7433	0.0096	0.0852	0.083	0.1570
	AMODE-AFNN	4011	**7129**	0.0154	0.0964	0.0821	0.1421

此外，表 5-4 给出了不同天气状况下不同出水组分的浓度，可以看出，所有的水质指标均在允许排放浓度之内，而且，出水 *TSS*、*COD* 和 *BOD* 远低于排放限制。结果表明，所提出的数据和知识驱动的城市污水处理过程优化控制策略能够有效处理不同天气下出水水质超标的问题，使不同天气状态下的五种组分达到排放标准。

表 5-4　不同天气下出水组分浓度

出水水质	S_{NH}/(mg/L)	N_{tot}/(mg/L)	*TSS*/(mg/L)	*COD*/(mg/L)	*BOD*/(mg/L)
限制	4	18	30	100	10
干旱天	2.86	17.29	13.58	47.75	2.71
雨天	3.04	15.82	13.60	46.58	2.93
暴雨天	2.83	16.69	13.20	47.07	2.82

5.6 本章小结

针对城市污水处理过程运行指标难以有效平衡的问题，本章设计了一种城市污水处理过程多目标智能优化控制策略，该策略能够实现出水水质和污水处理操作性能的有效提升，并显著降低运行能耗，验证结果显示了该策略方案的有效性。该研究可总结为：出水水质和运行能耗两个优化目标的设计是城市污水处理过程实现优化控制的基础。本章基于城市污水处理过程动态特征，设计了基于自适应模糊神经网络的运行能耗和出水水质模型，实现优化目标函数的表达；优化设定点的求解和选择是城市污水处理过程优化控制的关键步骤。为了实现优化设定点的有效获取，设计了基于知识评估的动态多目标优化方法和基于知识决策的优化设定方法，利用时滞知识和优化设定知识提高解的有效性；实现污水处理优化设定值的有效跟踪也是优化控制方案的关键部分。为了实现城市污水处理过程溶解氧浓度和硝态氮浓度的有效跟踪，采用数据驱动的模糊神经网络进行优化设定值跟踪，保证优化控制的有效性。

第6章

城市污水处理过程动态目标智能优化控制

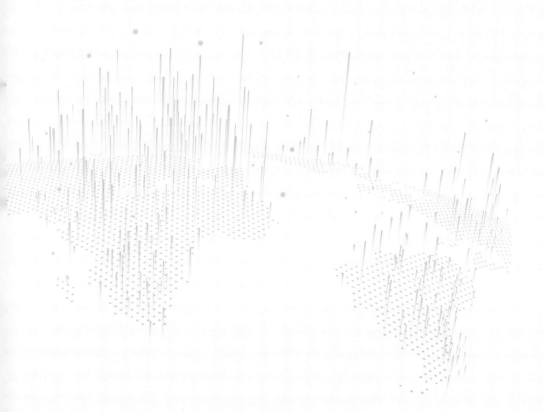

6.1 概述

城市污水处理过程的主要操作目标是保证出水水质在达标排放的基础上降低操作能耗。而出水水质和操作能耗是一对相互耦合的运行指标，受到不同控制变量的影响。由于城市污水处理过程各运行指标动力学具有特性复杂且控制变量相互耦合等特点，导致难以获得有效的控制变量优化设定值，难以实现运行指标的动态平衡。因此，如何根据城市污水处理过程运行指标操作特点，设计智能优化控制策略，获取合适的控制变量优化设定值，实现出水水质达标排放和降低操作能耗是亟待解决的难题。

为了有效平衡各运行指标之间的关系，实现城市污水处理过程优化运行，一些城市污水处理过程优化控制策略得到了广泛研究。Santin 等人设计了一种分层控制结构，上层使用模糊控制器调节溶解氧浓度的设定值，底层采用模型预测控制器对设定值进行跟踪控制，以达到降低出水氨氮浓度和能耗的目的[189]。Vega 等人在分层控制框架下采用非线性模型预测控制方法，在上层对比了静态多目标优化算法和动态优化算法对溶解氧浓度和硝态氮浓度的优化效果，底层使用非线性模型预测控制器，实验结果表明该方法比 PID 控制能耗小 20%[140]。上述研究表明，目前的城市污水处理过程优化控制策略能够根据运行指标动态特性获取实时的控制变量优化设定值，实现运行指标的平衡。然而，上述研究忽视了出水氨氮浓度和总氮浓度峰值超标的问题。针对出水氨氮浓度和总氮浓度峰值超标问题，Santin[189] 于 2016 年首次提出污水处理决策控制方法。该方法根据入水参数预测一段时间之后的出水氨氮浓度和总氮浓度，根据预测值对外施加碳源和调整内回流量，达到抑制出水氨氮浓度和总氮浓度的目的。该方法虽然取得了较好的抑制效果，但方法实现存在能耗较大的问题。

针对优化控制过程中能耗大的问题，本章提出了城市污水处理过程动态目标智能优化控制（DOIOC）方法。该方法首先使用前馈神经网络建立出水氨氮浓度、总氮浓度预测模型，根据预测结果建立动态的优化目标；然后利用多目标粒子群优化算法对溶解氧浓度和硝态氮浓度优化设定值进行调节；最后根据预测结果对设定值进行控制，如果预测结果超标，则对外加碳源和内回流量进行模糊控制，抑制出水氨氮浓度和总氮浓度。如果预测不超标，则对溶解氧浓度和硝态氮浓度的优化设定值进行模糊跟踪控制。

6.2 城市污水处理过程动态目标智能优化控制基础

6.2.1 城市污水处理过程动态目标智能优化控制基本架构

城市污水处理过程优化控制的主要目的是通过调节运行指标使操作系统达到其满意的水平。在优化控制系统中，控制变量的优化设定值 $\boldsymbol{y}^{*}(t)$ 主要通过最小化运行指标来获得，具体可描述为：

$$\min\left\{r_1(t), r_2(t), \cdots, r_M(t)\right\} \tag{6-1}$$

其中，$r_1(t), r_2(t), \cdots, r_M(t)$ 是构建的运行指标模型；M 是运行指标的个数。在优化控制系统中，运行指标通过相关过程变量进行描述：

$$r_m(t)=l(r_m(t-1), \boldsymbol{y}(t-1)) \tag{6-2}$$

其中，$l(\cdot)$ 是未知的非线性函数；$\boldsymbol{y}(t-1)$ 是相关的控制变量。操作变量 $\boldsymbol{u}(t)$ 用于调整控制变量：

$$\Delta\boldsymbol{u}(t)=c(\boldsymbol{y}^{*}(t-1)-\boldsymbol{y}(t-1)) \tag{6-3}$$

其中，c 是控制律。

$$\boldsymbol{u}(t+1)=\boldsymbol{u}(t)+\Delta\boldsymbol{u}(t) \tag{6-4}$$

则控制变量 $\boldsymbol{y}(t+1)$ 可计算为：

$$\boldsymbol{y}(t+1)=z(\boldsymbol{y}(t), \boldsymbol{u}(t+1)) \tag{6-5}$$

其中，$z(\cdot)$ 是优化控制系统中的非线性函数。

为了实现城市污水处理过程的优化运行，设计了城市污水处理过程动态目标智能优化控制架构（见图 6-1）。该智能优化架构主要包含三部分，即动态优化目标设计、优化设定值获取和优化设定值跟踪控制。

在该架构中，根据不同的运行工况建立的动态优化目标是动态优化的基础，它可以准确描述动态条件下性能指标的动态特性；针对变化目标个数的动态优化目标，设计基于多目标粒子群的动态优化算法，对动态优化目标进行优化求解，获取控制变量优化设定值；然后，将获得的控制变量优化设定值传送到控制器，作为控制器的参考输入，当出水氨氮浓度和出水总氮浓度均达标时，利用模糊神经网络控制器实现多变量跟踪控制，一旦出水氨氮浓度或出水总氮浓度峰值超标，则利用模糊控制进行调节。最后，利用实际城市污水处理厂的中试平台来验证所提出的动态目标智能优化控制策略的有效性。

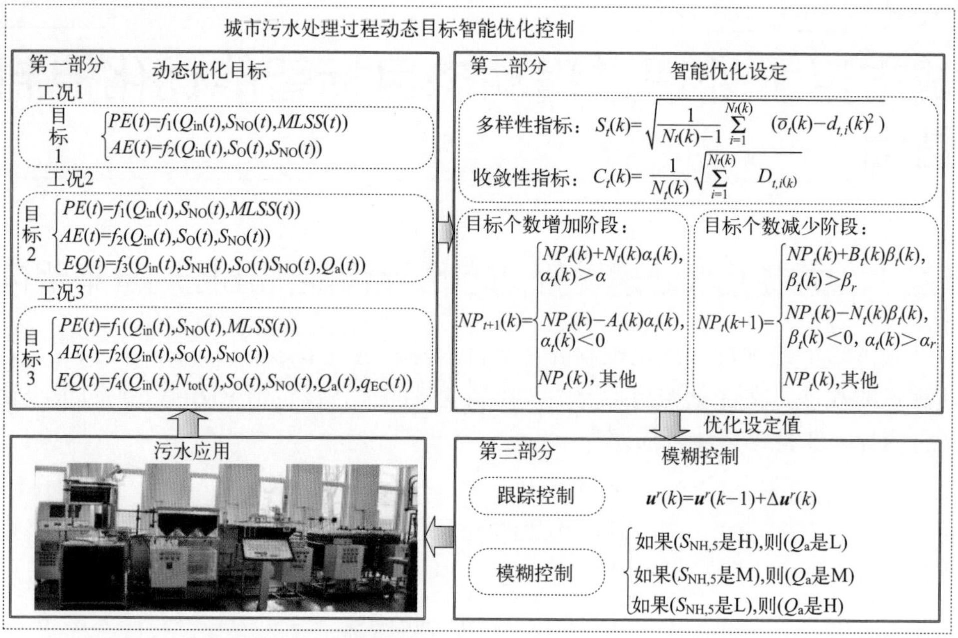

图 6-1　城市污水处理过程动态目标智能优化控制架构

6.2.2　城市污水处理过程动态目标智能优化控制特点分析

城市污水处理过程的主要运行目标是在保证出水水质达标排放的基础上降低能耗。出水水质达标排放是指水质参数 $S_{NH,e}\leqslant 4mg/L$，$N_{tot,e}\leqslant 18mg/L$，出水生化需氧量 $BOD_e\leqslant 10mg/L$，出水化学需氧量 $COD_e\leqslant 100mg/L$。然而，在污水处理过程中，生物脱氮是分解含氮有机物的重要操作，保证 $S_{NH,e}$ 和 $S_{Ntot,e}$ 的达标排放至关重要。然而，$S_{NH,e}$ 和 $N_{tot,e}$ 时常会超标排放。如图 6-2 所示为基于基准仿真平台 BSM1 获得的 $S_{NH,e}$ 和 $N_{tot,e}$ 变化图，其中黑色实线和蓝色虚线为 $S_{NH,e}$ 和 $N_{tot,e}$ 的实际输出，红色虚线为 $S_{NH,e}$ 和 $N_{tot,e}$ 的限制。由于不达标的 $S_{NH,e}$ 和 $N_{tot,e}$ 会破坏水环境并增加罚款，因此需要提前干预。根据 $S_{NH,e}$ 和 $N_{tot,e}$ 的预测结果，划分出三种不同的运行工况，即能耗驱动、$S_{NH,e}$ 驱动和 $N_{tot,e}$ 驱动的运行工况，其划分情况如表 6-1 所示。

能耗驱动的运行工况是指预测的 $S_{NH,e}$ 和 $N_{tot,e}$ 均会达标排放，即：

$$\begin{cases} S_{NH,e}\leqslant 4mg/L \\ N_{tot,e}\leqslant 18mg/L \end{cases} \tag{6-6}$$

此时主要操作目标为降低运行能耗，主要包括曝气能耗 PE 和泵送能耗 AE。

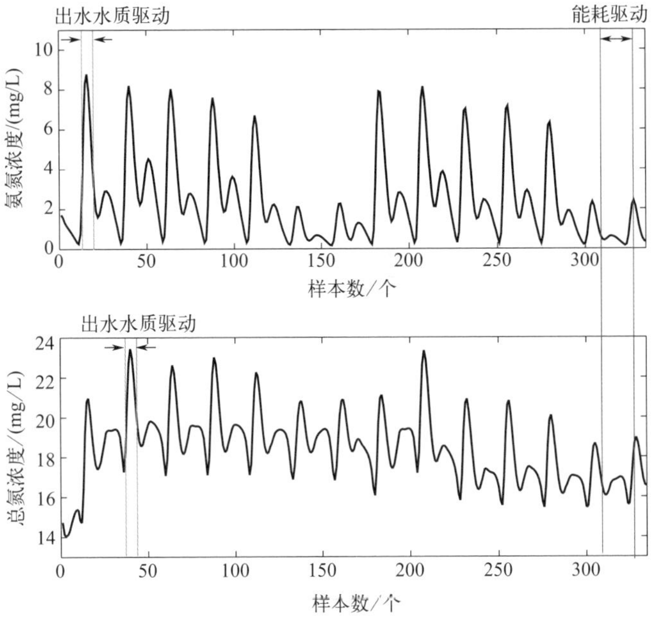

图 6-2　$S_{NH,e}$ 和 $N_{tot,e}$ 变化图

表 **6-1**　不同运行工况的划分

运行工况	准则	操作要求
能耗驱动	$S_{NH,e} \leqslant 4mg/L$ $N_{tot,e} \leqslant 18mg/L$	降低操作能耗
$S_{NH,e}$ 驱动	$S_{NH,e}>4mg/L$	降低 $S_{NH,e}$ 峰值
$N_{tot,e}$ 驱动	$N_{tot,e}>18mg/L$	降低 $N_{tot,e}$ 峰值

$S_{NH,e}$ 驱动的运行工况中只有超标 $S_{NH,e}$ 排放，即：

$$S_{NH,e} > 4mg / L \tag{6-7}$$

此时的主要操作目标是降低 $S_{NH,e}$ 峰值，同时尽可能降低能耗。

$N_{tot,e}$ 驱动的运行工况中只有超标 $N_{tot,e}$ 排放，即：

$$N_{tot,e} > 18mg / L \tag{6-8}$$

此时的主要操作目标是降低 $N_{tot,e}$ 峰值，同时尽可能降低能耗。

为了实现 $S_{NH,e}$ 和 $N_{tot,e}$ 的有效调控，设计城市污水处理过程动态目标智能优化控制方法，该方法利用入水参数预测一段时间之后的 $S_{NH,e}$ 和 $N_{tot,e}$，并根据预测值实施不同的优化控制策略，以达到抑制 $S_{NH,e}$ 和 $N_{tot,e}$ 的目的。首先使用前馈神经网络建立出水氨氮浓度、出水总氮浓度预测模型；然后通过动态多目标优化算法对

S_O 和 S_{NO} 设定值进行调节；最后根据预测结果判定出水超标情况。如果预测不超标，则对 S_O 和 S_{NO} 设定值进行跟踪控制。如果预测结果超标，则对外加碳源和 Q_a 进行模糊控制，抑制 $S_{NH,e}$ 和 $N_{tot,e}$。所设计方法的优势在于：

① 将 S_O 和 S_{NO} 加入预测模型输入变量。决策控制建立预测模型并没有考虑 S_O 和 S_{NO}，由于 S_O 和 S_{NO} 对 $S_{NH,e}$ 和 $N_{tot,e}$ 有重要影响[190]，考虑将其作为输入变量来提高预测模型的精度。

② 提出时滞时间（水力停留时间）计算方法。这里根据每天的入水氨氮浓度和 $S_{NH,e}$ 峰值时间差估算延迟时间，对建立预测模型数据采样提供支持。

③ 使用多目标优化算法对水质和能耗进行优化，可以避免算法陷入局部极优，有效地降低能耗。

④ 预测模型可以预测一段时间之后的 $S_{NH,e}$ 和 $N_{tot,e}$，从而可以根据预测结果进行提前控制，有效抑制峰值超标。

6.3 城市污水处理过程动态目标构建

6.3.1 城市污水处理过程动态目标影响因素分析

采用 BSM1 污水处理基准仿真平台进行数据采集。首先将 BSM1 基准仿真平台开环运行两周，分别记录入水、第二分区、第五分区和出水的氨氮浓度，记录峰值对应时刻，并计算峰值与入水氨氮浓度峰值的时间差，具体如表 6-2 所示。

表 6-2 不同区域到入水氨氮浓度最大时刻滞后时间 h

项目	第二分区	第五分区	出水
第 1 天	0.2375	1.1000	4.4375
第 2 天	0.2375	1.3250	4.5750
第 3 天	0.2375	1.1625	4.6000
第 4 天	0.2375	1.3500	4.6875
第 5 天	0.2375	1.1500	4.6500
第 6 天	0.4875	1.5625	5.2875
第 7 天	0.4875	1.6750	5.2750
第 8 天	0.2375	1.1250	4.4875

续表

项目	第二分区	第五分区	出水
第 9 天	0.2375	1.3250	4.5750
第 10 天	0.2375	1.1625	4.6000
第 11 天	0.2375	1.3500	4.6875
第 12 天	0.2375	1.1500	4.6500
第 13 天	0.4875	1.5625	5.2875
第 14 天	0.4875	1.6750	5.2750

根据不同区域入水的滞后时间对关键变量进行采样，已有研究表明 S_O 和 S_{NO} 对 $S_{NH,e}$ 和 $N_{tot,e}$ 有重要影响[189]，以入水氨氮浓度、入水流量、当前 $S_{NH,e}$、S_O 和 S_{NO} 作为 $S_{NH,e}$ 预测模型输入变量，以入水总氮浓度、入水流量、当前 $N_{tot,e}$、S_O 和 S_{NO} 作为 $N_{tot,e}$ 预测模型输入变量。根据实际水厂数据将 S_O 设定值设定在 1.4 ～ 2.4mg/L 之间，S_{NO} 设定值设定在 0.5 ～ 1.5mg/L 之间，设定值在模型运行过程中为固定值，设定后 BSM1 平台运行 14 天，采样周期为 15min，将设定值取不同的组合方式，一共获取 199727 组数据。

使用多层感知器神经网络建立 $S_{NH,e}$、$N_{tot,e}$ 预测模型，图 6-3 所示为预测模型示意图。

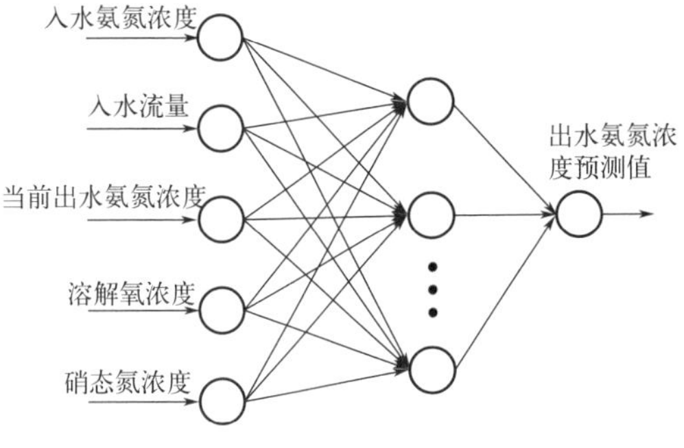

(a) 出水氨氮浓度预测模型

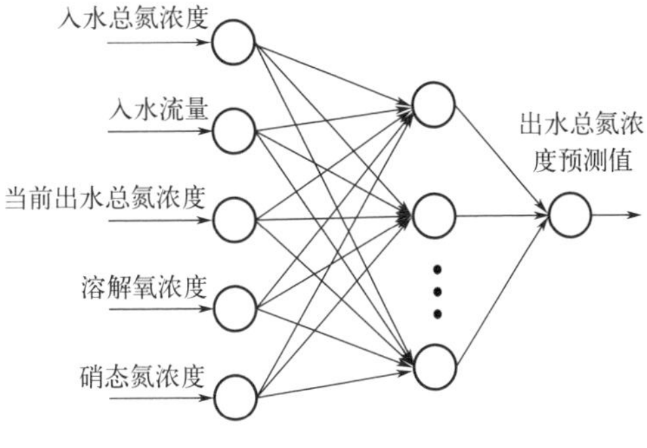

(b) 出水总氮浓度预测模型

图 6-3　出水氨氮浓度、出水总氮浓度预测模型

多层感知器神经网络的预测模型共三层，分别为输入层、隐含层和输出层。其中，输入层的个数取决于影响变量的个数，输入变量为 $\boldsymbol{X}=\left[x_1,x_2,\cdots,x_{n_0}\right]$，隐含层神经元输入、输出为：

$$z_j=\sum_{i=1}^{n_0}w_{ij}x_i+b_j \tag{6-9}$$

$$y_j = f(z_j)=(1+e^{-z_j})^{-1} \tag{6-10}$$

其中，n_0 为输入层神经元的个数；z_j 是第 j 个隐含层神经元的输入；b_j 是第 j 个隐含层神经元的阈值；w_{ij} 是第 i 个输入层神经元与第 j 个隐含层神经元之间的权值；y_j 是第 j 个隐含层神经元的输出，$f(\cdot)$ 是激活函数。输出层神经元的输入、输出分别为：

$$z_k = \sum_{j=1}^{n_1} w_{jk} y_j + b_k \tag{6-11}$$

$$y_k = z_k \tag{6-12}$$

其中，n_1 是隐含层神经元的个数；z_k 是第 k 个输出层神经元的输入；b_k 是第 k 个输出层神经元的阈值；w_{jk} 是第 j 个隐含层神经元与第 k 个输出层神经元之间的权值；y_k 是第 k 个输出层神经元的输出。

隐含层神经元的输入权值将输入层神经元与隐含层神经元相互连接。受 Talaska[191] 研究的启发，网络最优的权值可以充分反映输入变量与输出变量之间的关系，根据输入变量中有用信息的分布情况初始化隐含层神经元的输入权值。通过计算输入变量与输出变量的互信息衡量输入变量中的有用信息量：

$$MI(i) = \sum_{j=1}^{n_2} I\left[x_i; y_j\right], \quad i = 1, 2, \cdots, n_0 \tag{6-13}$$

其中，x_i 为第 i 个输入变量；y_j 为第 j 个输出变量；n_0 为输入层神经元的个数；n_2 为输出层神经元的个数。将输入变量按照包含有用信息量的多少从小到大排列，则第一个输入层神经元包含的有用信息最少。

由于 Sigmoid 激活函数是一个单调递增函数，包含有用信息越多的输入层神经元，其连接权值越大。假设隐含层神经元的输入权值和阈值的取值范围为 $[-m, m]$，与第 i 个输入层神经元相连的权值为 $\boldsymbol{w}_i = \left[w_{i1}, w_{i2}, \cdots, w_{in_1}\right]$，$n_1$ 为隐含层神经元的个数。将取值范围分为互不相交的 n_0 个片段，将片段按大小从小到大排列，则 $\boldsymbol{w}_i$ 的初始值在第 i 个取值片段中随机选取。第 i 个取值片段的宽度计算公式如下：

$$k(i) = \frac{2m \times MI(i)}{\sum_{j=1}^{n_0} MI(j)} \tag{6-14}$$

为了使隐含层神经元在训练初始阶段处于活跃状态，取值范围 $[-m, m]$ 需要进行限制。使用的 Sigmoid 激活函数可描述为：

$$f(a) = \frac{1}{1+e^{-a}} \tag{6-15}$$

这种情况下，激活区域通常认为是导数值大于函数导数最大值 1/20 的区域。

则激活区域为：

$$-4.36 \leqslant a \leqslant 4.36 \tag{6-16}$$

隐含层神经元的输入值中，由第 i 个输入层神经元产生的最大值为：

$$\max(s_i) = -m + \sum_{j=1}^{i} k(j) \tag{6-17}$$

那么隐含层神经元输入值的最大值为：

$$\max(z) = \sum_{i=1}^{n_0} \max(s_i) = -n_0 m + n_0 k(1) + (n_0 - 1)k(2) + \cdots + k(n_0) + m \tag{6-18}$$

则 k 的最大值为：

$$\max(k) = 2m \frac{\max(MI)}{\sum_{j=1}^{n_0} MI(j)} = 2mA \tag{6-19}$$

$$A = \frac{\max(MI)}{\sum_{j=1}^{n_0} MI(j)} \tag{6-20}$$

通过式（6-18）、式（6-19）可知：

$$\begin{aligned} \max(z) &\leqslant -n_0 m + 2n_0 mA + 2(n_0 - 1)mA + \cdots + 2mA + m \\ &= -n_0 m + n_0(n_0 + 1)mA + m \end{aligned} \tag{6-21}$$

如果式（6-21）小于等于号的右边小于等于 4.36，则隐含层神经元的输入可以确保在激活区域。从而可得 m 的取值范围：

$$m \leqslant \frac{4.36}{n_0(n_0 + 1)A - n_0 + 1} \tag{6-22}$$

在一些极端的情况下，由于式（6-22）计算的值很小，将会影响网络性能。为了避免这种情况，我们设 m 的计算公式如下：

$$m = \begin{cases} 0.5 & , \quad m \leqslant 0.5 \\ \dfrac{4.36}{n_0(n_0 + 1)A - n_0 + 1} & , \quad m > 0.5 \end{cases} \tag{6-23}$$

为了保证隐含层神经元的多样性，隐含层神经元的阈值初始值在区间 $[-m, m]$ 内随机选取。所提出的隐含层神经元输入权值和阈值初始化方法可以反映输入变量的信息分布情况，为了保证算法的效果，输出层神经元的输入权值和阈值也需要合理初始化。

由于隐含层神经元的输入权值反映了输入变量中的信息分布情况，应选择合适的隐含层神经元的输出权值取值空间，使得初始误差接近全局最优点。本节设计了一种基于互信息的取值初始化方法，即 MIWI 算法。MIWI 算法根据输入变量中有用信息的分布情况初始化隐含层神经元的输入权值，并且限制了隐含层神经元输入权值和阈值的范围使隐含层神经元在初始阶段处于激活状态。隐含层神经元的阈值在区间内一致符合随机均匀分布，保证了隐含层神经元的多样性。输出层神经元的输入权值和阈值在一个较大的区间内随机选取，使网络初始权值更接近于全局最优点。MIWI 算法的目的是使多层感知器有更高的概率收敛于全局最优点，并且保证网络的收敛速度。算法的主要步骤如下：

① 计算输入变量与输出变量之间的互信息：

$$I(X;Y)=-\sum_{k_i=1}^{K_X}\frac{n_{k_i}}{N}\lg\frac{n_{k_i}}{N}-\sum_{k_j=1}^{K_Y}\frac{n_{k_j}}{N}\lg\frac{n_{k_j}}{N}+\sum_{k_i=1}^{K_X}\sum_{k_j=1}^{K_Y}\frac{n_{k_ik_j}}{N}\lg\frac{n_{k_ik_j}}{N}$$

② 计算输入变量的总互信息：

$$MI(i)=\sum_{j=1}^{n_2}I\left[x_i;y_j\right],\quad i=1,2,\cdots,n_0$$

③ 将输入变量按照所包含的有用信息量从小到大排列。

④ 根据式（6-23）计算隐含层神经元输入权值和阈值的取值范围 $[-m, m]$。

⑤ 根据式（6-14）计算每一个取值片段的宽度，与第 i 个输入层神经元相连的权值的取值范围为 $\left[-m+\sum_{j=1}^{i-1}k(j),-m+\sum_{j=1}^{i}k(j)\right]$，权值从该取值范围内随机选取。

⑥ 隐含层神经元的阈值从 $[-m, m]$ 中随机均匀选取。

⑦ 输出层神经元的输入权值和阈值从 [-1，1] 中随机均匀选取。

考虑到网络结构大小对模型性能有较大影响，提出了网络结构动态调整算法，称为混合增加删减算法（HCPS）。该算法在网络结构调整阶段共有三种操作：合并隐含层神经元、删除隐含层神经元和分裂隐含层神经元。

神经元合并：为了使隐含层神经元之间的相关性减小，即使每个隐含层神经元具有各自的功能，HCPS 将互信息超过设定值的两个隐含层神经元合并为一个神经元，合并的同时调整网络权值使网络输出稳定。

假设 $[x_t,y_t](t=1,2,\cdots,N)$ 为训练样本， $x_t=(x_{t1},x_{t2},\cdots,x_{tn_0})$， $t=1,2,\cdots,N$ 。计算 a、b 两个隐含层神经元之间的互信息 $I(a,b)$。如果该互信息大于 λ_1 则将其合并。

假设 a、b 两个隐含层神经元合并为神经元 c，合并公式为：

$$\begin{cases}w_{ic}=mw_{ia}+nw_{ib},w_{ck}=w_{ak}+w_{bk}\\d_c=md_a+nd_b\end{cases}\tag{6-24}$$

其中， w_{ic} 、 w_{ia} 和 w_{ib} 分别为第 i 个输入层神经元与隐含层神经元 c、a 和 b 的连接权值；m 和 n 为系数， $m+n=1$ ； w_{ck} 、 w_{ak} 和 w_{bk} 分别为第 k 个输出层神经元

与隐含层神经元 c、a 和 b 的连接权值。

由神经元 a、b 和 c 产生的网络输出为：

$$\begin{cases} y_a(x_t)=\dfrac{w_{ak}}{1+\mathrm{e}^{-\left(\sum\limits_{i=1}^{n_0}w_{ia}x_{ti}+d_a\right)}} \\ y_b(x_t)=\dfrac{w_{bk}}{1+\mathrm{e}^{-\left(\sum\limits_{i=1}^{n_0}w_{ib}x_{ti}+d_b\right)}} \\ y_c(x_t)=\dfrac{w_{ck}}{1+\mathrm{e}^{-\left(\sum\limits_{i=1}^{n_0}w_{ic}x_{ti}+d_c\right)}} \end{cases} \tag{6-25}$$

其中，x_t 为第 t 个输入样本；y_a、y_b 和 y_c 分别为由隐含层神经元 a、b 和 c 产生的网络输出。为了确保网络输出不变，以下公式成立：

$$y_c(x_t)=y_a(x_t)+y_b(x_t) \tag{6-26}$$

根据式（6-24）和式（6-25），式（6-26）可改写为：

$$\frac{w_{ak}}{1+\mathrm{e}^{-z_a}}+\frac{w_{bk}}{1+\mathrm{e}^{-z_b}}=\frac{w_{ak}+w_{bk}}{1+\mathrm{e}^{-(mz_a+nz_b)}},\ z_a=\sum_{i=1}^{n_0}w_{ia}x_{ti}+d_a,z_b=\sum_{i=1}^{n_0}w_{ib}x_{ti}+d_b \tag{6-27}$$

将所有样本训练一遍以后调节网络结构，因此 x_t 为第 N 个训练样本，由此保证网络输出不变。式（6-27）可简化为：

$$mz_a+nz_b=-\ln A \tag{6-28}$$

$$A=\frac{w_{ak}\mathrm{e}^{-z_a}+w_{ak}\mathrm{e}^{-z_a}\mathrm{e}^{-z_b}+w_{bk}\mathrm{e}^{-z_a}+w_{bk}\mathrm{e}^{-z_a}\mathrm{e}^{-z_b}}{w_{ak}+w_{bk}+w_{ak}\mathrm{e}^{-z_b}+w_{bk}\mathrm{e}^{-z_a}} \tag{6-29}$$

结合条件 $m+n=1$ 可得 m 和 n 的计算公式：

$$m=\frac{-\ln A-z_b}{z_a-z_b},n=\frac{z_a+\ln A}{z_a-z_b} \tag{6-30}$$

神经元删除：当隐含层神经元的贡献率很低时，认为其为无效神经元，可以删除。假设第 j 个隐含层神经元的贡献率 S_j 低于阈值 λ_2，则可以将其删除。为了保证网络输出不变，距离其最近的神经元（称其为神经元 l，为与神经元 j 互信息最大的隐含层神经元）的权值调整公式为：

$$\begin{cases} w_{il}'(t)=w_{il}(t) \\ w_{lk}'(t)=w_{lk}(t)+\dfrac{y_j}{y_l}w_{jk}(t) \end{cases} \tag{6-31}$$

其中，$w_{il}(t)$ 和 $w_{il}'(t)$ 分别为结构调整前、后第 i 个输入层神经元与隐含层神经元 l 的连接权值；$w_{lk}(t)$ 和 $w_{lk}'(t)$ 分别为结构调整前、后隐含层神经元 l 与输出

层神经元 k 之间的连接权值；y_j 和 y_l 分别为结构调整前隐含层神经元 j 和 l 的输出；$w_{jk}(t)$ 为结构调整前隐含层神经元 j 与输出层神经元 k 之间的连接权值。

神经元分裂：当某个隐含层神经元的贡献度过大时，网络输出会随着该神经元的输出波动剧烈，因此我们将这种神经元分裂为两个神经元。HCPS 将贡献度大于 λ_3 的隐含层神经元分裂为两个神经元。假设隐含层神经元 j 的贡献度 S_j 大于 λ_3，分裂为两个隐含层神经元 a 和 b，新神经元的权值计算公式为：

$$w_{ia} = w_{ij}, w_{ak} = (1-\alpha)w_{jk},\ w_{ib} = w_{ij}, w_{bk} = \alpha w_{jk} \tag{6-32}$$

其中，w_{ia} 和 w_{ib} 分别为输入层神经元 i 与隐含层神经元 a 和 b 的连接权值；w_{ak} 和 w_{bk} 分别为输出层神经元 k 与隐含层神经元 a 和 b 的连接权值；α 为突变参数。为了避免某个新的隐含层神经元的贡献度过高，HCPS 设定 α 取值为 0.2 ～ 0.8 之间的随机数。

阈值 λ_1、λ_2 和 λ_3 的设定是 HCPS 算法的关键，其值对于不同的训练样本是不同的，因此我们设定了自适应阈值。假设隐含层神经元个数为 n_1，计算每两个隐含层神经元之间的互信息。所有互信息的平均值为：

$$I_{\text{mean}} = \frac{\sum_{i=1}^{n_1}\sum_{j=1}^{n_1-i} I\left(h_i;h_j\right)}{n_1\left(n_1-1\right)/2} \tag{6-33}$$

其中，$I(h_i;h_j)$ 为隐含层神经元 i 和 j 之间的互信息。那么 λ_1 可以设定为：

$$\lambda_1 = \partial_1 I_{\text{mean}} \tag{6-34}$$

其中，∂_1 为系数，根据经验，对于大部分问题其设在 [3, 4] 之间比较合适。

计算每个隐含层神经元的贡献度，所有贡献度的平均值为：

$$S_{\text{mean}} = \sum_{i=1}^{n_1} S_i / n_1 \tag{6-35}$$

其中，S_i 为第 i 个隐含层神经元的贡献度。那么 λ_2 和 λ_3 的计算公式为：

$$\lambda_2 = \partial_2 S_{\text{mean}}, \lambda_3 = \partial_3 S_{\text{mean}} \tag{6-36}$$

其中，∂_2 和 ∂_3 为系数。根据经验，∂_2 取值在 [0.3, 0.5] 范围内较合适，∂_3 取值在 [2, 3] 范围内较合适。根据预测后的值划分不同的运行工况，进而根据运行工况设计动态优化目标。

6.3.2 城市污水处理过程动态目标优化模型构建

根据预测的 $S_{\text{NH,e}}$ 和 $N_{\text{tot,e}}$ 值，考虑三种不同的运行工况，并针对不同的运行工况建立动态目标优化模型。在第一种工况下，$S_{\text{NH,e}}$ 和 $N_{\text{tot,e}}$ 均达标排放，此时最主要的操作目标是降低曝气能耗 AE 和泵送能耗 PE，其优化目标可描述为：

$$\min \boldsymbol{F}_1(t)=(f_1(t), f_2(t)) \tag{6-37}$$

其中，$\boldsymbol{F}_1(t)$ 是第一种工况下待优化的目标；$f_1(t)$ 和 $f_2(t)$ 分别是关于 PE 和 AE 的操作目标函数。

在第二种工况下，只有 $S_{\mathrm{NH,e}}$ 的预测结果超标。根据污水运行机理分析可知，$S_{\mathrm{NH,e}}$ 可以通过内部循环（Q_{a}）和 S_{O} 来调节。此时的主要操作目标是降低 $S_{\mathrm{NH,e}}$，同时尽可能降低 PE 和 AE，其优化目标可描述为：

$$\min \boldsymbol{F}_2(t)=(f_1(t), f_2(t), f_3(t)) \tag{6-38}$$

其中，$\boldsymbol{F}_2(t)$ 是第二种工况下待优化的目标；$f_3(t)$ 是关于 EQ 的操作目标函数，其相关影响变量包括 $S_{\mathrm{NH,e}}$。

在第三种工况下，$N_{\mathrm{tot,e}}$ 预测结果超标。由于 $N_{\mathrm{tot,e}}$ 主要受外部碳源的影响，因此可通过增加外部碳源（q_{EC}）来降低 $N_{\mathrm{tot,e}}$。此时的主要操作目标是降低 $N_{\mathrm{tot,e}}$，同时尽可能降低 PE 和 AE，其优化目标可描述为：

$$\min \boldsymbol{F}_3(t)=(f_1(t), f_2(t), f_4(t)) \tag{6-39}$$

其中，$\boldsymbol{F}_3(t)$ 是第三种工况下待优化的目标；$f_4(t)$ 是关于 EQ 的操作目标函数，其相关影响变量包括 $N_{\mathrm{tot,e}}$。

为了构建 $f_1(t)$、$f_2(t)$、$f_3(t)$ 和 $f_4(t)$ 的非线性函数，首先分析其相关影响变量和约束条件。众所周知，PE 主要由内循环流量（Q_{a}）和外循环流量（Q_{r}）产生，它们分别是 S_{NO} 和混合液悬浮物浓度（$MLSS$）的控制变量。AE 由 $K_{\mathrm{L}}a$ 计算得出，$K_{\mathrm{L}}a$ 是 S_{O} 的操纵变量。此外，进水流量（Q_{in}）对 PE、AE 和 EQ 均有很大影响。结合文献 [192] 的分析，PE 的相关变量是 Q_{in}、S_{NO} 和 $MLSS$，AE 的相关变量是 Q_{in}、S_{O} 和 S_{NO}。因此，在第一种工况下，优化目标和约束条件可描述为：

$$\begin{cases} PE(t)=f_1(Q_{\mathrm{in}}(t), S_{\mathrm{NO}}(t), MLSS(t)) \\ AE(t)=f_2(Q_{\mathrm{in}}(t), S_{\mathrm{O}}(t), S_{\mathrm{NO}}(t)) \end{cases} \tag{6-40}$$

$$\text{s.t.}\begin{cases} S_{\mathrm{NO,min}} \leqslant S_{\mathrm{NO}}(t) \leqslant S_{\mathrm{NO,max}} \\ S_{\mathrm{O,min}} \leqslant S_{\mathrm{O}}(t) \leqslant S_{\mathrm{O,max}} \end{cases} \tag{6-41}$$

其中，$S_{\mathrm{NO,min}}$ 和 $S_{\mathrm{NO,max}}$ 分别是 S_{NO} 的上限和下限；$S_{\mathrm{O,min}}$ 和 $S_{\mathrm{O,max}}$ 分别是 S_{O} 的上限和下限。

在第二种工况下，主要任务是通过调整 S_{O} 和 Q_{a} 将不达标的 $S_{\mathrm{NH,e}}$ 调整到达标。EQ 的输入变量为 Q_{in}、S_{NH}、S_{O}、S_{NO} 和 Q_{a}。具体的运行优化目标和相关的约束可描述为：

$$\begin{cases} PE(t)=f_1(Q_{\mathrm{in}}(t), S_{\mathrm{NO}}(t), MLSS(t)) \\ AE(t)=f_2(Q_{\mathrm{in}}(t), S_{\mathrm{O}}(t), S_{\mathrm{NO}}(t)) \\ EQ(t)=f_3(Q_{\mathrm{in}}(t), S_{\mathrm{NH}}(t),\ S_{\mathrm{O}}(t), S_{\mathrm{NO}}(t), Q_{\mathrm{a}}(t)) \end{cases} \tag{6-42}$$

$$\text{s.t.}\begin{cases} S_{\text{NO,min}} \leqslant S_{\text{NO}}(t) \leqslant S_{\text{NO,max}} \\ \gamma S_{\text{O,min}} \leqslant S_{\text{O}}(t) \leqslant \gamma S_{\text{O,max}} \\ Q_{\text{a,min}} \leqslant Q_{\text{a}}(t) \leqslant \xi Q_{\text{a,max}} \end{cases} \tag{6-43}$$

其中，γ 和 ξ 为相关系数，$\gamma>1$，$0<\xi<1$。

在第三种工况下，主要操作目标是通过 q_{EC} 调整 $N_{\text{tot,e}}$。EQ 的相关过程变量为 Q_{in}、N_{tot}、S_{O}、S_{NO}、Q_{a} 和 q_{EC}。具体的运行优化目标和相关的约束可描述为：

$$\begin{cases} PE(t) = f_1(Q_{\text{in}}(t), S_{\text{NO}}(t), MLSS(t)) \\ AE(t) = f_2(Q_{\text{in}}(t), S_{\text{O}}(t), S_{\text{NO}}(t)) \\ EQ(t) = f_4(Q_{\text{in}}(t), N_{\text{tot}}(t), S_{\text{O}}(t), S_{\text{NO}}(t), Q_{\text{a}}(t), q_{\text{EC}}(t)) \end{cases} \tag{6-44}$$

$$s.t.\begin{cases} S_{\text{NO,min}} \leqslant S_{\text{NO}}(t) \leqslant S_{\text{NO,max}} \\ S_{\text{O,min}} \leqslant S_{\text{O}}(t) \leqslant S_{\text{O,max}} \\ q_{\text{EC,0}} \leqslant q_{\text{EC}}(t) \leqslant \sigma q_{\text{EC,0}} \end{cases} \tag{6-45}$$

其中，σ 为相关系数，$\sigma>1$。

为了表征出水水质、曝气能耗、泵送能耗和关键特征变量的关系，构建了一种基于自适应核函数的优化目标：

$$\boldsymbol{y}(t) = \boldsymbol{W}_0(t) + \boldsymbol{W}(t)\boldsymbol{K}(t) \tag{6-46}$$

$\boldsymbol{W}_0(t)=[w_{10}(t), w_{20}(t)]^{\text{T}}$，$\boldsymbol{W}(t)=[\boldsymbol{W}_1(t), \boldsymbol{W}_2(t)]^{\text{T}}$，$\boldsymbol{W}_1(t)=[w_{11}(t), w_{12}(t),\cdots, w_{1N}(t)]$，$\boldsymbol{W}_2(t)=[w_{21}(t), w_{22}(t), \cdots, w_{2N}(t)]$，$\boldsymbol{W}_0(t)$、$\boldsymbol{W}_1(t)$ 和 $\boldsymbol{W}_2(t)$ 分别是自适应核函数优化目标的参数，$\boldsymbol{K}(t)=[K_1(t), \cdots, K_N(t)]^{\text{T}}$ 是核函数。

$$K_n(t) = \mathrm{e}^{-\|\boldsymbol{v}(t)-\boldsymbol{c}_n(t)\|^2/2b_n(t)^2} \tag{6-47}$$

其中，$\boldsymbol{b}(t)=[b_1(t), b_2(t),\cdots, b_N(t)]^{\text{T}}$ 是核宽度；$\boldsymbol{c}(t)=[\boldsymbol{c}_1(t), \boldsymbol{c}_2(t),\cdots, \boldsymbol{c}_N(t)]^{\text{T}}$ 是核中心，$n=1, 2, \cdots, N$；$\boldsymbol{v}(t)=[S_{\text{O}}(t), S_{\text{NO}}(t), S_{\text{NH}}(t), MLSS(t)]$；$\boldsymbol{y}(t)=[y_1(t), y_2(t), y_3(t), y_4(t)]^{\text{T}}$ 是自适应模型的输出。

$$\begin{cases} y_1(t) = w_{10}(t) + \sum\limits_{n=1}^{N} w_{1n}(t)K_{1n}(t) \\ y_2(t) = w_{20}(t) + \sum\limits_{n=1}^{N} w_{2n}(t)K_{2n}(t) \\ y_3(t) = w_{30}(t) + \sum\limits_{n=1}^{N} w_{3n}(t)K_{3n}(t) \\ y_4(t) = w_{40}(t) + \sum\limits_{n=1}^{N} w_{4n}(t)K_{4n}(t) \end{cases} \tag{6-48}$$

其中，$y_1(t)$ 是 PE 输出；$y_2(t)$ 是 AE 输出；$y_3(t)$ 是 EQ 输出（关于 $S_{\text{NH,e}}$）；$y_4(t)$ 是 EQ 输出（关于 $N_{\text{tot,e}}$）。出水约束条件为：

$$\begin{cases}0 < N_{\text{tot}} < 18\text{g}/\text{m}^3, 0 < COD < 100\text{g}/\text{m}^3, 0 < BOD_5 < 100\text{g}/\text{m}^3 \\ 0 < S_{\text{NH}} < 4\text{g}/\text{m}^3, 0 < SS < 30\text{g}/\text{m}^3\end{cases} \tag{6-49}$$

6.3.3 城市污水处理过程动态目标优化模型更新

考虑城市污水处理过程的动态特性，设计了一种基于自适应二阶 LM 的参数调整算法对综合运行指标模型进行调整，以保证模型的有效性。在设计的核函数模型中，所有的模型参数均需要动态调整，以 *AE* 模型参数为例，基于自适应核函数的模型参数可表示为：

$$\boldsymbol{\Phi}_2(t) = \left[w_{20}(t), w_{21}(t), \cdots, w_{2Q}(t), \boldsymbol{c}_{21}(t), \cdots, \boldsymbol{c}_{2Q}(t), b_{21}(t), \cdots, b_{2Q}(t)\right] \tag{6-50}$$

其中，$\boldsymbol{\Phi}_2(t)$ 是包含所有核函数参数的向量，其更新方式为：

$$\boldsymbol{\Phi}_2(t+1) = \boldsymbol{\Phi}_2(t) + (\boldsymbol{\Psi}_2(t) + \lambda_2(t)\boldsymbol{I})^{-1} \times \boldsymbol{\Omega}_2(t) \tag{6-51}$$

其中，$\boldsymbol{\Psi}_2(t)$ 是拟海塞矩阵，其计算过程为：

$$\boldsymbol{\Psi}_2(t) = \boldsymbol{j}_2^{\text{T}}(t)\boldsymbol{j}_2(t) \tag{6-52}$$

其中，$\boldsymbol{j}_2(t)$ 的计算过程为：

$$\boldsymbol{j}_2(t) = \left[\frac{\partial e_2(t)}{\partial W_{21}(t)}, \cdots, \frac{\partial e_2(t)}{\partial W_{2Q}(t)}, \frac{\partial e_2(t)}{\partial \boldsymbol{c}_{21}(t)}, \cdots, \frac{\partial e_2(t)}{\partial \boldsymbol{c}_{2Q}(t)}, \frac{\partial e_2(t)}{\partial b_{21}(t)}, \cdots, \frac{\partial e_2(t)}{\partial b_{2Q}(t)}\right] \tag{6-53}$$

$\boldsymbol{\Omega}_2(t)$ 是梯度向量，其计算过程可表示为：

$$\boldsymbol{\Omega}_2(t) = \boldsymbol{j}_2^{\text{T}}(t)e_2(t) \tag{6-54}$$

$\boldsymbol{I}$ 是单位矩阵，$\lambda_2(t)$ 是自适应学习率，其更新过程为：

$$\lambda_2(t) = \mu_2(t)\lambda_2(t-1) \tag{6-55}$$

$$\mu_2(t) = \frac{\tau_2^{\min}(t) + \lambda_2(t-1)}{\tau_2^{\max}(t) + 1} \tag{6-56}$$

其中，$\tau_2^{\max}(t)$ 和 $\tau_2^{\min}(t)$ 分别是 $\boldsymbol{\Psi}_2(t)$ 的最大和最小特征值，$0<\tau_2^{\min}(t)<\tau_2^{\max}(t)$，$0<\lambda_2(t)<1$。

6.4 城市污水处理过程动态目标智能优化设定方法设计

6.4.1 城市污水处理过程动态目标智能优化方法设计

在优化过程中通过最小化式（6-40）～式（6-45）获得控制变量 S_{O} 和 S_{NO} 的优

化设定值。由于运行目标个数的变化会引起优化性能指标的突变，因此，为了实现变目标个数运行目标的优化，设计了基于动态多目标粒子群优化的协同优化算法。在所设计的协同优化算法中，粒子的位置可表示为：

$$\boldsymbol{a}_{t,i}(k+1)=\boldsymbol{a}_{t,i}(k)+\boldsymbol{b}_{t,i}(k+1) \tag{6-57}$$

其中，$\boldsymbol{a}_{t,i}(k+1)$ 是 t 时刻第 i 个粒子在第 $k+1$ 步迭代时的位置，$\boldsymbol{a}_{t,i}(k+1)=[S_{\mathrm{O},(t,i)}(k+1),\ S_{\mathrm{NO},(t,i)}(k+1),\ MLSS_{(t,i)}(k+1),\ S_{\mathrm{NH},(t,i)}(k+1),\ S_{\mathrm{NO},(t,i)}(k+1)^{*}]$；$\boldsymbol{b}_{t,i}(k+1)$ 是 t 时刻第 i 个粒子在第 $k+1$ 步迭代时的速度：

$$\boldsymbol{b}_{t,i}(k+1)=\omega_{t,i}(k)\boldsymbol{b}_{t,i}(k)+c_1\varepsilon_1(\boldsymbol{pBest}_{t,i}(k)-\boldsymbol{a}_{t,i}(k))+c_2\varepsilon_2(\boldsymbol{gBest}_{t,i}(k)-\boldsymbol{a}_{t,i}(k)) \tag{6-58}$$

其中，$\omega_{t,i}(k)$ 是 t 时刻第 i 个粒子在第 k 步迭代时的权重参数；c_1 和 c_2 是加速度常量；ε 和 ε_2 是随机数。

此外，考虑到在城市污水处理优化控制过程中，多目标优化算法难以从非支配解中选择一组最优的解，本章结合优化控制的目标提出一种最优解的选取方法，具体步骤如下：

① 将所有非支配解代入预测模型，预测出水水质是否达标，将预测达标的解加入解集 P_{D}。

② 若 P_{D} 不为空集，则说明出水可以达标，此时以降低能耗为首要目标，将 P_{D} 中对应能耗最低的解作为 S_{O} 和 S_{NO} 设定值。

③ 若 P_{D} 为空集，则说明出水不达标，此时以抑制 $S_{\mathrm{NH,e}}$ 和 $N_{\mathrm{tot,e}}$ 为主要目标，将非支配解集中对应水质最高的解作为 S_{O} 和 S_{NO} 设定值。

该最优解的选取方法不需要人工选取，并且结合了工程实际目标，可以优先调节设定值使出水水质达标，从而降低能耗。

6.4.2 城市污水处理过程动态目标智能优化设定

为了辨识优化过程中粒子状态的变化，设计了一组包含多样性和收敛性的性能指标，其中多样性指标用于描述非支配解的分布质量，收敛性用于描述粒子的逼近程度，具体可表示为：

$$S_t(k)=\sqrt{\frac{1}{N_t(k)-1}\sum_{i=1}^{N_t(k)}\left(\overline{o}_t(k)-d_{t,i}(k)\right)^2} \tag{6-59}$$

$$C_t(k)=\frac{1}{N_t(k)}\sqrt{\sum_{i=1}^{N_t(k)}D_{t,i}(k)} \tag{6-60}$$

其中，$S_t(k)$ 是 t 时刻第 k 步迭代时的多样性指标；$C_t(k)$ 是 t 时刻第 k 步迭代时的收敛性指标；$N_t(k)$ 是 t 时刻第 k 步迭代时的非支配解的个数；$\overline{o}_t(k)$ 是 t 时刻第

k 步迭代时所有切比雪夫距离 $d_{t,i}(k)$ 的平均距离；$d_{t,i}(k)$ 是连续解之间的切比雪夫距离：

$$d_{t,i}(t)=\max_{j}(|p_{t,i,j}(k)-p_{t,i-1,j}(k)|) \tag{6-61}$$

其中，$p_{t,i,j}(k)$ 是 t 时刻第 i 个粒子在第 j 维上的位置，$j\in(1,2,\cdots,5)$。

$D_{t,i}(k)$ 是 t 时刻第 i 个粒子在第 k 步迭代与第 $k-1$ 步迭代时的切比雪夫距离：

$$D_{t,i}(k)=\max_{j}(|p_{t,i,j}(k)-p_{t,i,j}(k-1)|) \tag{6-62}$$

其中，$p_{t,i,j}(k-1)$ 是 $k-1$ 时刻第 i 个粒子在第 j 维上的位置。

在优化过程中，目标个数增加阶段会破坏多样性信息，同时，目标减少阶段会影响收敛性信息。为了避免优化目标个数变化时引起性能下降，设计了一种种群规模自调整机制。在目标个数增加阶段会增加一些额外的粒子来增加种群的多样性，种群更新过程为：

$$NP_t(k+1)=\begin{cases}NP_t(k)+N_t(k)\alpha_t(k), & \alpha_t(k)>\alpha_{\mathrm{r}}\\ NP_t(k)-(NP_t(k)-N_t(k))\alpha_t(k), & \alpha_t(k)<0\\ NP_t(k), & \text{其他}\end{cases} \tag{6-63}$$

其中，$NP_t(k)$ 是 t 时刻第 k 步迭代时的粒子个数；$N_t(k)$ 是 t 时刻第 k 步迭代时的非支配解个数；$\alpha_t(k)$ 是 t 时刻第 k 步迭代时多样性的梯度：

$$\alpha_t(k)=[S_t(k)-S_t(k-\tau)]/\tau \tag{6-64}$$

τ 是迭代步数；α_{r} 是 $\alpha_t(k)$ 的阈值；$S_t(k)$ 和 $S_t(k-\tau)$ 分别是 t 时刻第 k 步迭代时和第 $k-\tau$ 时刻的多样性信息。

在目标个数减少阶段，会减少一些粒子来加快收敛速度，提高收敛性能，此时，粒子的更新过程为：

$$NP_t(k+1)=\begin{cases}NP_t(k)-(N_t(k)-NP_t(k))\beta_t(k), & \beta_t(k)>\beta_{\mathrm{r}}\\ NP_t(k)+N_t(k)\beta_t(k), & (t)<0\ \&\ \alpha(t)>\alpha_{\mathrm{r}}\\ NP_t(k), & \text{其他}\end{cases} \tag{6-65}$$

其中，$\beta_t(k)$ 是 t 时刻第 k 步迭代时收敛性的梯度：

$$\beta_t(k)=[C_t(k)-C_t(k-\tau)]/\tau \tag{6-66}$$

其中，β_{r} 是 $\beta_t(k)$ 的阈值；$C_t(k)$ 和 $C_t(k-\tau)$ 分别是 t 时刻第 k 步迭代时和第 $k-\tau$ 时刻的收敛性信息。

此外，全局最优解的选择策略也是协同优化算法中的重要因素。由于任何非支配解都可以选作全局最优解，而全局最优解对于引导粒子进化方向起到至关重要的作用。为了选择合适的全局最优解，设计了基于性能指标的全局最优解选择策略。

在目标个数增加阶段，应改善档案库中非支配解的多样性信息，此时，全局最优解选择策略为：

$$\boldsymbol{gBest}_t(k+1)=\boldsymbol{dgBest}_t(k+1) \tag{6-67}$$

其中，$\boldsymbol{gBest}_t(k+1)$ 是 t 时刻第 $k+1$ 次迭代时的全局最优解；$\boldsymbol{dgBest}_t(k+1)$ 是 t 时刻第 $k+1$ 次迭代时带有最优多样性的全局最优解：

$$\boldsymbol{dgBest}_t(k+1)=\boldsymbol{a}_t(k),\quad \boldsymbol{a}_t(k)\in \boldsymbol{K}_{t\text{best}} \tag{6-68}$$

其中，$\boldsymbol{K}_{t\text{best}}$ 是包含有最大拥挤距离粒子的最优非支配解集。

在目标个数减少阶段，应加强档案库中非支配解的多样性信息。因此，全局最优解选择策略可设计为：

$$\boldsymbol{gBest}_t(k+1)=\boldsymbol{cgBest}_t(k+1) \tag{6-69}$$

其中，$\boldsymbol{cgBest}_t(k+1)$ 是 t 时刻第 $k+1$ 次迭代时带有最优收敛性的全局最优解：

$$\boldsymbol{cgBest}_t(k+1)=\arg\max CD(\boldsymbol{a}_{t,i}(k)) \tag{6-70}$$

其中，$CD(\boldsymbol{a}_{t,i}(k))$ 是 t 时刻第 k 次迭代时第 i 个解的收敛强度：

$$CD(\boldsymbol{a}_{t.i}(k))=\frac{\sum_{i=1}^{DS(\boldsymbol{a}_{t.i}(k))}\left\|\boldsymbol{a}_{t.i}(k)-\hat{\boldsymbol{a}}_{t.i}(k)\right\|}{DS\left(\boldsymbol{a}_{t.i}(k)\right)} \tag{6-71}$$

其中，$\hat{\boldsymbol{a}}_{t,i}(k)$ 是 t 时刻第 k 次迭代时第 i 个被 $\boldsymbol{a}_t(k)$ 支配的解；$DS(\boldsymbol{a}_{t,i}(k))$ 是 t 时刻第 k 次迭代时第 i 个 $a_t(k)$ 的支配强度。

6.4.3 城市污水处理过程动态目标智能优化设定性能评价

为了保证优化解的有效性，本节分别给出种群规模固定阶段和种群规模更新阶段的可行性分析。对于基于多目标粒子群优化算法的智能优化设定，假设在优化过程中 s 个粒子随机分布在搜索空间中，基于 Pareto 最优原则分析其收敛性。通过速度及位置更新式（6-57）和式（6-58）可知，在更新过程中，每个粒子的位置及速度是相互独立的。

（1）种群规模固定阶段

为了证明优化解的可行性，引入以下假设。

假设 6-1 个体最优解 $\boldsymbol{pBest}(t)$ 和全局最优解 $\boldsymbol{gBest}(t)$ 满足 $\{\boldsymbol{pBest}(t), \boldsymbol{gBest}(t)\}\in \boldsymbol{\Gamma}$，其中，$\boldsymbol{\Gamma}$ 是搜索空间，$\boldsymbol{pBest}(t)$ 和 $\boldsymbol{gBest}(t)$ 都有下限。

假设 6-2 对于 $\boldsymbol{pBest}(t)$，存在 Pareto 最优解 $\boldsymbol{P}^*$。

假设 6-3 满足 $0<\zeta_1$，$0<\zeta_2$，$0<\zeta<2(1+\omega_i(t))$，其中，$\zeta_1=c_1\varepsilon_1$，$\zeta_2=c_2\varepsilon_2$，$\zeta=\zeta_1+\zeta_2$。

定理 6-1 若假设 6-1 ～假设 6-3 成立，粒子的位置 $\boldsymbol{x}_i(t)$ 将会收敛到 $\boldsymbol{P}^*$。

证明 根据 $\boldsymbol{x}_i(t)$ 的更新过程以及相关的参数 ζ、ζ_1 和 ζ_2，可将粒子位置 $x_{i,d}(t)$

更新公式改写为：

$$x_{i,d}(t+1)=(1+\omega_i(t)-\zeta)x_{i,d}(t)-\omega_i(t)x_{i,d}(t-1)+\zeta_1 pBest_{i,d}(t)+\zeta_2 gBest_d(t) \quad (6\text{-}72)$$

式（6-72）中的 $x_{i,d}(t+1)$ 可改写为：

$$\begin{bmatrix} x_{i,d}(t+1) \\ x_{i,d}(t) \\ 1 \end{bmatrix}=\varphi(t)\begin{bmatrix} x_{i,d}(t) \\ x_{i,d}(t-1) \\ 1 \end{bmatrix} \quad (6\text{-}73)$$

$$\boldsymbol{\varphi}(t)=\begin{bmatrix} 1+\omega_i(t)-\zeta & -\omega_i(t) & \zeta_1 pBest_{i,d}(t)+\zeta_2 gBest_d(t) \\ 1 & 0 & 0 \\ 0 & 0 & 1 \end{bmatrix} \quad (6\text{-}74)$$

矩阵 $\boldsymbol{\varphi}(t)$ 的特征多项式可以写为：

$$(\lambda-1)(\lambda^2-(1+\omega_i(t)-\zeta)\lambda+\omega_i(t))=0 \quad (6\text{-}75)$$

则 $\boldsymbol{\varphi}(t)$ 的特征值为：

$$\begin{aligned} \lambda_1 &= 1 \\ \lambda_2 &= \left[1+\omega_i(t)-\zeta+\sqrt{(1+\omega_i(t)-\zeta)^2-4\omega_i(t)}\right]\Big/2 \\ \lambda_3 &= \left[1+\omega_i(t)-\zeta-\sqrt{(1+\omega_i(t)-\zeta)^2-4\omega_i(t)}\right]\Big/2 \end{aligned} \quad (6\text{-}76)$$

根据矩阵的特征多项式和特征值，粒子的位置 $x_{i,d}(t)$ 可改写为：

$$x_{i,d}(t)=\tau_1\lambda_1^t+\tau_2\lambda_2^t+\tau_3\lambda_3^t \quad (6\text{-}77)$$

其中，τ_1、τ_2 和 τ_3 为常数；λ_1、λ_2 和 λ_3 为特征值。

优化过程的收敛条件为 $\max(|\lambda_2|, |\lambda_3|)<1$，也就是：

$$\frac{1}{2}\left|1+\omega_i(t)-\zeta\pm\sqrt{(1+\omega_i(t)-\zeta)^2-4\omega_i(t)}\right|<1 \quad (6\text{-}78)$$

基于文献 [192] 的分析可知，动态多目标粒子群优化算法的收敛条件为：

$$\begin{cases} 0\leqslant\omega_i(t)<1 \\ 0<\zeta<2(1+\omega_i(t)) \end{cases} \quad (6\text{-}79)$$

根据假设 6-1 ～假设 6-3 以及更新的飞行参数，在优化过程中满足 $0\leqslant\omega_i(t)<1$，则粒子位置的收敛值可以计算为：

$$\lim_{t\to\infty} x_{i,d}(t)=\tau_1 \quad (6\text{-}80)$$

考虑 t=0、t=1 和 t=2 时的特征值 λ_1、λ_2 和 λ_3，粒子的位置可以计算为：

$$\lim_{t\to\infty} x_{i,d}(t)=\lim_{t\to\infty}(\zeta_1 pBest_{i,d}(t)+\zeta_2 gBest_d(t))/(\zeta_1+\zeta_2) \quad (6\text{-}81)$$

根据支配关系可得：

$$\boldsymbol{pBest}_i(t-1)\prec\boldsymbol{pBest}_i(t) \text{ 或 } \boldsymbol{pBest}_i(t-1)\prec\succ\boldsymbol{pBest}_i(t) \quad (6\text{-}82)$$

$$\boldsymbol{pBest}_i(t)\prec\boldsymbol{gBest}(t) \text{ 或 } \boldsymbol{pBest}_i(t)\prec\succ\boldsymbol{gBest}\ (t) \quad (6\text{-}83)$$

其中，$\boldsymbol{pBest}_i(t-1)\prec\boldsymbol{pBest}_i(t)$ 为 $\boldsymbol{pBest}_i(t-1)$ 不受 $\boldsymbol{pBest}_i(t)$ 的支配，$\boldsymbol{pBest}_i((t-1)\prec\succ$

$pBest_i(t)$ 为 $pBest_i(t-1)$ 不受 $pBest_i(t)$ 的支配，同时，$pBest_i(t)$ 也不受 $gBest_i(t-1)$ 的支配。

对于动态多目标粒子群优化算法，根据文献 [192] 可知，$gBest(t)$ 能够收敛到 Pareto 稳定，因此：

$$\lim_{t\to\infty} \boldsymbol{pBest}_i(t) = \boldsymbol{P}^* \tag{6-84}$$

此外，$gBest(t)$ 是从非支配解集 $pBest(t)$ 中选择的，则：

$$\lim_{t\to\infty} \boldsymbol{gBest}(t) = \boldsymbol{P}^* \tag{6-85}$$

基于式（6-84）、式（6-85），式（6-81）可改写为：

$$\lim_{t\to\infty} \boldsymbol{x}_i(t) = (\zeta_1\boldsymbol{P}^* + \zeta_2\boldsymbol{P}^*)/(\zeta_1 + \zeta_2) = \boldsymbol{P}^* \tag{6-86}$$

至此已完成定理 6-1 的证明。

（2）种群规模更新阶段

定理 **6-2**　如果假设 6-1 ～假设 6-3 和定理 6-1 均成立，当增加一个新的粒子时，优化解的可行性也能够保证。

证明　当假设 6-1 ～假设 6-3 成立时，粒子的位置 $x_{i,d}(t)$ 能收敛到 $\boldsymbol{p}^*$。

新增加的粒子的位置可描述为：

$$x_{N+1,d}(t+1) = x_{N+1,d}(t) + v_{N+1,d}(t+1) \tag{6-87}$$

根据式（6-80）～式（6-86）的分析，可以推论出：

$$\lim_{t\to\infty} \boldsymbol{x}_{N+1}(t) = (\zeta_1\boldsymbol{P}^* + \zeta_2\boldsymbol{P}^*)/(\zeta_1 + \zeta_2) = \boldsymbol{P}^* \tag{6-88}$$

至此，定理 6-2 已被证明。这种证明方式也同样适用于目标个数减少阶段。

至此，已完成了动态多目标粒子群优化算法中优化解的可行性证明。

6.5 城市污水处理过程动态目标智能优化控制方法设计

6.5.1 城市污水处理过程动态目标智能优化控制算法设计

当预测 $S_{\mathrm{NH,e}}$ 和 $N_{\mathrm{tot,e}}$ 都达标时，采用基于区间二型模糊神经网络的协同控制器（IT2FNN-CC）对 S_{O} 和 S_{NO} 设定值进行跟踪控制。在 IT2FNN-CC 中，输入向量可表示为：

$$e_{\mathrm{O}}(k)=S_{\mathrm{O,set}}(k)-S_{\mathrm{O,m}}(k) \tag{6-89}$$

$$\Delta e_{\mathrm{O}}(k)=e_{\mathrm{O}}(k)-e_{\mathrm{O}}(k-1) \tag{6-90}$$

$$e_{\mathrm{NO}}(k)=S_{\mathrm{NO,set}}(k)-S_{\mathrm{NO,m}}(k) \tag{6-91}$$

$$\Delta e_{\mathrm{NO}}(k)=e_{\mathrm{NO}}(k)-e_{\mathrm{NO}}(k-1) \tag{6-92}$$

其中，$S_{\mathrm{O,set}}(k)$ 和 $S_{\mathrm{O,m}}(k)$ 分别是 k 时刻 DO 浓度的设定值和实际测量值；$S_{\mathrm{NO,set}}(k)$ 和 $S_{\mathrm{NO,m}}(k)$ 分别是 NO_3-N 浓度的设定值和实际测量值；$e_{\mathrm{O}}(k)$ 和 $e_{\mathrm{NO}}(k)$ 分别是 DO 和 NO_3-N 的设定值与实际测量值之间的误差；Δ表示变量的变化。协同控制器的输入向量为 $\boldsymbol{x}(k)=[x_1(k), x_2(k), x_3(k), x_4(k)]=[e_{\mathrm{O}}(k), \Delta e_{\mathrm{O}}(k), e_{\mathrm{NO}}(k), \Delta e_{\mathrm{NO}}(k)]$。

基于 IT2FNN 的计算规则，控制器输出为：

$$u^r(k)=u^r(k-1)+\Delta u^r(k) \tag{6-93}$$

其中，$r=1, \cdots, R$ 且 R 是输出层神经元的数量；$\Delta u^r(k)$ 是 k 时刻第 r 个控制器输出的增量，它是第 r 个输出层神经元的输出：

$$\Delta u^r(k)=q^r(k)\underline{y}^r(k)+(1-q^r(k))\overline{y}^r(k) \tag{6-94}$$

其中，$q^r(k)$ 是 k 时刻第 r 个输出的比例因子；$\underline{y}^r(k)$ 是第 r 个后件神经元的输出下界；$\overline{y}^r(k)$ 第 r 个后件神经元的输出上界。

$$\underline{y}^r(k)=\frac{\sum_{j=1}^{M}\underline{f}_j(k)h_j^r(k)}{\sum_{j=1}^{M}\underline{f}_j(k)}, \quad \overline{y}^r(k)=\frac{\sum_{j=1}^{M}\overline{f}_j(k)h_j^r(k)}{\sum_{j=1}^{M}\overline{f}_j(k)} \tag{6-95}$$

$$h_j^r(k)=\sum_{i=1}^{n}w_{ij}^r(k)x_i(k)+b_j^r(k) \tag{6-96}$$

其中，$\underline{f}_j(k)$ 和 $\overline{f}_j(k)$ 是第 j 个规则神经元的激活强度下界和上界；$h_j^r(k)$ 是第 r 个输出的第 j 个后件因子；$w_{ij}^r(k)$ 是关于第 r 个输出的第 i 个输入和第 j 个模糊规则的后件权值；$b_j^r(k)$ 是关于第 r 个输出的第 j 个模糊规则的偏差；$i=1, \cdots, n$ 且 n 是输入层神经元的数量；$j=1, \cdots, M$ 且 M 是模糊规则的数量。第 j 个规则神经元的激活强度下界和上界分别为：

$$\underline{f}_j(k)=\prod_{i=1}^{n}\underline{m}_{ij}(k), \overline{f}_j(k)=\prod_{i=1}^{n}\overline{m}_{ij}(k) \tag{6-97}$$

其中，$\underline{m}_{ij}(k)$ 和 $\overline{m}_{ij}(k)$ 是第 i 个输入对于第 j 个规则神经元的隶属度下界和上界，它们的计算为

$$\underline{m}_{ij}(x_i(k))=\begin{cases} g(x_i(k);\overline{c}_{ij}(k),\sigma_{ij}(k)), x_i(k)\leqslant\dfrac{\underline{c}_{ij}(k)+\overline{c}_{ij}(k)}{2} \\ g(x_i(k);\underline{c}_{ij}(k),\sigma_{ij}(k)), x_i(k)>\dfrac{\underline{c}_{ij}(k)+\overline{c}_{ij}(k)}{2} \end{cases} \tag{6-98}$$

$$\bar{m}_{ij}(x_i(k))=\begin{cases}g(x_i(k);\underline{c}_{ij}(k),\sigma_{ij}(k)), x_i(k)\leqslant\underline{c}_{ij}(k)\\1, \qquad \underline{c}_{ij}(k)<x_i(k)<\bar{c}_{ij}(k)\\g(x_i(k);\bar{c}_{ij}(k),\sigma_{ij}(k)), x_i(k)\geqslant\bar{c}_{ij}(k)\end{cases} \tag{6-99}$$

其中，g(•) 是高斯隶属函数的简化形式，其具体的计算形式为 $g(x_i(k);\ c_{ij}(k),\sigma_{ij}(k))\equiv\exp(-(x_i(k)-c_{ij}(k))^2/2(\sigma_{ij}(k)^2))$；$c_{ij}(k)=[\underline{c}_{ij}(k),\bar{c}_{ij}(k)]$ 是不确定中心；$\underline{c}_{ij}(k)$ 和 $\bar{c}_{ij}(k)$ 是第 i 个输入关于第 j 个规则神经元的不确定中心下界和上界；$\sigma_{ij}(k)$ 是第 i 个输入关于第 j 个规则神经元的隶属函数标准差。

（1）结构协同策略

针对城市污水处理过程中运行工况的复杂变化，设计了一种结构协同策略来调整协同控制器的结构。在 IT2FNN-CC 中，一条完整模糊规则包括四个输入层神经元、若干隶属神经元、一个规则神经元、两个后件神经元和一个输出层神经元。由于规则神经元的激活强度可以反映模糊规则的能力，因此通过规则神经元之间的相似度可以判断模糊规则之间的相似度，相似度高则表明存在冗余的模糊规则。此外，规则神经元对输出层神经元的贡献度则可以用于判断模糊规则的有效性，低贡献度的规则神经元表明其组成的模糊规则有效性较低。因此，在结构协同策略中，以模糊规则的相似度和独立贡献度作为评价指标，协同评估模糊规则的有效性来调整模糊规则数量。不同模糊规则之间的相似度定义为：

$$S_{pj}(k)=\frac{\sum_{k_z=k}^{k-Z+1}(F_p(k_z)-\bar{F}(k_z))(F_j(k_z)-\bar{F}(k_z))}{\sqrt{\sum_{k_z=k}^{k-Z+1}(F_p(k_z)-\bar{F}(k_z))^2}\sqrt{\sum_{k_z=k}^{k-Z+1}(F_j(k_z)-\bar{F}(k_z))^2}} \tag{6-100}$$

$$F_p(k_z)=\frac{1}{2}(\underline{f}_p(k_z)+\bar{f}_p(k_z)) \tag{6-101}$$

$$F_j(k_z)=\frac{1}{2}(\underline{f}_j(k_z)+\bar{f}_j(k_z)) \tag{6-102}$$

$$\bar{F}(k_z)=\frac{1}{M}\sum_{j=1}^{M}F_j(k_z) \tag{6-103}$$

其中，$S_{pj}(k)$ 是 k 时刻第 p 个模糊规则与第 j 个模糊规则之间的相似度；$F_p(k_z)$ 和 $F_j(k_z)$ 分别是 k_z 时刻第 p 个规则神经元和第 j 个规则神经元的平均输出；$\bar{F}(k_z)$ 是所有模糊规则神经元的平均输出；p=1, ⋯, M 且 $p\neq j$，k_z=k−z+1，z=1, ⋯, Z 且 Z 表示结构调整过程中的样本数量。若模糊规则之间具有高相似度，则表明存在冗余规则需要删除。此外模糊规则的独立贡献度定义为：

$$C_j^r(k)=1/d_j^r(k) \tag{6-104}$$

$$d_j^r(k)=\sqrt{(\boldsymbol{F}_j(k)-\boldsymbol{Y}^r(k))^{\mathrm{T}}\boldsymbol{V}^{-1}(\boldsymbol{F}_j(k)-\boldsymbol{Y}^r(k))} \tag{6-105}$$

$$\boldsymbol{F}_j(k)=[F_j(k),\ \cdots,\ F_j(k-Z+1)]^{\mathrm{T}} \tag{6-106}$$

$$\boldsymbol{Y}^r(k)=[\Delta u^r(k),\ \cdots,\ \Delta u^r(k-Z+1)]^{\mathrm{T}} \tag{6-107}$$

其中，$C_j^r(k)$ 是 k 时刻第 j 个模糊规则对第 r 个输出的独立贡献度；$d_j^r(k)$ 是第 j 个模糊规则与第 r 个输出之间的马氏距离；$\boldsymbol{F}_j(k)$ 是第 j 个规则神经元的输出向量；$\boldsymbol{Y}^r(k)$ 是第 r 个输出的输出向量；$\boldsymbol{V}^{1}$ 是矩阵 $\boldsymbol{F}(k)=[\boldsymbol{F}_1(k), \boldsymbol{F}_2(k), \cdots, \boldsymbol{F}_M(k)]^{\mathrm{T}}$ 的协方差矩阵的逆，用于消除不同模糊规则对输出贡献度之间的相互影响，以获得单一模糊规则对输出的独立贡献度。

在结构协同策略中，IT2FNN-CC 的结构调整过程可以分为三个阶段，即增长阶段、删减阶段和恒定阶段。在增长阶段中，过于强大的模糊规则将被分裂以提高控制器的泛化性能；在删减阶段中，冗余的模糊规则将被删除以提高控制性能；在恒定阶段中，IT2FNN-CC 结构不会发生变化。

① 增长阶段　当模糊规则的相似度与独立贡献度满足以下条件时，新的模糊规则将生成。

$$\begin{cases}\tilde{S}_{pj}(k)=\min \boldsymbol{S}(k)\\ \tilde{C}_j^1(k)=\max \boldsymbol{C}^1(k)\\ \tilde{C}_j^2(k)=\max \boldsymbol{C}^2(k)\end{cases} \tag{6-108}$$

其中，$\tilde{S}_{pj}(k)$ 表示 k 时刻第 p 个模糊规则与第 j 个模糊规则之间存在的最小相似度；$\boldsymbol{S}(k)=[S_{12}(k), \cdots, S_{1M}(k), S_{23}(k), \cdots, S_{2M}(k), \cdots, S_{(M-1)M}(k)]$ 是相似度向量；$\tilde{C}_j^1(k)$ 表示第 j 个模糊规则对第一个输出的最大独立贡献度；$\boldsymbol{C}^1(k)=[C_1^1(k), \cdots, C_M^1(k)]$ 是模糊规则对第一个输出的独立贡献度向量；$\tilde{C}_j^2(k)$ 表示第 j 个模糊规则对第二个输出的最大独立贡献度；$\boldsymbol{C}^2(k)=[C_1^2(k), \cdots, C_M^2(k)]$ 是模糊规则对第二个输出的独立贡献度向量。式（6-108）表示当第 j 个模糊规则与第 p 个模糊规则之间的相似度是相似度向量中的最小值，且第 j 个模糊规则对两个输出的独立贡献度均是所有模糊规则独立贡献度中的最大值时，将会生成一个新模糊规则。新模糊规则的初始参数为：

$$[\underline{c}_i^{\text{new}}(k),\overline{c}_i^{\text{new}}(k)]=[x_i(k)-\varepsilon,x_i(k)+\varepsilon] \tag{6-109}$$

$$\sigma_i^{\text{new}}(k)=\beta\left|x_i(k)-\frac{\underline{c}_{ij}(k)+\overline{c}_{ij}(k)}{2}\right| \tag{6-110}$$

$$\hat{w}_i^r(k)=w_{ij}^r(k) \tag{6-111}$$

$$\hat{b}^r(k)=b_j^r(k) \tag{6-112}$$

其中，$\underline{c}_i^{\text{new}}(k)$ 和 $\overline{c}_i^{\text{new}}(k)$ 分别是 k 时刻第 i 个输入对应的新隶属函数不确定中心的下界和上界；ε 是不确定宽度；$\sigma_i^{\text{new}}(k)$ 是第 i 个输入对应的新隶属函数的标准差；β 是重叠系数；$\hat{w}_i^r(k)$ 是第 i 个输入与第 r 个输出所对应的新后件权值；$\hat{b}^r(k)$ 是第 r 个输出对应的新偏差。

② 删减阶段　当评价指标满足以下条件时，将相应的冗余模糊规则删除。

$$\begin{cases} \underset{\sim}{S}_{pj}(k) = \max \boldsymbol{S}(k) \\ \underset{\sim}{C}_j^1(k) = \min \boldsymbol{C}^1(k) \\ \underset{\sim}{C}_j^2(k) = \min \boldsymbol{C}^2(k) \end{cases} \tag{6-113}$$

其中，$\underset{\sim}{S}_{pj}(k)$ 表示 k 时刻第 p 个模糊规则与第 j 个模糊规则之间存在的最大相似度；$\underset{\sim}{C}_j^1(k)$ 表示第 j 个模糊规则对第一个输出的最小独立贡献度；$\underset{\sim}{C}_j^2(k)$ 表示第 j 个模糊规则对第二个输出的最小独立贡献度。

当第 j 个模糊规则与第 p 个模糊规则之间的相似度为所有模糊规则之间相似度的最大值，且第 j 个模糊规则对两个输出的独立贡献度均是所有模糊规则独立贡献度中的最小值时，说明第 j 个模糊规则对于控制器的输出既无效又冗余，有必要删除该模糊规则。

③ 恒定阶段　当模糊规则的相似度和独立贡献度均不能满足增长和删减条件时，意味着当前 IT2FNN-CC 的模糊规则对于当前的控制情况是有效且合适的。因此，IT2FNN-CC 的结构将处于恒定阶段，模糊规则的数量将保持不变。

在结构协同策略中，以模糊规则的相似度和独立贡献度作为调整结构的准则可以从多种角度对模糊规则的有效性进行判断，从而确保结构调整的准确性。同时，结构协同策略可以使 IT2FNN-CC 的结构调整能在不预设任何阈值的情况下进行，这一特点有利于 IT2FNN-CC 的应用。

（2）参数协同策略

在 IT2FNN-CC 中，由于不确定中心和标准差的变化可以影响到控制器的所有输出，因此它们可被定义为全局参数。同时，由于关于某一输出的后件权重、偏差和比例因子的变化仅能够影响到控制器的某一个输出，因此这些参数可被定义为局部参数。于是 IT2FNN-CC 的参数可分为以下两个部分：

$$\boldsymbol{\Phi}_{\text{g}}(k) = [c_{ij}(k),\ \sigma_{ij}(k)] \tag{6-114}$$

$$\boldsymbol{\Phi}_{\text{l}}(k) = [w_{ij}^r(k),\ b_j^r(k),\ q^r(k)] \tag{6-115}$$

其中，$\boldsymbol{\Phi}_{\text{g}}(k)$ 是全局参数向量；$\boldsymbol{\Phi}_{\text{l}}(k)$ 是局部参数向量。为提高控制精度，利用改进型二阶算法对全局参数和局部参数进行更新，更新规则为：

$$\boldsymbol{\Phi}(k+1) = \boldsymbol{\Phi}(k) + (\boldsymbol{H}(k) + \theta(k)\boldsymbol{I})^{-1}\boldsymbol{G}_e(k) \tag{6-116}$$

$$\boldsymbol{H}(k)=\boldsymbol{J}^{\mathrm{T}}(k)\boldsymbol{J}(k) \tag{6-117}$$

$$\boldsymbol{G}_e(k)=\boldsymbol{J}^{\mathrm{T}}(k)e(k) \tag{6-118}$$

$$\theta(k)=\left|\frac{e(k)}{e(k)+e(k-1)}\right|\theta(k-1) \tag{6-119}$$

其中，$\boldsymbol{\Phi}(k+1)$ 是 $k+1$ 时刻的参数向量，$\boldsymbol{\Phi}(k+1)=[c_{ij}(k+1), \sigma_{ij}(k+1), w_{ij}^1(k+1), b_j^1(k+1), q^1(k+1), w_{ij}^2(k+1), b_j^2(k+1), q^2(k+1)]^{\mathrm{T}}$；$\boldsymbol{\Phi}(k)$ 是 k 时刻的参数向量；$\boldsymbol{H}(k)$ 是伪海塞矩阵；$\theta(k)$ 是自适应学习率；$\boldsymbol{I}$ 是用于克服伪海塞矩阵可能存在的不可逆情形的单位矩阵；$\boldsymbol{G}_e(k)$ 是误差梯度向量，并且：

$$\begin{aligned}\boldsymbol{J}(k)&=\left[\frac{\partial e(k)}{\partial \boldsymbol{\Phi}_{\mathrm{g}}(k)}, \frac{\partial e(k)}{\partial \boldsymbol{\Phi}_{\mathrm{l}}(k)}\right]\\&=\left[\frac{\partial e(k)}{\partial c_{ij}(k)}, \frac{\partial e(k)}{\partial \sigma_{ij}(k)}, \frac{\partial e(k)}{\partial w_{ij}^r(k)}, \frac{\partial e(k)}{\partial b_{ij}^r(k)}, \frac{\partial e(k)}{\partial q^r(k)}\right]\end{aligned} \tag{6-120}$$

其中，$\boldsymbol{J}(k)$ 是雅可比向量；$e(k)$ 是综合误差；$\partial e(k)/\partial c_{ij}(k)$ 和 $\partial e(k)/\partial \sigma_{ij}(k)$ 分别是综合误差关于不确定中心和偏差的偏导数；$\partial e(k)/\partial w_{ij}^r(k)$、$\partial e(k)/\partial b_{ij}^r(k)$ 和 $\partial e(k)/\partial q^r(k)$ 分别是综合误差关于第 r 个输出的后件权值、偏差和比例系数的偏导数。综合误差的公式为：

$$e(k)=\alpha(k)e_{\mathrm{O}}(k)+(1-\alpha(k))e_{\mathrm{NO}}(k) \tag{6-121}$$

$$\alpha(k)=\frac{|e_{\mathrm{O}}(k)|}{|e_{\mathrm{O}}(k)|+|e_{\mathrm{NO}}(k)|} \tag{6-122}$$

其中，$\alpha(k)$ 是 k 时刻的误差系数。

在该参数协作策略中，利用综合误差协调全局参数和局部参数的推导计算，可以获得一个紧凑的雅可比向量。综合误差的设计可使全局参数和局部参数的求导过程协同进行，从而减少了雅可比向量中的元素，降低了伪海塞矩阵的计算维度。因此，该参数协同策略可以加快参数优化速度，提高控制器的控制精度。

IT2FNN-CC 利用结构协同策略和参数协同策略调整控制器结构和参数，以提高不同运行工况下的控制性能，并减少控制过程的计算量。为清晰地描述 IT2FNN-CC 的协同控制过程，详细的控制计算步骤如下：

① 根据控制器输入输出变量个数构建 IT2FNN-CC 初始结构，对不确定中心值 c_{ij}、标准差 σ_{ij}、比例系数 q、后件权值 w_{ij}、偏差 b_j、自调整学习率 θ、模糊规则数量 M、样本总数 N、结构调整过程样本数量 Z 等参数进行初始化。

② 利用 IT2FNN-CC 根据输入数据计算控制器输出。

③ 判断输入样本数量是否为 Z 的整数倍，若满足条件则转向步骤⑤；若不满足条件则转向步骤⑦。

④ 根据结构协同策略，通过式（6-100）～式（6-107）计算所有规则神经元的

相似度和独立贡献度。如果相似度和独立贡献度满足式（6-108），则转向步骤⑤；如果满足式（6-113），则转向步骤⑥；如果式（6-108）和式（6-113）均不能满足，则转向步骤⑦。

⑤ 利用式（6-106）初始化新模糊规则参数，生成新的模糊规则。

⑥ 删除满足条件的模糊规则。

⑦ 根据参数协同策略，通过式（6-114）～式（6-122）协同更新全局参数与局部参数。

⑧ 如果达到停止控制条件，则停止运算；否则，转向步骤②，重新计算控制器输出。

由上述步骤可知，该协同控制过程包含结构协同策略和参数协同策略。采用参数协作策略，协同更新全局参数和局部参数。重复参数的协同优化过程，直到达到一定的采样数。然后，计算结构协同策略中模糊规则的相似度和独立贡献度。根据评价指标的协同评估对模糊规则进行生成和删除，最终得到一个合适的IT2FNN-CC结构。

当预测 $S_{NH,e}$ 超标时，使用一个模糊控制器对 Q_a 进行控制，从而抑制出水氨氮浓度峰值。当预测出水氨氮浓度超标时，首先增加 Q_a 稀释流入第一分区的氨氮浓度；当氨氮浓度峰值到达第五分区时，减少 Q_a 以增加水力停留时间，从而促进硝化反应。在调整 Q_a 的同时，将第五分区溶解氧浓度设定值设定为原来的1.5倍。

模糊控制器的输入为第五分区氨氮浓度（$S_{NH,5}$），输出为 Q_a。输入和输出变量都包含三个模糊子集：{L, M, H} 分别表示低、中和高。模糊规则如下：

$$\begin{cases} \text{如果}\left(S_{NH,5}\text{为H}\right), \text{则}\left(Q_a\text{为L}\right) \\ \text{如果}\left(S_{NH,5}\text{为M}\right), \text{则}\left(Q_a\text{为M}\right) \\ \text{如果}\left(S_{NH,5}\text{为L}\right), \text{则}\left(Q_a\text{为H}\right) \end{cases} \tag{6-123}$$

$S_{NH,5}$ 的取值范围为3～4.1mg/L，Q_a 的取值范围为3000～200000m^3/d。当预测出水氨氮浓度达标并且 $S_{NH,5}$ 小于3.5mg/L时切换回模糊跟踪控制。

当预测 $N_{tot,e}$ 超标时，根据 $N_{tot,e}$ 预测值对第一分区外加碳源（q_{EC1}）和第二分区外加碳源（q_{EC2}）进行模糊控制，增加碳源可以促进反硝化作用，去除氮元素。模糊控制器的输入为出水总氮浓度预测值（N_{tot}），输出为外加碳源量 q_{EC}。输入和输出变量都包含三个模糊子集：{L, M, H} 分别表示低、中和高。模糊规则如下：

$$\begin{cases} \text{如果}\ \left(N_{tot}\text{为H}\right), \text{则}\left(q_{EC}\text{为H}\right) \\ \text{如果}\ \left(N_{tot}\text{为M}\right), \text{则}\ \left(q_{EC}\text{为M}\right) \\ \text{如果}\left(N_{tot}\text{为L}\right), \text{则}\ \left(q_{EC}\text{为 L}\right) \end{cases} \tag{6-124}$$

N_{tot} 的取值范围为17～19.5mg/L，q_{EC} 的取值范围为4～7m^3/d，q_{EC1} 的最大

值为 $5m^3/d$，若 q_{EC} 小于 $5m^3/d$，则 q_{EC1} 等于 q_{EC}，否则 $q_{EC1}=5m^3/d$，$q_{EC2}=q_{EC}-5m^3/d$。当预测出水总氮浓度低于 17mg/L 并且第五分区总氮浓度低于 13.5mg/L 时切换回模糊跟踪控制。

6.5.2 城市污水处理过程动态目标智能优化控制算法实现

城市污水处理过程动态目标智能优化控制算法实现步骤可总结为：

① 构建 $S_{NH,e}$ 和 $N_{tot,e}$ 预测模型，由于 S_O 和 S_{NO} 对 $S_{NH,e}$ 和 $N_{tot,e}$ 有重要影响，因此设置 S_O 和 S_{NO} 为预测模型输入变量来提高预测模型的精度。

② 构建基于自适应核函数的曝气能耗、泵送能耗和出水水质优化目标，完成曝气能耗、泵送能耗和出水水质动态特性的描述。

③ 设计基于多目标粒子群的优化设定方法，实现曝气能耗、泵送能耗和出水水质的动态优化设定。

④ 将预测模型应用于最优解的选取过程，从而将优化控制与决策控制有机结合。

⑤ 根据预测模型的预测结果，设计不同的控制策略，当出水指标不超标时实施跟踪控制策略，当出水水质超标时则实施抑制控制策略。

6.5.3 城市污水处理过程动态目标智能优化控制性能分析

为了确保 IT2FNN-CC 的成功应用，需要对其稳定性进行详细的分析。稳定性分析将利用李雅普诺夫定理从自适应参数阶段和自适应结构阶段两个方面进行，自适应参数阶段只调整参数而不进行控制结构调整，自适应结构阶段只调整结构而不更新参数。

（1）自适应参数阶段稳定性

为证明 IT2FNN-CC 在自适应参数阶段的稳定性，一些预设定义和假设条件是必要的。

定义 6-1 令 $\boldsymbol{\Phi}^*(k)$ 为 k 时刻最优参数向量，具体为：

$$\boldsymbol{\Phi}^*(k)=\boldsymbol{\Phi}(k)+\boldsymbol{\Phi}'(k) \tag{6-125}$$

其中，$\boldsymbol{\Phi}'(k)$ 为 k 时刻参数向量 $\boldsymbol{\Phi}(k)$ 与最优参数向量 $\boldsymbol{\Phi}^*(k)$ 之间的逼近误差向量；$\boldsymbol{\Phi}^*(k)$ 的元素均为常数。

假设 6-4 （A1）参数向量 $\boldsymbol{\Phi}(k)$ 是有界向量。（A2）最优参数向量 $\boldsymbol{\Phi}^*(k)$ 是存在的。

定理 6-3 令 $\boldsymbol{\Phi}^*(k)$ 满足定义 6-1 和假设 6-4，控制输出为式（6-93）。假设 IT2FNN-CC 的模糊规则数量为 M 个，其参数根据式（6-114）～式（6-122）进行更新。那么，IT2FNN-CC 的稳定性可得到保证。

证明　定义李雅普诺夫函数为：

$$\boldsymbol{V}_1(k)=\frac{1}{2}e(k)^2+\frac{1}{2}\boldsymbol{\Phi}'^{\mathrm{T}}(k)\boldsymbol{\Phi}'(k) \tag{6-126}$$

则 $\boldsymbol{V}_1(k)$ 的导数为：

$$\dot{\boldsymbol{V}}_1(k)=e(k)\dot{e}(k)+\boldsymbol{\Phi}'^{\mathrm{T}}(k)\dot{\boldsymbol{\Phi}}'(k) \tag{6-127}$$

$e(k)$ 关于参数向量的导数为：

$$\dot{e}(k)=\left(\frac{\partial e(k)}{\partial \boldsymbol{\Phi}(k)}\right)^{\mathrm{T}}\dot{\boldsymbol{\Phi}}(k) \tag{6-128}$$

其中：

$$\left(\frac{\partial e(k)}{\partial \boldsymbol{\Phi}(k)}\right)^{\mathrm{T}}=\boldsymbol{J}(k) \tag{6-129}$$

$$\dot{\boldsymbol{\Phi}}(k)=-(\boldsymbol{H}(k)+\theta(k)\boldsymbol{I})^{-1}\boldsymbol{J}^{\mathrm{T}}(k)e(k) \tag{6-130}$$

因此，式（6-128）可改写为：

$$\dot{e}(k)=-\boldsymbol{J}(k)(\boldsymbol{H}(k)+\theta(k)\boldsymbol{I})^{-1}\boldsymbol{J}^{\mathrm{T}}(k)e(k) \tag{6-131}$$

基于式（6-130），逼近误差向量 $\boldsymbol{\Phi}'(k)$ 为：

$$\boldsymbol{\Phi}'(k)=-(\boldsymbol{H}^*(k)+\theta(k)\boldsymbol{I})^{-1}\boldsymbol{J}^{*\mathrm{T}}(k)e(k) \tag{6-132}$$

其中，$\boldsymbol{H}^*(k)$ 和 $\boldsymbol{J}^*(k)$ 分别是关于最优参数的伪海塞矩阵和雅可比向量。

同时，根据式（6-130）和式（6-132），$\boldsymbol{\Phi}'(k)$ 的导数为：

$$\dot{\boldsymbol{\Phi}}'(k)=-\dot{\boldsymbol{\Phi}}(k)=(\boldsymbol{H}(k)+\theta(k)\boldsymbol{I})^{-1}\boldsymbol{J}^{\mathrm{T}}(k)e(k) \tag{6-133}$$

将式（6-129）～式（6-131）代入式（6-127），则 $\boldsymbol{V}_1(k)$ 的导数为：

$$\begin{aligned}\dot{\boldsymbol{V}}_1(k)=&-e(k)^2\{\boldsymbol{J}(k)(\boldsymbol{H}(k)+\theta(k)\boldsymbol{I})^{-1}\boldsymbol{J}^{\mathrm{T}}(k)+\\&\boldsymbol{J}^*(k)[(\boldsymbol{H}^*(k)+\theta(k)\boldsymbol{I})^{-1}]^{\mathrm{T}}(\boldsymbol{H}(k)+\theta(k)\boldsymbol{I})^{-1}\boldsymbol{J}^{\mathrm{T}}(k)\}\end{aligned} \tag{6-134}$$

令 $\boldsymbol{\Omega}(k)=(\boldsymbol{H}(k)+\theta(k)\boldsymbol{I})^{-1}$ 和 $\boldsymbol{\Omega}^*(k)=(\boldsymbol{H}^*(k)+\theta(k)\boldsymbol{I})^{-1}$，则式（6-134）可改写为：

$$\dot{\boldsymbol{V}}_1(k)=-e(k)^2(\boldsymbol{J}(k)\boldsymbol{\Omega}(k)\boldsymbol{J}^{\mathrm{T}}(k)+\boldsymbol{J}^*(k)\boldsymbol{\Omega}^{*\mathrm{T}}(k)\boldsymbol{\Omega}(k)\boldsymbol{J}^{\mathrm{T}}(k)) \tag{6-135}$$

其中，$\boldsymbol{\Omega}(k)$ 和 $\boldsymbol{\Omega}^*(k)$ 为正定矩阵，此外 $\dot{\boldsymbol{V}}_1(k)<0$ 成立。同时，$\boldsymbol{V}_1(k)$ 为正值。因此根据李亚普诺夫定理，有：

$$\lim_{k\to\infty}e(k)=0 \tag{6-136}$$

因此，定理 6-3 得到证明。

（2）自适应结构阶段稳定性

在 IT2FNN-CC 中，结构调整过程包括增长部分和删减部分。因此，自适应结构阶段稳定性将从结构增长和删减两部分进行分析。

定理 6-4 令 $\boldsymbol{\Phi}^*(k)$ 满足定义 6-1。如果假设 6-4 是成立的，IT2FNN-CC 的模糊规则数量在 k 时刻从 M 个增长为 M+1 个，则根据式（6-109）～式（6-112）生成一个新模糊规则，控制输出如式（6-93）所示。那么，IT2FNN-CC 的稳定性可得到保证。

证明 将李雅普诺夫函数定义为：

$$\boldsymbol{V}_2(k)=\boldsymbol{V}_1(k)+\frac{1}{2}\left[e_{M+1}^{\mathrm{c}}(k)\right]^2 \tag{6-137}$$

其中：

$$e_{M+1}^{\mathrm{c}}(k)=\sum_{r=1}^{2}\left|y_{M+1}^{r}(k)-y_{M}^{r}(k-1)\right| \tag{6-138}$$

其中，$e^{\mathrm{c}}_{M+1}(k)$ 为 k 时刻具有 M+1 个模糊规则的控制器输出总误差；$y^{r}_{M+1}(k)$ 为具有 M+1 个模糊规则控制器的第 r 个输出；$y^{r}_{M}(k-1)$ 为 $k-1$ 时刻具有 M 个模糊规则控制器的第 r 个输出。式（6-138）可扩展为：

$$e_{M+1}^{c}(k)=\sum_{r=1}^{2}\left|q^{r}(k)\frac{\underset{\sim}{u}^{r}(k)+\underset{\sim}{\dot{u}}_{M+1}^{r}(k)}{\underline{u}(k)+\underline{f}_{M+1}(k)}+(1-q^{k}(k))\frac{\tilde{u}^{r}(k)+\dot{\tilde{u}}_{M+1}^{r}(k)}{\overline{u}(k)+\overline{f}_{M+1}(k)}-\right.$$
$$\left.q^{r}(k)\frac{\underset{\sim}{u}^{r}(k)}{\underline{u}(k)}-(1-q^{r}(k))\frac{\tilde{u}^{r}(k)}{\overline{u}(k)}\right| \tag{6-139}$$

$$\underset{\sim}{u}^{r}(k)=\sum_{j=1}^{M}\underline{f}_{j}(k)h_{j}^{r}(k),\ \tilde{u}^{r}(k)=\sum_{j=1}^{M}\overline{f}_{j}(k)h_{j}^{r}(k) \tag{6-140}$$

$$\underset{\sim}{\dot{u}}_{M+1}^{r}(k)=\underline{f}_{M+1}(k)h_{M+1}^{r}(k),\ \dot{\tilde{u}}_{M+1}^{r}(k)=\overline{f}_{M+1}(k)h_{M+1}^{r}(k) \tag{6-141}$$

$$\underline{u}(k)=\sum_{j=1}^{M}\underline{f}_{j}(k),\ \overline{u}(k)=\sum_{j=1}^{M}\overline{f}_{j}(k) \tag{6-142}$$

其中，$\underline{f}_{M+1}(k)$ 和 $\overline{f}_{M+1}(k)$ 是 k 时刻新模糊规则的激活强度下界和上界；$h^{r}_{M+1}(k)$ 是新模糊规则关于第 r 个输出的后件因子。

根据式（6-141）、式（6-142），式（6-139）可改写为：

$$e_{M+1}^{\mathrm{c}}(k)=\sum_{r=1}^{2}\left|q^{r}(k)\frac{\underset{\sim}{u}^{r}(k)+h_{j}^{r}(t)}{\underline{u}(k)}+(1-q^{r}(k))\frac{\tilde{u}^{r}(k)+h_{j}^{r}(k)}{\overline{u}(k)}-\right.$$
$$\left.q^{r}(k)\frac{\underset{\sim}{u}^{r}(k)}{\underline{u}(k)}-(1-q^{r}(k))\frac{\tilde{u}^{r}(k)}{\overline{u}(k)}\right| \tag{6-143}$$
$$=\sum_{r=1}^{2}\left|q^{r}(k)\frac{h_{j}^{r}(k)}{\underline{u}(k)}+(1-q^{r}(k))\frac{h_{j}^{r}(k)}{\overline{u}(k)}\right|>0$$

基于式（6-138）, $e^{\mathrm{c}}_{M+1}(k)$ 的导数为

$$\dot{e}_{M+1}^{\mathrm{c}}(k)<0 \tag{6-144}$$

因此，基于定理 6-3 和式（6-137），$\boldsymbol{V}_2(k)$ 的导数为：

$$\dot{\boldsymbol{V}}_2(k) = \dot{\boldsymbol{V}}_1(k) + e_{M+1}^{\mathrm{c}}(k)\dot{e}_{M+1}^{\mathrm{c}}(k) < 0 \tag{6-145}$$

此外，$\boldsymbol{V}_2(k)>0$ 成立。根据李雅普诺夫定理，定理 6-4 得证。

定理 6-5 令 $\boldsymbol{\Phi}^*(k)$ 满足定义 6-1。如果假设 6-4 是成立的，IT2FNN-CC 的模糊规则数量在 k 时刻从 M 个删减为 M–1 个，控制输出如式（6-93）所示。那么，IT2FNN-CC 的稳定性可得到保证。

证明 首先定义删减一个模糊规则后的李雅普诺夫函数为：

$$\boldsymbol{V}_3(k) = \boldsymbol{V}_1(k) + \frac{1}{2}e_{M-1}^{\mathrm{c}}(k)^2 \tag{6-146}$$

$$e_{M-1}^{\mathrm{c}}(k) = \sum_{r=1}^{2}(y_{M-1}^{r}(k) - y_{M}^{r}(k-1)) \tag{6-147}$$

其中，$e_{M-1}^{\mathrm{c}}(k)$ 为 k 时刻具有 M–1 个模糊规则的控制器输出总误差；$y_{M-1}^{r}(k)$ 为具有 M–1 个模糊规则控制器的第 r 个输出；$y_{M}^{r}(k-1)$ 为 k–1 时刻具有 M 个模糊规则控制器的第 r 个输出。当一个模糊规则被删除时，相应的参数也被删除。

因此，式（6-147）可改写为：

$$\begin{aligned} e_{M-1}^{\mathrm{c}}(k) = \sum_{r=1}^{2}\Bigg| & q^r(k)\frac{\underset{\sim}{u}^r(k) + \underset{\sim}{\dot{u}}_{M-1}^{r}(k)}{\underline{u}(k) + \underline{f}_{M-1}(k)} + (1-q^r(k))\frac{\tilde{u}^r(k) + \dot{\tilde{u}}_{M-1}^{r}(k)}{\overline{u}(k) + \overline{f}_{M-1}(k)} - \\ & q^r(k)\frac{\underset{\sim}{u}^r(k)}{\underline{u}(k)} - (1-q^r(k))\frac{\tilde{u}^k(k)}{\overline{u}(k)}\Bigg| \end{aligned} \tag{6-148}$$

$$\underset{\sim}{\dot{u}}_{M-1}^{r}(k) = \underline{f}_{M-1}(k)h_{M-1}^{r}(k),\ \dot{\tilde{u}}_{M-1}^{r}(k) = \overline{f}_{M-1}(k)h_{M-1}^{r}(k) \tag{6-149}$$

其中，$\underline{f}_{M-1}(k)$ 是 k 时刻删减的模糊规则的激活强度下界，$\overline{f}_{M-1}(k)$ 是 k 时刻删减的模糊规则的激活强度上界，$h_{M-1}^{r}(k)$ 是删减的模糊规则关于第 r 个输出的后件因子，$\underline{f}_{M-1}(k) = \overline{f}_{M-1}(k) = h_{M-1}^{r}(k) = 0$。因此，式（6-148）可重写为：

$$\begin{aligned} e_{M-1}^{\mathrm{c}}(k) = \sum_{r=1}^{2}\Bigg| & q^r(k)\frac{\underset{\sim}{u}^r(k) + 0}{\underline{u}(k) + 0} + (1-q^r(k))\frac{\tilde{u}^r(k) + 0}{\overline{u}(k) + 0} - \\ & q^r(k)\frac{\underset{\sim}{u}^r(k)}{\underline{u}(k)} - (1-q^r(k))\frac{\tilde{u}^r(k)}{\overline{u}(k)}\Bigg| = 0 \end{aligned} \tag{6-150}$$

则式（6-146）可重写为：

$$\boldsymbol{V}_3(k) = \boldsymbol{V}_1(k) \tag{6-151}$$

基于定理 6-3 和式（6-151），定理 6-5 得证。

定理 6-3 ～定理 6-5 表明了 IT2FNN-CC 的稳定性，也证明了其有效性。由上述定理可知 IT2FNN-CC 可以确保它的稳定性以保证其能够成功应用。

6.6 城市污水处理过程典型动态目标智能优化控制实现

6.6.1 城市污水处理过程典型动态目标智能优化控制实验设计

为了评价所提出的城市污水处理过程动态目标智能优化控制（DOIOC）策略的有效性，将 DOIOC 策略应用于基准仿真平台 BSM1 进行验证。在该实验中，通过构建 AE、PE 和 EQ 优化目标函数，利用基于多目标粒子群的优化设定值获取算法和基于 IT2FNN-CC 的跟踪控制策略，实现控制变量优化设定值的实时获取和系统最优控制律的在线计算。

在设计的 DOIOC 策略中，其主要操作目标是获取控制变量 S_O 和 S_{NO} 的优化设定值，并实现高精度跟踪控制。基于上述分析可知，DOIOC 策略的输入、输出、干扰和控制环可描述如下。

输入：K_La 和 Q_a，用于控制 S_O 和 S_{NO} 的操作变量，作为 DOIOC 策略的输入；

输出：S_O 和 S_{NO}，城市污水处理过程关键控制变量，作为 DOIOC 策略的输出；

控制环：城市污水处理过程优化控制系统主要包括两个控制环，一个控制环是通过 K_La 控制 S_O，另一个控制环是通过 Q_a 控制 S_{NO}。

在城市污水处理中试平台中，选择活性污泥模型（ASM1）来描述生化反应单元中发生的现象。使用 2020 年 8 月 1 日至 7 日来自北京某污水处理厂的运行数据（共 168h）。在此运行过程中，将根据 $S_{NH,e}$ 和 $N_{tot,e}$ 的预测结果切换不同的运行工况。根据文献 [127] 的分析，确定 $S_{NO,min}$ 和 $S_{NO,max}$ 的值为 0.2mg/L 和 1.5mg/L，$S_{O,min}$ 和 $S_{O,max}$ 的值为 0.8mg/L 和 2.5mg/L，$Q_{a,min}$ 和 $Q_{a,max}$ 分别为 3000m^3/d 和 20000m^3/d，$q_{EC,0}$=5m^3/d，相关系数 γ=1.5，ξ=0.7，σ=3。

在实验中，优化周期设置为 2h。在初始状态下，给出 S_O 和 S_{NO} 的随机最优解，然后采用 IT2FNN-CC 对这些控制变量进行跟踪。通过该操作可以获得过程变量的初始值，从而建立出水指标的预测模型来识别运行工况。一旦到达下一个优化周期，由识别条件确定的运行目标将被优化以获得合适的 S_O 和 S_{NO} 值。之后，针对每个工况应用不同的控制器来实现跟踪控制。S_O 和 S_{NO} 的初始值对最优控制性能影响不大，因为这些值每两小时优化一次。

6.6.2 城市污水处理过程典型动态目标智能优化控制结果分析

为了验证所提出的 DOIOC 策略的有效性，在北京市某城市污水处理仿真平台上进行了实验验证。同时，将所提出的 DOIOC 策略与其他一些最优控制方法进行了比较，如动态多目标最优控制（DMOOC）[126]、实时最优控制（RTOC）[139]、经济模型预测控制（EMPC）[193]、基于动态 MOPSO 的最优控制策略（DMOPSO-OC）[192]、基于自适应多目标差分进化算法的最优控制策略（AMODE-OC）[55]、动态优化智能控制（DOIC）[190] 和默认策略（PI）。所有对比实验均在基准仿真模型 1（BSM1）上进行，参数与参考论文保持一致。

控制变量 S_O 和 S_{NO} 的优化设定值如图 6-4 所示，从图中可以看出，利用所设计的动态多目标粒子群优化算法可以自适应调整控制变量优化设定值以匹配不同的运行工况。例如，在第 20 个小时，$S_{NH,e}$ 和 $N_{tot,e}$ 都超过了排放标准值，因此需要增加 S_O 值，以降低 $S_{NH,e}$ 和 $N_{tot,e}$ 的值。图 6-5 给出了 $S_{NH,e}$ 的调节效果图，除了 108 ～ 110h 的时间内，由于雨天天气进水流量突然增加，基于所设计的优化算法和控制策略能够将 $S_{NH,e}$ 的值控制在标准范围内。同时，$N_{tot,e}$ 的调节结果如图 6-6 所示。从图中可以得出，$N_{tot,e}$ 可以被有效调节以达到标准极限。图 6-5 和图 6-6 的结果表明，所提出的 DOIOC 策略能够有效应对出水违规风险，并且可以为不同的运行工况提供有效的优化解决方案。

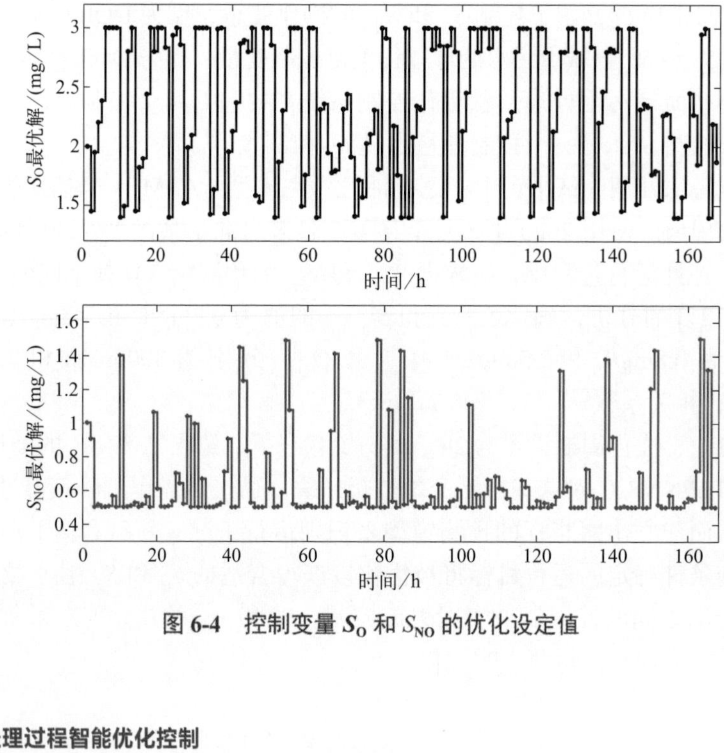

图 6-4 控制变量 S_O 和 S_{NO} 的优化设定值

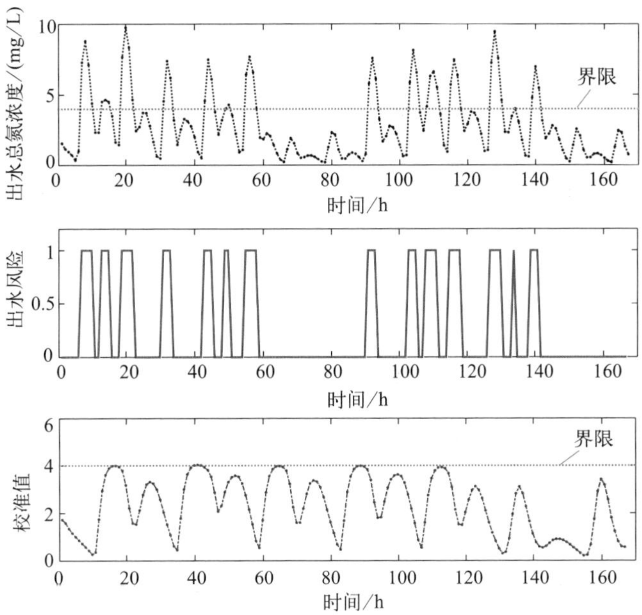

图 6-5　出水风险和 $S_{NH,e}$ 值

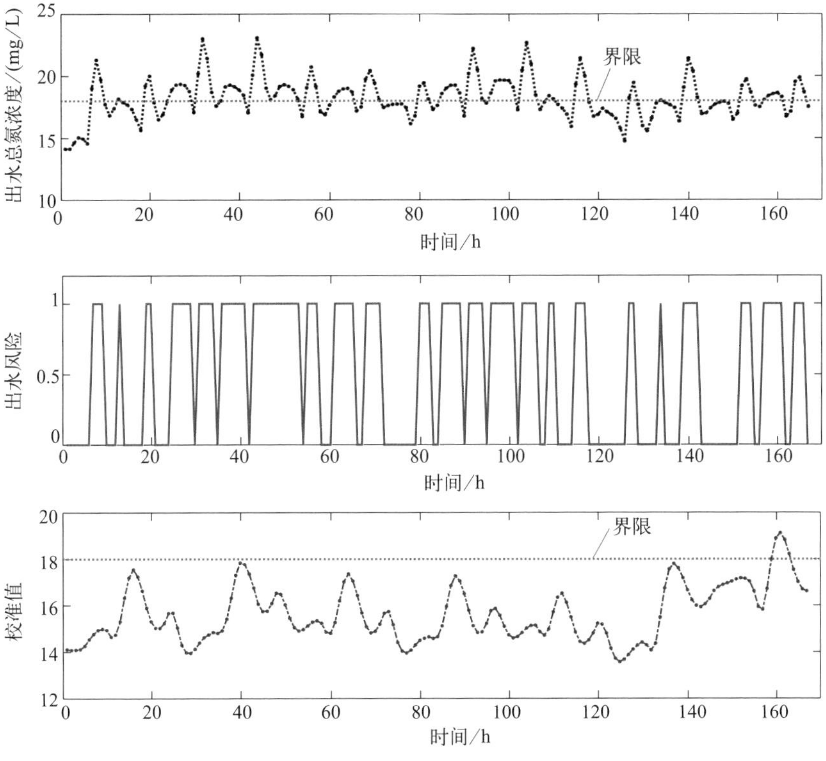

图 6-6　出水风险和 $N_{tot,e}$ 值

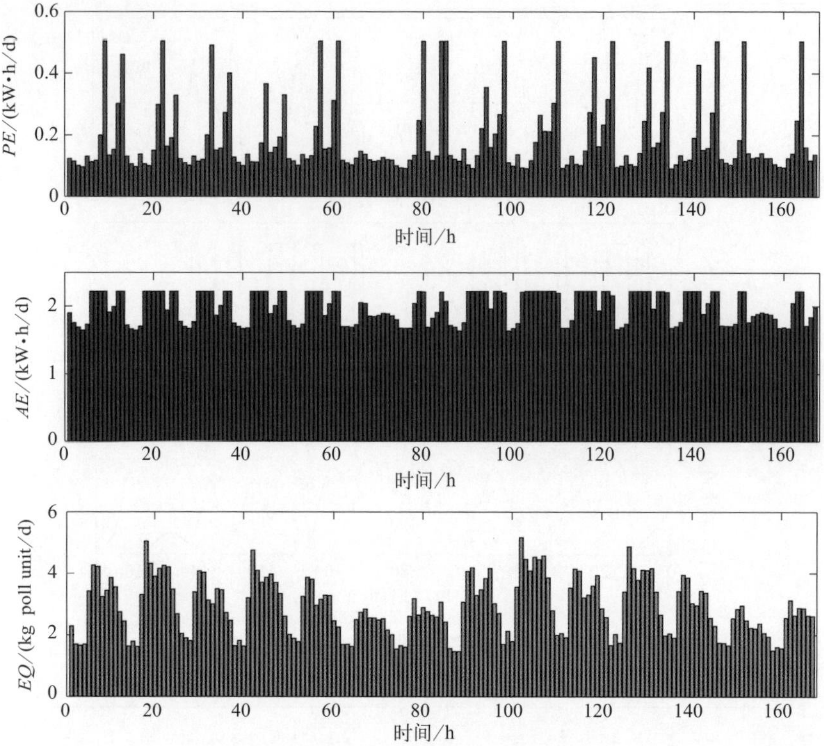

图 6-7 *PE*、*AE* 和 *EQ* 的平均值

图 6-7 显示了每个小时的性能指标 *PE*、*AE* 和 *EQ* 的平均值，结果表明所提出的 DOIOC 策略可以实现城市污水处理过程的优化运行。为了评价所提出的 DOIOC 算法的有效性，将优化性能（*EQ* 和 *EC*）以及出水指标（$S_{NH,e}$ 和 $N_{tot,e}$）与 DMOOC、RTOC、EMPC、 DMOPSO-OC、AMODE-OC 和默认 PID 进行了对比。

表 6-3 不同优化控制策略性能对比

策略	***EQ*** **/(kg poll unit/d)**	***EC*/(€ /d)**	$S_{NH,e}$ **/（mg/L）**	$N_{tot,e}$ **/（mg/L）**
DOIOC	**521.79**	**478.61**	2.98	15.86
DMOOC	740.55	563.74	3.19	17.33
RTOC	732.85	624.18	**2.12**①	18.43
EMPC	766.28	508.91	6.05①	19.5
DMOPSO-OC	743.38	846.61	2.76①	**14.52**
AMODE-OC	727.43	767.69	2.79	17.2
PID	802.57	450.03	3.67	16.03

① 结果对应方法原文数据。

从表 6-3 中可以看出，DOIOC 策略的 EQ 和 EC 的平均值分别为 521.79kg poll unit/d 和 478.61 € /d，低于其他最优控制方法。结果表明，所提出的 DOIOC 策略能够以更小的运行成本实现污水处理厂的最优控制。同时，DOIOC 策略的 $S_{NH,e}$ 和 $N_{tot,e}$ 的平均值分别为 2.98mg/L 和 15.86mg/L，均满足排放要求。虽然得到的 $S_{NH,e}$ 和 $N_{tot,e}$ 的平均值在最优控制方法中不是最低的，但 $S_{NH,e}$ 和 $N_{tot,e}$ 的值可以保持在标准范围内。上述对比结果验证了所设计的优化控制策略的有效性。

6.7 本章小结

针对城市污水处理过程运行指标难以有效平衡的问题，本章提出了一种城市污水处理过程动态目标智能优化控制策略，该方法能够在保证出水水质达标排放的基础上降低操作能耗，提高城市污水处理的操作性能。仿真和实验结果均显示了该策略的有效性。本章主要内容总结如下。

① DOIOC 策略的主要问题之一是动态优化目标的设计。针对该问题，设计了变工况的动态优化目标，提出了基于自适应核函数的运行指标构建方法，用于获取城市污水处理过程运行指标的动态特性，完成优化目标的设计。

② DOIOC 策略的另一关键问题是控制变量优化设定值的实时获取。为了获取有效的控制变量优化设定值，设计了基于动态多目标粒子群的优化设定值求取策略，利用种群规模自调整机制来保证优化过程的性能，提高优化解的有效性。

③ 针对 $S_{NH,e}$ 和 $N_{tot,e}$ 的预测情况，设计不同的控制策略，当 $S_{NH,e}$ 和 $N_{tot,e}$ 不超标时，设计了基于自适应模糊神经网络控制器的跟踪控制策略；否则实施基于模糊的决策控制策略，用于保证城市污水处理的操作性能。

Cutting-Edge Technologies in
Smart Environmental Protection

第7章

城市污水处理过程多任务智能优化控制

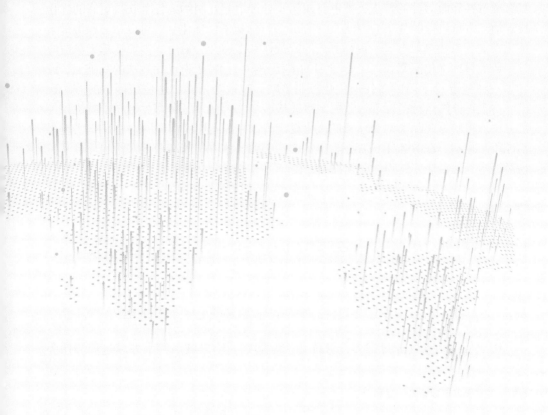

7.1 概述

城市污水处理过程优化控制是提高出水水质、降低运行能耗的重要技术手段。在城市污水处理过程中，脱氮和除磷过程是两个相互影响且相互制约的任务，这两个任务具有不同的优化运行需求和多种相互冲突的优化目标。因此，如何设计一种多任务优化控制策略实现脱氮任务和除磷任务的并行优化是实现污水处理过程优化运行的关键。同时在确保水质达标的前提下，降低多个任务的运行能耗成为了现代城市污水处理至关重要的问题。

针对城市污水处理过程中多个任务的优化控制问题，本章设计了城市污水处理过程多任务智能优化控制策略，主要包含构建目标优化模型和设计优化控制方法。首先，基于自适应核函数方法建立多任务目标优化模型。由于污水处理过程涉及的复杂物理反应和生化反应，出水水质与能耗等指标作用机理复杂，具有强耦合性以及非线性，传统的机理模型方法难以实现现代化要求的精准预测。随着智能检测手段的发展和提高，数据驱动的运行指标建模方法因其稳定性和精确性逐渐成为建模应用的主流。本章采用自适应核函数方法，通过动态变化的学习率提高建模的精度和速度，并为城市污水处理过程的优化控制奠定良好的基础。其次，设计基于 Q 学习的多任务多目标粒子群优化算法。Q 学习作为一种与环境交互的强化学习方法，具有离散性和收敛性的特点，能够针对污水处理中相互制约的任务获得更好的优化设定值。本章设计的基于 Q 学习的多任务多目标粒子群优化算法可以学习取得最大优化性能的参数选取方式，提高算法的收敛性和多样性。最后，本章在基于自适应核函数的目标优化模型和基于 Q 学习的多任务多目标粒子群优化算法的基础上，设计了一种基于 Q 学习的多任务优化控制策略。该策略依靠自适应核函数的方法建模，对多任务的运行指标进行预测，通过基于 Q 学习的多任务多目标粒子群优化控制方法取得脱氮和除磷两个任务的优化设定值，并采用模糊神经网络 (FNN) 实现了精准跟踪控制。在 BSM1 仿真平台上的实验表明，该方法能有效地在污水环境下实现对污水处理多任务过程的优化控制，提高了出水水质，降低了运行能耗。

7.2 城市污水处理过程多任务智能优化控制基础

7.2.1 城市污水处理过程多任务智能优化控制基本架构

针对城市污水处理过程多任务优化控制问题，给出城市污水处理过程多任务智能优化控制架构，如图 7-1 所示。这一优化控制架构由三个主要功能部分组成：城市污水处理系统多任务优化目标模型的构建、多任务控制变量优化设定值的获取、优化控制变量的跟踪控制。

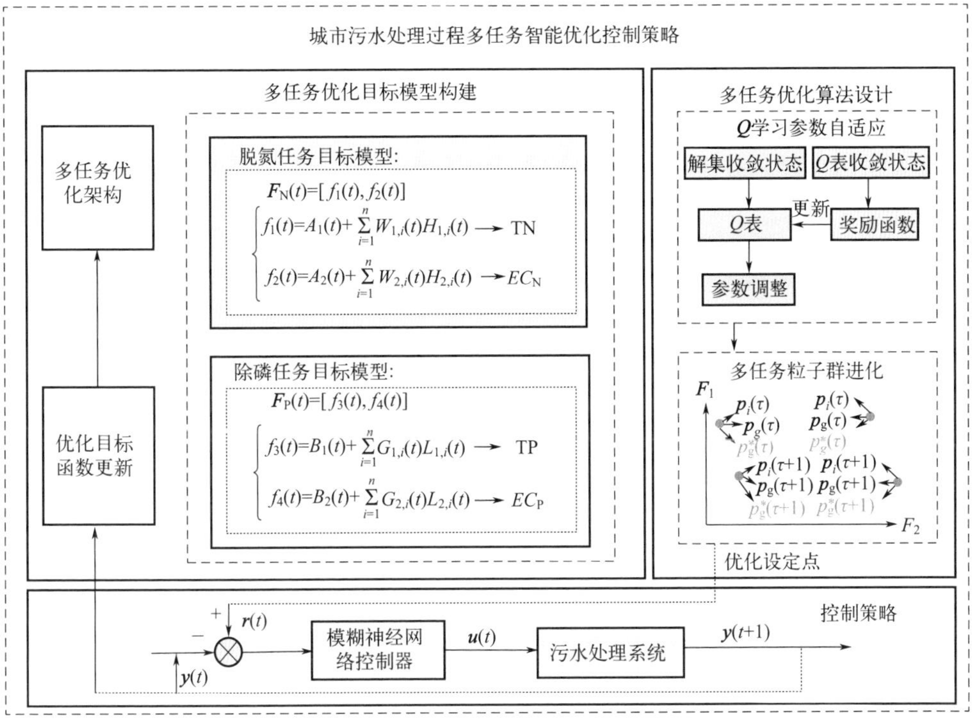

图 7-1　城市污水处理过程多任务智能优化控制架构

首先，建立污水处理过程多任务目标优化模型，主要依靠自适应核函数方法对污水处理过程中脱氮和除磷任务的 *EQ* 和 *EC* 进行动态预测，通过污水处理过程的实际数据来及时获取所需的动态运行指标；其次，采用基于 *Q* 学习的多任务多目标优化算法对除磷任务和脱氮任务进行同时优化，获取用于调整控制变量的优化设定值；最后，利用 FNN 控制器对优化算法给出的优化设定值进行实时跟踪控制，实现污水处理过程的多任务优化控制。

7.2.2　城市污水处理过程多任务智能优化控制特点分析

性能优良的污水处理工艺是减少环境污染、提高水资源循环利用效率的重要保证。我国城市污水处理过程中普遍使用的污水处理方法为活性污泥法。作为一种污水处理的主流方法，活性污泥法以污泥的利用为根本，依靠人工充氧培养活性污泥中的微生物群，依靠微生物群的分解作用除去有机物来进行水质的提高与污染水净化。在城市污水处理过程中，污水首先进入初沉池，在该区域与从二沉池回流的污泥充分混合，之后继续流入生化反应池第一分区的厌氧池，在该池内呈推动式流动并进入缺氧池，与好氧池中的内回流污水混合后再次进入好氧池，最后在曝气池末端进入二沉池进行污水和活性污泥的分离，水质达标后的上层清液在出水口排放，而下层污泥则部分回流至生化反应池。因此，一般来说，污水处理过程主要包括一次沉降、生物脱氮、生物除磷、厌氧生物处理和二次沉降等过程，是一个多任务系统。不同的生化反应过程对应不同的优化目标和操作要求。本章主要讨论脱氮除磷过程的优化控制问题。脱氮过程和除磷过程的基本描述如下。

（1）脱氮过程

生物脱氮工艺主要是通过微生物硝化反硝化降低废水中的氮含量，达到降低废水排放总氮浓度的目的。首先，在氨化菌的作用下，将水中的有机氮转化为氨氮。其次，在供氧充足的条件下，氨氮在亚硝酸盐菌的存在下被氧化为亚硝酸盐，再在亚硝酸盐菌的存在下被进一步氧化为硝酸盐。最后，在缺氧或厌氧条件下，由于反硝化菌的存在，亚硝酸盐和硝酸盐被还原为氮并排出水体外。

出水总氮浓度是出水水质中的硝态氮浓度和凯氏氮浓度之和，硝态氮在水体中以亚硝酸盐和硝酸盐的形态存在。一般水体中硝酸盐含量不大于15mg/L，亚硝酸盐含量极少超过1mg/L。然而，近20年来，多数国家的水体中硝酸盐含量呈稳步上涨趋势，造成这种现象的一个重要原因是污水处理过程主要强调污水的硝化处理，忽视了硝态氮反硝化过程的重要性。此外，城市污水处理生物脱氮过程会不可避免地造成大量能耗。随着我国城市污水处理规模的日渐增大，脱氮过程造成的能耗也越来越高。污水处理生物脱氮过程能耗逐年递增导致城市污水处理厂的运行成本居高不下，主要能耗来自于火力发电。火电厂生产电能带来的排放物会对环境产生恶劣影响。这些排放物包括燃料燃烧过程产生的尘粒、二氧化硫、氧化氮等，以及电厂各类设备运行中排出的废水、粉煤灰渣，电厂运行时发出的噪声等。因此，生物脱氮的优化目标是在降低总氮浓度和降低 EC 之间取得平衡。总氮浓度的测定可以通过检测出水氨氮和硝态氮的浓度得到。

（2）除磷过程

城市污水处理活性污泥法中，磷元素的去除是极为复杂的过程。重点环节是运用聚磷菌对磷元素的吸收与释放来对污水中所含的磷进行摄取，从而去除城市污水中的磷。当污水过程处于厌氧环境中时，磷酸菌会将体内的磷元素转化为正磷酸并不断释放到环境中去，溶液中的磷酸含量会持续增加。当溶液中含氧量较高时，磷酸菌则会吸收环境中的正磷酸。因此，在厌氧环境下，磷酸菌排磷，好氧环境下，磷酸菌聚磷。磷酸菌大量吸磷后进入二沉池并沉淀在下层，实现上清液的除磷。城市污水处理除磷过程主要包括两个性能指标，总磷（TP）浓度与能耗 EC。EC 包括曝气能耗和泵送能耗。一般情况下，曝气能耗可以通过 K_La 计算，且与溶解氧浓度有关。泵送能耗可以通过 Q_a 和 Q_r 评估。Q_a 对硝化过程影响较大，因此泵送能耗与硝态氮浓度有关。若要保证高除磷效率，需调整曝气与回流泵频率至合适值。过低的曝气与回流泵频率虽然可以降低能耗，但必然无法满足除磷需求，导致出水 TP 浓度超标。若将曝气与回流泵频率调整过高，则必定消耗较多能耗。因此，生物除磷过程的优化目标是在降低总磷浓度和降低 EC 之间进行权衡。

对于城市污水处理控制系统中存在的多任务和多目标之间的矛盾问题，制定有效的城市污水处理过程多任务智能优化控制策略，协调各项运行指标，获得性能更好的优化设定值，实现生物脱氮和生物除磷任务的协同优化控制是至关重要的，这具体表现在如下几个方面。

① 城市污水处理过程优化控制策略可以同时平衡各项运行指标之间的冲突，保证各个运行指标能够同时达到最优，并且保证运行指标都在规定的取值范围内满足约束条件。

② 城市污水处理过程优化控制策略能够进行跨多个操作单元的协同优化控制任务，调整不同单元之间的关系，对多个单元进行优化控制操作，使同时进行不同任务的多个操作单元保持平衡。

③ 城市污水处理过程依靠优化控制策略使其能实时获得优化设定值，动态地适应污水处理环境。依靠控制器对动态给出的优化设定值进行实时跟踪控制，使污水处理过程始终保持较高的运行效率。

7.3 城市污水处理过程多任务优化目标构建

城市污水处理过程具有极强的非线性和动态特性，涉及复杂的生化反应，通过传统的基于物料平衡的方法难以描述。因此本节首先对多任务优化控制策略中的任务和任务涉及的具体优化目标以及参数指标进行分析，确定污水处理任务的优化目标和其包含的相互冲突的目标函数。其次，利用自适应核函数方法，通过污水处理厂真实的运行数据进行训练，构建脱氮任务和除磷任务的预测模型。经过实验验证，该模型能够实现总氮浓度、总磷浓度和能耗的预测。

7.3.1 城市污水处理过程多任务影响因素分析

城市污水处理过程与多种因素相关，其所处环境变化极大，且进水水体所含物质有很大的不确定性，难以分析和预测。由于反应过程的复杂性，涉及多种物质和反应条件。因此这些不确定性都会给污水处理过程带来极大的影响。

活性污泥法中城市污水处理的效果以及变化趋势主要与污泥中的微生物的生化反应有关。除了微生物的种类、数量和活性外，温度、pH 值、溶解氧浓度、硝态氮浓度、氧化还原电位、污泥龄、营养物质等也会对城市污水处理多任务过程产生较大的影响。

（1）温度

温度对蛋白质的活性和各类反应的进行速率有着很大程度的影响，是关乎微生物活性的重要因素。不同微生物对于所处温度有着差异极大的要求。同时酶促反应也受温度影响，在微生物能够进行正常生理活动的温度范围内，温度每升高 10℃就会使酶促反应的速率提高 1 倍。同时温度也影响着微生物群落的代谢速率和繁殖速率。

（2）pH 值

pH 值在整个污水处理过程中对于微生物的各项生命反应，包括呼吸作用、分解作用等都有着较大的影响。pH 值会影响污水处理中物质不同离子的分离情况，从而影响不同反应的发生，同时也会通过影响酶活性进而影响酶促反应的速率。pH 值过低时不利于微生物的生长，而过高时会导致霉菌繁殖过多，破坏活性污泥的絮凝能力。

（3）溶解氧浓度

活性污泥中所培养的微生物群落主要是由好氧菌群组成的，因此为了维持微生物的各项正常生理活动，活性污泥中需要充足的溶解氧来保证正常的污水处理进程中的好氧反应过程。但污泥中的溶解氧浓度过高也会导致生化反应加快，通常较高的溶解氧浓度会增加好氧微生物的活性，导致有机物分解速度加快，最终使污泥中过早消耗了微生物所需要的营养物质，使活性污泥老化。

（4）污泥龄

不同时间的活性污泥对微生物的分解能力也有很大的影响。一般来说，污泥龄在 20 ～ 30 天之间最为合适。由于污水处理过程中磷元素的消除主要通过聚磷菌将磷酸富集在小部分污泥中排出来达成的，所以如果污泥龄过长，过度繁殖的微生物会大量死亡，减少排出的污泥量，导致除磷量下降。

（5）营养物质

活性污泥中的营养物质，对于微生物的繁殖分裂和生长代谢活动都起到了至关重要的作用。这些营养物质涉及的微生物反应包括呼吸作用、分解作用、合成作用等各个环节。

7.3.2 城市污水处理过程多任务目标优化模型构建

城市污水处理多任务优化控制这一过程中需要考虑 *EQ* 与 *EC* 两个运行指标。*EQ* 主要用于衡量排放污水的过程中需要缴纳的罚款，*EC* 用于评价污水处理过程中的操作能耗。这两个运行指标主要涉及除磷和脱氮两个重要任务，其中整个过程的 *EQ* 取决于脱氮的总氮（TN）浓度与除磷过程的总磷（TP）浓度，而 *EC* 则是脱氮过程的能耗（EC_N）和除磷过程的能耗（EC_P）组成。但是在两个任务中，TN 浓度和 EC_N、TP 浓度和 EC_P 分别是两对相互冲突、互相矛盾的变量。因此取得准确有效的实时动态的运行指标是对这两个任务进行优化的重要前提。在此基础上本节应用了基于自适应核函数的建模方法对每个任务的各项指标进行预测。

核函数方法通过建立一个从高维空间到低维空间的映射表，很好地解决了模型非线性的建模问题。在对污水处理过程的建模中，假设 *S* 表示过程中关键特征所在的状态空间，也就是输入空间。那么存在一个由状态空间 *S* 到希尔伯特 *H* 的映射：

$$\theta(\boldsymbol{S}_i): S \to H \tag{7-1}$$

其中，$\boldsymbol{S}_i$ 全体属于状态空间 *S* 的输入向量，且 $i=1,\cdots,n$，这样函数 $\theta(\boldsymbol{S}_i)$ 满足如下关系：

$$k(\boldsymbol{S}_i,\boldsymbol{S}_j) = <\theta(\boldsymbol{S}_i),\theta(\boldsymbol{S}_j)> \tag{7-2}$$

其中，$k(\bullet)$ 即我们所说的核函数；$<\bullet, \bullet>$ 是 *H* 的内积；$\theta(\bullet)$ 是映射函数。在本章建模中，选取径向基函数来进一步清晰地表示输入向量和优化目标之间的关系。

针对脱氮任务来说，根据整个过程的反应机理和主元素分析法可以经过分析得出溶解氧浓度 (S_O) 和硝态氮浓度 (S_{NO}) 是影响 TN 浓度和 EC_N 的关键变量。因此脱氮任务 $\boldsymbol{F}_N(t)$ 可以通过以下表达式给出：

$$\begin{gathered}\boldsymbol{F}_N(t) = [f_1(t), f_2(t)] \\ \text{s.t.}\boldsymbol{x}_{1\min}(t) \leqslant \boldsymbol{x}_1(t) \leqslant \boldsymbol{x}_{1\max}(t)\end{gathered} \tag{7-3}$$

其中，$\boldsymbol{x}_1(t)=[S_O(t), S_{NO}(t)]$ 是脱氮任务的决策变量；$f_1(t)$ 和 $f_2(t)$ 分别代表污水处理脱氮任务过程中的 TN 浓度和 EC_N 两个目标，对这两个目标通过自适应核函数建模可以表示为：

$$
\begin{cases}
f_1(t) = A_1(t) + \sum_{i=1}^{n} W_{1,i}(t) II_{1,i}(t) \\
f_2(t) = A_2(t) + \sum_{i=1}^{n} W_{2,i}(t) H_{2,i}(t)
\end{cases} \tag{7-4}
$$

其中，$A_1(t)$ 和 $A_2(t)$ 分别表示两个目标模型输出与真实值之间产生的偏差；$W_{1,i}(t)$ 和 $W_{2,i}(t)$ 分别代表第 i 个核函数在这一任务的模型中所占的权重；$H_{1,i}(t)$ 和 $H_{2,i}(t)$ 分别代表脱氮任务的核函数。核函数的具体表达如下：

$$
\begin{cases}
H_{1,i}(t) = \mathrm{e}^{\frac{-\|\boldsymbol{x}_1(t)-\boldsymbol{c}_{1,i}(t)\|^2}{2\sigma_{1,i}(t)^2}} \\
H_{2,i}(t) = \mathrm{e}^{\frac{-\|\boldsymbol{x}_2(t)-\boldsymbol{c}_{2,i}(t)\|^2}{2\sigma_{2,i}(t)^2}}
\end{cases} \tag{7-5}
$$

其中，$\boldsymbol{c}_{1,i}(t)=[c_{1,i,1}(t), c_{1,i,2}(t)]^{\mathrm{T}}$ 和 $\boldsymbol{c}_{2,i}(t)=[c_{2,i,1}(t), c_{2,i,2}(t)]^{\mathrm{T}}$ 是核函数输入的中心值；$\sigma_{1,i}(t)$ 和 $\sigma_{2,i}(t)$ 是核函数输入的宽度。

而在整个除磷任务中，根据除磷过程的反应机理和主元素分析法，可以经过分析得出 S_{O} 和 S_{NO} 是影响 TP 浓度和 EC_{P} 的关键变量，我们也可以使用这两个变量作为整个模型的输入。除磷任务 $\boldsymbol{F}_{\mathrm{P}}(t)$ 可以通过以下表达式给出：

$$
\begin{gathered}
\boldsymbol{F}_{\mathrm{P}}(t) = [f_3(t), f_4(t)] \\
\text{s.t.}\boldsymbol{x}_{2\min}(t) \leqslant \boldsymbol{x}_2(t) \leqslant \boldsymbol{x}_{2\max}(t)
\end{gathered} \tag{7-6}
$$

其中，$\boldsymbol{x}_2(t)=[S_{\mathrm{O}}(t), S_{\mathrm{NO}}(t)]$ 是除磷任务的决策变量；$f_3(t)$ 和 $f_4(t)$ 分别代表多任务污水处理除磷任务过程中的 TP 浓度和 EC_{P} 两个目标，对这两个目标通过自适应核函数建模可以表示为：

$$
\begin{cases}
f_3(t) = B_1(t) + \sum_{i=1}^{n} G_{1,i}(t) L_{1,i}(t) \\
f_4(t) = B_2(t) + \sum_{i=1}^{n} G_{2,i}(t) L_{2,i}(t)
\end{cases} \tag{7-7}
$$

其中，$B_1(t)$ 和 $B_2(t)$ 分别表示两个目标输出产生的偏差；$G_{1,i}(t)$ 和 $G_{2,i}(t)$ 分别代表第 i 个核函数在这一任务的模型中的权重；$L_{1,i}(t)$ 和 $L_{2,i}(t)$ 分别代表除磷任务的核函数。核函数的具体表达如下：

$$
\begin{cases}
L_{1,i}(t) = \mathrm{e}^{\frac{-\|\boldsymbol{x}_1(t)-\boldsymbol{c}_{3,i}(t)\|^2}{2\sigma_{3,i}(t)^2}} \\
L_{2,i}(t) = \mathrm{e}^{\frac{-\|\boldsymbol{x}_2(t)-\boldsymbol{c}_{4,i}(t)\|^2}{2\sigma_{4,i}(t)^2}}
\end{cases} \tag{7-8}
$$

其中，$\boldsymbol{c}_{3,i}(t)=[c_{3,i,1}(t), c_{3,i,2}(t)]^{\mathrm{T}}$ 和 $\boldsymbol{c}_{4,i}(t)=[c_{4,i,1}(t), c_{4,i,2}(t)]^{\mathrm{T}}$ 是核函数数据的均值；$\sigma_{3,i}(t)$ 和 $\sigma_{4,i}(t)$ 是核函数输入数据的方差。

污水处理过程多任务优化模型为：

$$\text{minimize}\ \boldsymbol{F}(t)=[\boldsymbol{F}_{\mathrm{N}}(t), \boldsymbol{F}_{\mathrm{P}}(t)] \tag{7-9}$$

$$\begin{cases}\boldsymbol{F}_{\mathrm{N}}(t)=[f_1(t), f_2(t)]\\ \boldsymbol{F}_{\mathrm{P}}(t)=[f_3(t), f_4(t)]\end{cases} \tag{7-10}$$

其中，$\boldsymbol{F}(t)$ 是 t 时刻污水处理过程的多任务优化模型；$\boldsymbol{F}_{\mathrm{N}}(t)$ 是 t 时刻污水处理过程的脱氮任务模型；$\boldsymbol{F}_{\mathrm{P}}(t)$ 是 t 时刻污水处理过程的除磷任务模型。

基于此，城市污水处理过程多任务优化模型建立完成，为了使模型能够更加精确地预测运行指标，需对核函数的参数进行自适应调整。

7.3.3 城市污水处理过程多任务目标优化模型调整

考虑脱氮过程和除磷过程的动态特性，本节设计了基于自适应二阶 LM 的参数调整算法对模型参数进行调整，以保证模型的有效性。模型参数 (包括权重参数、核函数宽度以及核函数中心) 均需进行自适应调整。由于脱氮任务和除磷任务的模型调整方法相似，本节以脱氮任务模型调整为例进行说明。基于自适应核函数的脱氮任务目标优化模型参数可表示为：

$$\boldsymbol{\Phi}_1(t)=\left[W_{11}(t),\cdots,W_{1n}(t),\boldsymbol{c}_{11}(t),\cdots,\boldsymbol{c}_{1n}(t),\sigma_{11}(t),\cdots,\sigma_{1n}(t)\right] \tag{7-11}$$

$$\boldsymbol{\Phi}_2(t)=\left[W_{21}(t),\cdots,W_{2n}(t),\boldsymbol{c}_{21}(t),\cdots,\boldsymbol{c}_{2n}(t),\sigma_{21}(t),\cdots,\sigma_{2n}(t)\right] \tag{7-12}$$

其中，$\boldsymbol{\Phi}_1(t)$、$\boldsymbol{\Phi}_2(t)$ 是包含相应核函数的参数向量，其更新公式为：

$$\boldsymbol{\Phi}_1(t+1)=\boldsymbol{\Phi}_1(t)+(\boldsymbol{\Psi}_1(t)+\lambda_1(t)\boldsymbol{I})^{-1}\times\boldsymbol{\Omega}_1(t) \tag{7-13}$$

$$\boldsymbol{\Phi}_2(t+1)=\boldsymbol{\Phi}_2(t)+(\boldsymbol{\Psi}_2(t)+\lambda_2(t)\boldsymbol{I})^{-1}\times\boldsymbol{\Omega}_2(t) \tag{7-14}$$

$\boldsymbol{\Psi}_1(t)$、$\boldsymbol{\Psi}_2(t)$ 是拟海塞矩阵，其计算过程为：

$$\boldsymbol{\Psi}_1(t)=\boldsymbol{j}_1^{\mathrm{T}}(t)\boldsymbol{j}_1(t) \tag{7-15}$$

$$\boldsymbol{\Psi}_2(t)=\boldsymbol{j}_2^{\mathrm{T}}(t)\boldsymbol{j}_2(t) \tag{7-16}$$

其中，$\boldsymbol{j}_1(t)$、$\boldsymbol{j}_2(t)$ 的计算过程为：

$$\boldsymbol{j}_1(t)=\left[\frac{\partial e_1(t)}{\partial W_{11}(t)},\cdots,\frac{\partial e_1(t)}{\partial W_{1n}(t)},\frac{\partial e_1(t)}{\partial \boldsymbol{c}_{11}(t)},\cdots,\frac{\partial e_1(t)}{\partial \boldsymbol{c}_{1n}(t)},\frac{\partial e_1(t)}{\partial \sigma_{11}(t)},\cdots,\frac{\partial e_1(t)}{\partial \sigma_{1n}(t)}\right] \tag{7-17}$$

$$\boldsymbol{j}_2(t)=\left[\frac{\partial e_2(t)}{\partial W_{21}(t)},\cdots,\frac{\partial e_2(t)}{\partial W_{2n}(t)},\frac{\partial e_2(t)}{\partial \boldsymbol{c}_{21}(t)},\cdots,\frac{\partial e_2(t)}{\partial \boldsymbol{c}_{2n}(t)},\frac{\partial e_2(t)}{\partial \sigma_{21}(t)},\cdots,\frac{\partial e_2(t)}{\partial \sigma_{2n}(t)}\right] \tag{7-18}$$

$\boldsymbol{\Omega}_1(t)$、$\boldsymbol{\Omega}_2(t)$ 是梯度向量，其计算过程可表示为：

$$\boldsymbol{\Omega}_1(t)=\boldsymbol{j}_1^{\mathrm{T}}(t)e_1(t) \tag{7-19}$$

$$\boldsymbol{\Omega}_2(t)=\boldsymbol{j}_2^{\mathrm{T}}(t)e_2(t) \tag{7-20}$$

$\boldsymbol{I}$ 是单位矩阵；$\lambda_1(t)$、$\lambda_2(t)$ 是自适应学习率，其更新过程为：

$$\lambda_1(t)=\mu_1(t)\lambda_1(t-1) \tag{7-21}$$

$$\lambda_2(t)=\mu_2(t)\lambda_2(t-1) \tag{7-22}$$

$$\mu_1(t)=\frac{\tau_1^{\min}(t)+\lambda_1(t-1)}{\tau_1^{\max}(t)+1} \tag{7-23}$$

$$\mu_2(t)=\frac{\tau_2^{\min}(t)+\lambda_2(t-1)}{\tau_2^{\max}(t)+1} \tag{7-24}$$

其中，$\tau_1^{\max}(t)$ 和 $\tau_1^{\min}(t)$ 分别是 $\boldsymbol{\varPsi}_1(t)$ 的最大特征值和最小特征值，$\tau_2^{\max}(t)$ 和 $\tau_2^{\min}(t)$ 分别是 $\boldsymbol{\varPsi}_2(t)$ 的最大特征值和最小特征值，且有 $0<\tau_1^{\min}(t)<\tau_1^{\max}(t)$，$0<\lambda_1(t)<1$，$0<\tau_2^{\min}(t)<\tau_2^{\max}(t)$，$0<\lambda_2(t)<1$。

本节基于自适应核函数构建的目标优化函数模型，能够精确反映城市污水处理脱氮和除磷过程的运行关键变量与优化目标的动态关系，所采用的二阶 LM 算法能够实现学习率的自适应调整，为设定点的精确求解提供保障。

7.4 城市污水处理过程多任务智能优化设定方法设计

城市污水处理过程优化控制是提高出水水质、降低运行能耗的重要技术手段。然而，城市污水处理过程中，脱氮和除磷过程是两个相互影响且相互制约的任务，且两个任务具有不同的运行需求，传统城市污水处理过程优化应用的优化算法无法同时平衡两个任务的优化需求。

7.4.1 城市污水处理过程多任务智能优化方法设计

将 Q 学习与粒子群优化相结合，利用 Q 学习能够通过环境反馈学习记忆的特点动态选择参数，这里提出一种基于 Q 学习的多任务多目标粒子群算法。研究中任务个数 K 设置为 2，单个任务均设置目标函数个数 M 为 2，即目标函数 $\boldsymbol{F}_{\mathrm{N}}$、$\boldsymbol{F}_{\mathrm{P}}$，其框架如图 7-2 所示。本节设计一种粒子群更新的参数选择 Q 表。为 Q 表更新设计了符合多任务多目标任务的奖励函数，并构建了用于动态自适应参数的 Q 学习方法。

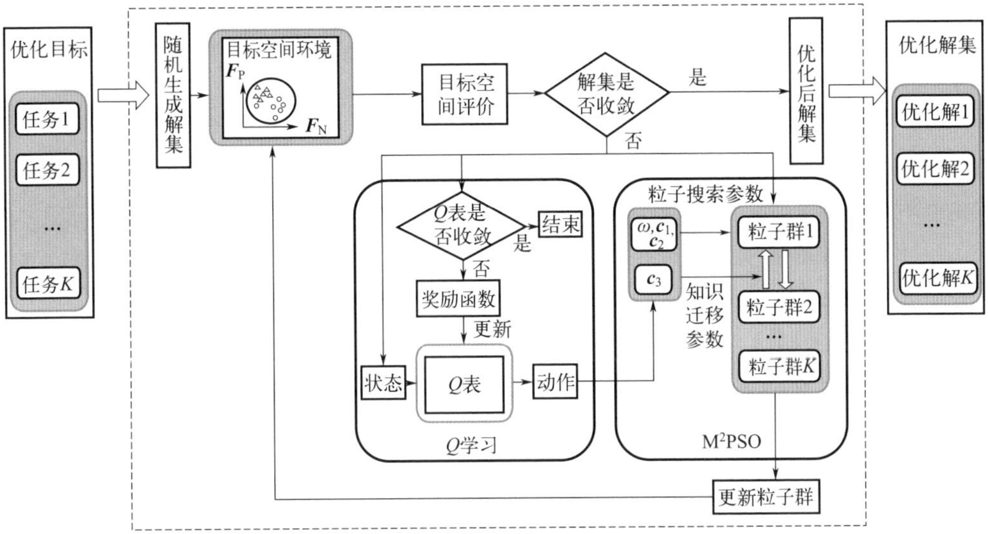

图 7-2　基于 Q 学习的多任务多目标粒子群优化算法框架

(1) 目标空间下 Q 表的构建

构建基于目标空间状态 Q 学习的多任务多目标粒子群优化算法，需要设计进行更新学习的 Q 表，其决定了粒子的更新方式和所处环境。二维 Q 表需要进行动作和状态的选取。

该方法旨在解决参数无法动态适应的问题，通过动作调整来设定粒子群更新中所需的参数。而要针对不同状态进行粒子参数值的选择，就应当明确在优化过程中更新公式各参数所起到的作用。上文给出的更新公式共涉及 ω、c_1、c_2、c_3 四个参数，其中，ω 为惯性权重，是更新公式的惯性部分，决定对上一时刻粒子移动速度的继承效果，这一数值越大，相对于位置前一刻的运动趋势越强。因此 ω 越大粒子越会继承之前的运动趋势，进行全局搜索的意愿越强。c_1 和 c_2 为加速度常量，c_1 决定了更新公式中的认知部分，反映了粒子对于自身历史经验优势的回忆或记忆，代表了粒子向自身历史最优位置靠拢的趋势，这一趋势与全局最优值相异，因此更高的 c_1 值会增大全局搜索的能力；c_2 决定了更新公式中的社会部分，这一参数反映了粒子群不同个体之间的交互。c_3 为知识迁移率，代表粒子群在当前任务中向另一随机任务的全局最优值靠拢的趋势。同时这些参数也代表粒子群向群体的历史最优位置靠拢的趋势，这一部分会促使粒子群逐渐收敛，在多目标中则表现为会使粒子逐渐收敛到Pareto前沿上，因此 c_1 越大粒子的收敛速度越快，同时局部搜索能力越强。c_3 值越大，向另一任务最优值靠拢得越快，全局搜索能力越强。

根据这四个主要参数的数值相互关系，分别设定粒子群的四种优化状态：局部探索、全局探索、快速收敛、缓慢收敛。这四种优化状态分别对应一组设定好的参数值。

粒子的状态则需要区别粒子的不同动作。在粒子群更新过程中，粒子的不同状态转变为在目标空间中探索，并向全局最优收敛的过程。待优化粒子点距离可以使用当前任务本轮全局最优点的欧氏距离来表示。在已进行归一化的目标空间中，目标函数最优值的选取均在 [0,1] 的范围内。按距离将区间内根据对应粒子的动作选择分为不同远近的四个区域。

基于以上分析，本节构建了目标空间下粒子更新的完整 Q 表，如图 7-3 所示。粒子在优化过程的每一轮中通过计算全局最优判断自身状态，并根据所在列的最大 Q 值选取动作进行更新。

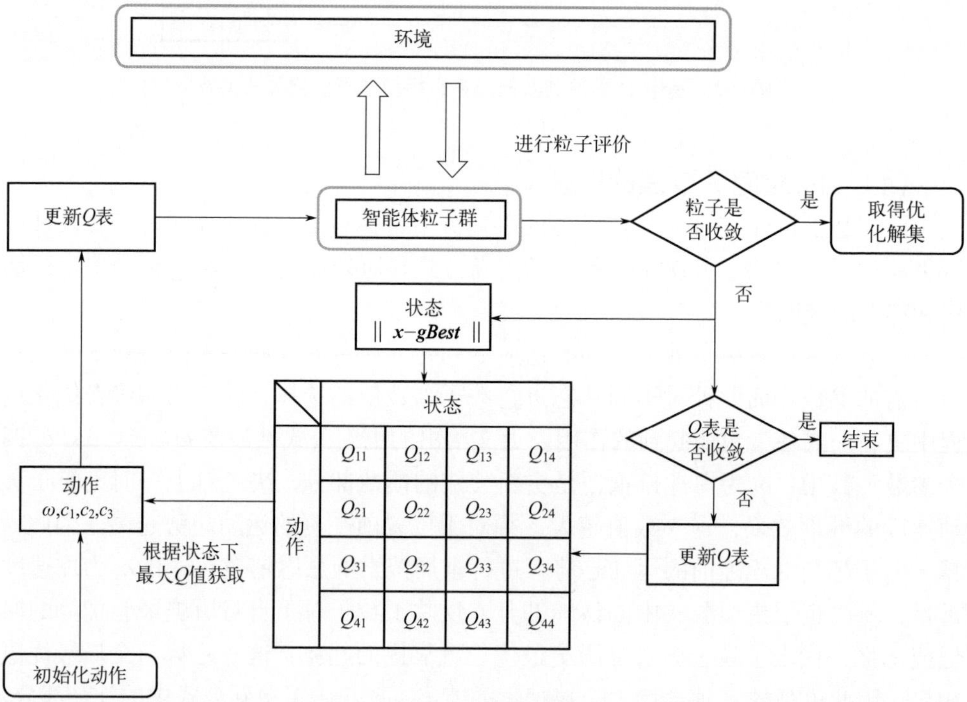

图 7-3　Q 表示意图

（2）奖励函数设置

受粒子优化方向的影响，多任务粒子群优化过程中引导粒子根据环境的反馈学习 Q 表并确定奖励函数是至关重要的，因为这关系到对于粒子优化方向的影响。对于奖励函数的设置主要需要考虑两个问题。一是该奖励函数是否在必要的情况下给予了粒子奖励，二是这种奖励是否有助于粒子选择合适的更新函数。

对于单目标优化问题来说，优化问题的目的是找到最优的一个解，因此需要不断找到更小的目标函数值，那么应该向更新前后函数目标值下降最快的方向引导。因此奖励值可以表示为：

$$r = fitness(x_t) - fitness(x_{t+1}) \tag{7-25}$$

其中，r 代表在粒子群每次优化后环境给予粒子的奖励值；x_t 和 x_{t+1} 分别为更新前后的粒子位置；$fitness(x)$ 为评价函数的适应度标量。对于多目标优化问题来说则需要同时考虑同时优化的多个目标所造成的影响，并且根据这种影响给予的奖励，因此基于 Q 学习的多任务优化的奖励可以表示为：

$$r_{t,t+1} = \sum_{i=1}^{M}(fitness_M(x_t) - fitness_M(x_{t+1})) \tag{7-26}$$

其中，M 代表应该优化的任务所包含的目标函数的个数；$fitness_M$ 代表对应的每个目标函数的适应度标量。

（3）Q 学习方法

Q 学习是 Watkins 提出的一种强化学习算法，该算法构建了由动作和状态对应的 Q 表来引导智能体选择在智能体所处状态目标环境下具有最大 Q 值的动作。本节提出的基于 Q 学习的多任务多目标粒子群优化方法根据空间下粒子所处的状态选取，并以前后的粒子更新变化为奖励，可以表示为：

$$\begin{aligned} Q(\| \boldsymbol{x}_{t+1} - \boldsymbol{gBest}_{t+1} \|, \boldsymbol{p}_{t+1}) = (1+\alpha)Q(\| \boldsymbol{x}_t - \boldsymbol{gBest}_t \|, \boldsymbol{p}_t), + \\ \alpha[r_{t,t+1} + \gamma \max_{\mathrm{a}} Q(\| \boldsymbol{x}_{t+1} - \boldsymbol{gBest}_{t+1} \|), \boldsymbol{p}_t] \end{aligned} \tag{7-27}$$

其中，α 为学习率；γ 为折扣因子；$\|\boldsymbol{x}_t - \boldsymbol{gBest}_t\|$ 为粒子到全局最优的欧氏距离；$\boldsymbol{p}_t$ 为粒子在 t 时刻的更新参数；$r_{t,t+1}$ 为粒子更新前后的奖励值；$Q(\|\boldsymbol{x}_t - \boldsymbol{gBest}_t\|, p_t)$ 为 t 时刻内的累计奖励值。

（4）基于 Q 学习的多任务多目标粒子群优化算法（QM^2PSO）

这里设计基于 Q 学习的多任务多目标粒子群优化算法，具体步骤如表 7-1 所示。该算法通过把更新中的粒子群视为强化学习中的智能体的方法，让粒子群算法通过学习周围的环境自主地选择更新参数，来决定学习过程中的更新模式，增加粒子的选择能力。通过这一方法解决了以往多任务多目标优化中各项更新参数难以根据不同更新阶段调整的问题，提高了优化的收敛性和多样性。这一算法首先将多任务多目标粒子群优化的过程中的各部分定义为 Q 学习中的主要结构，构建基于 Q 学习的优化方式。将粒子群整体定义为一个智能体，将整个粒子所在的目标空间定义为环境，将粒子更新结果后的优化性能定义为奖励。每轮更新粒子与全局最优的粒子两点间的欧氏距离定义为粒子所处的状态。并设计针对不同情况下的参数值，将选取不同参数值作为智能体的动作。之后根据适应度变化，将优化效果作为每次 Q 学习的奖励。这样在每一个粒子点更新都将通过评价粒子来更新 Q 表。

表 7-1　QM²PSO 算法

输入：种群规模 N，初始更新参数 ω、c_1、c_2、c_3，进化代数 $g_{\max}$。

输出：最优设定值。

1. 初始化规模为 N 的粒子群，每个粒子的初始位置和初始速度，粒子历史最佳位置 *pBest* 设置成粒子当前初始化位置，并初始化 Q 表。

2. 计算每个粒子的适应度标量，给全部粒子分配技能因素，对粒子按任务进行非支配排序，得到每个任务粒子群的 ***gBest***。

3. For $g = 1$ to $g_{\max}$ do。

4. For $p = 1$ to N do。

5. 计算粒子距全局最优距离。

6. 根据粒子距全局最优距离，通过 Q 表得到参数变化 p_t，依照 p_t 改变更新 ω、c_1、c_2、c_3。

7. 进行知识迁移更新粒子的速度、位置。

8. 对粒子进行评价，更新 ***pBest***。

9. 更新后粒子距离。

10. 根据奖励更新 Q 表。

11. 将每个任务中的粒子依据表现进行非支配排序，得到每个任务粒子群的 ***gBest***。

12. end for。

13. end for。

7.4.2　城市污水处理过程多任务智能优化设定

将任务 $\boldsymbol{F}_{\mathrm{N}}(t)$ 和 $\boldsymbol{F}_{\mathrm{P}}(t)$ 作为多任务，$\boldsymbol{F}_{\mathrm{N}}(t)$ 中的 $f_1(t)$ 和 $f_2(t)$、$\boldsymbol{F}_{\mathrm{P}}(t)$ 中的 $f_3(t)$ 和 $f_4(t)$ 作为优化目标，设计一种基于 Q 学习的多任务多目标粒子群优化算法。这一算法通过粒子对于不同任务全局最优的距离动态调整更新算法的参数，在粒子运动过程中根据目标空间的环境选择局部搜索策略和全局搜索策略，增加了粒子群在远距离时的收敛速度。

基于 Q 学习的多任务多目标粒子群优化算法设定任务 T_i 的粒子群的第 n 个体历史最优位置为 $\boldsymbol{p}_{i,n}(t)=[p_{i,n,1}(t), p_{i,n,2}(t)]$，粒子群的全局最优位置为 $\boldsymbol{g}_i(t)=[g_{i,1}(t), g_{i,2}(t)]$。当生成的随机数满足 $rand < rmp$ 时，群体中粒子的更新方式和经典粒子群更新算法相同。而当 $rand \geqslant rmp$ 时，粒子速度的更新公式可以表示为：

$$v_{i,d}(t+1)=\omega v_{i,d}(t)+c_1r_1(p_{i,d}(t)-x_{i,d}(t))+c_2r_2(g_d(t)-x_{i,d}(t))+c_3r_3(g_d^*(t)-x_{i,d}(t)) \tag{7-28}$$

其中，$i=1,2,\cdots,100$，为单一任务的粒子群个体数量；t 为粒子群的进化代数；ω 是惯性权重；r_1 和 r_2 是取值范围为 [0,1] 的随机值；c_1 和 c_2 表示加速度常量；c_3 表示知识迁移率。在基于 Q 学习的多任务多目标优化算法中 ω、c_1、c_2、c_3 根据粒子的距离全局最优值的位置通过 Q 表选出。

粒子位置是粒子速度的累加，因此可以表示为：

$$x_{i,d}(t+1)=x_{i,d}(t)+v_{i,d}(t+1) \tag{7-29}$$

在每一个进化世代粒子更新后，针对全部个体的局部最优通过下式进行更新。

$$\boldsymbol{p}_i(t)=\begin{cases}\boldsymbol{p}_i(t-1), & \boldsymbol{x}_i(t)\prec \boldsymbol{p}_i(t-1)\\ \boldsymbol{x}_i(t), & \text{其他}\end{cases} \tag{7-30}$$

其中，$\boldsymbol{x}_i(t)$ 为 t 时刻的粒子位置；$\boldsymbol{p}_i(t-1)$ 表示粒子存档中的历史最优位置。通过以上更新方式，在进行多次迭代后粒子完全收敛。将最后一轮中的全局最优加入存档。重复这一优化过程 100 次，并将控制变量 S_{O} 和 S_{NO} 的全局最优均值作为优化控制过程的优化设定值 S_{O}^* 和 S_{NO}^*。

7.4.3 城市污水处理过程多任务智能优化设定性能评价

由于控制变量 S_{O} 和 S_{NO} 的最优设定点是由 $Q\mathrm{M^2PSO}$ 算法计算的，因此，在优化过程中，只要在 t 趋于无穷时，粒子位置可以收敛到帕累托最优解集并且粒子速度可以收敛到 0，就可以保证有效性。

在证明中，引入了帕累托最优性的概念，并设置一些假设。

假设 7-1 个体最优解 $\boldsymbol{pBest}(t)$、全局最优解 $\boldsymbol{gBest}(t)$ 和知识迁移项 $\boldsymbol{gBest}^*(t)$ 满足 $\{\boldsymbol{pBest}(t), \boldsymbol{gBest}(t), \boldsymbol{gBest}^*(t)\} \in \boldsymbol{\Omega}$, 其中，$\boldsymbol{\Omega}$ 是搜索空间，$\boldsymbol{pBest}(t)$、$\boldsymbol{gBest}(t)$ 和 $\boldsymbol{gBest}^*(t)$ 都有下限。

假设 7-2 对于 $\boldsymbol{pBest}(t)$，存在帕累托最优解 $\boldsymbol{P}^*$。

假设 7-3 存在 $\zeta_1=c_1\varepsilon_1$，$\zeta_2=c_2\varepsilon_2$，$\zeta_3=c_3\varepsilon_3$，$\zeta=\zeta_1+\zeta_2+\zeta_3$，满足：

$$\begin{cases} 0 < \zeta_1 \\ 0 < \zeta_2 \\ 0 < \zeta_3 \\ 0 < \zeta < 2(1+\omega_i(t)) \end{cases} \tag{7-31}$$

定理 7-1 若假设 7-1 ～假设 7-3 成立，粒子的位置 $\boldsymbol{x}_i(t)$ 将会收敛到 $\boldsymbol{P}^*$。

证明 根据 $\boldsymbol{x}_i(t)$ 的更新过程以及相关的参数 ζ、ζ_1、ζ_2 和 ζ_3，可将粒子位置 $x_{i,d}(t)$ 的更新公式改写为：

$$\begin{aligned} x_{i,d}(t+1) = &(1+\omega_i(t)-\zeta)x_{i,d}(t) - \omega_i(t)x_{i,d}(t-1) + \\ &\zeta_1 pBest_{i,d}(t) + \zeta_2 gBest_d(t) + \zeta_3 gBest_d^*(t) \end{aligned} \tag{7-32}$$

上式中的 $x_{i,d}(t)$ 可改写为：

$$\begin{bmatrix} x_{i,d}(t+1) \\ x_{i,d}(t) \\ 1 \end{bmatrix} = \boldsymbol{\varphi}_x(t) \begin{bmatrix} x_{i,d}(t) \\ x_{i,d}(t-1) \\ 1 \end{bmatrix} \tag{7-33}$$

$$\boldsymbol{\varphi}_x(t) = \begin{bmatrix} 1+\omega_i(t)-\zeta & -\omega_i(t) & \zeta_1 pBest_{i,d}(t) + \zeta_2 gBest_d(t) + \zeta_3 gBest_d^*(t) \\ 1 & 0 & 0 \\ 0 & 0 & 1 \end{bmatrix} \tag{7-34}$$

矩阵 $\boldsymbol{\varphi}_x(t)$ 的特征多项式可以写为：

$$(\lambda-1)(\lambda^2-(1+\omega_i(t)-\zeta)\lambda+\omega_i(t))=0 \tag{7-35}$$

则 $\boldsymbol{\varphi}_x(t)$ 的特征值为：

$$\lambda_1 = 1 \tag{7-36}$$

$$\lambda_2 = \frac{1+\omega_i(t)-\zeta+\sqrt{(1+\omega_i(t)-\zeta)^2-4\omega_i(t)}}{2} \tag{7-37}$$

$$\lambda_3 = \frac{1+\omega_i(t)-\zeta-\sqrt{(1+\omega_i(t)-\zeta)^2-4\omega_i(t)}}{2} \tag{7-38}$$

根据矩阵的特征多项式和特征值，粒子的位置 $x_{i,d}(t)$ 可改写为：

$$x_{i,d}(t) = \tau_1\lambda_1^t + \tau_2\lambda_2^t + \tau_3\lambda_3^t \tag{7-39}$$

其中，λ_1、λ_2 和 λ_3 为特征值；τ_1、τ_2 和 τ_3 为常数。

优化过程的收敛条件为 $\max(|\lambda_2|, |\lambda_3|)<1$，也就是：

$$\frac{1}{2}\left|1+\omega_i(t)-\zeta \pm \sqrt{(1+\omega_i(t)-\zeta)^2-4\omega_i(t)}\right|<1 \tag{7-40}$$

多任务多目标粒子群优化 (MTMOPSO) 算法的收敛条件为：

$$\begin{cases}0 \leqslant \omega_i(t)<1 \\ 0<\zeta<2(1+\omega_i(t))\end{cases} \tag{7-41}$$

根据假设 7-1 ～假设 7-3，优化过程中满足 $0 \leqslant \omega_i(t)<1$，则粒子位置的收敛值可以计算为：

$$\lim_{t\to\infty} x_{i,d}(t)=\tau_1 \tag{7-42}$$

考虑 t=0、t=1 和 t=2 时的特征值 λ_1、λ_2 和 λ_3，粒子的位置可以计算为：

$$\lim_{t\to\infty} x_{i,d}(t)=\lim_{t\to\infty}\frac{\zeta_1 pBest_{i,d}(t)+\zeta_2 gBest_d(t)+\zeta_3 gBest_d^*(t)}{\zeta_1+\zeta_2+\zeta_3} \tag{7-43}$$

根据支配关系可得：

$$\boldsymbol{pBest}_i(t-1) \prec \boldsymbol{pBest}_i(t) \text{ 或 } \boldsymbol{pBest}_i(t-1) \prec\succ \boldsymbol{pBest}_i(t) \tag{7-44}$$

$$\boldsymbol{pBest}_i(t) \prec \boldsymbol{gBest}(t) \text{ 或 } \boldsymbol{pBest}_i(t) \prec\succ \boldsymbol{gBest}(t) \tag{7-45}$$

对于 QM^{2}PSO 算法，$\boldsymbol{gBest}(t)$ 能够收敛到帕累托稳定，因此：

$$\lim_{t\to\infty} \boldsymbol{pBest}_i(t)=\boldsymbol{P}^* \tag{7-46}$$

此外，$gBest(t)$ 和 $gBest^*(t)$ 是从非支配解集 $pBest(t)$ 中选择的，则：

$$\lim_{t\to\infty} \boldsymbol{gBest}_i(t)=\boldsymbol{P}^* \tag{7-47}$$

$$\lim_{t\to\infty} \boldsymbol{gBest}^*(t)=\boldsymbol{P}^* \tag{7-48}$$

因此有：

$$\lim_{t\to\infty} x_i(t)=\frac{\zeta_1\boldsymbol{P}^*+\zeta_2\boldsymbol{P}^*+\zeta_3\boldsymbol{P}^*}{\zeta_1+\zeta_2+\zeta_3}=\boldsymbol{P}^* \tag{7-49}$$

至此已完成定理 7-1 的证明。

定理 7-2 如果假设 1 ～假设 3 成立，则粒子的速度 $v_i(t)$ 将会收敛到 0。

证明 将粒子速度 $v_{i,d}(t)$ 的更新公式改写为：

$$v_{i,d}(t+1)-(1-\omega_i(t)-\zeta)v_{i,d}(t)+\omega_i(t)v_{i,d}(t-1)=0 \tag{7-50}$$

上式中的 $v_{i,d}(t)$ 可改写为：

$$\begin{bmatrix} v_{i,d}(t+1) \\ v_{i,d}(t) \end{bmatrix} = \varphi_v(t) \begin{bmatrix} v_{i,d}(t) \\ v_{i,d}(t-1) \end{bmatrix} \tag{7-51}$$

$$\varphi_v(t) = \begin{bmatrix} 1+\omega_i(t)-\zeta & -\omega_i(t) \\ 1 & 0 \end{bmatrix} \tag{7-52}$$

矩阵 $\boldsymbol{\varphi}_v(t)$ 的特征多项式可以写为：

$$\lambda^2 - (1+\omega_i(t)-\zeta)\lambda + \omega_i(t) = 0 \tag{7-53}$$

则特征值为：

$$\lambda_4 = \frac{1+\omega_i(t)-\zeta+\sqrt{(1+\omega_i(t)-\zeta)^2 - 4\omega_i(t)}}{2} \tag{7-54}$$

$$\lambda_5 = \frac{1+\omega_i(t)-\zeta-\sqrt{(1+\omega_i(t)-\zeta)^2 - 4\omega_i(t)}}{2} \tag{7-55}$$

根据矩阵的特征多项式和特征值，粒子的速度 $v_{i,d}(t)$ 可改写为：

$$v_{i,d}(t) = \tau_4 \lambda_4^{\,t} + \tau_5 \lambda_5^{\,t} \tag{7-56}$$

其中，τ_4 和 τ_5 为常数；λ_4 和 λ_5 为特征值。若假设 1～假设 3 成立，根据定理 7-1 可得：

$$\lim_{t\to\infty} v_{i,d}(t) = 0 \tag{7-57}$$

进而：

$$\lim_{t\to\infty} \boldsymbol{v}_i(t) = 0 \tag{7-58}$$

其中，$\boldsymbol{v}_i(t) = [v_{i,1}(t), v_{i,2}(t), \cdots, v_{i,D}(t)]$。至此已完成定理 7-2 的证明。

由以上证明过程可知，在种群进化过程中，QM^{2}PSO 算法的粒子位置最终可以收敛到帕累托最优解集，并且粒子速度最终可以收敛到 0，保证了所求污水处理过程多任务优化设定点的有效性。

7.5 城市污水处理过程多任务智能优化控制方法设计

城市污水处理过程的主要目标是在保证出水水质达标排放的基础上降低操作

能耗。本节提出了城市污水处理多任务智能优化控制策略，采用自适应核函数的模型预测方法，基于 Q 学习的多任务多目标粒子群算法的优化设定值获取方法和 FNN 控制的优化设定值跟踪控制方法，实现对污水处理过程的多任务优化控制，同时优化多个任务中的优化目标，平衡了水质和能耗之间的矛盾。

7.5.1 城市污水处理过程多任务智能优化控制算法设计

城市污水处理过程多任务智能优化控制算法步骤如表 7-2 所示。多任务优化控制这一问题的核心是通过控制多个任务同时调整各类过程中的可变指标，使系统长时间稳定地运行在期望的状态下。对于多任务优化控制这一系统来说，需要依靠最小化每个任务运行指标从而获得作为任务 T_k 控制变量的优化设定值 $y^*(t)$，这一过程可表示为：

$$\min\{F_1(t), F_2(t), \cdots, F_K(t)\}$$

$$F_k=\{r_{1,k}(t), r_{2,k}(t), \cdots, r_{M,k}(t)\} \quad \text{s.t.} k=1,2,\cdots,K \tag{7-59}$$

其中，$F_1(t), F_2(t), \cdots, F_K(t)$ 是多任务优化控制系统同时调整的 K 个任务；$r_{1,k}(t)$, $r_{2,k}(t), \cdots, r_{M,k}(t)$ 是针对 k 个任务的 M 个运行指标所构建的模型。

表 7-2 城市污水处理过程多任务智能优化控制算法

输入：污水处理过程运行数据。
输出：污水处理过程出水水质和能耗。
1. 建立基于自适应核函数的城市污水处理过程多任务目标优化模型。
2. 采用基于 Q 学习的多任务多目标粒子群算法获取优化设定值。
3. 采用 FNN 控制方法实现优化设定值跟踪控制。
4. 同时优化控制多个任务。

在多任务优化控制系统中，对每一个运行指标的控制过程可以表示为：

$$r_m(t+1)=U(r_m(t), \boldsymbol{y}(t)) \tag{7-60}$$

其中，$U(\cdot)$ 是满足这一关系的未知函数；$\boldsymbol{y}(t)$ 是 t 时刻受 $r_m(t)$ 所影响的控制变量。这一控制变量受到操作变量 $\boldsymbol{u}(t)$ 的调节：

$$\Delta\boldsymbol{u}(t+1)=c(\boldsymbol{y}^*(t)-\boldsymbol{y}(t)) \tag{7-61}$$

其中，$\Delta\boldsymbol{u}(t+1)$ 是实际控制变量和理论最优控制变量对应的操作变量之间的差值；c 是控制律。

$$\boldsymbol{u}(t+1)=\boldsymbol{u}(t)+\Delta\boldsymbol{u}(t) \tag{7-62}$$

则控制变量 $\boldsymbol{y}(t+1)$ 可计算为：

$$\boldsymbol{y}(t+1)=z(\boldsymbol{y}(t), \boldsymbol{u}(t+1)) \tag{7-63}$$

其中，$z(\cdot)$ 是优化控制系统中的非线性函数。

7.5.2 城市污水处理过程多任务智能优化控制算法实现

本节采用 FNN 控制器对溶解氧浓度和硝态氮浓度的优化设定值 $S_{\mathrm{O}}^{*}(t)$ 和 $S_{\mathrm{NO}}^{*}(t)$ 进行跟踪控制。在模糊神经网络中，该模糊神经网络以溶解氧浓度和硝态氮浓度的实时控制误差以及控制误差的变化作为输入，第五分区氧传递系数 $K_{\mathrm{L}}a_5$ 和内循环流量 Q_{a} 的变化是 FNN 的输出。输入向量的表达方式为：

$$\boldsymbol{\varepsilon}=[e_{S_{\mathrm{O}}}(t), \Delta e_{S_{\mathrm{O}}}(t), e_{S_{\mathrm{NO}}}(t), \Delta e_{S_{\mathrm{NO}}}(t)] \tag{7-64}$$

其中，$e_{S_{\mathrm{O}}}(t)$ 和 $e_{S_{\mathrm{NO}}}(t)$ 是溶解氧浓度和硝酸氮浓度的设定值和实际值之间的误差。FNN 的输出向量表示为：

$$\boldsymbol{Y}=\boldsymbol{\theta}\boldsymbol{\psi} \tag{7-65}$$

其中，$\boldsymbol{Y}=[y_1, y_2]^{\mathrm{T}}$ 为输出向量，y_1 为氧传递系数的变化量$\Delta K_{\mathrm{L}}a_5(t)$, y_2 为内循环流量的变化量$\Delta Q_{\mathrm{a}}(t)$；$\boldsymbol{\theta}$ 为输出权重矩阵，$\boldsymbol{\theta}=[\boldsymbol{\theta}^1, \boldsymbol{\theta}^2]^{\mathrm{T}}$, $\boldsymbol{\theta}^q=[\boldsymbol{\theta}_1^q, \boldsymbol{\theta}_2^q, \cdots, \boldsymbol{\theta}_{10}^q]$ 表示输出层与归一化层的权重；$\boldsymbol{\psi}$ 表示归一化的输出，表示方式为：

$$\psi_l=\zeta_l \Big/ \sum_{j=1}^{10}\zeta_j=\mathrm{e}^{-\sum_{i=1}^{4}\frac{(\varepsilon_i-\mu_{il})^2}{2b_{il}^2}} \Big/ \sum_{j=1}^{10}\mathrm{e}^{-\sum_{i=1}^{4}\frac{(\varepsilon_i-\mu_{ij})^2}{2b_{ij}^2}} \tag{7-66}$$

其中，$l=1, 2, \cdots, 10$ 为归一化层神经元的数量；ζ_j 为径向基函数层第 j 个神经元的输出，表示方式为：

$$\zeta_j=\prod_{i=1}^{10}\mathrm{e}^{-\frac{(\boldsymbol{\varepsilon}_j-\boldsymbol{\mu}_j)^2}{2b_{ij}^2}}=\mathrm{e}^{-\sum_{i=1}^{4}\frac{(\boldsymbol{\varepsilon}_j-\boldsymbol{\mu}_j)^2}{2b_{ij}^2}} \tag{7-67}$$

其中，$j=1, 2, 3, \cdots, 10$；$\boldsymbol{\mu}_j=[\mu_{1j}, \mu_{2j}, \cdots, \mu_{4j}]$ 为第 j 个神经元的中心向量；$\boldsymbol{b}_j=[b_{1j}, b_{2j}, \cdots, b_{4j}]$ 为第 j 个神经元的宽度向量。

FNN 参数采用梯度学习方法进行更新，首先建立成本函数：

$$f(t)=\frac{1}{2}\boldsymbol{e}^{\mathrm{T}}(t)\boldsymbol{e}(t) \tag{7-68}$$

其中，$\boldsymbol{e}(t)=\boldsymbol{y}^{*\mathrm{T}}(t)-\boldsymbol{y}^{\mathrm{T}}(t)$ 表示 t 时刻的控制误差；$\boldsymbol{y}^{*}(t)=[S_{\mathrm{NO}}^{*}(t, K), S_{\mathrm{O}}^{*}(t, K)]$ 表示 t 时刻的优化设定点；$\boldsymbol{y}(t)=[S_{\mathrm{NO}}(t), S_{\mathrm{O}}(t)]$ 表示 t 时刻溶解氧浓度和硝态氮浓度化。最终，FNN 参数的更新方式表示为：

$$\boldsymbol{\Phi}(t+1)=\boldsymbol{\Phi}(t)-\lambda \boldsymbol{g}(\boldsymbol{\Phi}(t)) \tag{7-69}$$

其中，$\boldsymbol{\Phi}(t)=[\boldsymbol{\mu}_1(t),\cdots,\boldsymbol{\mu}_{10}(t),\boldsymbol{b}_1(t),\cdots,\boldsymbol{b}_{10}(t),\boldsymbol{\theta}^1,\boldsymbol{\theta}^2]$ 为 t 时刻的参数向量；$\boldsymbol{g}(\boldsymbol{\Phi}(t))=\partial f(t)/\partial\boldsymbol{\Phi}(t)$ 为 t 时刻的梯度向量。

本节针对城市污水处理出水水质不稳定、运行能耗居高不下的问题设计了一种基于 Q 学习的多任务优化控制策略。该方法能精准地对多任务进行预测，通过粒子群算法取得优化设定值，并采用 FNN 控制器进行控制变量的跟踪控制，通过优化获得的 S_{O}、S_{NO} 和实际值的误差作为控制器的输入，操作变量 $K_{\mathrm{L}}a$ 和 Q_{a} 作为输出，来对 S_{O}、S_{NO} 进行实时跟踪控制。

① 建立了针对脱氮除磷多任务的目标优化模型。利用基于自适应核函数的多任务污水处理模型，能够对污水处理中的主要指标进行预测。

② 设计了一种基于 Q 学习的多任务优化控制策略，该策略能对城市污水处理过程中的脱氮任务和除磷任务进行优化控制，平衡两个任务之间的耦合关系，并在两个任务之间学习优化经验，提高水质，降低运行能耗。

7.5.3 城市污水处理过程多任务智能优化控制性能分析

优化解是通过 QM²PSO 算法计算得到的，只要保证设计的优化算法中粒子的位置能够收敛到最优位置，就可得到有效的优化解。由前面优化解的收敛性分析可知，QM²PSO 算法获得的优化解能够保证其可行性。因此，可以推断优化解是可行的。

FNN 控制器的稳定性证明如下：

定理 7-3　假设 $\boldsymbol{f}(t)$ 是连续可微的，则 FNN 控制器是稳定的。

证明　建立李雅普诺夫函数为：

$$\boldsymbol{V}(t)=\boldsymbol{f}(t)=\frac{1}{2}\boldsymbol{e}^{\mathrm{T}}(t)\boldsymbol{e}(t) \tag{7-70}$$

$\boldsymbol{V}(t)$ 的导数为：

$$\dot{\boldsymbol{V}}(t)=\left[\frac{\partial f(t)}{\partial\boldsymbol{\Phi}(t)}\right]^{\mathrm{T}}\times\frac{\partial\boldsymbol{\Phi}(t)}{\partial t} \tag{7-71}$$

组合上式，则：

$$\begin{aligned}\dot{\boldsymbol{V}}(t)&=\boldsymbol{g}^{\mathrm{T}}(\boldsymbol{\Phi}(t))\frac{\partial\boldsymbol{\Phi}(t)}{\partial t}\\&=-\lambda\boldsymbol{g}^{\mathrm{T}}(\boldsymbol{\Phi}(t))\boldsymbol{g}(\boldsymbol{\Phi}(t))<0\end{aligned} \tag{7-72}$$

由于 $\boldsymbol{V}(t)\geqslant 0$ 和 $\dot{\boldsymbol{V}}(t)<0$，该 FNN 控制器是稳定的，FNN 控制器的稳定性证

毕。模糊神经网络采用梯度学习算法动态更新参数。利用 Lyapunov 稳定性定理分析了 FNN 控制器的稳定性。

7.6 城市污水处理过程典型多任务智能优化控制实现

为了证明本章设计的城市污水处理过程典型多任务智能优化控制策略的有效性，本节基于基准仿真平台 BSM1 进行测试验证。实验包括模型精度和优化控制效果两部分。

7.6.1 城市污水处理过程典型多任务智能优化控制实验设计

为了检验整个城市污水处理多任务优化控制系统的应用效果，本节将多任务优化控制策略应用在 BSM1 仿真系统上，通过 MATLAB 进行模拟测试。根据提出的优化控制系统，使用自适应核函数模型对目标函数的 TN 浓度、EC_{N}、TP 浓度和 EC_{P} 进行预测，并使用基于 Q 学习的多任务粒子群优化取得优化控制值，通过 FNN 控制器进行跟踪控制，实现污水处理系统的实时优化控制。

实验选取晴天、雨天、暴雨三种不同天气下连续 7 天的实际城市污水处理运行所得数据，利用 BSM1 平台进行模拟。本节将操作变量 $K_{\mathrm{L}}a$ 和 Q_{a} 作为系统输入用来对 S_{O} 和 S_{NO} 进行控制并分析系统的稳定性和跟踪能力。

7.6.2 城市污水处理过程典型多任务智能优化控制结果分析

首先，为了验证模型的预测能力，本小节收集了 7 天的实时水厂数据，应用自适应核函数方法建立了脱氮和除磷两个任务的模型，通过数据输入利用建好的 4 个运行指标模型，连续输出对于 TN 浓度、TP 浓度、EC_{P} 和 EC_{N} 的预测值，生成性能指标的曲线，并在同一界面绘制真实数据对应的数据点，观察模型的拟合效果，在此基础上观察整体的预测效果和预测稳定性。其次，为了验证多任务优化控制策略的性能，将设计的多任务优化控制策略与其他优化控制策略进行对比，获得不同天气下的最优设定值和跟踪控制结果。

（1）模型预测效果

在脱氮任务中进行了针对氮含量和环境的 *EC* 以 7 天为周期的预测，如图 7-4 ～图 7-7 所示，可以看出预测曲线基本能与真实值相重合，并在以天为单位的数据预测中均符合真实的变化规律。说明这一建模方法能够很好地完成对 TN 浓度的预测。

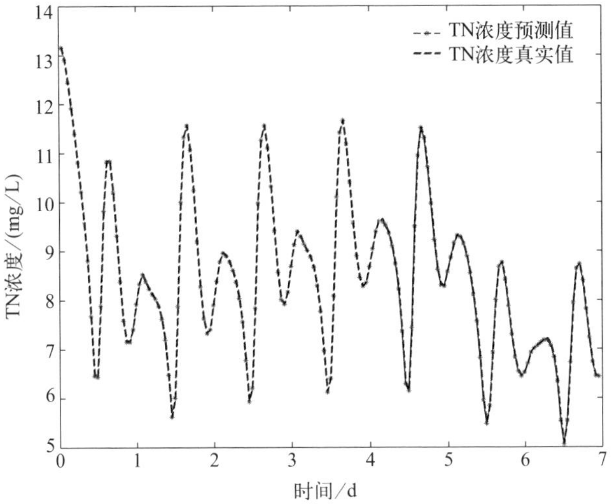

图 7-4　总氮浓度预测图

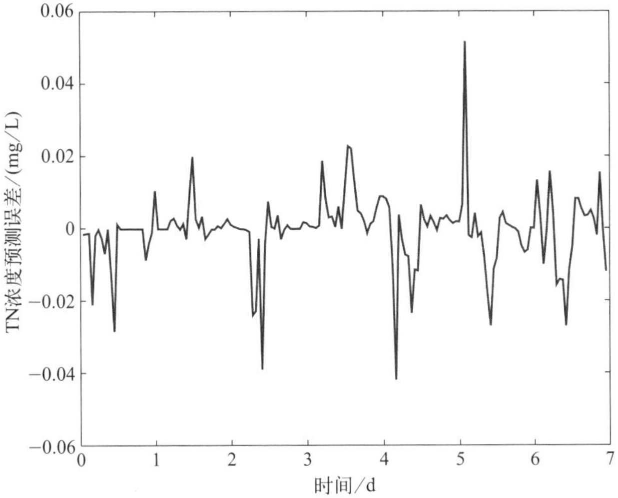

图 7-5　总氮浓度预测误差图

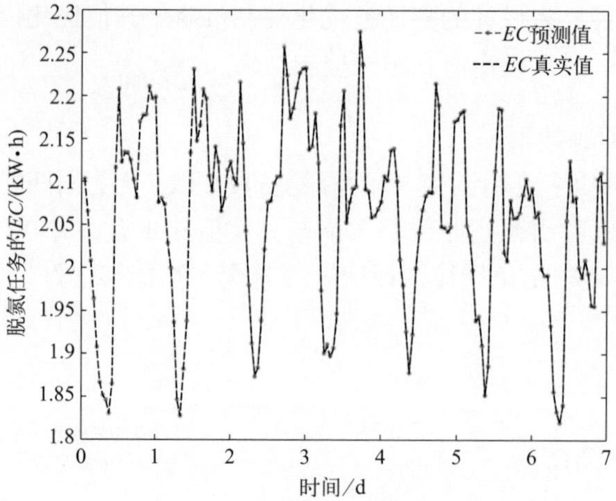

图 7-6　脱氮任务 ***EC*** 预测图

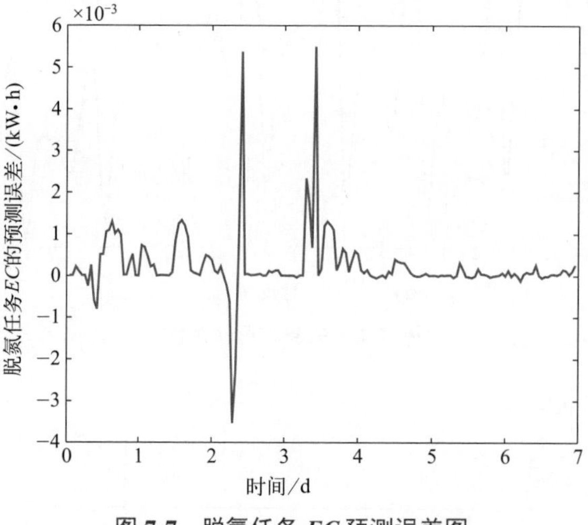

图 7-7　脱氮任务 ***EC*** 预测误差图

对于除磷任务，同样采取对比总磷浓度和 *EC* 的预测基于数据得到的真实值的方法，如图 7-8～图 7-11 所示，可以看出预测得出的曲线能与数据真实值分布相重合，并符合污水处理过程的真实的变化规律。说明这一建模方法能够很好地完成对 *TP* 浓度的预测。

根据表 7-3 所示模型预测效果可以看出，在多个任务的自适应核函数建模中，该方法均能实现精确拟合、准确预测，同时比较 TN 浓度、EC_N、TP 浓度和 EC_P 的模型精度，其中，TP 浓度模型的 *RMSE* 值最小，EC_N 模型的 *RMSE* 值最大。因此，TP 浓度模型的精度最高。

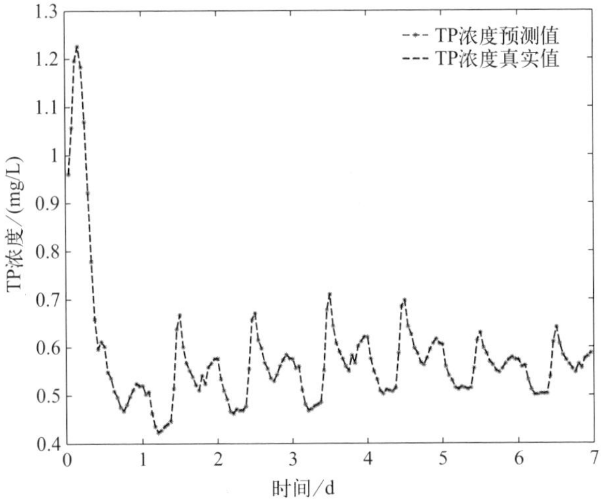

图 7-8　总磷浓度预测图

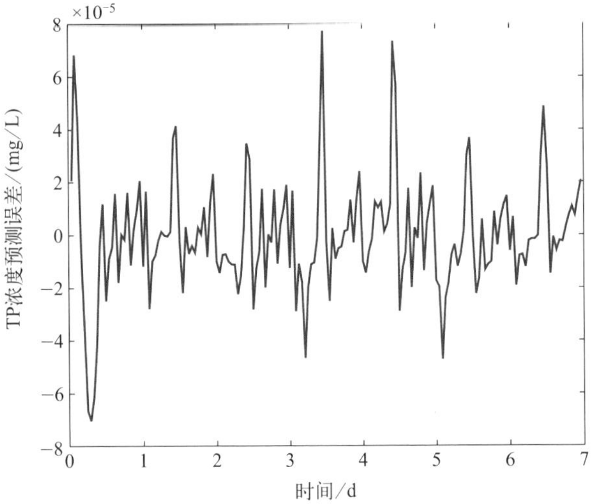

图 7-9　总磷浓度预测误差图

（2）优化控制效果

选取晴天天气下的污水处理厂入水数据，通过建模预测得到了优化设定值，如图 7-12、图 7-13 所示，可以看出优化设定值能够在合理范围内设定 S_O 和 S_{NO} 的数值。这些设定值能够有效平衡系统运行。为了进一步体现控制效果，本节进一步统计了 7 天内 S_O 和 S_{NO} 的误差变化，如图 7-14、图 7-15 所示。通过对比硝态氮浓度和溶解氧浓度设定值变化和误差变化可以得到，在设定值发生变化时，优化控制策略能够保证在可控范围内，随后在短时间内误差移动到 0 附近。说明优化控制方法有很好的动态性能和稳定能力。

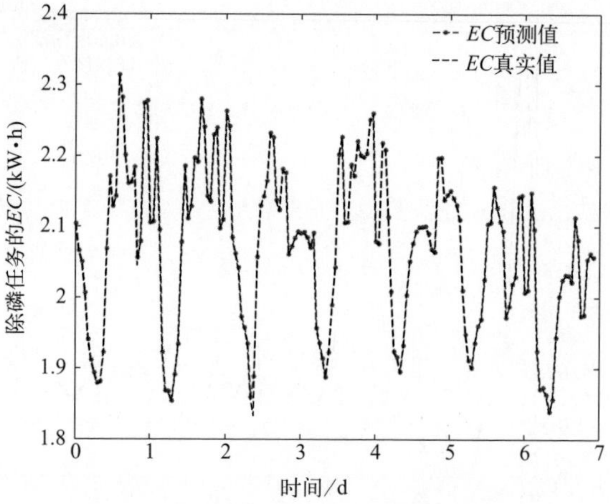

图 7-10　除磷任务 ***EC*** 预测图

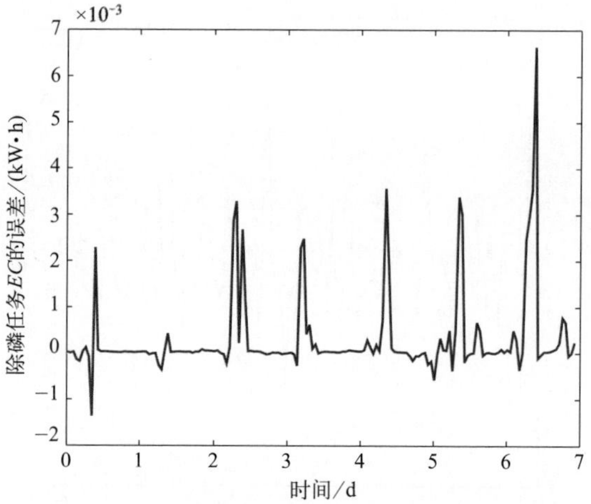

图 7-11　除磷任务 ***EC*** 预测误差图

表 7-3　模型预测效果

模型	***RMSE***	预测误差	
		平均	最大
TN 浓度 /(mg/L)	0.0038	0.0002	0.0193
EC_N/[€/(kW・h)]	0.0130	0.0217	0.0725
TP 浓度 /(mg/L)	0.0004	0.0003	0.0053
EC_P/[€/(kW・h)]	0.0094	0.0053	0.0253

为了评价所提出的多任务优化控制策略的有效性，通过优化性能 (*EQ* 和 *EC*) 以及控制性能 (*ISE* 和 *IAE*) 与其他优化控制策略进行对比。从表 7-4 中可以看出，该策略的 *EQ* 和 *EC* 分别为 7539.8kg poll unit/d 和 728.8€/d，与 AMODE-PI 策略相比，能耗降低了 1.6%。由于 *EQ* 和 *EC* 是一对相互冲突的变量，所提出的策略能够获得 *EQ* 和 *EC* 间的平衡。同时，通过 *ISE* 和 *IAE* 来反映所提出策略的控制性能，S_O 和 S_{NO} 的 *ISE* 分别是 0.0050mg/L 和 0.0344mg/L，S_O 和 S_{NO} 的 *IAE* 分别是 0.0445mg/L 和 0.1012mg/L。从结果中可以看出，所提出的策略能够在晴天天气下获得满意的优化性能和跟踪控制能力。

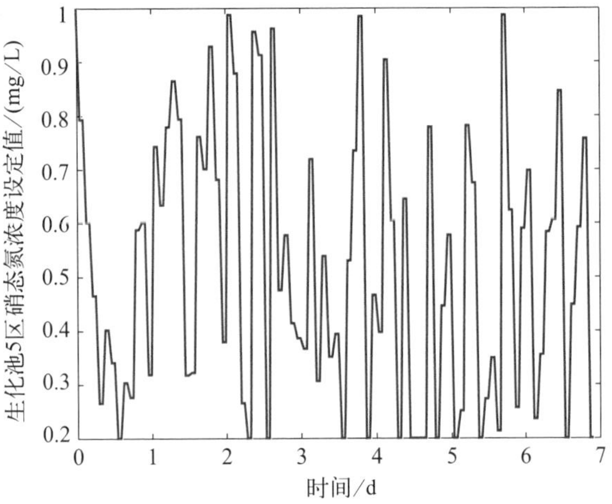

图 7-12　硝态氮浓度优化设定值 - 晴天

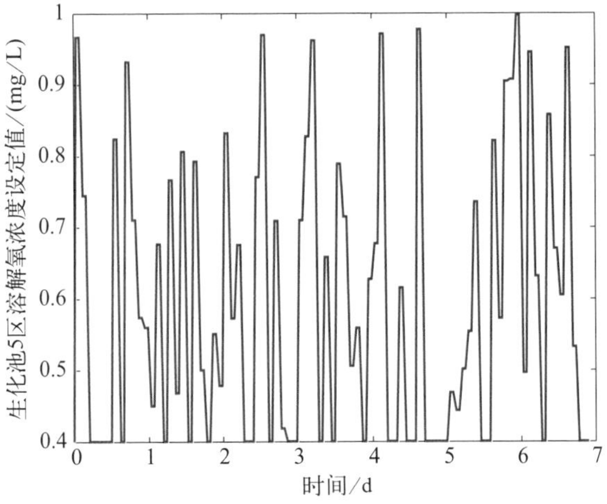

图 7-13　溶解氧浓度优化设定值 - 晴天

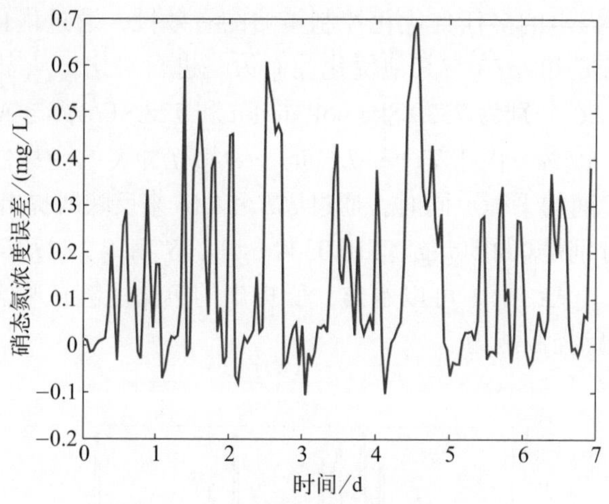

图 7-14　硝态氮浓度误差 - 晴天

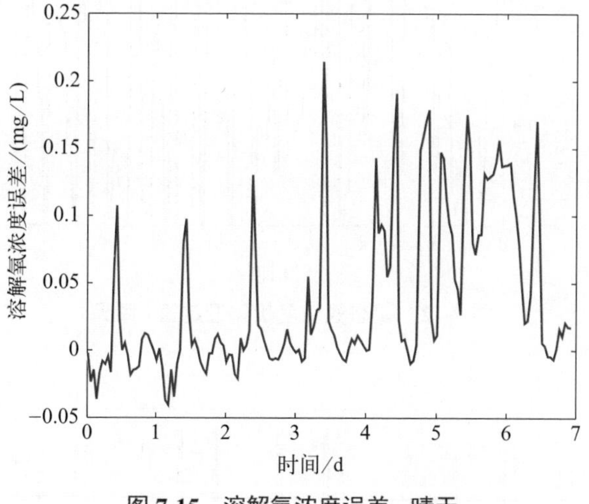

图 7-15　溶解氧浓度误差 - 晴天

表 7-4　晴天天气下不同优化控制性能对比

天气	控制方法	*EC*/(€/d)	*EQ*/(kg poll unit/d)	*ISE*/(mg/L)		*IAE*/(mg/L)	
				S_O	S_{NO}	S_O	S_{NO}
晴天	*Q*M²PSO	728.8	7539.8	**0.0050**	**0.0344**	**0.0445**	0.0821
	AMODE-PI	740.4①	6048.25①	—	—	0.158①	0.158①
	DMOOC	**722.41**①	7867.17①	0.0079	0.0671	0.0519	0.1197
	RTO-NMPC	740.0①	7102.9①	0.0086①	0.078①	—	—

①结果对应方法原文数据。

图 7-16、图 7-17 给出了雨天天气下的优化设定值，图 7-18、图 7-19 则给出了跟踪误差。可以看出，即使在雨天的干扰下，该多任务优化控制系统仍然能很好地取得优化设定值，不过会加大设定值的突变。进一步分析实时的跟踪控制结果，再根据硝态氮浓度和溶解氧浓度的误差峰值的变化也可以看出总体的控制仍然处在平稳状态，并将硝态氮浓度的最大误差控制在 1mg/L 以内，同时溶解氧浓度误差控制在 0.2mg/L 以内。

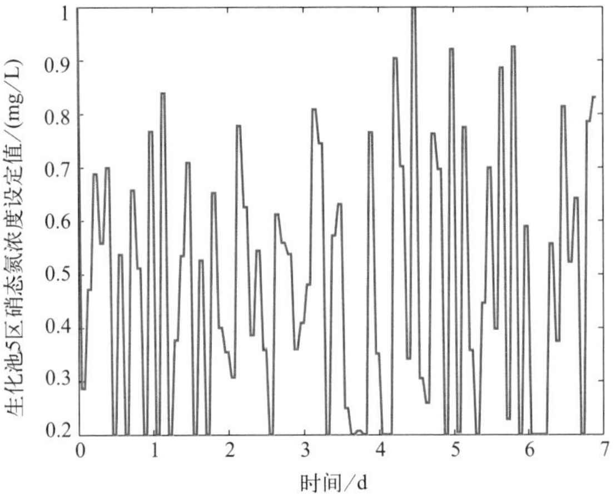

图 7-16　硝态氮浓度优化设定值 - 雨天

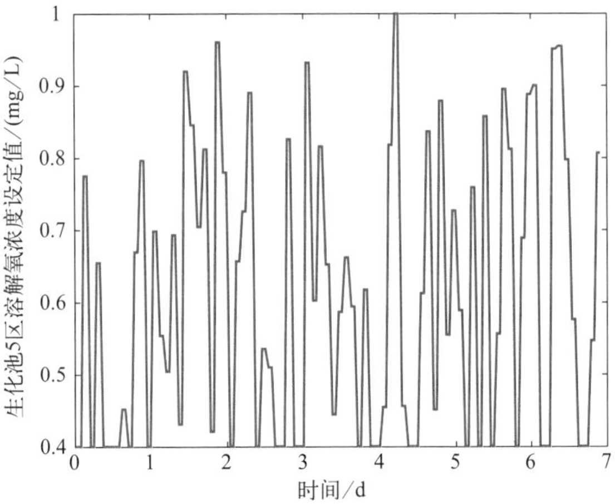

图 7-17　溶解氧浓度优化设定值 - 雨天

表 7-5 给出了雨天天气下的优化性能和控制性能。多任务优化控制策略的 *EC* 值为 735.7 €/d，明显低于其他优化控制策略；*EQ* 值为 8180.59kg poll unit/d。从 *EQ* 和 *EC* 的结果中可以看出，所提出的多任务优化控制策略能够实现 *EQ* 和 *EC* 的平衡。此外，S_O 的 *ISE* 和 *IAE* 分别为 0.0053mg/L 和 0.0430mg/L，S_{NO} 的 *ISE* 和

IAE 分别为 0.0352mg/L 和 0.128mg/L，均低于其他对比的优化控制算法。表 7-5 中的优化和控制性能结果验证了所提出的优化控制算法的有效性。

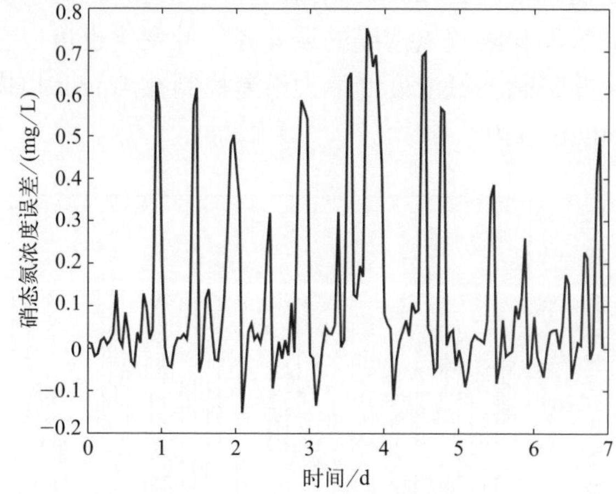

图 7-18　硝态氮浓度误差 - 雨天

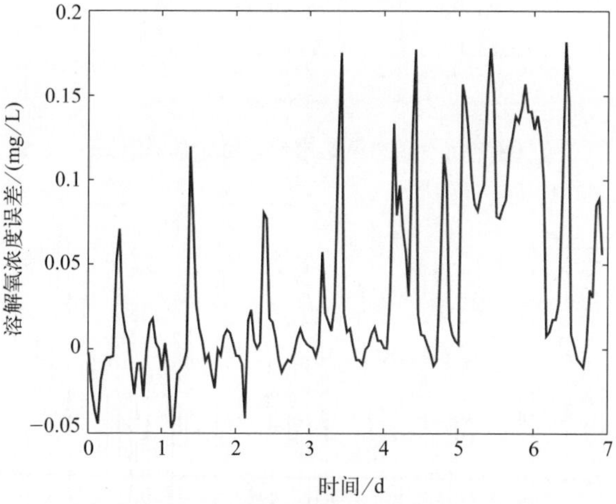

图 7-19　溶解氧浓度误差 - 雨天

表 7-5　雨天天气下不同优化控制性能对比

天气	控制方法	EC /(€/d)	EQ /(kg poll unit/d)	ISE/(mg/L)		IAE/(mg/L)	
				S_O	S_{NO}	S_O	S_{NO}
雨天	QM^2PSO	**735.7**	8180.59	**0.0053**	**0.0352**	**0.0430**	**0.128**
	AMODE-PI	744.2[①]	8090.32[①]	—	—	0.161[①]	0.161[①]
	DMOOC	746.64[①]	8176.786[①]	0.0086	0.040	0.064	0.130
	RTO-NMPC	739.26[①]	**7582.8**[①]	0.174[①]	0.336[①]	—	—

①结果对应方法原文数据。

图 7-20、图 7-21 给出了在暴雨天气下硝态氮浓度和溶解氧浓度的优化设定值，图 7-22、图 7-23 则给出了跟踪误差。可以看出在暴雨天气下，获取的硝态氮浓度和溶解氧浓度的优化设定值的变动更加剧烈，但是仍然取得了合理的优化设定值。虽然在外加干扰下硝态氮和溶解氧的浓度设定值跟踪误差受到了影响，硝态氮和溶解氧的浓度误差峰值超过了 0.8mg/L 和 0.18mg/L，但是都迅速控制回到了正常的跟踪状态上。同时，从整体来说，对于给出的优化目标设定值跟踪较为平稳，能快速对跟踪的设定值的变化做出响应，能够维持回到原来稳定状态的趋势。

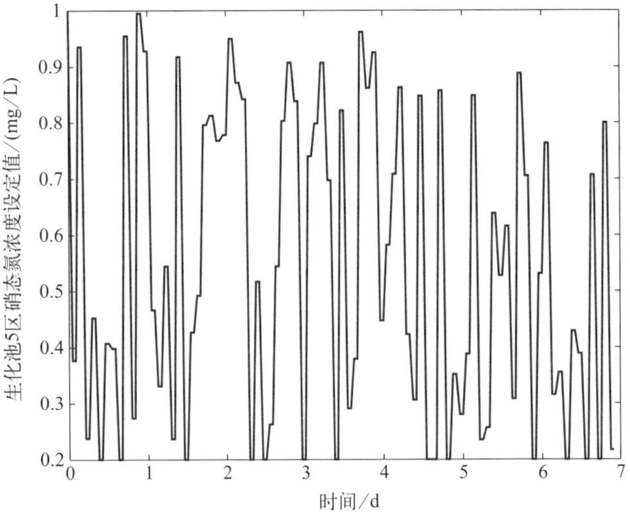

图 7-20　硝态氮浓度优化设定值 - 暴雨

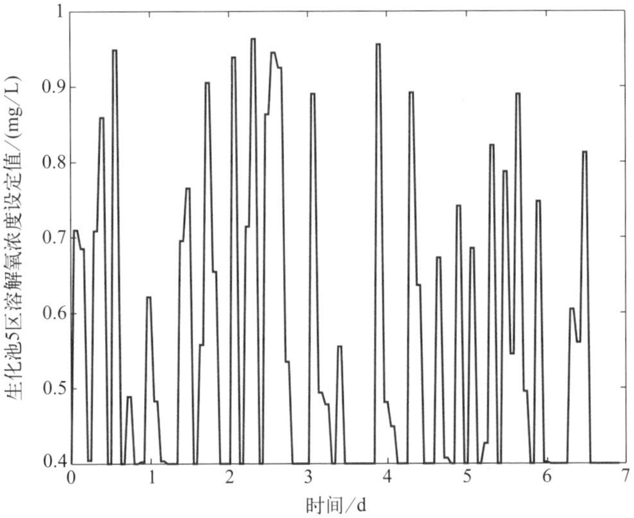

图 7-21　溶解氧浓度优化设定值 - 暴雨

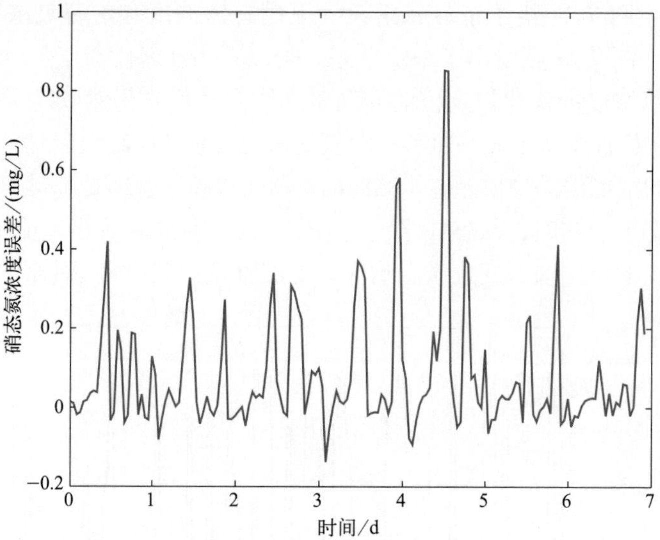

图 7-22 硝态氮浓度误差 - 暴雨

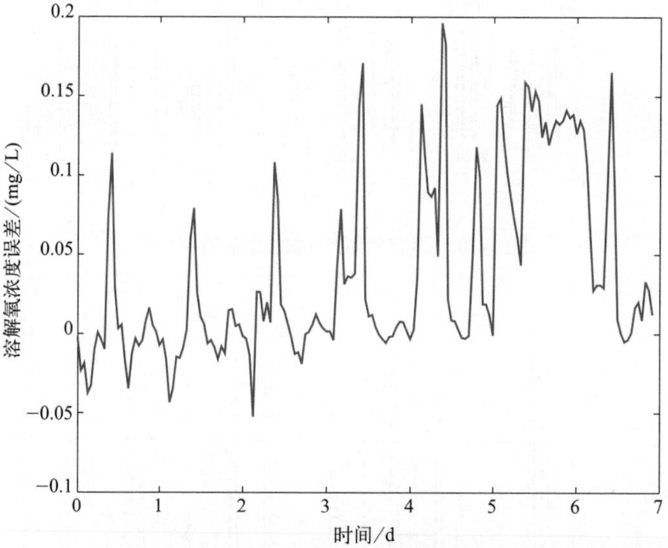

图 7-23 溶解氧浓度误差 - 暴雨

表 7-6 给出了暴雨天气下的优化性能和控制性能。多任务优化控制策略的 *EC* 值和 *EQ* 值分别为 731.52 €/d 和 7236.45kg poll unit/d，相比于 AMODE-PI，*EC* 降低了 2.09%，其优化结果表明了 QM^2PSO 策略能够实现 *EQ* 和 *EC* 的平衡。此外，所设计的多任务优化控制策略中 S_O 的 *ISE* 和 *IAE* 分别为 0.0079mg/L 和 0.0519mg/L，S_{NO} 的 *ISE* 和 *IAE* 分别为 0.0671mg/L 和 0.120mg/L，明显低于其他对比的优化控制算法。表 7-6 中的优化控制结果验证了所提出的多任务优化控制策略的有效性。

表 7-6　暴雨天气下不同优化控制性能对比

天气	控制方法	EC /(€/d)	EQ /(kg poll unit/d)	ISE/(mg/L)		IAE/(mg/L)	
				S_O	S_{NO}	S_O	S_{NO}
暴雨	QM²PSO	731.52	7236.45	**0.0079**	**0.0671**	**0.0519**	**0.120**
	AMODE-PI	747.1[①]	**7133.16**[①]	—	—	0.162[①]	0.162[①]
	DMOOC	734.23[①]	7466.13[①]	0.0096	0.0852	0.083	0.157
	RTO-NMPC	721.72[①]	7680.2[①]	0.0086[①]	0.078[①]	—	—

①结果对应方法原文数据。

7.7

本章小结

　　为了解决城市污水处理多任务优化控制中不同任务难以同时处理、各项运行指标相互冲突、难以实时优化控制的问题，本章提出了基于 Q 学习的多任务优化控制策略，并将这一优化控制策略应用在同时针对除磷任务和脱氮任务的城市污水处理多任务优化控制中。这一优化控制策略主要包括自适应核函数模型预测、基于粒子群优化方法的多任务优化设定值获取，以及对优化设定值的模糊神经网络跟踪控制，并在改进的 BSM1 仿真系统上进行了模拟仿真，对优化控制策略的性能进行了实验验证。结果表明，本章提出的优化控制策略能够取得具有收敛性和多样性的优化解集，并能够从解集中获取可以提高系统性能的优化设定值，同时能够实时获取并动态跟踪优化设定值，在保证出水水质的情况下减少运行能耗，取得了具有极大意义的研究结果。

　　① 提出了一种新的多任务污水处理优化控制策略，该优化控制策略可以很好地对污水处理过程中的多个任务进行实时优化控制，具有极高的稳定性和可靠性。

　　② 构建了基于自适应核函数的多任务预测模型。该模型基于自适应核函数的方法同时构建了脱氮任务和除磷任务的优化指标，实现了对于优化目标的高精度实时预测，更好地支撑了优化方法。

　　③ 提出了一种基于 Q 学习的多任务多目标粒子群优化算法。该算法解决了多任务多目标优化过程中参数难以动态调整，导致粒子知识负迁移的问题，提高了算法优化解的收敛性和多样性。

Cutting-Edge Technologies in
Smart Environmental Protection

第 8 章

城市污水处理过程多时间尺度分层智能优化控制

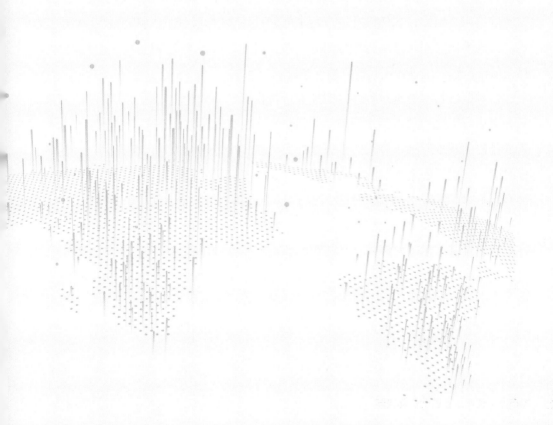

8.1 概述

随着城市污水处理规模的不断增加以及处理工艺的日渐复杂，城市污水处理过程的运行指标呈现不同时间尺度的操作特点。不同时间尺度的运行指标受到不同过程变量的影响，对城市污水处理运行效率有不同的影响。为了有效协同城市污水处理过程不同时间尺度的运行指标，实现不同时间尺度运行指标的优化控制，需要分析不同时间尺度运行指标的特点，挖掘不同时间尺度运行指标的协同关系。因此，在实施城市污水处理过程多时间尺度运行指标优化控制时，如何协同不同时间尺度运行指标间的关系仍然是城市污水处理过程优化控制面临的挑战性难题。

为了实现城市污水处理过程多个时间尺度运行指标的协同优化，提高城市污水处理运行效率，一些多时间尺度运行指标优化策略得到了研究[100]。然而，由于城市污水处理过程的复杂性与动态特性，上述优化控制方法难以根据运行过程的动态特性建立多时间尺度运行指标的动态模型，这在一定程度上限制了优化控制方法的应用。因此，如何设计城市污水处理过程多时间尺度运行指标优化控制策略，协同不同时间尺度运行指标间的关系，提高城市污水处理过程的运行效率仍然是城市污水处理过程面临的挑战性难题。

针对城市污水处理过程多时间尺度运行指标的协同优化问题，本章设计了基于分层运行优化的城市污水处理多时间尺度运行优化策略。首先，结合城市污水处理过程的基本原理，分析污水处理过程的多重运行指标以及运行指标的动态响应时间。其次，依据不同的时间尺度，建立分层运行的优化目标，捕获不同时间尺度运行指标的动态特性。然后，为了实现分层运行指标优化目标的协同优化，设计了一种多时间尺度分层智能优化控制算法，同时优化上层和下层目标，并设计了基于多输入多输出径向基神经网络的数据驱动辅助模型策略，评价档案库中非支配解的可行性并获得有效的优化解。最后，对多时间尺度协同优化策略进行仿真实验，并与其他运行优化策略进行对比，获得优越的运行性能，实现多时间尺度运行指标的动态平衡。

8.2 城市污水处理过程多时间尺度分层智能优化控制基础

8.2.1 城市污水处理过程多时间尺度分层智能优化控制基本架构

城市污水处理过程多指标协同优化控制的架构图如图 8-1 所示。该策略主要包含三个部分：协同运行指标的构建、协同优化算法的研究和预测控制策略的设计。在协同运行指标构建单元中，设计了包含不同时间尺度的运行指标模型，即 *PE*、*AE* 和 *EQ*。在该单元中，首先是分析运行指标的操作时间特点和构建分层运行指标模型。分层运行性能指标的输入为控制变量 $\boldsymbol{y}(t)$，输出为运行指标 $F_1(t)$、$f_1(t)$ 和 $f_2(t)$。其次，设计了一种基于动态多目标粒子群的协同优化算法来同时优化分层运行目标，其难点是设计一种能够同时优化不同时间尺度的运行指标的优化

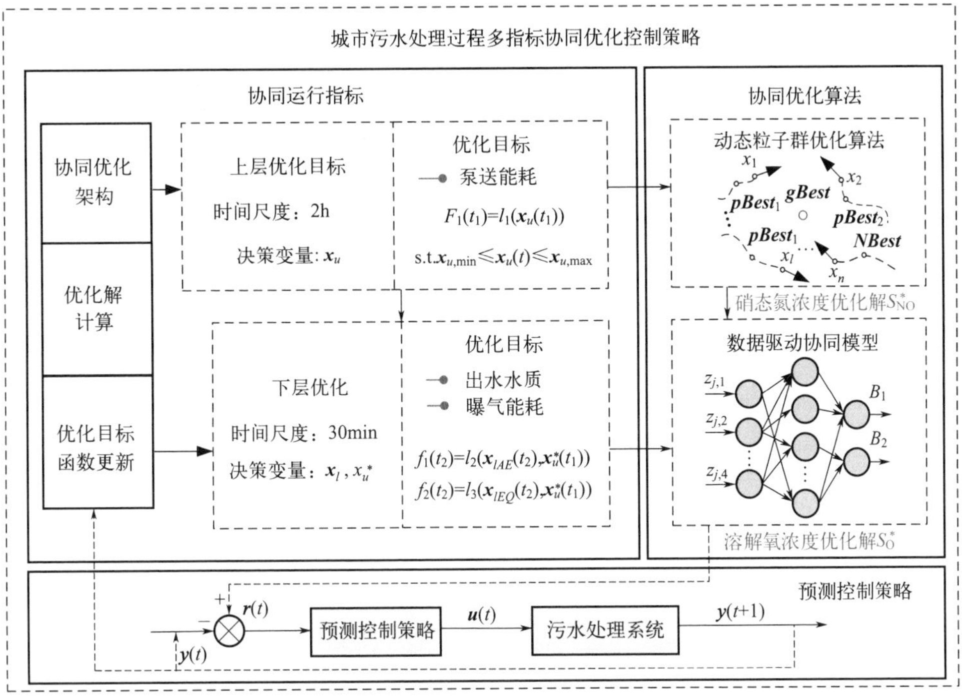

图 8-1 城市污水处理过程多指标协同优化控制架构图

算法。协同优化算法的优化目标是 $F_1(t)$、$f_1(t)$ 和 $f_2(t)$，优化输出是控制变量优化设定值 $\boldsymbol{r}(t)$。在预测控制单元，设计了一种预测控制策略来跟踪控制变量优化设定值，以保证系统的运行性能。预测控制策略的输入是得到的最优设定值 $\boldsymbol{r}(t)$ 和 $\boldsymbol{y}(t)$，输出是操作变量 $\boldsymbol{u}(t+1)$。

8.2.2 城市污水处理过程多时间尺度分层智能优化控制特点分析

城市污水处理是一个动态的反应过程，同时受到物理反应、生物反应和化学反应的影响。城市污水处理过程主要包含两个操作单元：生化反应单元和二沉池单元（见图 8-2）。在生化反应单元中，硝化反应、反硝化反应和预脱氮反应等多种反应过程同时进行，共同作用于脱氮除磷过程。在二沉池单元进行泥浆分离，处理后部分污泥返回生化反应装置，达标的水则直接排放。城市污水处理过程的操作特点如下。

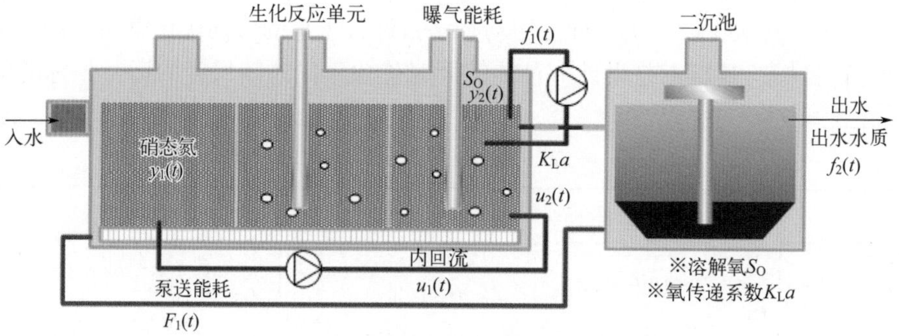

图 8-2　城市污水处理过程

① 高度非线性和复杂性：城市污水处理过程中多个反应单元同时进行，如曝气单元、缺氧单元、污泥处理单元等，均呈现出强非线性和复杂性的操作特点，其特点导致城市污水处理过程优化控制系统越来越复杂。

② 多重运行指标：在城市污水处理过程中，同时存在多个运行指标，各运行指标相互冲突，难以获取其平衡关系。

③ 动态响应时间：不同操作过程的响应时间从几秒到几周不等。如曝气过程的操作时间通常为几分钟，内循环过程的操作时间则为数个小时。多个运行指标通常受不同操作过程和控制变量的影响，具有不同的操作时间。

④ 时变的运行工况：城市污水处理过程的运行工况是动态变化的。例如，曝气过程随着进水流量和不同天气的变化而动态调整。因此，为了保证控制性能，需要实时调整过程控制变量以满足时变的运行工况。

8.3 城市污水处理过程多时间尺度优化目标构建

8.3.1 城市污水处理过程多时间尺度性能指标影响因素分析

城市污水处理过程的主要操作目标是在满足 *EQ* 达标排放的基础上，降低 *EC*，其中，*EC* 主要包含曝气能耗（*AE*）和泵送能耗（*PE*）。*AE* 是由曝气区的鼓风机引起的，*PE* 是由缺氧区的泵引起的。因此，城市污水处理过程的主要运行指标是 $PE(F_1(t))$、$AE(f_1(t))$ 和 $EQ(f_2(t))$。在城市污水处理过程中，$S_{NO}\ y_1(t)$ 和 $S_O\ y_2(t)$ 是用于调节 *PE*、*AE* 和 *EQ* 的重要控制变量，其中，$S_{NO}\ y_1(t)$ 主要是通过 $Q_a u_1(t)$ 进行调控的，$S_O\ y_2(t)$ 是通过 $K_La\ u_2(t)$ 进行控制的。从城市污水处理过程的可持续性和经济性来看，合适的 S_O 和 S_{NO} 对城市污水处理的操作性能具有较大的影响，其能够有效平衡 *EQ*、*AE* 和 *PE*。

8.3.2 城市污水处理过程多时间尺度优化目标设计

在城市污水处理过程中，*AE*、*PE* 和 *EQ* 是评价操作系统运行效率的主要运行指标。实时获取 *AE*、*PE* 和 *EQ* 的动态特性对于调节城市污水处理系统的性能指标具有重要意义。由于 *AE*、*PE* 和 *EQ* 是相互耦合的运行指标，同时受到不同过程变量和不同操作时间尺度的影响，因此，本节设计了一种协同优化策略，根据不同的动态操作时间建立分层运行指标模型。基于城市污水处理过程的运行特点，设计了一种包含上层和下层的双层架构来描述运行指标。在上层，根据控制变量 S_{NO} 的运行特点，构建了满足 *PE* 运行要求的运行指标模型，操作周期为 2h，运行时间为 t_1。在下层，根据控制变量 S_O 的运行特点，设计了 *AE* 和 *EQ* 模型，操作周期为 30min，运行时间为 t_2。在上层：

$$F_1(t_1) = l_1(\boldsymbol{x}_u(t_1)) \tag{8-1}$$

其中，$F_1(\cdot)$ 是关于 *PE* 的目标函数；$l_1(\cdot)$ 是未知的非线性函数；$\boldsymbol{x}_u$ 是与 *PE* 相关的过程变量。

在下层，*AE* 和 *EQ* 操作目标可描述为：

$$\begin{aligned} f_1(t_2) &= l_2(\boldsymbol{x}_{lAE}(t_2), x_u^*(t_1)) \\ f_2(t_2) &= l_3(\boldsymbol{x}_{lEQ}(t_2), x_u^*(t_1)) \end{aligned} \tag{8-2}$$

其中，$f_1(\cdot)$ 和 $f_2(\cdot)$ 分别是关于 AE 和 EQ 的目标函数；$l_2(\cdot)$ 和 $l_3(\cdot)$ 是未知的非线性函数；$\boldsymbol{x}_l$ 是与 AE 和 EQ 相关的过程变量；$x_u^*(t_1)$ 是基于上层优化获得的 S_{NO} 设定值 S_{NO}^*。

为了保证优化目标的有效性，设计了基于自适应核函数的数据驱动建模方法。在该数据驱动建模方法中，根据反应过程的机理，分析和确定了相关的影响过程变量。用于描述运行指标与相关变量之间关系的非线性函数可表示为：

$$\begin{aligned}
&F_1(t_1)=l_1(S_{\mathrm{NO}}(t_1),MLSS(t_1),PE(t_1-1))\\
&f_1(t_2)=l_2(S_{\mathrm{O}}(t_2),AE(t_2-1),S_{\mathrm{NO}}^*(t_1))\\
&f_2(t_2)=l_3(S_{\mathrm{O}}(t_2),S_{\mathrm{NH}}(t_2),SS(t_2),EQ(t_2-1),S_{\mathrm{NO}}^*(t_1))
\end{aligned} \tag{8-3}$$

其中，S_{NO}、$MLSS$ 和 t-1 时刻的 PE 为 PE 模型的输入变量；S_{O}、S_{NO}^* 和 t-1 时刻的 AE 为 AE 模型的输入变量；S_{O}、S_{NO}^*、S_{NH}、SS 和 t-1 时刻的 EQ 为 EQ 模型的输入变量。采用自适应回归径向基核函数对非线性系统动态特性进行建模，准确映射 PE、AE 和 EQ 与相关过程变量间的非线性关系。

8.3.3 城市污水处理过程多时间尺度优化目标动态更新

考虑城市污水处理过程的动态特性，需要对 AE、PE 和 EQ 模型的参数进行动态更新。利用自适应二阶 LM 算法完成模型参数的调整，具体可表示为：

$$\boldsymbol{\Theta}(t)=\arg\min\,(y(t)-\hat{y}(t))^2 \tag{8-4}$$

其中，$\boldsymbol{\Theta}(t)$ 表示 t 时刻待优化的参数；$y(t)$ 表示 t 时刻性能指标的实际输出；$\hat{y}(t)$ 表示 t 时刻性能指标的预测输出。以 AE 模型为例，待更新的参数包括 $W_{1q}(t)$、$b_{1q}(t)$、$\boldsymbol{c}_{1q}(t)$，具体更新过程可描述为：

$$\boldsymbol{\Phi}_1(t)=\left[W_{11}(t),\cdots,W_{1Q}(t),\boldsymbol{c}_{11}(t),\cdots,\boldsymbol{c}_{1Q}(t),b_{11}(t),\cdots,b_{1Q}(t)\right] \tag{8-5}$$

其中，$\boldsymbol{\Phi}_1(t)$ 是包含所有核函数参数的向量，其更新方式为：

$$\boldsymbol{\Phi}_1(t+1)=\boldsymbol{\Phi}_1(t)+\left(\boldsymbol{\Psi}_1(t)+\lambda_1(t)\boldsymbol{I}\right)^{-1}\times\boldsymbol{\Omega}_1(t) \tag{8-6}$$

$\boldsymbol{\Psi}_1(t)$ 是拟海塞矩阵，其计算过程为：

$$\boldsymbol{\Psi}_1(t)=\boldsymbol{j}_1^{\mathrm{T}}(t)\boldsymbol{j}_1(t) \tag{8-7}$$

其中，$\boldsymbol{j}_1(t)$ 的计算过程为：

$$\boldsymbol{j}_1(t)=\left[\frac{\partial e_1(t)}{\partial W_{11}(t)},\cdots,\frac{\partial e_1(t)}{\partial W_{1Q}(t)},\frac{\partial e_1(t)}{\partial \boldsymbol{c}_{11}(t)},\cdots,\frac{\partial e_1(t)}{\partial \boldsymbol{c}_{1Q}(t)},\frac{\partial e_1(t)}{\partial b_{11}(t)},\cdots,\frac{\partial e_1(t)}{\partial b_{1Q}(t)}\right] \tag{8-8}$$

$\boldsymbol{\Omega}_1(t)$ 是梯度向量，其计算过程可表示为：

$$\boldsymbol{\Omega}_1(t)=\boldsymbol{j}_1^{\mathrm{T}}(t)e_1(t) \tag{8-9}$$

$\boldsymbol{I}$ 是单位矩阵；$\lambda_1(t)$ 是自适应学习率，其更新过程为：

$$\lambda_1(t)=\mu_1(t)\lambda_1(t-1) \tag{8-10}$$

$$\mu_1(t)=\frac{\tau_1^{\min}(t)+\lambda_1(t-1)}{\tau_1^{\max}(t)+1} \tag{8-11}$$

其中，$\tau_1^{\max}(t)$ 和 $\tau_1^{\min}(t)$ 分别是 $\boldsymbol{\Psi}_1(t)$ 的最大和最小特征值，$0<\tau_1^{\min}(t)<\tau_1^{\max}(t)$，$0<\lambda_1(t)<1$。

8.4 城市污水处理过程多时间尺度分层智能优化设定方法设计

8.4.1 城市污水处理过程多时间尺度分层智能优化方法设计

为了同时优化不同时间尺度的性能指标 PE、AE 和 EQ，设计了一种基于动态多目标粒子群优化的协同优化算法，得到控制变量 S_{O} 和 S_{NO} 的优化设定值 S_{O}^* 和 S_{NO}^*。基于式（8-1）～式（8-3），上下层的优化目标和约束条件可表示为：

$$\min F_1(S_{\mathrm{NO}}(t_1), MLSS\,(t_1)) \tag{8-12}$$

$$\text{s.t.}\begin{cases}0.3\mathrm{mg/L}\leqslant S_{\mathrm{NO}}(t_1)\leqslant 2\mathrm{mg/L}\\ 40\mathrm{mg/L}\leqslant MLSS\,(t_1)\leqslant 120\mathrm{mg/L}\\ 1€/(\mathrm{kW{\bullet}h})\leqslant PE(t_1)\leqslant 0.1€/(\mathrm{kW{\bullet}h})\end{cases} \tag{8-13}$$

$$\min\left[f_1\left(S_{\mathrm{O}}(t_2),S_{\mathrm{NO}}^*(t_1)\right)\quad f_2\left(S_{\mathrm{O}}(t_2),S_{\mathrm{NH}}(t_2),SS(t_2),S_{\mathrm{NO}}^*(t_1)\right)\right] \tag{8-14}$$

$$\text{s.t.}\begin{cases}0.4\mathrm{mg/L}\leqslant S_{\mathrm{O}}(t_2)\leqslant 3\mathrm{mg/L}\\ 0\mathrm{mg/L}\leqslant S_{\mathrm{NH}}(t_2)\leqslant 2.5\mathrm{mg/L}\\ 40\mathrm{mg/L}\leqslant SS(t_2)\leqslant 120\mathrm{mg/L}\\ 0€/(\mathrm{kW{\bullet}h})\leqslant AE\ (t_2)\leqslant 2.5€/(\mathrm{kW{\bullet}h})\\ 0€/\mathrm{m}^3\leqslant EQ\ (t_2)\leqslant 12€/\mathrm{m}^3\\ 0.3\mathrm{mg/L}\leqslant S_{\mathrm{NO}}^*(t_1)\leqslant 2\mathrm{mg/L}\end{cases} \tag{8-15}$$

其中，$F_1(S_{NO}(t_1)、MLSS(t_1))$ 是上层的优化目标函数，$f_1(S_O(t_2)、S_{NO}^*(t_1))$ 和 $f_2(S_O(t_2)、S_{NH}(t_2)、SS(t_2)、S_{NO}^*(t_1))$ 是下层的优化目标函数，上下层优化约束条件根据城市污水处理过程的运行工况确定。

为了实现不同时间尺度性能指标的优化设定，设计了基于粒子群算法的分层智能优化设定方法。上层采用单目标粒子群优化算法，获取 S_{NO} 的优化设定值，将获取的 S_{NO} 的优化设定值传递到下层，下层采用多目标粒子群优化算法，求取 S_O 的优化设定值。根据式（8-12）～式（8-15）的优化目标以及优化目标的优化时间周期可知，上层优化目标的周期是下层优化目标周期的 4 倍，即 t_1=4t_2，根据该操作特点，将式（8-12）～式（8-15）的优化目标重新设计为：

$$\min F_1(S_{NO}(t_1), MLSS(t_1), PE(t_1-1)) \tag{8-16}$$

$$\text{s.t.} \begin{cases} 0.3\text{mg/L} \leqslant S_{NO} \leqslant 2\text{mg/L} \\ 40\text{mg/L} \leqslant MLSS \leqslant 120\text{mg/L} \\ 0€/(\text{kW}\cdot\text{h}) \leqslant \text{PE} \leqslant 0.1€/(\text{kW}\cdot\text{h}) \end{cases} \tag{8-17}$$

$$\min [f_1(S_O(t), S_{NO}^*(t)) \quad f_2(S_O(t), S_{NH}(t), SS(t), S_{NO}^*(t))] \tag{8-18}$$

$$\text{s.t.} \begin{cases} 0.4\text{mg/L} \leqslant S_O(t) \leqslant 3\text{mg/L} \\ 0\text{mg/L} \leqslant S_{NH}(t) \leqslant 2.5\text{mg/L} \\ 40\text{mg/L} \leqslant SS(t) \leqslant 120\text{mg/L} \\ 0€/(\text{kW}\cdot\text{h}) \leqslant AE(t) \leqslant 2.5€/(\text{kW}\cdot\text{h}) \\ 0€/\text{m}^3 \leqslant EQ(t) \leqslant 12€/\text{m}^3 \\ 0.3\text{mg/L} \leqslant S_{NO}^*(t) \leqslant 2\text{mg/L} \end{cases} \tag{8-19}$$

其中，式（8-16）和式（8-18）是根据优化周期设计的优化目标，当优化时间 t 满足 $t=4\eta T$ 时，$\eta \in \mathbf{R}$，T 是优化周期，为 30min，优化目标函数为式（8-16），否则优化目标函数为式（8-18）。

8.4.2 城市污水处理过程多时间尺度分层智能优化设定

为了解决式（8-16）中的优化问题，设计了一种自适应粒子群优化算法来获得 S_{NO} 的最优设定值。在优化过程中，每个粒子都被看作是 D 维可行解空间中的一个解，粒子位置可表示为：

$$\boldsymbol{s}_i(t_1) = [s_{i,1}(t_1), s_{i,2}(t_1), s_{i,3}(t_1)] \tag{8-20}$$

其中，$\boldsymbol{s}_i(t_1)$ 是第 i 个粒子在 t_1 时刻的位置，i=1, 2, ⋯, I，I 是粒子数。

粒子速度可以表示为：

$$\boldsymbol{v}_i(t_1) = [v_{i,1}(t_1), v_{i,2}(t_1), v_{i,3}(t_1)] \tag{8-21}$$

在优化过程中，需更新每个粒子的速度和位置，以保证进化方向的有效性，更新过程可表示为：

$$v_{i,d}(t_1+1)=\omega_i(t_1)v_{i,d}(t_1)+c_1r_1(p_{i,d}(t_1)-s_{i,d}(t_1))+c_2r_2(g_d(t_1)-s_{i,d}(t_1)) \tag{8-22}$$

$$s_{i,d}(t_1+1)=s_{i,d}(t_1)+v_{i,d}(t_1+1) \tag{8-23}$$

其中，d 表示粒子维数，d=1,2,3；c_1 和 c_2 表示加速度常量；r_1 和 r_2 表示随机数；$\boldsymbol{p}_i(t_1)$ 表示第 i 个粒子在 t_1 时刻的个体最优位置；$g_d(t_1)$ 表示全局最优位置；$\boldsymbol{\omega}_i(t_1)$ 表示惯性权重。

在搜索过程中，通过适应度函数值来评价粒子的“好坏”程度，根据粒子适应度值更新粒子个体最优，具体可表示为：

$$\boldsymbol{p}_i(t_1+1)=\begin{cases}\boldsymbol{p}_i(t_1),\ f(\boldsymbol{s}_i(t_1+1))\geqslant f(\boldsymbol{p}_i(t_1))\\ \boldsymbol{a}_i(t_1+1),\ \text{其他}\end{cases} \tag{8-24}$$

其中，函数 $f(\boldsymbol{s}_i(t_1))$ 是适应度函数，用于表示解的优劣。通过选择个体最优适应度值最小解为全局最优解，公式如下：

$$\boldsymbol{g}(t_1+1)=\arg\min_{\boldsymbol{p}_i}(f(\boldsymbol{p}_i(t_1+1))),\quad 1\leqslant i\leqslant I \tag{8-25}$$

由粒子的速度更新公式（8-22）可知，粒子速度主要受三部分影响。第一部分是上一时刻的速度 $v_{i,d}(t_1)$，表示粒子受惯性行为的影响。第二部分是 $c_1r_1(p_{i,d}(t_1)-s_{i,d}(t_1))$，也称为“认知部分”，表示粒子的自学习过程。第三部分是 $c_2r_2(g_d(t_1)-s_{i,d}(t_1))$，称为“社会部分”，表示粒子向全局最优靠近的过程，表现了粒子间的协同信息共享。

对于 PSO 算法，多样性对提高进化的效果起着重要的作用。粒子过早收敛的表现是缺乏多样性。惯性权重对调整粒子飞行有重要作用，为了提高算法的多样性，惯性权重将根据粒子空间状态进行调整。此外，由于粒子的飞行并不是一个简单的线性过程，提出了一种基于群体多样性的非线性自适应策略，用于调整惯性权重。多样性的定义为：

$$S(t_1)=f_{\min}(\boldsymbol{s}(t_1))/f_{\max}(\boldsymbol{s}(t_1)) \tag{8-26}$$

并且：

$$\begin{cases}f_{\min}(\boldsymbol{s}(t_1))=\min(f(\boldsymbol{s}_i(t_1)))\\ f_{\max}(\boldsymbol{s}(t_1))=\max(f(\boldsymbol{s}_i(t_1)))\end{cases} \tag{8-27}$$

其中，$f(\boldsymbol{s}_i(t_1))$ 是第 i 个粒子的适应度值，i=1,2,⋯,s；$f_{\min}(\boldsymbol{s}(t_1))$ 和 $f_{\max}(\boldsymbol{s}(t_1))$ 分别是 t_1 时刻最小和最大的适应度值。多样性 $S(t_1)$ 用于描述粒子的运动特性，表示粒子的聚散程度，反映了群体的整体搜索状态，并且能够反映粒子陷入局部最优的信息。基于多样性 $S(t_1)$ 设计非线性函数，用于调整惯性权重，使其更加符合粒子的飞行状态。非线性函数如下：

$$\gamma(t_1)=(L-S(t_1))^{-t} \tag{8-28}$$

其中，L 是初始化常数，且 $L \geqslant 2$。此外，每个粒子的空间状态不同，需要根据粒子的状态自适应调整惯性权重，引导每个粒子的飞行。而粒子与最优粒子间的差异性能够很好地反映粒子当前最优的差异，从而指导粒子飞行。粒子与最优粒子的差异表示为：

$$A_i(t_1)=f(\boldsymbol{g}(t_1))/f(\boldsymbol{s}_i(t_1)) \tag{8-29}$$

其中，$f(\boldsymbol{g}(t_1))$ 是全局最优适应度值。因此，自适应惯性权重策略被定义为：

$$\omega_i(t_1)=\gamma(t_1)(A_i(t_1)+c) \tag{8-30}$$

其中，$\omega_i(t_1)$ 是第 i 个粒子的惯性权重；$c \geqslant 0$ 是一个预定义的常数，用于改善粒子的全局搜索能力。

为了进一步提高粒子后期的局部搜索能力，提出一个粒子速度范围限制策略，使得粒子随着迭代的进行，速度范围逐渐缩小，从而增强局部搜索能力。

$$\begin{cases} v_{\max}=m\times\mu^{-iter} \\ v_{\min}=-m\times\mu^{-iter} \end{cases} \tag{8-31}$$

其中，m 为常数，取值范围为 [0,1]；μ 的取值范围是 [1,1.1]；$iter$ 为当前迭代步数。通过改进惯性权重调整公式，并且增加速度范围调整公式，提出的自适应粒子群优化算法能够较好地平衡算法的全局搜索能力和局部搜索能力，从而保证 S_{NO} 优化解的有效性。

在底层优化过程中，采用自适应多目标梯度粒子群优化算法对目标式（8-18）进行优化，以获得 S_O 优化设定值。在基于动态多目标粒子群的优化设定值获取方法中，粒子的位置为 $\boldsymbol{a}_j(t_2)$，$\boldsymbol{a}_j(t_2)=[\boldsymbol{a}_{j,1}(t_2),\cdots,\boldsymbol{a}_{j,6}(t_2)]$，速度为 $\boldsymbol{b}_j(t_2)$，$\boldsymbol{b}_j(t_2)=[\boldsymbol{b}_{j,1}(t_2),\cdots,\boldsymbol{b}_{j,6}(t_2)]$，粒子的速度和位置更新过程如式（8-22）和式（8-23）所示。在进化过程中，非支配解保存在档案库 $\boldsymbol{Z}(t_2)$ 中，$\boldsymbol{Z}(t_2)=[z_1(t_2), z_2(t_2),\cdots, z_j(t_2),\cdots, z_I(t_2)]$。为了增强该算法的局部探索能力，利用多目标梯度算法对档案库中的粒子进行更新。档案库中粒子的更新过程为：

$$\check{\boldsymbol{z}}_j(t_2)=\boldsymbol{z}_j(t_2)+\chi\nabla\boldsymbol{D}(\boldsymbol{z}_j(t_2)) \tag{8-32}$$

其中，$\boldsymbol{z}_j(t_2)$ 和 $\check{\boldsymbol{z}}_j(t_2)$ 分别是多目标梯度算法使用前后的档案库粒子信息；χ 是步长；$\nabla\boldsymbol{D}$ 是梯度下降方向。

计算档案库中粒子的距离，当得到两个粒子的最大距离后，其他 $K-2$ 个粒子的平均距离被定义为：

$$\kappa = D_{\max} / (K-1) \tag{8-33}$$

其中，κ 是所有粒子的平均距离；$D_{\max}$ 是最大距离。基于历史解和当前解之间的支配关系，飞行参数的自适应调整机制设计为：

$$Re_i\left(t_2\right) = \frac{\kappa_{\min}\left(t_2\right) + \kappa_{\max}\left(t_2\right)}{\kappa_{\max}\left(t_2\right) + \kappa_i\left(t_2\right)} \tag{8-34}$$

其中，$Re_i(t_2)$ 是第 i 个粒子的自适应参数；$\kappa_{\min}(t_2)$ 和 $\kappa_{\max}(t_2)$ 是所有粒子与 ***gBest*** 之间的最小和最大距离；$\kappa_i(t_2)$ 是第 i 个粒子与 ***gBest*** 之间的距离。飞行参数 $\boldsymbol{\omega}=[\omega_1(t_2), \omega_2(t_2), \cdots, \omega_I(t_2)]$，$\boldsymbol{\alpha}_1=[\alpha_{11}(t_2), \alpha_{12}(t_2),\cdots, \alpha_{1I}(t_2)]$ 和 $\boldsymbol{\alpha}_2=[\alpha_{21}(t_2), \alpha_{22}(t_2),\cdots, \alpha_{2I}(t_2)]$ 的自适应调整机制为：

$$\omega_i\left(t_2\right) = \begin{cases} \omega_i(t_2-1), \ \boldsymbol{p}_i(t_2-1) \nprec\nsucc \boldsymbol{p}_i(t_2) \\ \omega_i(t_2-1)\times(1-Re_i(t_2)), \ \boldsymbol{p}_i(t_2-1) \prec \boldsymbol{p}_i(t_2) \\ \omega_i(t_2-1)\times(1+Re_i(t_2)), \ \boldsymbol{p}_i(t_2-1) \succ \boldsymbol{p}_i(t_2) \end{cases} \tag{8-35}$$

$$\alpha_{1i}\left(t_2\right) = \begin{cases} \alpha_{1i}(t_2-1), \ \boldsymbol{p}_i(t_2-1) \nprec\nsucc \boldsymbol{p}_i(t_2) \\ \alpha_{1i}(t_2-1)\times(1-Re_i(t_2)), \ \boldsymbol{p}_i(t_2-1) \prec \boldsymbol{p}_i(t_2) \\ \alpha_{1i}(t_2-1)\times(1+Re_i(t_2)), \ \boldsymbol{p}_i(t_2-1) \succ \boldsymbol{p}_i(t_2) \end{cases} \tag{8-36}$$

$$\alpha_{2i}\left(t_2\right) = \begin{cases} \alpha_{2i}(t_2-1), \ \boldsymbol{p}_i(t_2-1) \nprec\nsucc \boldsymbol{p}_i(t_2) \\ \alpha_{2i}(t_2-1)\times(1-Re_i(t_2)), \ \boldsymbol{p}_i(t_2-1) \succ \boldsymbol{p}_i(t_2) \\ \alpha_{2i}(t_2-1)\times(1+Re_i(t_2)), \ \boldsymbol{p}_i(t_2-1) \prec \boldsymbol{p}_i(t_2) \end{cases} \tag{8-37}$$

其中，$\omega_i(t_2)$ 是第 i 个粒子在第 t_2 时刻的惯性权重；$\alpha_{1i}(t_2)$ 和 $\alpha_{2i}(t_2)$ 是第 i 个粒子在第 t_2 时刻的加速度常量；$\boldsymbol{p}_i(t_2)$ 是第 i 个粒子在第 t_2 时刻的个体最优解。基于上述所提出的优化算法，可以获得控制变量 S_{O} 的优化设定值 S_{O}^*。

8.4.3 城市污水处理过程多时间尺度分层优化设定性能评价

考虑到城市污水处理过程优化难以获取真实的优化目标 Pareto 前沿，为了评价档案库中非支配解的可行性和获得有效的优化解，设计了基于多输入多输出径向基神经网络的数据驱动辅助模型策略，具体可描述为：

$$\boldsymbol{B}_j(t_2) = \sum_{k=1}^{K} \boldsymbol{o}_{j,k}\left(t_2\right)\times\theta_{j,k}\left(t_2\right), k=1,\cdots,K;\ j=1,2,\cdots,I \tag{8-38}$$

其中，$\boldsymbol{B}_j(t_2)=[B_{j,1}(t_2), B_{j,2}(t_2)]^{\mathrm{T}}$ 是输出向量，将档案库中第 j 个非支配解作为模型输入；$\boldsymbol{o}_j(t_2)=[o_{j,1}(t_2), o_{j,2}(t_2),\cdots, o_{j,K}(t_2)]^{\mathrm{T}}$ 是权重参数，K 是隐含层神经元的个数；$\boldsymbol{\theta}_i(t)=[\theta_{i,1}(t), \theta_{i,2}(t), \cdots, \theta_{i,K}(t)]^{\mathrm{T}}$ 是隐含层的输出，定义为：

$$\theta_{j,k}(t_2)=\mathrm{e}^{-\|z_j(t_2)-\varphi_{j,k}(t_2)\|/2\sigma_{j,k}^2(t_2)} \tag{8-39}$$

其中，$\boldsymbol{z}_j(t_2)=[z_{j,1}(t_2), z_{j,2}(t_2),\cdots, z_{j,6}(t_2)]$ 是输入向量，$z_{j,1}(t_2)$ 是 S_{O} 的优化设定值 S_{O}^*，$z_{j,2}(t_2)$ 是 S_{NO} 的优化设定值 S_{NO}^*，得到的 S_{O}^* 和 S_{NO}^* 将传递到预测控制策略中，作为控制器的参考输入。通过辅助模型和实际系统中 AE 和 EQ 的最小平方误差：

$$e(\boldsymbol{z}_n(t_2))=\min(\boldsymbol{B}_n(t_2)-\boldsymbol{Q}(t_2))^{\mathrm{T}}(\boldsymbol{B}_n(t_2)-\boldsymbol{Q}(t_2)) \tag{8-40}$$

其中，$\boldsymbol{Q}(t)=[Q_1(t), Q_2(t)]^{\mathrm{T}}$ 是 AE 和 EQ 的输出；$e(\boldsymbol{z}_n(t))$ 是辅助模型输出和实际系统输出的误差。此时，误差最小的解被认为是最可行的优化解。

8.5 城市污水处理过程多时间尺度分层智能优化控制方法设计

8.5.1 城市污水处理过程多时间尺度分层智能优化控制算法设计

为了实现对控制变量 S_{O}^* 和 S_{NO}^* 的跟踪控制，设计了一种预测控制策略，用于获取控制律。预测控制策略的价值函数定义为：

$$\hat{J}(t)=\rho_1[\boldsymbol{r}(t)-\hat{\boldsymbol{y}}(t)]^{\mathrm{T}}[\boldsymbol{r}(t)-\hat{\boldsymbol{y}}(t)]+\rho_2\Delta\boldsymbol{u}(t)^{\mathrm{T}}\Delta\boldsymbol{u}(t) \tag{8-41}$$

$$\text{s.t.}\begin{cases}|\Delta\boldsymbol{u}(t)|\leqslant\Delta\boldsymbol{u}_{\max}\\ \boldsymbol{u}_{\min}\leqslant\boldsymbol{u}(t)\leqslant\boldsymbol{u}_{\max}\\ \hat{\boldsymbol{y}}_{\min}\leqslant\hat{\boldsymbol{y}}(t)\leqslant\hat{\boldsymbol{y}}_{\max}\\ \boldsymbol{r}(t+H_p+i)-\hat{\boldsymbol{y}}(t+H_p+i)=0,i\geqslant 1\end{cases} \tag{8-42}$$

其中，$\hat{J}(t)$ 是 t 时刻的价值函数；ρ_1 和 ρ_2 为正则化系数，且满足 $\rho_1+\rho_2=1$；$\boldsymbol{r}(t)$ 是 t 时刻控制变量的优化设定值 S_{O}^* 和 S_{NO}^*，$\boldsymbol{r}(t)=[r_1(t), r_2(t)]$；$\hat{\boldsymbol{y}}(t)$ 是 S_{O} 和 S_{NO} 的预测输出，$\hat{\boldsymbol{y}}(t)=[\hat{y}_1(t), \hat{y}_2(t)]$；$\Delta\boldsymbol{u}(t)$ 是操纵变量 $K_{\mathrm{L}}a$ 和 Q_{a} 的变化量，

$\Delta\boldsymbol{u}(t)=[\Delta\boldsymbol{u}(t), \Delta\boldsymbol{u}(t+1),\cdots, \Delta\boldsymbol{u}(t+H_u-1)]$；$H_u$ 为控制时域，H_p 为预测时域；$\Delta\boldsymbol{u}_{\max}$ 是 $\Delta\boldsymbol{u}(t)$ 的上限；$\boldsymbol{u}_{\min}$ 和 $\boldsymbol{u}_{\max}$ 是 $\boldsymbol{u}(t)$ 的下限和上限；$\hat{\boldsymbol{y}}_{\min}$ 和 $\hat{\boldsymbol{y}}_{\max}$ 是 $\hat{\boldsymbol{y}}(t)$ 的下限和上限。

为了减少达到最优解的迭代步数，使用梯度下降算法求取控制律：

$$\boldsymbol{u}(t+1)=\boldsymbol{u}(t)+\Delta\boldsymbol{u}(t)=\boldsymbol{u}(t)+\xi\left(-\frac{\partial\hat{J}(t)}{\partial\boldsymbol{u}(t)}\right) \tag{8-43}$$

$$\Delta\boldsymbol{u}(t)=\left(1+\xi\rho_2\right)^{-1}\xi\rho_1\left(\left(\frac{\partial\hat{\boldsymbol{y}}(t)}{\partial\boldsymbol{u}(t)}\right)^{\mathrm{T}}[\boldsymbol{r}(t)-\hat{\boldsymbol{y}}(t)]\right) \tag{8-44}$$

其中，$\xi>0$ 是控制输入序列的控制律；$\partial\hat{\boldsymbol{y}}(t)/\partial\boldsymbol{u}(t)$ 是雅可比矩阵，可通过预测模型计算：

$$\frac{\partial\hat{\boldsymbol{y}}(t)}{\partial\boldsymbol{u}(t)}=\begin{bmatrix}\frac{\partial\hat{\boldsymbol{y}}(t+1)}{\partial\boldsymbol{u}(t)} & 0 & 0 & \cdots & 0\\ \frac{\partial\hat{\boldsymbol{y}}(t+2)}{\partial\boldsymbol{u}(t)} & \frac{\partial\hat{\boldsymbol{y}}(t+2)}{\partial\boldsymbol{u}(t+1)} & 0 & \cdots & 0\\ \vdots & \vdots & \vdots & \ddots & \vdots\\ \frac{\partial\hat{\boldsymbol{y}}\left(t+H_u\right)}{\partial\boldsymbol{u}(t)} & \frac{\partial\hat{\boldsymbol{y}}\left(t+H_u\right)}{\partial\boldsymbol{u}(t+1)} & \frac{\partial\hat{\boldsymbol{y}}\left(t+H_u\right)}{\partial\boldsymbol{u}(t+2)} & \cdots & \frac{\partial\hat{\boldsymbol{y}}\left(t+H_u\right)}{\partial\boldsymbol{u}\left(t+H_u-1\right)}\\ \vdots & \vdots & \vdots & \vdots & \vdots\\ \frac{\partial\hat{\boldsymbol{y}}(t+H_p)}{\partial\boldsymbol{u}(t)} & \frac{\partial\hat{\boldsymbol{y}}(t+H_p)}{\partial\boldsymbol{u}(t+1)} & \frac{\partial\hat{\boldsymbol{y}}(t+H_p)}{\partial\boldsymbol{u}(t+2)} & \cdots & \frac{\partial\hat{\boldsymbol{y}}(t+H_p)}{\partial\boldsymbol{u}(t+H_u-1)}\end{bmatrix}_{H_p\times H_u} \tag{8-45}$$

基于梯度的预测控制策略的基本思想是利用当前的控制序列来最小化价值函数 J，进而跟踪控制变量优化设定值，则可以计算出控制输入序列。

8.5.2 城市污水处理过程多时间尺度分层智能优化控制算法实现

所提出的城市污水处理过程多时间尺度分层智能优化控制算法，可以解决不同时间尺度多个性能指标的实时优化，不仅可以获得控制变量最优设定点，而且可以评估其可行性。

所设计的多时间尺度分层智能优化控制算法主要可以分为两部分，分别是多时间尺度性能指标分层优化设定和控制变量优化设定值跟踪控制，具体的实施流程如表 8-1 所示。

表 8-1 多时间尺度分层智能优化控制算法

优化和控制参数初始化；	
% 多时间尺度分层优化	
基于构建的 *PE*、*AE*、*EQ* 模型设计优化目标函数；	% 式（8-16）～式（8-18）
分层优化算法	
如果（满足上层优化周期）	
最小化 *PE* 目标	% 式（8-16）
计算惯性权重	% 式（8-30）
更新粒子速度和位置	% 式（8-22）～式（8-23）
获得最优设定值 S_{NO}^*；	
如果 (满足下层优化周期)	
最小化 *AE* 和 *EQ* 目标	% 式（8-18）
保存非支配解在档案库 $\boldsymbol{Z}$ 中	
更新档案库 $\boldsymbol{Z}$	% 式（8-33）
更新权重和飞行参数	% 式（8-35）～式（8-37）
构建数据驱动辅助模型	% 式（8-38）
评价优化解的可行性	% 式（8-40）
获得最优设定值 S_O^*；	
结束	
结束	
% 优化设定值跟踪控制	
预测系统输出 $\hat{\boldsymbol{y}}(t-1)$	
计算 $\partial\hat{\boldsymbol{y}}(t-1)/\partial\boldsymbol{u}(t-1)$	% 式（8-45）
计算 $\Delta\boldsymbol{u}(t-1)$	% 式（8-44）
获取 $\boldsymbol{u}(t)$	% 式（8-43）

8.5.3 城市污水处理过程多时间尺度分层智能优化控制性能分析

为了证明所提出的城市污水处理过程多指标协同优化控制策略的可行性，分别从优化解的可行性和控制策略的稳定性两方面进行分析。

（1）优化解可行性分析

优化解是通过基于动态多目标粒子群优化的协同优化算法计算得到的，只要保证设计的协同优化算法中粒子的位置能够收敛到最优位置，即可保证优化解的可行性。基于第 5 章中优化解的可行性分析可知，基于动态多目标粒子群优化算法获得的优化解能够保证其可行性。因此，可以推断优化解是可行的。

(2) 控制策略稳定性分析

控制策略的稳定性分析过程如以下定理所示。

定理 8-1 考虑由式（8-41）和式（8-42）所表示的有约束有限时序优化控制问题，若通过式（8-43）计算控制律，则可以保证优化控制策略的稳定性。

证明 假设：

① 如果 $\boldsymbol{u}(0)$ 对 $\boldsymbol{r}(0)$ 是可行的，则 $\boldsymbol{u}(t)$ 对所有的迭代步数 t 都是可行的；

② 由文献 [194] 中的定理 4 可知，如果 $\boldsymbol{u}(t-1)$ 满足式（8-42）中的 $\boldsymbol{r}(t-1)$，其中 $\boldsymbol{u}(t-1)$ 和 $\boldsymbol{r}(t-1)$ 是上一时刻的控制变量和目标，则 $\boldsymbol{u}(t)$ 满足式（8-42）中的 $\boldsymbol{r}(t)$；

③ 考虑 t 时刻的价值函数：

$$\hat{J}(t)=\rho_1\boldsymbol{\varepsilon}^{\mathrm{T}}(t)\boldsymbol{\varepsilon}(t)+\rho_2[\Delta\boldsymbol{u}(t)]^{\mathrm{T}}\Delta\boldsymbol{u}(t)=\rho_1\sum_{i=1}^{H_P}\varepsilon^2(t+i)+\rho_2\sum_{i=1}^{H_u}\Delta u^2(t+i-1) \tag{8-46}$$

其中，$\boldsymbol{\varepsilon}(t)=\boldsymbol{r}(t)-\hat{\boldsymbol{y}}(t)$ 是 t 时刻的跟踪误差。

假设 $\boldsymbol{u}(t)=[u(t), u(t+1), \cdots, u(t+H_u-1)]^{\mathrm{T}}$ 是通过迭代优化获得的最优控制输入，此时，引入次优化控制 $\boldsymbol{u}_{\mathrm{s}}(t+1)$：

$$\boldsymbol{u}_{\mathrm{s}}(t+1)=[\underbrace{u(t+1),\cdots,u\left(t+H_u-1\right)}_{H_u-1},u\left(t+H_u-1\right)]^{\mathrm{T}} \tag{8-47}$$

控制序列 $\boldsymbol{u}_{\mathrm{s}}(t+1)$ 是通过 t 时刻的控制构建的，因此，对于次优化控制序列 $\boldsymbol{u}_{\mathrm{s}}(t+1)$，价值函数可重新定义为：

$$\hat{J}_{\mathrm{s}}(t+1)=\rho_1\sum_{q=2}^{H_p+1}\boldsymbol{\varepsilon}^2(t+q)+\rho_2\sum_{q=2}^{H_u}\Delta\boldsymbol{u}^2(t+q-1) \tag{8-48}$$

则价值函数 $\hat{J}_{\mathrm{s}}(t+1)$ 和 $\hat{J}(t)$ 之间的误差可计算为：

$$\hat{J}_{\mathrm{s}}(t+1)-\hat{J}(t)=\rho_1[\boldsymbol{\varepsilon}^2(t+H_p+1)-\boldsymbol{\varepsilon}^2(t+1)]-\rho_2\Delta\boldsymbol{u}^2(t) \tag{8-49}$$

根据式（8-43）可得：

$$\hat{J}_{\mathrm{s}}(t+1)-\hat{J}(t)=-\rho_1\boldsymbol{\varepsilon}^2(t+1)-\rho_2\Delta\boldsymbol{u}^2(t)\leqslant 0 \tag{8-50}$$

同时，如果 $\boldsymbol{u}(t+1)$ 是 $(t+1)$ 时刻基于梯度优化得到的优化解，$\hat{J}(t+1)\leqslant\hat{J}_{\mathrm{s}}(t+1)$ 是一个次优化解，则有：

$$\hat{J}(t+1)-\hat{J}(t)\leqslant\hat{J}_{\mathrm{s}}(t+1)-\hat{J}(t)\leqslant 0 \tag{8-51}$$

至此，已完成定理 8-1 的证明。

8.6 城市污水处理典型过程多时间尺度分层智能优化控制实现

8.6.1 城市污水处理过程多时间尺度分层智能优化控制实验设计

为了分析所提出的城市污水处理过程多时间尺度分层智能优化控制 (COC) 策略的性能，利用 BSM1 中 14 天的雨天天气运行数据对提出的 COC 策略进行验证，其入水流量变化如图 8-3 所示。为了评价 COC 的有效性，将 *AE*、*PE* 和 *EQ* 平均值作为评价指标。在计算 *AE*、*PE* 和 *EQ* 平均值的过程中，对欧盟的平均电费 [0.197€（欧元）/(kW・h)] 和污水罚款 (0.10 €/m^3) 进行估计，因此，将计算的 *AE* 和 *PE* 值乘以 0.197，*EQ* 值乘以 0.1。此外，利用 *IAE* 和 *ISE* 评价 COC 的控制性能。

同时，为了对比所提出的 COC 策略的性能，将提出的分层优化控制策略与其他优化控制策略进行对比，包括动态多目标优化控制策略 (DMOOC)[127]、基于非线性模型预测控制的实时优化 (RTO-NMPC)[140]、基于经济模型预测控制的优化控制策略 (EMPC-OCI)[189]、PID 策略 [140]。

为了进一步证明所提出的基于多目标粒子群优化算法的优化控制策略的有效性，利用 BSM1 中 14 天的暴雨天气运行数据对提出的 COC 策略进行验证，并选择基于聚类的 MOPSO(clusterMOPSO)[195] 和基于并行单元坐标系统的 MOPSO (pccsAMOPSO)[196] 来对比。此外，其他两个最优控制器：基于非支配排序遗传算法的比例积分最优控制器 (NSGA+PI-OC) 和虚拟参考反馈调整控制策略 (VRFT-CS)[197] 用于与 COC 进行比较。

8.6.2 城市污水处理过程多时间尺度分层智能优化控制结果分析

（1）优化结果

① 雨天天气下的优化结果　雨天入水流量如图 8-3 所示，图 8-4 给出了基于档案库中非支配解构建的辅助模型输出效果图，基于所建立的数据驱动辅助模型，所构建的 *AE* 和 *EQ* 模型能够逼近实际的 *AE* 和 *EQ* 值。结果验证了基于数据驱动辅助模型所获得的优化解是有效的，同时，也说明了基于所提出的数据驱动辅助

模型适用于实际的多目标优化问题。此外，图 8-5 ～图 8-7 给出了 *PE*、*AE* 和 *EQ* 的平均值，用于比较所提出的 COC 策略和其他对比策略。从图 8-5 中可以看出，所提出的 COC 策略能够获得比其他对比策略更少的电耗 (除了 EMPC-OCI 的第 8 天和第 9 天，DMOOC 的第 10 天，但是对应天的 *EQ* 却高于所提出的 COC 策略)。结果显示所提出的 COC 策略能够获得更小的 *PE* 值。图 8-6 给出了 *AE* 的平均值，

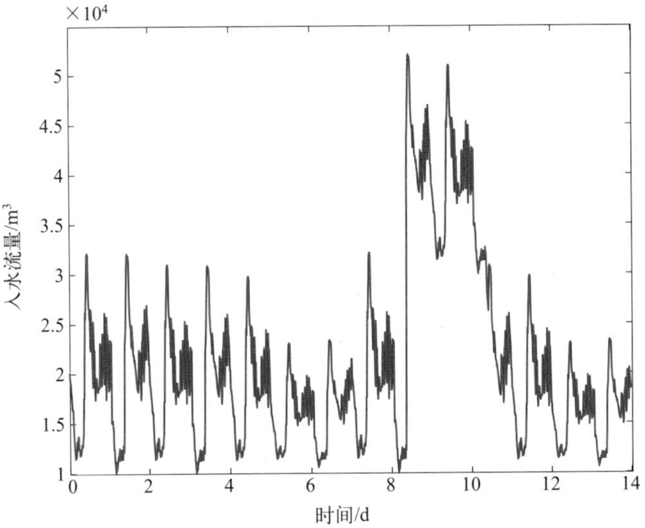

图 **8-3**　雨天入水流量图

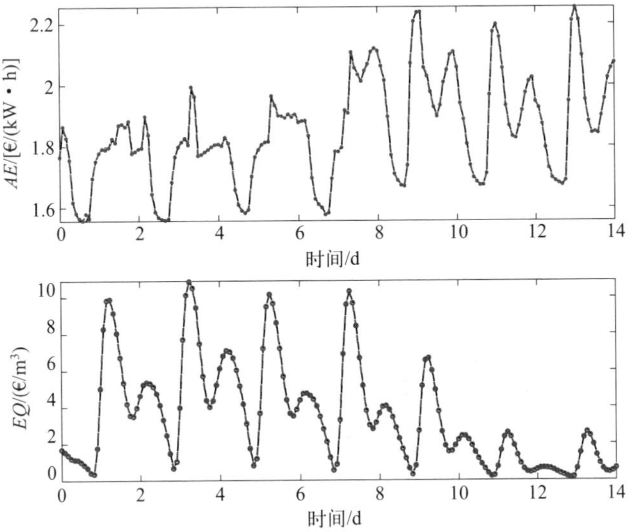

图 **8-4**　辅助模型输出

从结果中可以看出，所提出的 COC 能够获得较低的 *AE* 值。图 8-7 给出了 *EQ* 的平均值，结果显示所提出的分层优化控制策略能够有效平衡 *AE* 和 *EQ* 值的关系。图 8-5 ～图 8-7 的结果验证了所提出的 COC 策略能够有效平衡运行指标之间的关系，此外，结果也间接证明了所获得的 S_O 和 S_{NO} 优化解的有效性。因此，从图 8-4 ～图 8-7 中可以看出，所提出的 COC 策略能够获得比其他优化控制策略更优的操作性能。

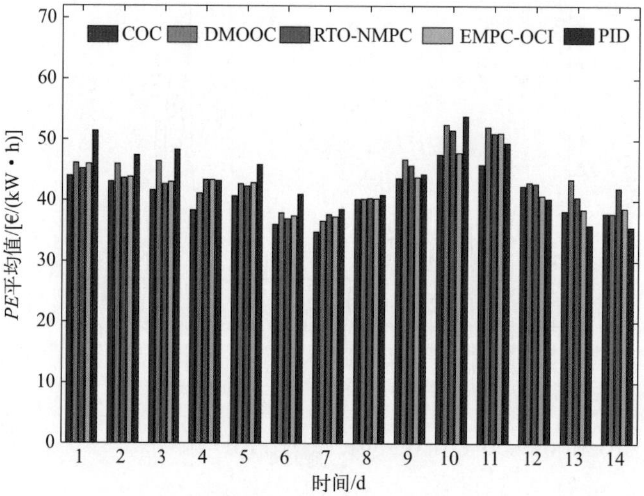

图 **8-5**　雨天天气下的 ***PE*** 平均值

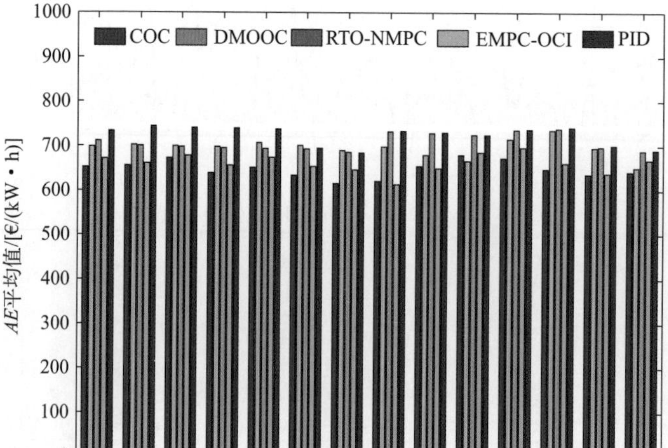

图 **8-6**　雨天天气下的 ***AE*** 平均值

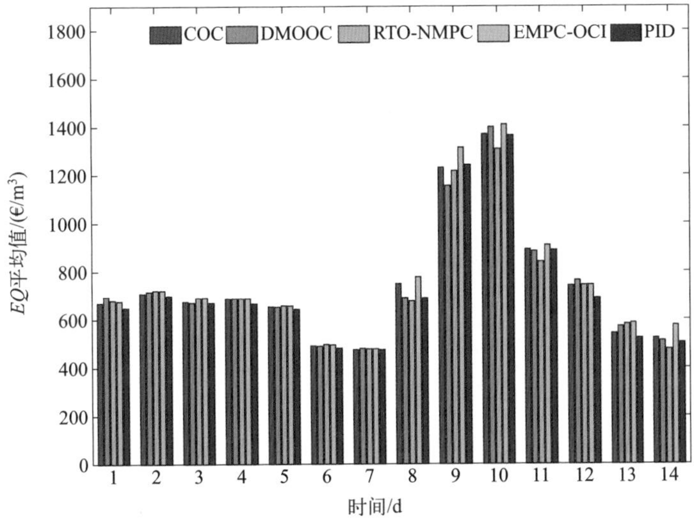

图 8-7　雨天天气下的 *EQ* 平均值

为了进一步验证所提出的 COC 策略的优势，将 COC 与四种方法 DMOOC、RTO-NMPC、EMPC-OCI 和 PID 进行对比，结果如表 8-2 所示。从表中可以看出，所提出的分层优化控制策略获得的 *PE*、*AE* 和 *EC* 的平均值分别为 41.01€/(kW·h)，648.33 €/(kW·h) 和 689.50 €/(kW·h)，相比 PID 策略降低了 6.76%、10.41% 和 10.18%。结果显示所提出的分层优化控制策略适用于城市污水处理过程中，并能够取得较小的操作能耗。同时，所提出的 COC 策略获得的 *EQ* 平均值为 743.38€/m³。图 8-5～图 8-7 以及表 8-2 中的优化结果显示所提出的 COC 能够降低操作成本，保证出水水质达标排放。

表 8-2　优化性能对比

方法	*PE*/[€/(kW·h)]	*AE*/[€/(kW·h)]	*EC*/[€/(kW·h)]	*EQ*/(€/m³)
COC	**41.01**	**648.33**	**689.50**	**743.38**
DMOOC	43.75	695.57	739.32[①]	740.55[①]
RTO-NMPC	43.25	708.92	752.18[①]	732.85[①]
EMPC-OCI	42.46[①]	661.15[①]	703.61[①]	766.28[①]
PID	43.99	723.70	767.69	727.43

①结果对应方法原文数据。

② 暴雨天气下的优化结果　图 8-8～图 8-10 给出了暴雨天气下不同优化

控制策略获得的 *PE*、*AE* 和 *EQ* 平均值。图 8-8 的结果表明，除第 6 天之外，所提出的 COC 可在其他 13 天内获得最小的 *PE* 值。在第 6 天，虽然所提出的 COC 不能具有最小的 *PE* 值，但图 8-10 所示最小 *EQ* 值能够满足排放参数所需的标准。

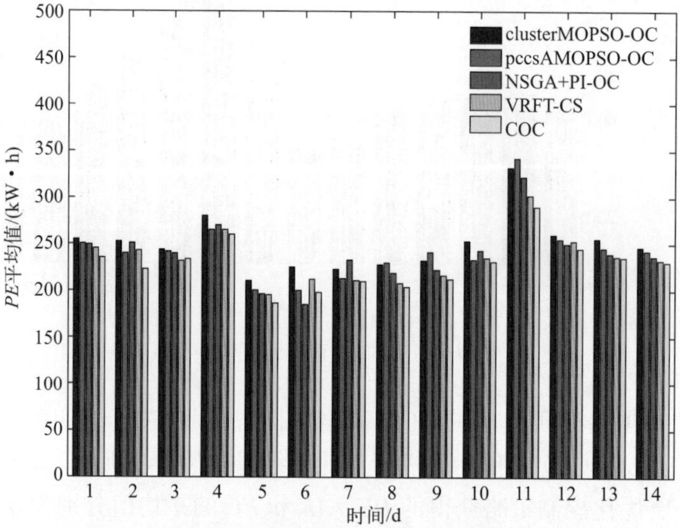

图 8-8　暴雨天气下的 ***PE*** 平均值

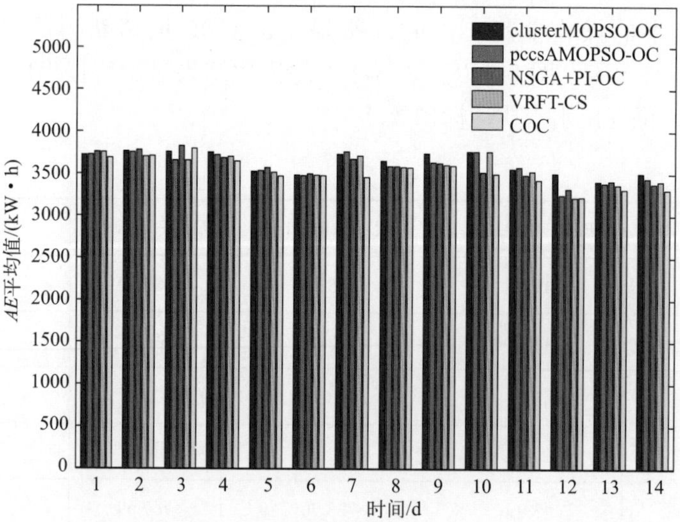

图 8-9　暴雨天气下的 ***AE*** 平均值

图 8-9 所示的 COC 除了第 3 天之外其他的 13 天内可以获得最小的 *AE* 值。在第 3 天，虽然所提出的 COC 不能具有最小的 *AE* 值，但图 8-10 所示的最小 *EQ* 值

可以满足出水指标的排放要求。同时，图 8-10 中的结果表明，除第 10 天和第 11 天之外，所提出的 COC 可以在 12 天内获得最优的 *EQ* 值。在这两天中，图 8-9 中最小的 *AE* 值、图 8-8 中最小的 *PE* 值和图 8-10 中较大的 *EQ* 值表明，与其他策略相比，排出的有机物更接近出水指标的上限，并且所提出的 COC 获得了良好的最优控制性能。基于图 8-8 ～图 8-10 的综合分析，可以看出，提出的 COC 可以获得比其他控制策略更好的最优控制性能。

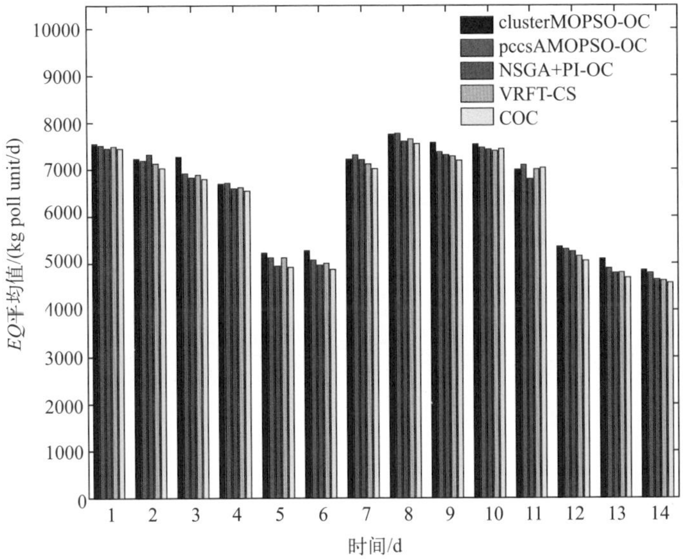

图 8-10　暴雨天气下的 *EQ* 平均值

表 8-3　暴雨天气下几种控制策略平均能耗和出水水质比较结果

天气	优化控制方法	*SS*/(mg/L)	*AE*/[€/(kW·h)]	*PE*/[€/(kW·h)]	*EQ*/(€/m^3)
暴雨	**COC**	**13.06**	**3869**	**224**	**7509**
	clusterMOPSO-OC	13.84	3884	251	7578
	pccsAMOPSO-OC	13.54	3915	261	7621
	NSGA+PI-OC	13.78	3919	250	7551
	VRFT-CS	13.91	3990	232	7598

为了更好地显示所提出的 COC 策略的优势，表 8-3 给出了不同优化控制策略的对比结果。从表 8-3 中可以看出，所提出的 COC 策略在暴雨天气下可以获得最小平均能耗 [*AE*：3869€/(kW • h)；*PE*：224 €/(kW • h)] 和平均出水水质（*EQ*：

7509€/m^3)。表 8-3 中的结果表明，所提出的 COC 既能确保出水质量达标排放，同时又能减少暴雨天气下的能耗。

（2）控制结果

① 雨天天气下的控制结果　基于所设计的预测控制策略，控制变量 S_O 和 S_{NO} 的跟踪控制效果如图 8-11、图 8-12 所示。

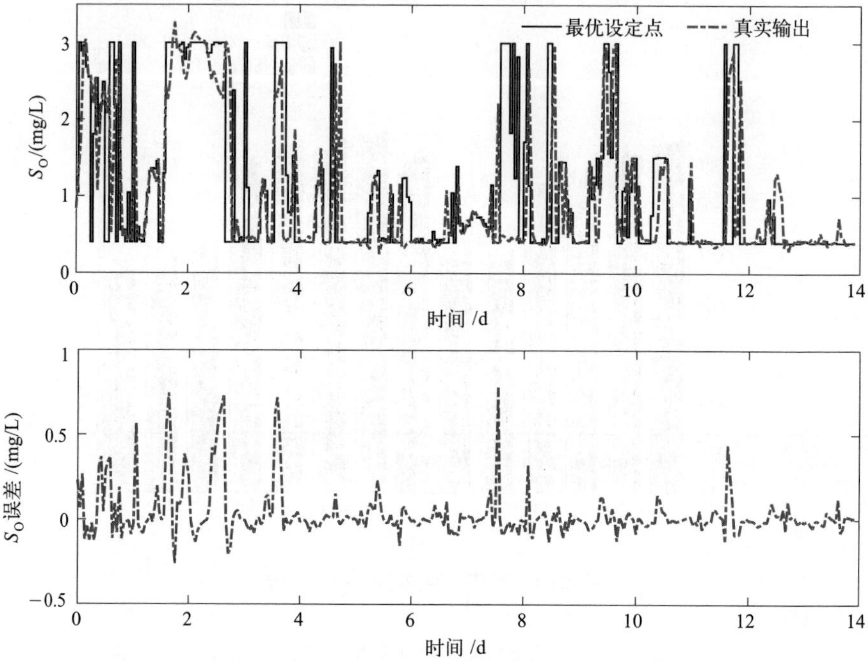

图 8-11　雨天天气下 S_O 控制结果

图 8-11 给出了雨天天气下控制变量 S_O 的跟踪控制效果，从结果中可以看出，所提出的 COC 策略能够实现对时变 S_O 优化设定值的高精度跟踪控制。控制输出和优化设定值之间的控制误差可以保持在 ±0.8mg/L。同时，S_{NO} 的跟踪控制效果如图 8-12 所示，从图中可以看出，所提出的 COC 策略能够在雨天获得满意的跟踪控制，S_{NO} 的控制误差可以保持在 [−1, 0.8] 范围内。图 8-11 和图 8-12 的结果显示所提出的 COC 能够在雨天天气下获得较好的控制效果，即使操作工况会发生动态变化。

为了证明 COC 的控制性能，表 8-4 给出了不同优化控制方法的控制性能，并将其与其他对比方法 DMOOC、RTO-NMPC、EMPC-OCI、混合优化控制（HOC）[198] 和 PID 进行对比。

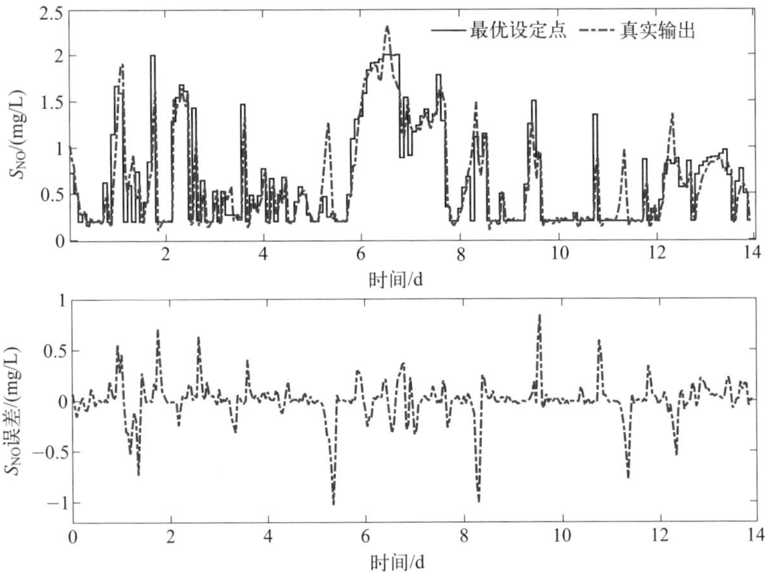

图 8-12　雨天天气下 S_{NO} 控制结果

表 8-4　控制性能对比

方法	*IAE*/(mg/L)	*ISE*/(mg/L)	S_{NH}/(mg/L)	N_{tot}/(mg/L)
COC	**0.155**	**0.0381**	3.08	17.12
DMOOC	0.194①	0.0486①	3.19①	17.33①
RTO-NMPC	0.426	0.195①	**2.12**①	18.43①
EMPC-OCI	0.242	0.153	6.05①	19.5①
HOC	0.37①	0.44①	2.76①	**14.52**①
PID	0.256	0.208	2.79	17.2

①结果对应方法原文数据。

从表 8-4 中可以看出，所提出的 COC 能够获得满意的控制性能。COC 的 *IAE* 和 *ISE* 为 0.155mg/L 和 0.0381mg/L，其结果低于对比的 DMOOC、RTO-NMPC、EMPC-OCI、HOC 和 PID 策略。结果表明所提出的预测控制策略能够有效处理跟踪控制问题，并能够获得满意的跟踪控制效果。同时，该策略获得的出水 S_{NH} 和出水 N_{tot} 为 3.08mg/L 和 17.12mg/L，均处于标准范围内。控制结果显示了优化解和预测控制策略的有效性。表 8-2 和表 8-4 中的对比结果验证了所提出的 COC 策略适用于城市污水处理过程。

② 暴雨天气下的控制结果　基于所设计的预测控制策略，暴雨天气下控制变量 S_O 和 S_{NO} 的跟踪控制效果如图 8-13、图 8-14 所示。

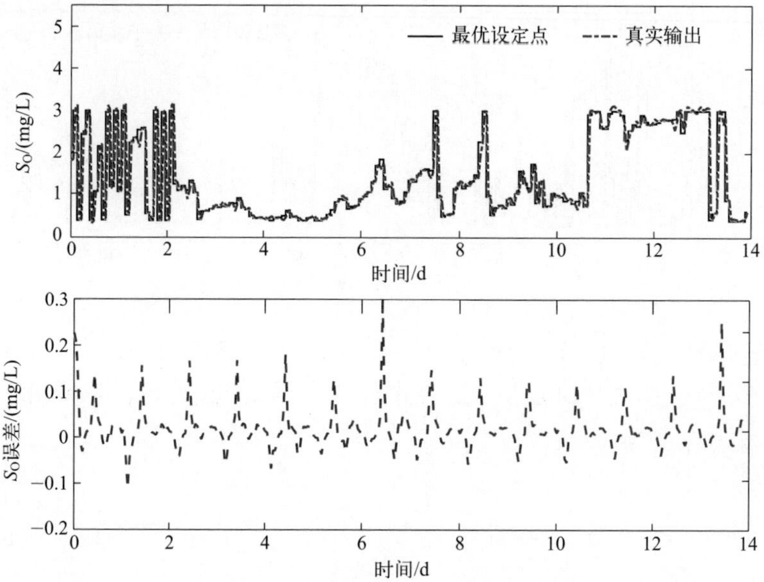

图 8-13　暴雨天气下 S_O 控制结果

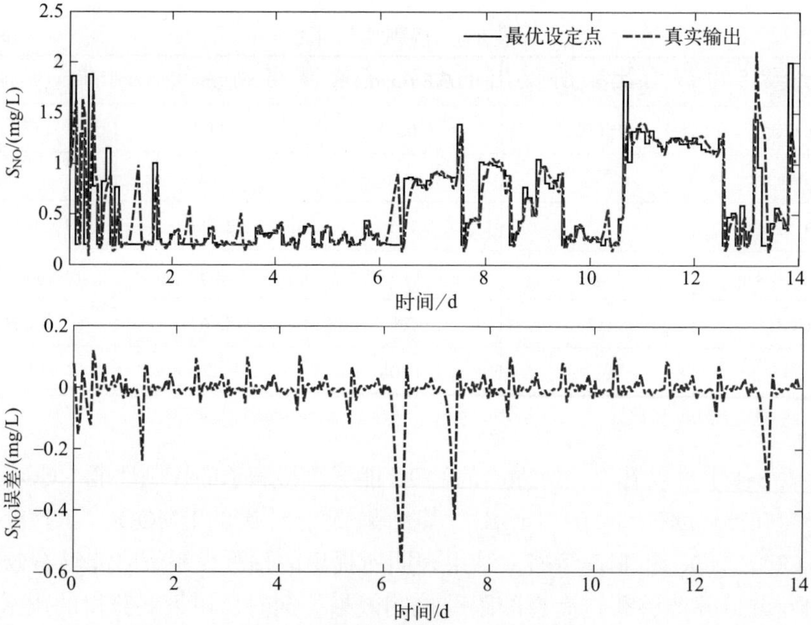

图 8-14　暴雨天气下 S_{NO} 控制结果

图 8-13 给出了暴雨天气下控制变量 S_O 的跟踪控制效果，从结果中可以看出，所提出的 COC 策略能够实现对时变 S_O 优化设定值的高精度跟踪控制。控制输出和优化设定值之间的控制误差可以保持在 ±0.5mg/L。同时，S_{NO} 的跟踪控制效果

如图 8-14 所示，从图中可以看出，所提出的 COC 策略能够在暴雨天气下获得满意的跟踪控制，S_{NO} 的控制误差可以保持在 ±1.1mg/L 范围内。图 8-13 和图 8-14 的结果显示所提出的 COC 能够在暴雨天气下获得较好的控制效果，即使操作工况会发生动态变化。

为了证明 COC 的控制性能，表 8-5 给出了不同优化控制方法的控制性能，并将其与其他对比方法 clusterMOPSO-OC、pccsAMOPSO-OC、NSGA+PI-OC、VRFT-CS 和 PID 进行对比。

表 8-5 控制性能对比

方法	*IAE*/(mg/L)	*ISE*/(mg/L)	S_{NH}/(mg/L)	N_{tot}/(mg/L)
COC	**0.105**	**0.0408**	3.58	16.84
clusterMOPSO-OC	0.124	0.0561	3.34	17.06
pccsAMOPSO-OC	0.109	0.204	**2.34**	**16.29**
NSGA+PI-OC	0.125	0.168	3.06	17.04
VRFT-CS	0.098	0.507	2.87	17.23
PID	0.243	0.349	2.83	17.25

从表 8-5 可以看出，所提出的 COC 能够获得满意的控制性能。COC 的 *IAE* 和 *ISE* 为 0.105mg/L 和 0.0408mg/L，其结果低于对比的 clusterMOPSO-OC、pccsAMOPSO-OC、NSGA+PI-OC、VRFT-CS 和 PID 策略。结果表明所提出的预测控制策略能够有效处理跟踪控制问题，并能够获得满意的跟踪控制效果。同时，该策略获得的出水 S_{NH} 和出水 N_{tot} 为 3.58mg/L 和 16.84mg/L，均处于标准范围内。控制结果显示了优化解和预测控制策略的有效性。表 8-3 和表 8-5 中的对比结果验证了所提出的 COC 策略适用于城市污水处理过程。

③ 实际污水处理过程控制结果　为了进一步验证所提出的 COC 策略的有效性，利用模拟的实际污水处理过程仿真平台对该方法进行应用验证。在该基准仿真平台中，通过干燥和雨天天气条件验证 COC 的有效性。实验数据收集于 2017 年 1 月 6 日至 2017 年 3 月 8 日北京某污水处理厂，包括干燥天气和雨天天气。优化周期为 2h。干燥天气日期选自第 20 天至第 27 天。雨天天气日期是从第 40 天至第 47 天。此外，为了验证 COC 的优越性能，在应用过程中监测优化控制效果。

图 8-15（a）和图 8-15（b）分别描述了干燥天气下 S_O 和 S_{NO} 的最优控制结果。结果表明，所提出的 COC 在干燥天气下具有良好的最优控制性能。图 8-15（c）显示了干燥天气中 S_O 和 S_{NO} 的实际输出值和设定值之间的最优控制误差。这些误差表明，在干燥天气下，S_O 和 S_{NO} 的实际输出值与设定值之间的差异可分别保持在 ±0.32mg/L 和 ±0.91mg/L 之间。同时，图 8-16（a）和图 8-16（b）分别显示了

雨天的最优控制结果。图 8-16（c）显示了雨天 S_O 和 S_{NO} 的实际输出值和设定值之间的最优控制误差。这些误差表明，在雨天，S_O 和 S_{NO} 的实际输出值与设定值之间的差异可分别保持在 ±0.42mg/L 和 ±0.85mg/L 之间。

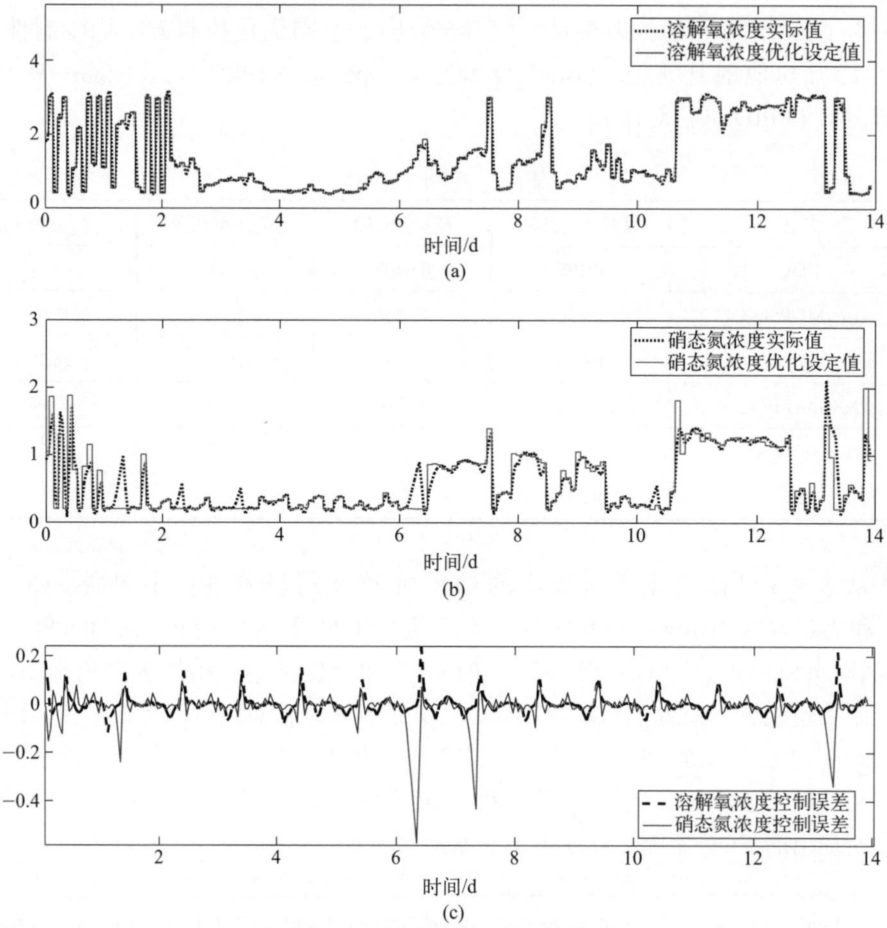

图 8-15　干燥天气下的控制效果图

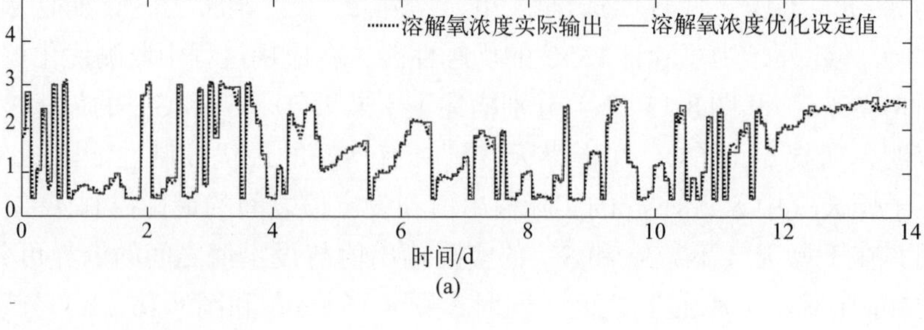

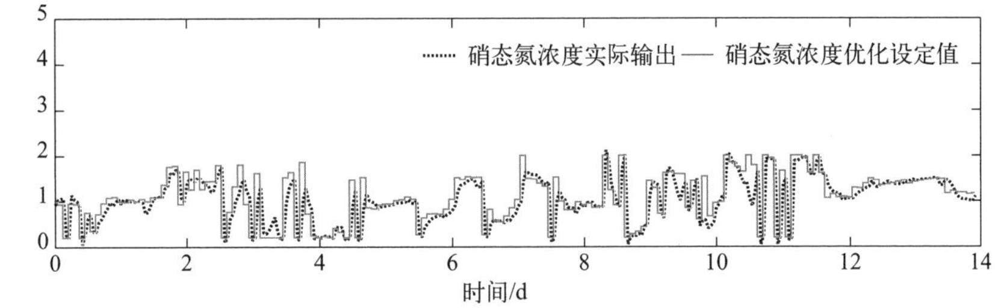

(b)

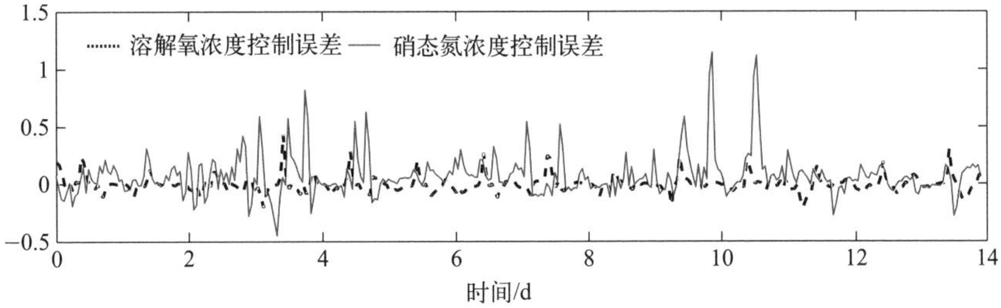

(c)

图 8-16　雨天天气下的控制效果

8.7 本章小结

针对城市污水处理过程多时间尺度运行指标难以协同优化的问题，本章提出一种多指标协同优化控制策略，该方法不仅能够平衡不同时间尺度运行指标间的优化关系，而且能够显著提高城市污水处理过程的优化和控制性能。仿真和实验结果均验证了所提出的 COC 策略的有效性。本章节的研究可总结为：

① 分层性能指标模型设计：由于城市污水处理过程的运行指标具有不同的操作时间，导致难以建立统一的运行指标模型。为了解决上述问题，设计了分层运行指标架构，依据不同的时间尺度，建立了多层运行指标模型，实现不同时间尺度运行指标动态特性的准确获取。

② 协同优化算法的研究：为了实现分层运行指标的同时优化，设计了基于动态多目标粒子群优化的协同优化算法，完成控制变量 S_O 和 S_{NO} 的实时获取。该协同优化方法能够针对不同时间尺度性能指标，分别设计自适应粒子群优化算法和多目标梯度粒子群优化算法，保证优化解的可行性。

③ 预测控制策略的设计：为了实现对时变优化设定值的实时跟踪控制，设计了基于梯度下降的预测控制策略。该方法能够实现对控制变量优化设定值的快速准确跟踪控制。

Cutting-Edge Technologies in
Smart Environmental Protection

第 9 章

城市污水处理过程全流程协同优化控制

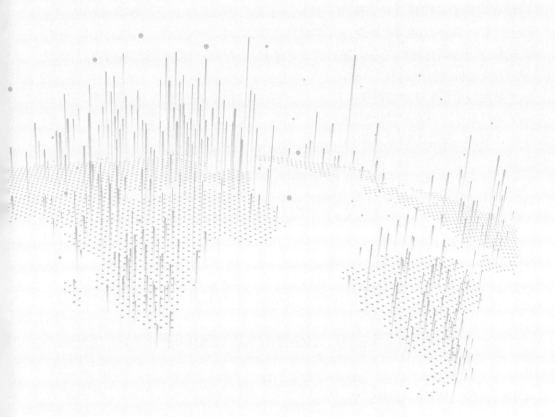

9.1 概述

城市污水处理过程全流程协同优化控制涉及的对象是从进水到出水的生产全过程，其目标是全过程生产指标，包括城市污水处理出水水质、污水处理效率、能耗、成本等。由于城市污水处理过程是一个多流程、时变、时滞、不确定性严重的复杂系统，全过程生产指标之间存在冲突、生产指标数随运行工况等变化、生产指标时间尺度不一致等，且受技术规范与操作规范、设备能力、原材料与作业条件等多种约束，其本质上是一个多冲突、多层次、多尺度和多约束的动态优化运行问题。

从全流程优化控制角度出发，以分层递阶控制结构为框架，研究污水处理过程的整体智能优化控制方法，将污水处理过程在线优化控制分为决策管理层、运行优化层和跟踪控制层。决策管理层主要对影响决策的各种信息进行管理，为优化控制提供决策方向引导。随着污水处理过程管理水平的提高，决策管理层的作用及优势将更为明显。污水处理过程运行优化层的设计任务是实现优化变量的设定值寻优，完成污水处理过程能耗、水质等性能指标的优化。污水处理过程的跟踪控制层主要完成控制变量优化设定值的在线跟踪控制任务，提高系统运行的平稳性。然而，由于城市污水处理过程的复杂性与动态特性，上述方法难以根据运行过程的动态特性建立动态模型，这在一定程度上限制了优化控制方法的应用。因此，如何设计城市污水处理过程多时间尺度运行指标优化控制策略、协同不同时间尺度运行指标间的关系、提高城市污水处理过程运行效率仍然是城市污水处理过程面临的挑战性难题。

针对城市污水处理过程全流程难以实现协同优化控制的问题，本章围绕城市污水处理过程全流程协同优化控制策略，介绍了全流程协同优化控制基础，深入分析了全流程协同优化控制基本架构以及特点分析；描述了全流程运行指标特性分析，包括相关性分析和评价；重点构建了全流程协同优化目标，分析了影响因素，并对目标模型构建及动态更新进行概述；设计了全流程协同优化设定方法和协同优化控制方法；介绍了全流程协同优化控制策略，验证该策略性能。

9.2 城市污水处理过程全流程协同优化控制基础

城市污水处理过程全流程协同优化控制以从进水到出水的生产全过程为研究

对象，通过分析影响全流程运行过程的关键指标，构建全流程优化目标，设计城市污水处理过程全流程协同优化控制策略，保证城市污水处理过程安全、稳定运行，提高出水水质，实现节能减排。本节介绍了城市污水处理过程全流程协同优化控制基本架构，分析了全流程协同优化控制特点。

9.2.1 城市污水处理过程全流程协同优化控制基本架构

城市污水处理过程全流程协同优化控制基本架构是全流程协同优化控制策略的前提，是保证全流程优化运行的基石。全流程协同优化控制基本架构如图 9-1 所示，各部分由对应颜色的虚线框及实线框标出。从图中可以看出，城市污水处理过程全流程协同优化控制基本架构包括决策管理层、运行优化层和跟踪控制层。决策管理层的功能是通过传感与监测装置获取运行过程信息，根据当前信息确定决策偏重因子并制定管理任务；运行优化层的功能是通过构建城市污水处理全流程优化目标，利用优化算法获取运行过程中关键变量的设定值，实现运行性能指标以及水质性能指标的优化；跟踪控制层的功能是根据运行优化层中关键变量的设定值，通过调节相关控制变量，完成对关键变量的稳定跟踪控制，实现城市污水处理过程全流程优化运行。具体每层内容分析如下。

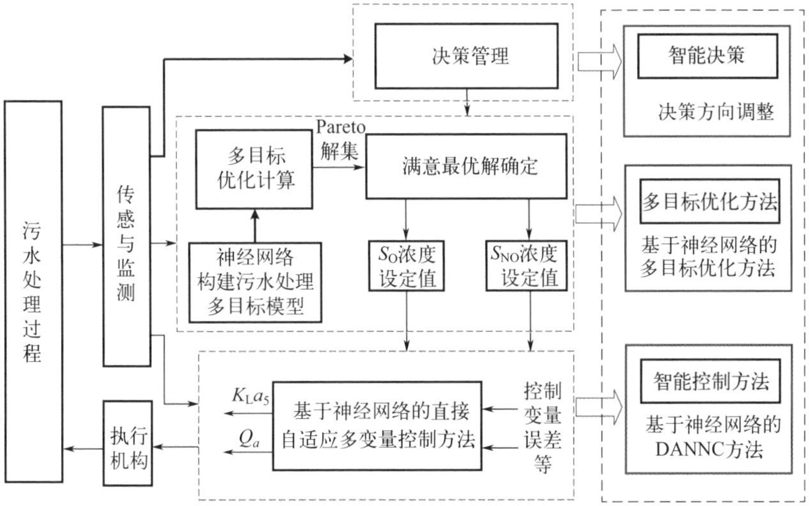

图 9-1 城市污水处理过程全流程协同优化控制基本架构

决策管理层主要根据当前任务内容实现决策方向的动态调整，具体表现为城市污水处理过程运行性能、决策者偏好、部门政策信息等，确定当前待优化性能指标的决策权重因子，为运行优化层获取满意最优解提供基础。其中最为关键的环节是优化性能指标的权重分配，常用的方法是基于决策者偏好进行选择，并通过帕累托解的效用函数值获得最优满意解 $\boldsymbol{x}^K$，表示如下：

$$d_{\text{utility}}(\boldsymbol{x}^p)=\sum_{i=1}^{2}\omega_i f_i(\boldsymbol{x}^p),\quad \sum_{i=1}^{2}\omega_i=1,\quad p=1,2,\cdots,k \tag{9-1}$$

$$K=\arg\min_{p=1,2,\cdots,k}\{d_{\text{utility}}(\boldsymbol{x}^p) \tag{9-2}$$

其中，k 为 Pareto 解集中解的个数；ω_i 为根据决策偏好获得的指标权重值。

为了减少性能指标权重分配的主观性，有效利用实时获取的过程信息，获得满足实际运行需求的权重分配系数，优化决策调整的方向。根据影响决策方向的信息来调整优化指标权重。将信息来源分为两类：一类为基于知识的语言信息表达，如决策者偏好、部门政策偏好等；另一类为污水处理过程的数据信息，如全流程过程运行性能指标等。以知识信息表达的决策者偏好及部门政策偏好为主体，确定待优化性能指标的基础权重分配值 ω_{10} 和 ω_{20}，根据城市污水处理过程当前运行状态，对权重系数进行调整，该调整的推理机制采用 IF-THEN 规则，如果当前指标变化率处于相应的设定范围内，则该指标的权重系数 ω_1 的调整方式表示如下：

$$\omega_1=\omega_{10}\pm a_0 \tag{9-3}$$

其中，a_0 为权重系数的调整增量，与当前城市污水处理过程的运行状态相关，相应的指标权重系数按 $\omega_2=1-\omega_1$ 进行调整，并将决策管理层的结果传递给运行优化层，其具体设计及连接方式如图 9-2 所示。

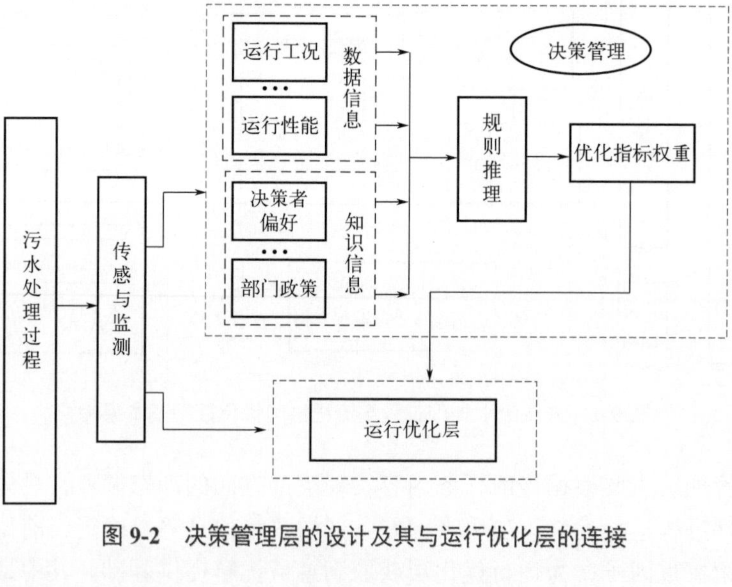

图 9-2　决策管理层的设计及其与运行优化层的连接

运行优化层主要在满足城市污水处理过程的指标约束下，在线获得城市污水处理过程关键变量的优化设定值。常用的方法是构建优化模型，描述关键变量优化设定值与性能指标间的函数关系，其模型表示如下：

$$\min F(x)=\{f_1(x),f_2(x),\cdots,f_n(x)\} \tag{9-4}$$

其中，x 表示关键变量优化设定值；$f_i(x)(i=1, 2, \cdots, n)$ 表示城市污水处理过程指标与关键变量优化设定值间的函数关系。根据城市污水处理过程信息，利用优化算法对式（9-4）进行优化问题求解，根据决策管理层提供的指标权重系数，在帕累托解中确定一个满意最优解，即在线获得关键变量的优化设定值。

跟踪控制层主要实现运行优化层给定的优化设定值的高精度跟踪控制。常用的方法是根据获取的来自运行优化层的关键变量优化设定值信息，结合当前城市污水处理过程中的控制变量信息，构成跟踪控制层的反馈信息，通过控制器提供合适的控制量数值，并由执行机构实现城市污水处理过程的闭环反馈控制。

9.2.2 城市污水处理过程全流程协同优化控制特点分析

（1）城市污水处理过程动力学复杂

城市污水处理过程动力学复杂主要体现在两方面。一方面，生化反应过程中微生物种类众多，不同微生物生化反应的条件不同，基质不同，活性状态不同，产物不同。不同微生物会发生不同的生化反应，其降解的有机污染物类型和质量不同。在微生物的不同生长阶段，其活性也具有很大区别，即同一种微生物在不同时间段内具有不同的生化反应速率。另一方面，在生化反应过程中，过程变量众多，且入水流量、入水水质以及外界环境是动态变化的，微生物生化反应过程也会受到影响，使其动力学表达更加复杂。

（2）城市污水处理过程非线性强

城市污水处理过程的非线性主要体现在物理处理、生物处理和化学处理等运行过程。对于城市污水处理运行机理以及生化反应过程等方面，尚未形成完整认知和准确辨识，特别是在微生物种群的生存条件、反应规律、环境因素等方面还缺乏足够的基础，导致难以获得可靠估计的动力学参数，无法分析不同变量之间确定的表达关系，且不能准确获取运行状态。例如，微生物的硝化反应受温度的影响很大，硝化反应可以在 4 ～ 45℃的温度范围内进行，温度不但会影响硝化菌的比增长率，而且会对硝化菌的活性产生作用。然而，温度与硝化反应之间并不是简单的线性关系，很难准确描述出温度与硝化反应的关系。

（3）城市污水处理过程干扰性大

城市污水处理过程的干扰性主要体现在难以确定的内部干扰，如反硝化率、

硝化率、二沉池内污泥沉降速率、环境内分泌干扰物质等，而且包含从传感器检测到的外部干扰，如水质波动、水量变化、温度变化等。城市污水处理过程内外部干扰变化大，具有显著的不确定性，且受到难以直接观察得到的系统结构和参数干扰的间接影响。因此，亟须深入理解系统受到的不确定干扰的传递、累积过程，并最终确定不确定性来源和干扰范围，制定有效且鲁棒的运行优化方法，减少不确定性对系统的影响。

（4）城市污水处理过程时变性强

城市污水处理过程的时变性主要体现在城市污水处理系统进水组分、水量、温度、污染物种类、污染物浓度等动态变化方面。城市污水处理系统包含多个工序，每个工序按照相应的反应机理进行处理，完成污水不同程度的净化。城市污水处理系统的时变性导致不同工序的反应过程表现出不同的运行特点、运行性质和反应规律。例如，在进水水质和水量波动较大的情况下，每个工序的反应过程也相应地发生变化，尤其是进水水质大幅变化时会造成水质参数变化。

（5）城市污水处理过程耦合性强

城市污水处理过程的耦合性主要体现在两个方面，一方面是在多种生化反应过程中，另一方面是在不同变量之间。例如，城市污水生物除磷反应过程受多种水质变量影响，且水质变量之间存在复杂的耦合关系，生物除磷反应过程的耦合性主要体现在多种生化反应过程既相互促进也相互抑制。

（6）城市污水处理过程变量时间尺度不一致

城市污水处理过程涉及的变量众多，如入水流量、入水温度、氨氮浓度和总氮浓度等，受测量方式和城市污水处理厂硬件条件的影响，不同变量采样频率可能不同，导致运行过程不同变量具有多个时间尺度。由于活性污泥法城市污水处理过程的机理复杂性，以及微生物生化反应的时间需求等因素，操作过程变量的响应时间从几秒到几小时不等，例如城市污水处理曝气过程操作响应时间为分钟级，内循环过程操作响应时间为小时级。同时，城市污水处理多个运行指标通常受不同操作过程和控制变量的影响，具有不同的操作时间，例如城市污水处理曝气能耗、泵送能耗和出水水质同时受到不同过程变量的影响。

9.3 城市污水处理过程全流程运行指标特性分析

城市污水处理过程全流程运行指标机理复杂，会随着反应过程、操作时间等动态变化，相互之间存在着耦合关系，难以准确地描述城市污水处理运行过程的动态特性。本节将详细分析城市污水处理过程全流程性能指标相关性，并完成性能指标相关性评价。

9.3.1 城市污水处理过程全流程性能指标相关性分析

定义污水处理系统能耗为曝气能耗AE与泵送能耗PE之和，分别用f_{AE}和f_{PE}表示，其基准中定义式如式（9-5）和式（9-6）所示。水质指标EQ是出水水质好坏的表征，同时也和需要向受纳水体支付的排放费用相关，其表达式f_{EQ}如式（9-7）所示。

$$f_{AE}=\frac{S_{\mathrm{o}}^{\mathrm{sat}}}{T\times 1.8\times 1000}\int_{t}^{t+T}\left(\sum_{i=1}^{5}V_i K_{\mathrm{L}}a_i(t)\right)\mathrm{d}t \tag{9-5}$$

$$f_{PE}=\frac{1}{T}\int_{t}^{t+T}\left(0.004Q_{\mathrm{a}}(t)+0.008Q_{\mathrm{r}}(t)+0.05Q_{\mathrm{w}}(t)\right)\mathrm{d}t \tag{9-6}$$

$$f_{EQ}=\frac{1}{T\times 1000}\int_{t}^{t+T}\begin{pmatrix}B_{\mathrm{SS}}SS_{\mathrm{e}}(t)+B_{\mathrm{COD}}COD_{\mathrm{e}}(t)+B_{\mathrm{NKj}}S_{\mathrm{NKj,e}}(t)+\\ B_{\mathrm{NO}}S_{\mathrm{NO,e}}(t)+B_{\mathrm{BOD_5}}BOD_{\mathrm{e}}(t)\end{pmatrix}Q_{\mathrm{e}}(t)\mathrm{d}t \tag{9-7}$$

其中，$S_{\mathrm{O}}^{\mathrm{sat}}$ 为溶解氧饱和值；$K_{\mathrm{L}}a_i(t)$ 为 t 时刻第 i 个分区的氧传递系数；V_i 为第 i 个分区的体积；$Q_{\mathrm{a}}(t)$ 为内回流量；$Q_{\mathrm{r}}(t)$ 为外回流量；$Q_{\mathrm{w}}(t)$ 为污泥回流量。

在污水处理过程全流程优化框架下，通过优化f_{AE}、f_{PE} 和 f_{EQ} 获得溶解氧浓度及硝态氮浓度的设定值，实现系统能耗 $f_{AE}+f_{PE}$ 与水质 f_{EQ} 的多目标优化问题。利用模糊神经网络进行多目标优化模型构建，建立溶解氧浓度及硝态氮浓度的优化设定值与性能指标间的函数关系。

令$x_1(k)$为溶解氧浓度优化设定值，$x_2(k)$为硝态氮浓度优化设定值，$\boldsymbol{x}(k)=[x_1(k), x_2(k)]$。$f_{AE}(\boldsymbol{x})$ 表示优化变量与曝气能耗间的函数关系，$f_{PE}(\boldsymbol{x})$ 表示优化变量与泵送能耗间的函数关系，$f_{EQ}(\boldsymbol{x})$ 表示优化变量与出水水质指标间的函数关系，且能耗 $f_{EC}(\boldsymbol{x})=f_{AE}(\boldsymbol{x})+f_{PE}(\boldsymbol{x})$。

构建的污水处理过程在线多目标优化模型由式（9-8）表述：

$$\begin{aligned}&\min F(\boldsymbol{x})=\left\{f_{EC}(\boldsymbol{x}),f_{EQ}(\boldsymbol{x})\right\}\\&\text{s.t.}\begin{cases}g_1(\boldsymbol{x})=g_{\mathrm{NH}}(\boldsymbol{x})<4\\ g_2(\boldsymbol{x})=g_{\mathrm{Ntot}}(\boldsymbol{x})<18\\ g_3(\boldsymbol{x})=g_{\mathrm{BOD}}(\boldsymbol{x})<10\\ g_4(\boldsymbol{x})=g_{\mathrm{TSS}}(\boldsymbol{x})<30\\ g_5(\boldsymbol{x})=g_{\mathrm{COD}}(\boldsymbol{x})<100\\ x_1^l<x_1(k)<x_1^u\\ x_2^l<x_2(k)<x_2^u\end{cases}\end{aligned} \tag{9-8}$$

其中，x_1^l、x_1^u 分别为溶解氧浓度优化设定值的下限和上限值；x_2^l、x_2^u 分别硝态氮浓度优化设定值的下限和上限值；$g_i(\boldsymbol{x})(i=1,2,\cdots,5)$ 为出水水质参数与优化设定值间的函数关系，由模糊神经网络建立输入输出关系映射。

9.3.2 城市污水处理过程全流程性能指标相关性评价

最大信息系数 (Maximum Information Coefficient, MIC) 是一种用于评估两个变量之间相关程度的有效工具，可用于测量性能指标和关键过程变量，如 $S_O(t-t_1)$、$F/M(t-t_2)$、$SRT(t-t_3)$、$T(t-t_4)$ 等的相关性，其中 t_i 指的是时延时刻，i=1, 2, 3, 4。MIC 的基本原理是计算两个变量散点图上所有划分网格的最大可能互信息 [78]。注意到不同网格可能有不同的维度，因此获得的互信息值应归一化为 [0,1]。

$y(t)$ 和 $P_i(t)$ 之间的相关性表示为：

$$MIC_{y(t)P_i(t)} = \max\left\{M_{y,P_i} : n(y(t))n\left(P_i(t)\right) \leqslant N^{0.6}\right\} \tag{9-9}$$

其中，P_i 为第 i 个影响因素，$\boldsymbol{P}=[P_1, P_2, P_3, P_4]=[S_O, F/M, SRT, T]$；$n(y)$ 和 $n(P_i)$ 是被划分的行列；M_{y,P_i} 为最大信息系数 y 和 P_i 之间的关系，表示为：

$$M_{y(t),P_i(t)} = MI_{y(t),P_i(t)}^{\max} / \min(\log_{n(y(t))}, \log_{n(P_i(t))}) \tag{9-10}$$

其中，$MI_{y(t),P_i(t)}^{\max}$ 是散点 $y(t)$ 和 $P_i(t)$ 的最大互信息：

$$MI_{y(t),P_i(t)} = \sum_{y(t),P_i(t)} p\left(y(t),P_i(t)\right)\log_2\frac{p(y(t),P_i(t))}{p(y(t))p(P_i(t))} \tag{9-11}$$

其中，$p(y(t), P_i(t))$ 是联合概率密度；$p(y(t))$ 和 $p(P_i(t))$ 是 $y(t)$ 和 $P_i(t)$ 的概率密度。

根据式（9-9）～式（9-11），可得到 $y(t)$、$S_O(t-t_1)$、$F/M(t-t_2)$、$SRT(t-t_3)$、$T(t-t_4)$ 的 MIC_S。设计推理规则确定合适的 t_i，规则表示为：如果 $0 \leqslant n_{P_i}^* \leqslant N$，$MIC_{y(t),P_i\left(t-n_{P_i}^*\right)} \geqslant 0.5MIC_{y(t),P_i(t)}$，且 $MIC_{y(t),P_i\left(t-n_{P_i}^*\right)} \geqslant 0.5MIC_{y(t),P_i(t-t_i)}$，$t_i=(n_{P_i}^*+1),\cdots,N$，则 $n_{P_i}^*$ 为合适的解。

9.4 城市污水处理过程全流程协同优化目标构建

城市污水处理过程全流程协同优化目标是描述城市污水处理过程协同优化目标及其关键变量之间的非线性关系，也是设计全流程协同优化控制策略的前提。

因此，本节通过对城市污水处理全流程协同优化目标影响因素的分析，建立基于模糊神经网络的全流程协同优化目标模型，采用自适应二阶 L-M 算法对模糊神经网络参数进行自适应调整，实现全流程协同优化目标动态更新。

9.4.1 城市污水处理过程全流程协同优化目标影响因素分析

城市污水处理过程全流程的运行指标主要包括出水水质和运行能耗，其中，出水水质大小取决于出水污染物浓度的高低，浓度越低，水质越好，则出水水质越小；运行能耗主要包括曝气能耗和泵送能耗。基于式（9-5）～式（9-7）中的机理特点分析，可确定影响 EQ 和 EC 的相关过程变量为：

$$EQ = f_1(S_{\mathrm{O}}, S_{\mathrm{NO}}, SS, S_{\mathrm{S}}, S_{\mathrm{NH}}, S_{\mathrm{ND}}, S_{\mathrm{I}}, X_{\mathrm{ND}}, X_{\mathrm{BA}}, X_{\mathrm{BH}}, X_{\mathrm{P}}, X_{\mathrm{S}}, X_{\mathrm{I}}, T_{\mathrm{em}}, Q_{\mathrm{in}}) \tag{9-12}$$

$$EC = f_2(S_{\mathrm{O}}, S_{\mathrm{NO}}, MLSS, S_{\mathrm{S}}, S_{\mathrm{NH}}, X_{\mathrm{BA}}, X_{\mathrm{BH}}, X_{\mathrm{P}}, X_{\mathrm{S}}, T_{\mathrm{em}}, Q_{\mathrm{in}}) \tag{9-13}$$

其中，$f_1(\cdot)$ 和 $f_2(\cdot)$ 分别是关于 EQ 和 EC 的非线性函数，影响 EQ 的相关过程变量为 S_{O}、S_{NO}、SS、S_{S}、S_{NH}、S_{ND}、S_{I}、X_{ND}、X_{BA}、X_{BH}、X_{P}、X_{S}、X_{I}、T_{em} 和 Q_{in}，影响 EC 的相关过程变量为 S_{O}、S_{NO}、$MLSS$、S_{S}、S_{NH}、X_{BA}、X_{BH}、X_{P}、X_{S}、T_{em} 和 Q_{in}。

为了实现出水水质和运行能耗的准确预测，利用主元分析法确定与出水水质和运行能耗相关的关键变量，具体操作过程如下所示。

① 基于 Pauta 准则初始化相关过程变量样本数据，则相关过程变量样本 $\boldsymbol{U}_{L\times 17}$ 表示如下：

$$\boldsymbol{U} = \begin{bmatrix} u_{1,1} & u_{1,2} & \cdots & u_{1,15} & u_{1,16} & u_{1,17} \\ u_{2,1} & u_{2,2} & \cdots & u_{2,15} & u_{2,16} & u_{2,17} \\ \vdots & \vdots & & \vdots & \vdots & \vdots \\ u_{L,1} & u_{L,2} & \cdots & u_{L,15} & u_{L,16} & u_{L,17} \end{bmatrix} \tag{9-14}$$

其中，l=1, 2,⋯, L，L 为过程变量数据样本总行数，数据样本总列数为 17，前 15 列为与出水水质和运行能耗相关的过程变量，第 16 列和第 17 列分别为出水水质和能耗，第 i 列数据样本的平均值为 $\overline{u}_i$，$v_{l,i} = u_{l,i} - \overline{u}_i$ 为第 l 行第 i 列数据样本与对应列数据样本平均值之间的误差，采用 Pauta 准则对数据样本进行处理，表示如下：

$$\sigma_i = \frac{\sqrt{\sum_{i=1}^{L}\left(u_{l,i} - \overline{u}_i\right)^2}}{L} \tag{9-15}$$

如果满足：

$$|v_{li}| > 3\sigma_i \tag{9-16}$$

则认为该数据样本正常，否则删除该样本。同时，为了降低不同数据样本差异对数据处理过程的影响，在关键变量数据提取过程中，需要对数据进行归一化处理。归一化过程表示如下：

$$u_{i\text{norm}} = \frac{u_i - u_{i\min}}{u_{i\max} - u_{i\min}} \tag{9-17}$$

其中，$u_{i\text{norm}}$ 为归一化数据；$u_{i\min}$ 和 $u_{i\max}$ 分别是第 i 列数据样本中的最小样本和最大样本。在样本数据经归一化处理后，所有的样本处于 [0, 1] 之间。同时，在测试结果输出时将所有样本进行反归一化处理。归一化后数据样本 $\boldsymbol{X}_{M\times17}$ 表示为：

$$\boldsymbol{X} = \begin{bmatrix} r_{1,1} & r_{1,2} & \cdots & r_{1,15} & r_{1,16} & r_{1,17} \\ r_{2,1} & r_{2,2} & \cdots & r_{2,15} & r_{2,16} & r_{2,17} \\ \vdots & \vdots & \vdots & \vdots & \vdots & \vdots \\ r_{\mathrm{M},1} & r_{\mathrm{M},2} & \cdots & r_{\mathrm{M},15} & r_{\mathrm{M},16} & r_{\mathrm{M},17} \end{bmatrix} \tag{9-18}$$

② 计算归一化数据样本 $\boldsymbol{X}_{M\times17}$ 的协方差矩阵 $\boldsymbol{C_X}$，表示如下：

$$\boldsymbol{C_X} = Cov(\boldsymbol{X}) = \begin{bmatrix} r_{11} & r_{12} & \cdots & r_{1,M} \\ r_{21} & r_{22} & \cdots & r_{2,M} \\ \vdots & \vdots & \vdots & \vdots \\ r_{M,1} & r_{M,2} & \cdots & r_{M,M} \end{bmatrix} \tag{9-19}$$

其中，$r_{M,M}$ 是相关系数。

③ 计算协方差矩阵 $\boldsymbol{C_X}$ 的特征值和其对应的特征向量表示如下：

$$\boldsymbol{C_X} = \boldsymbol{V\Lambda V}^{\mathrm{T}} \tag{9-20}$$

其中，$\boldsymbol{V}$ 是协方差矩阵的特征向量；$\boldsymbol{\Lambda}$ 是矩阵特征向量相关特征值组成的对角矩阵：

$$\boldsymbol{\Lambda} = \begin{bmatrix} \lambda_{1,1} & & \\ & \cdots & \\ & & \lambda_{M,M} \end{bmatrix} \tag{9-21}$$

④ 按照从大到小的顺序对特征值进行排列，计算前 N 个特征值的累计贡献率，表示如下：

$$\eta(N) = \frac{\sum_{m=1}^{N} \lambda_m}{\sum_{m=1}^{M} \lambda_m} \tag{9-22}$$

⑤ 提取前 N 个有较大累计贡献率的特征值对应的特征向量，组成变换矩阵 $\boldsymbol{P}^{\mathrm{T}}$。

⑥ 根据 $\boldsymbol{Y}=\boldsymbol{P}^{\mathrm{T}}\boldsymbol{X}$ 计算前 N 个主成分，达到降维的目的。

采用主元分析法，计算与出水水质和运行能耗相关的过程变量累计方差贡献率 η，当累计方差贡献率 η>85% 时，获取与出水水质和能耗相关的关键变量，并将其作为运行指标特征模型的输入变量，以出水水质和运行能耗为输出，实现城市污水处理过程全流程协同优化目标模型的构建。

9.4.2 城市污水处理过程全流程协同优化目标设计

城市污水处理过程全流程协同优化目标构建是表示关键变量优化设定值与性能指标间的函数关系，其实质是建立溶解氧浓度和硝态氮浓度的优化设定值与运行能耗指标、出水水质指标间的代理模型，实现对性能指标的预测和评价。本部分将以模糊神经网络（FNN）为例，构建模型描述城市污水处理过程出水水质、能耗及其关键变量之间的关系。

城市污水处理过程全流程协同优化模型表示如下：

$$\min F(t)=[EQ(t),EC(t)]^{\mathrm{T}} \tag{9-23}$$

其中，$F(t)$ 表示 t 时刻的运行优化目标函数；$EQ(t)$ 为 t 时刻出水水质；$EC(t)$ 为 t 时刻能耗。采用的模糊神经网络包括四层：输入层、隐含层、归一化层和输出层。其中，模糊神经网络的输出表示如下：

$$EQ(t)=\boldsymbol{\varphi}(t)\boldsymbol{W}^{1\mathrm{T}(t)} \tag{9-24}$$

$$EC(t)=\boldsymbol{\varphi}(t)\boldsymbol{W}^{2\mathrm{T}(t)} \tag{9-25}$$

其中，$\boldsymbol{\varphi}(t)=\left[\varphi_1(t),\cdots,\varphi_{10}(t)\right]$ 为归一化层输出矩阵；$\boldsymbol{W}^q(t)=\left[w_1^q(t),\cdots,w_{10}^q(t)\right]$ 为归一化层与第 q 个输出连接的权重向量。q=1 时，输出为出水水质，q=2 时，输出为能耗。归一化层的输出表示如下：

$$\varphi_l(t)=\frac{\phi_l(t)}{\sum_{j=1}^{10}\phi_j(t)} \tag{9-26}$$

其中，l=1, ⋯, 10，是归一化层神经元数量；$\phi_j(t)$ 是模糊规则层第 j 个神经元的输出。

$$\phi_j(t)=\prod_{i=1}^{4}\mathrm{e}^{-\frac{(s_i(t)-\mu_{ij}(t))^2}{2(\sigma_{ij}(t))^2}} \tag{9-27}$$

其中，$\boldsymbol{\mu}_j(t)=[\mu_{1j}(t),\cdots,\mu_{ij},\cdots,\mu_{4_j}(t)]$ 为模糊规则层中心向量；$\boldsymbol{\sigma}_j(t)=[\sigma_{1j}(t),\cdots,\sigma_{ij}(t),\cdots,\sigma_{4j}(t)]$ 为模糊规则层的宽度向量；$\boldsymbol{s}_i(t)$ 为输入层第 i 个输入向

量。基于城市污水处理过程机理分析和主元分析法，获取与出水水质相关的关键变量 S_{O}、$MLSS$、S_{NO}、S_{NH}、Q_{in} 和 T_{em}，与能耗相关的关键变量 S_{O}、Q_{in}、$MLSS$、S_{NO}、S_{NH} 和 X_{BA}。根据关键变量的可操作性和物料平衡方程，确定城市污水处理过程优化目标模型输入，即 S_{O}、S_{NO}、S_{NH} 和 $MLSS$ 为模糊神经网络的输入变量，表示如下：

$$\boldsymbol{s}(t)=\left[S_{\mathrm{O}}(t),S_{\mathrm{NO}}(t),S_{\mathrm{NH}}(t),MLSS(t)\right] \tag{9-28}$$

其中，$\boldsymbol{s}(t)$ 为模糊神经网络的输入向量；$S_{\mathrm{O}}(t)$ 和 $S_{\mathrm{NO}}(t)$ 分别为 t 时刻溶解氧和硝态氮的浓度值；$S_{\mathrm{NH}}(t)$ 为 t 时刻氨氮浓度值；$MLSS(t)$ 为 t 时刻混合液悬浮固体浓度。

基于 FNN 的城市污水处理过程全流程协同优化目标模型充分考虑了城市污水处理过程动态以及易受扰动的特征，描述了出水水质、能耗以及状态变量之间的动态关系，增加了模型的抗干扰能力。

9.4.3 城市污水处理过程全流程协同优化目标动态更新

城市污水处理过程全流程协同优化目标动态更新，涉及城市污水处理过程的动态特性，本节设计了一种基于自适应二阶 L-M 的参数调整算法对目标模型进行调整，以保证模型的有效性。在设计的城市污水处理过程全流程协同优化目标模型中，所有的模型参数都需要动态调整。基于自适应核函数的模型参数表示如下：

$$\boldsymbol{\Phi}_1(t)=\left[W_{11}(t),\cdots,W_{1Q}(t),\boldsymbol{c}_{11}(t),\cdots,\boldsymbol{c}_{1Q}(t),b_{11}(t),\cdots,b_{1Q}(t)\right] \tag{9-29}$$

$$\boldsymbol{\Phi}_2(t)=\left[W_{21}(t),\cdots,W_{2Q}(t),\boldsymbol{c}_{21}(t),\cdots,\boldsymbol{c}_{2Q}(t),b_{21}(t),\cdots,b_{2Q}(t)\right] \tag{9-30}$$

其中，$\boldsymbol{\Phi}_1(t)$ 和 $\boldsymbol{\Phi}_2(t)$ 是包含所有核函数参数的向量，其更新方式为：

$$\boldsymbol{\Phi}_1(t+1)=\boldsymbol{\Phi}_1(t)+\left(\boldsymbol{\Psi}_1(t)+\lambda_1(t)\boldsymbol{I}\right)^{-1}\times\boldsymbol{\Omega}_1(t) \tag{9-31}$$

$$\boldsymbol{\Phi}_2(t+1)=\boldsymbol{\Phi}_2(t)+(\boldsymbol{\Psi}_2(t)+\lambda_2(t)\boldsymbol{I})^{-1}\times\boldsymbol{\Omega}_2(t) \tag{9-32}$$

$\boldsymbol{\Psi}_1(t)$ 和 $\boldsymbol{\Psi}_2(t)$ 是拟海塞矩阵，表示如下：

$$\boldsymbol{\Psi}_1(t)=\boldsymbol{j}_1^{\mathrm{T}}(t)\boldsymbol{j}_1(t) \tag{9-33}$$

$$\boldsymbol{\Psi}_2(t)=\boldsymbol{j}_2^{\mathrm{T}}(t)\boldsymbol{j}_2(t) \tag{9-34}$$

其中，$\boldsymbol{j}_1(t)$ 和 $\boldsymbol{j}_2(t)$ 的计算过程表示如下：

$$\boldsymbol{j}_1(t)=\left[\frac{\partial e_1(t)}{\partial W_{11}(t)},\cdots,\frac{\partial e_1(t)}{\partial W_{1Q}(t)},\frac{\partial e_1(t)}{\partial \boldsymbol{c}_{11}(t)},\cdots,\frac{\partial e_1(t)}{\partial \boldsymbol{c}_{1Q}(t)},\frac{\partial e_1(t)}{\partial b_{11}(t)},\cdots,\frac{\partial e_1(t)}{\partial b_{1Q}(t)}\right] \tag{9-35}$$

$$\boldsymbol{j}_2(t)=\left[\frac{\partial e_2(t)}{\partial W_{21}(t)},\cdots,\frac{\partial e_2(t)}{\partial W_{2Q}(t)},\frac{\partial e_2(t)}{\partial \boldsymbol{c}_{21}(t)},\cdots,\frac{\partial e_2(t)}{\partial \boldsymbol{c}_{2Q}(t)},\frac{\partial e_2(t)}{\partial b_{21}(t)},\cdots,\frac{\partial e_2(t)}{\partial b_{2Q}(t)}\right] \tag{9-36}$$

$\boldsymbol{\Omega}_1(t)$ 和 $\boldsymbol{\Omega}_2(t)$ 是梯度向量，其计算过程表示如下：

$$\boldsymbol{\Omega}_1(t)=\boldsymbol{j}_1^{\mathrm{T}}(t)e_1(t) \tag{9-37}$$

$$\boldsymbol{\Omega}_2(t)=\boldsymbol{j}_2^{\mathrm{T}}(t)e_2(t) \tag{9-38}$$

$\lambda_1(t)$ 和 $\lambda_2(t)$ 是自适应学习率，其更新过程表示如下：

$$\lambda_1(t)=\mu_1(t)\lambda_1(t-1) \tag{9-39}$$

$$\lambda_2(t)=\mu_2(t)\lambda_2(t-1) \tag{9-40}$$

$$\mu_1(t)=\frac{\tau_1^{\min}(t)+\lambda_1(t-1)}{\tau_1^{\max}(t)+1} \tag{9-41}$$

$$\mu_2(t)=\frac{\tau_2^{\min}(t)+\lambda_2(t-1)}{\tau_2^{\max}(t)+1} \tag{9-42}$$

其中，$\tau_1^{\max}(t)$ 和 $\tau_1^{\min}(t)$ 分别是 $\boldsymbol{\Psi}_1(t)$ 的最大和最小特征值，$\tau_2^{\max}(t)$ 和 $\tau_2^{\min}(t)$ 分别是 $\boldsymbol{\Psi}_2(t)$ 的最大和最小特征值，$0<\tau_1^{\min}(t)<\tau_1^{\max}(t)$，$0<\lambda_1(t)<1$，$0<\tau_2^{\min}(t)<\tau_2^{\max}(t)$，$0<\lambda_2(t)<1$。

9.5 城市污水处理过程全流程协同优化设定方法设计

污水处理过程多工作于非平稳状态，为了获得好的优化性能，溶解氧浓度及硝态氮浓度的优化设定值应能够满足动态调整特性。污水处理过程优化本质为多目标优化问题，因此，本章运行优化层的设计任务在于满足污水处理过程出水水质达标约束下，在线获得污水处理过程多目标优化下的溶解氧浓度及硝态氮浓度的优化设定值。

9.5.1 城市污水处理过程全流程协同优化方法设计

根据系统反馈的实时出水水质信息，利用 NSGA Ⅱ进化算法对式（9-8）进行优化求解，根据决策管理层提供的指标权重系数，在 Pareto 解中确定一个满意最优解，即在线获得溶解氧浓度及硝态氮浓度的优化设定值。该运行优化层与上层决策管理层及下层跟踪控制层的连接关系如图 9-3 所示。

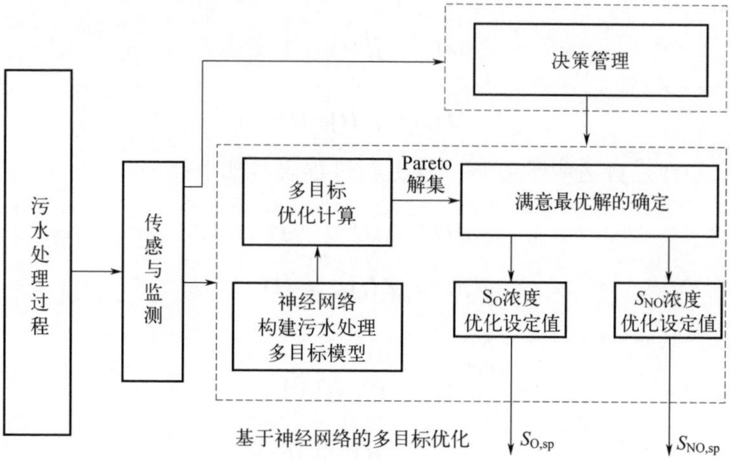

图 9-3　污水处理运行优化层的设计及其与上下层的连接

9.5.2　城市污水处理过程全流程协同优化设定

为了实现城市污水处理过程全流程协同优化设定，设计了基于 NSGA Ⅱ的优化算法。NSGA Ⅱ算法由 Deb 于 2002 年提出，是迄今为止最优秀的多目标优化进化算法。污水处理过程属于慢时变非线性系统，采样周期以 15min 为基本周期，优化周期一般达到小时级，因此，污水处理过程中采用 NSGA Ⅱ方法进行优化问题求解，满足污水处理过程控制的要求。

NSGA Ⅱ进化算法优化求解过程的核心是种群个体的快速非占优排序和精英选择策略。快速非占优排序依据种群中个体的非占优等级及拥挤距离指标进行确定。非占优等级根据优化性能指标间的 Pareto 占优支配情况进行划分。以具有两个优化指标的多目标优化问题为例，Pareto 占优定义为：对于可行域内的解向量 $\boldsymbol{x}_1$、$\boldsymbol{x}_2$，若 $\boldsymbol{x}_1$ 是 Pareto 占优或 $\boldsymbol{x}_1$ 支配 $\boldsymbol{x}_2$，记为 $\boldsymbol{x}_1 \succ \boldsymbol{x}_2$，当且仅当下式成立：

$$\begin{aligned} f_i(\boldsymbol{x}_1) \leqslant f_i(\boldsymbol{x}_2), \quad \forall i \in (1,2) \\ f_j(\boldsymbol{x}_1) \leqslant f_j(\boldsymbol{x}_2), \quad \exists j \in (1,2) \end{aligned} \tag{9-43}$$

种群中个体非占优等级的获取，可以按表 9-1 所述的快速非占优等级排序伪代码实现。

表 9-1　快速非占优等级排序伪代码

快速非支配解排序 (P)	% 对种群 P 进行非占优等级排序子程序
对于每一个个体 $p \in P$	
$S_P=\varnothing$, $n_P=0$	% 初始化
对于每一个个体 $q \in P$	
如果 (p 支配 q)，则	% 如果 p 占优 q
$S_P=S_P \cup \{q\}$	% 将 q 放入被 p 占优的解集中
否则如果 (q 支配 p)，则	% 如果 q 占优 p
$n_P=n_P+1$	% p 被占优的个数计数器 n_P 加 1
if $n_P=0$ then	
$P_{\text{rank}}=1, F_1=F_1 \cup \{p\}$	% 若 n_P 为零，则属于第 1 前沿集合
$i=1$	% 将前沿数设置为 1
while $F_i \neq \varnothing$	
$Q=\varnothing$	% Q 用于储存下一前沿集合中的种群个体
for each $p \in F_i$	
for each $q \in S_P$	
$n_q=n_q-1$	
if $n_q=0$ then	% q 属于下一前沿
$q_{\text{rank}}=i+1$	
$Q=Q \cup \{q\}$	
$i=i+1$	% 前沿数加 1
$F_i=Q$	% Q 中个体为下一前沿中个体

种群中个体的拥挤距离（Crowding-Distance）指标是种群中个体分布均匀性的表征，图 9-4 直观展示了拥挤距离定义的基本含义。

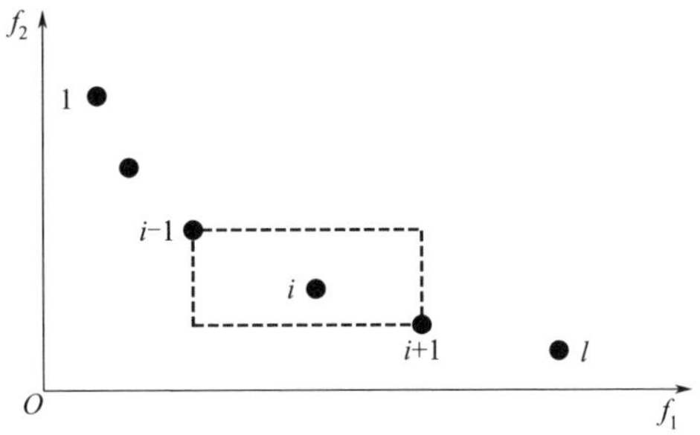

图 9-4　拥挤距离计算示意

图 9-4 中，实心点表示同一占优等级中的 l 个个体，虚线方框给出针对第 i 个

个体的拥挤距离指标含义的示意图。拥挤距离指标大说明该区域的解较稀疏，应保留该区域的解来增加种群多样性，提高解的分布性。种群个体的拥挤距离指标计算可由表 9-2 给出的算法伪代码实现。

表 9-2 拥挤距离计算伪代码

Crowding-distance-assignment(I)	
$l=\|I\|$	% 在每个等级集合 I 中解个体个数
for each i, set $I[i]_{\text{distance}}=0$	% 对每个解的距离进行初始化设定
for each objective m	% 对每一个目标函数，做如下操作
I=sort(I, m)	% 利用目标函数值进行同等级中个体的排序
I[1]distance= I[l]distance= ∞	% 设定两分界点处的拥挤距离值为无穷大，保证被选择
for i=2 to (l−1)	% 对于其他的点，按下式进行拥挤距离计算
$I[i]_{\text{distance}}= I[i]_{\text{distance}}+(I[i+1]m- I[i-1]m)/(f_m^{\max}- f_m^{\min})$	

NSGA Ⅱ算法的种群进化过程可由图 9-5 中的示意图进行描述。种群个体选择过程为：假设 t 时刻，得到父代个体种群 P_t 和上一代进化得到的子代个体 Q_t，并对由 {P_t，Q_t} 组成的新种群计算非占优级等级 F 和拥挤距离指标，按个体的非占优等级（等级小为优先）加入种群中，对于相同占优等级的个体，则比较其拥挤距离指标，且拥挤距离大的个体具有更高的优先级，直至达到种群规模 N，获得新的父代种群 P_{t+1}。进化过程的伪代码可由表 9-3 表示。

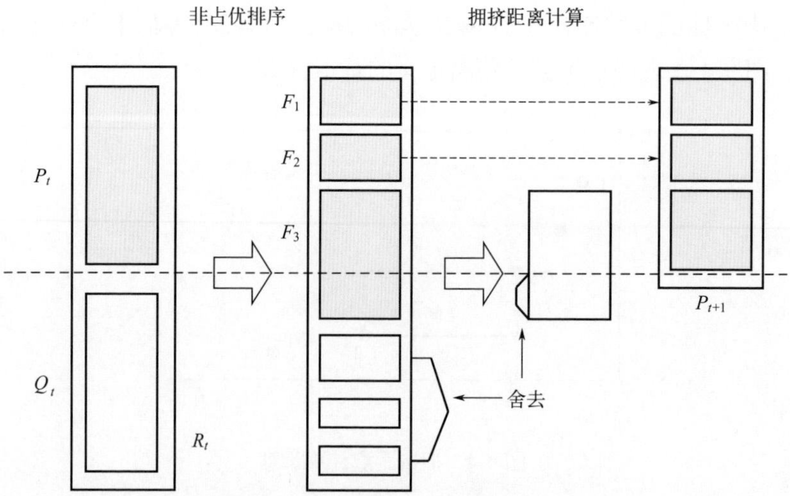

图 9-5 NSGA Ⅱ种群进化

表 9-3　NSGA Ⅱ进化算法伪代码

$R_t=P_t \cup Q_t$	% 合并父代 P_t 与子代 Q_t 的种群为 R_t
F=fast-non-dominated-sort(R_t)	% 对种群 R_t 进行非占优等级排序
$F=(F_1, F_2, \cdots)$	
$P_{t+1}=\varnothing$ and $i=1$	% 对 t+1 代父代种群置空，从第 1 占优等级开始
until $\|P_{t+1}\|+\|F_i\| \leqslant N$	% 做如下操作，直至父代种群数满足 N
	% 计算每个等级 F_i 中的个体拥护距离指标
Crowding-distance-assignment(F_i)	
$P_{t+1}=P_{t+1} \cup F_i$	% 将第 i 非占优化等级 F_i 中的个体包含在父代个体种群中
$i=i+1$	% 继续检查下一个前沿
Sort($F_i \prec n$)	% 使用非占优准则进行降序排列
$P_{t+1}=P_{t+1} \cup F_i[1:(N-\|P_{t+1}\|)]$	% 选择第 i 非占优化等级 F_i 中的前 $(N-\|P_t+1\|)$ 个体
Q_{t+1}=make-new-pop(P_{t+1})	% 利用选择、交叉、变异操作得到新的进化种群
$t=t+1$	% 进化代数加 1

综上所述，NSGA Ⅱ 进化算法解决多目标优化问题时，具体步骤为：

① 参数初始化设置，包括种群规模 N、最大进化代数 M、优化变量维度 D、优化变量范围设定等；

② 进化代数 G=1，在搜索空间内采用均匀分布的方式随机产生 N 个个体，构成初始父代种群；

③ 从 N 个父代个体中，由锦标赛选择方法选出 N/2 个父代精英个体；

④ 在父代精英个体基础上，进行交叉、变异操作，产生 N 个新个体；

⑤ 合并 N 个父代个体和 N 个子代个体组成新种群，计算该种群 2N 个个体中的优化性能指标函数值，进行非占优排序及拥挤距离计算；

⑥ 采用锦标赛选择方法，依据排序等级和拥挤距离大小，挑选出 N 个较优个体作为新的父代个体；

⑦ 进化代数 G 加 1，若进化代数 G 达到最大进化代数 M，则算法结束，否则转到步骤②，进入下一代种群进化。

对于污水处理过程多目标优化问题，仿真实验研究中发现：采用标准 NSGA Ⅱ算法进行问题求解时，易出现获取的 Pareto 解个数较少的现象，因此，对 NSGA Ⅱ算法进行改进，提高解的多样性和保持非劣解具有较好的均匀性。

分析 NSGA Ⅱ算法实现的过程可以发现，新个体产生机制与种群个体的非占优排序机制对遗传算法的性能影响较大。其中，NSGA Ⅱ采用的非占优排序准则是已被广泛认可的有效机制，因此，为了提高解的多样性和均匀分布性，本节从新个体产生机制角度进行算法改进，提出采用差分进化（Differential Evolution, DE）算法中的交叉、变异机制改进 NSGA Ⅱ的新个体产生过程。

同 NSGA Ⅱ 算法相同，DE 算法也属于进化算法的一种，最突出的特点是算法简单高效，交叉、变异机制为其核心，与当前待处理问题有相同的结合点。本章借鉴 DE 算法中的交叉、变异机制增强 NSGA Ⅱ算法中新个体产生的多样性，同时，采用反向学习准则对初始种群进行初始化处理，提高进化算法的寻优速度。

（1）DE 算法中的交叉与变异操作

与遗传算法不同，DE 算法的新个体产生机制中，先进行个体的变异操作，再进行交叉。DE 算法的变异及交叉操作具体算法如下：

变异操作按式（9-44）进行：

$$\boldsymbol{V}_{i,G} = X_{r1,G} + F(X_{r2,G} - X_{r3,G}) \tag{9-44}$$

其中，$X_{r1,G}$、$X_{r2,G}$、$X_{r3,G}$ 为从种群中选定的三个个体；r_1、r_2、r_3 为随机生成且互不相同的正整数；G 为当前进化代数；第 i 个变异向量表达为 $\boldsymbol{V}_{i,G} = (v_{i,G}^1, v_{i,G}^2, \cdots, v_{i,G}^D)$；$F \in [0,1]$ 为伸缩因子，可以控制探索方向的步长，取较大值时变异特性增强，但算法收敛速度降低，取较小值时种群多样性降低且易陷入局部最优，但有利于加速收敛。此处采用一种自适应的形式，即：

$$F = \left((F_{\max} - F_{\min}) \frac{k}{G} + F_{\min} \right) y_{\text{logistic}}(k) \tag{9-45}$$

其中，$F_{\max}$ 和 $F_{\min}$ 分别为伸缩因子的最大值和最小值；k 为当前进化代数。

交叉操作按式（9-46）式进行：

$$x_{i,G}^j = \begin{cases} v_{i,G}^j, & \text{rand}_{i,j}[0,1] \leqslant C_\text{r} \text{ 或 } j = j_\text{rand} \\ x_{i,G}^j, & \text{其他} \end{cases} \tag{9-46}$$

其中，$\text{rand}_{i,j}[0,1]$ 为 $[0,1]$ 范围内正态分布的一个随机数；C_r 为交叉概率因子，较大 C_r 值可以增加变异程度，较小 C_r 值则促进开发；$j_\text{rand} \in [1, D]$ 为随机选择的一个正整数，保证新产生向量至少有一维是不同于原始向量的。

（2）反向学习准则

利用反向学习准则对初始种群进行初始化，可以提高进化算法的寻优速度。在搜索空间内采用均匀分布的方式随机产生 N 个个体 $X'_{i,0} = \{x_{i,0}^{j'}\}$，利用反向学习准则产生对应 N 个个体 $X''_{i,0} = \{x_{i,0}^{j''}\}$，

$$X''_{i,0} = \{x_{i,0}^{j''} = x_i^{j,l} + x_i^{j,u} - x_{i,0}^{j'}\} \tag{9-47}$$

计算 $2N$ 个初始个体的各性能指标值 (即适应度值)，根据 Pareto 非占优准则进行等级排序，选出其中 N 个较优个体组成初始种群 $P_0=(X_{1,0}, X_{2,0}, \cdots, X_{N,0})$，构成初始父代个体。

(3) 改进 NSGA Ⅱ算法实现

设搜索空间为 D 维，种群规模为 N，进化代数为 M。群体中第 G 代第 i 个个体 $X_{i,G}$ 表示为：$X_{i,G}=\{ x_{i,G}^{j} \}$。其中，$1 \leqslant i \leqslant N$，$1 \leqslant j \leqslant D$，$x_{i,G}^{j}$ 为实数，在设定的优化变量范围 [$x_i^{j,l}$, $x_i^{j,u}$] 内变化，$x_i^{j,l}$ 、$x_i^{j,u}$ 分别表示自变量取值范围的上下限。改进 NSGA Ⅱ算法实现的具体步骤为：

① 令进化代数 G=1，基于反向学习准则获得初始种群 $P_0=(X_{1,0}, X_{2,0}, \cdots, X_{N,0})$，构成初始父代个体；

② 从 N 个父代个体中，由锦标赛选择方法选出 $N/2$ 个父代精英个体；

③ 基于选出的父代精英个体，进行 DE 机制下的变异及交叉操作，产生 N 个子代个体；

④ 将 N 个父代个体与产生的 N 个子代个体组成新种群，计算该种群 $2N$ 个个体中待优化性能指标函数值，即带有惩罚项的待优化性能指标数值，计算个体的等级及拥挤距离，进行非占优排序；

⑤ 采用锦标赛选择方法，根据非占优排序等级和拥挤距离大小，从 $2N$ 个个体中挑选出 N 个较优个体作为新的父代个体；

⑥ 进化代数 $G=G+1$，若进化代数 G 达到最大进化代数 M，则算法结束，给出污水处理过程多目标优化问题的一组 Pareto 最优解 $\{\boldsymbol{x}^p, 1 \leqslant p \leqslant N\}$，即一组等同优秀的溶解氧浓度及硝态氮浓度的优化设定值，否则转到步骤②，进入下一代种群进化。

基于 NSGA Ⅱ的多目标进化算法改进主要在于：初始化种群的获取引入反向学习准则，增大了初始化搜索空间，加快算法收敛；引进 DE 算法的交叉、变异机制，增加种群多样性，提高解的分布均匀性。

9.5.3 城市污水处理过程全流程协同优化设定性能评价

分析基于密度的 NSGA Ⅱ算法运行一代的时间复杂度。NSGA Ⅱ算法的时间代价主要集中在密度计算和子代目标函数值求解两部分：

① 密度计算步骤：密度计算的时间复杂度为 $O(0.1N^2)$，N 为初始种群数量。

② 子代目标函数值求解：交叉变异和局部搜索共产生 $0.5N+n+\lceil 0.3N \rceil$ 个解，因决策变量个数 n 一般远小于 N，因此该步骤的时间复杂度为 $O(0.8N)$ 。

综合以上两个步骤的分析，NSGA Ⅱ算法的时间复杂度为 $O(0.8N+0.1N^2)$。当单个解的局部搜索解数量相同时，全部解都进行局部搜索的算法的时间复杂度为 $O(0.5N+nN+0.3N^2)$。一些局部搜索算法的局部解数量较少，但需要进行梯度计算指导搜索方向。若不进行梯度计算，局部解数量不足时难以保证收敛速度。因此，在保证收敛速度的前提下，NSGA Ⅱ算法的时间复杂度优于其他局部搜索算法。

9.6 城市污水处理过程全流程协同优化控制方法设计

为了实现城市污水处理过程全流程协同优化控制方法的设计，本节设计了一种基于预测控制的协同优化控制算法，根据获得的控制变量的优化设定点，通过动态调整可控变量，实现对关键变量的有效跟踪控制，并对该协同优化控制方法进行性能评价。

9.6.1 城市污水处理过程全流程协同优化控制算法设计

对于跟踪控制层，以实现运行优化层给定的优化设定值的高精度跟踪控制为首要目标。采用基于区间二型模糊神经网络的协同控制器 (IT2FNN-CC)，IT2FNN-CC 采用一种结构协同策略以调整控制器结构，设计了一种参数协同策略用于控制器参数的优化，从而提高 IT2FNN-CC 的控制性能。结构协同策略可以协同多个评价指标对 IT2FNN-CC 的结构进行评价，以满足控制要求。

底层跟踪控制系统接收来自优化层传递的溶解氧浓度及硝态氮浓度的优化设定值信息，并与当前污水处理过程控制变量信息进行综合，构成控制系统的反馈信息，通过 IT2FNN-CC 控制器，提供合适的溶解氧浓度及硝态氮浓度的控制量数值，最后由执行机构 (对应氧传递系数的阀门开度及内回流量的泵送能力) 实现污水处理过程的实地操控。污水处理生化反应过程水平影响着被控过程中的优化设定值，同时，对出水水质有直接影响，出水水质的信息反馈至优化策略中，对实时优化策略的计算给予信息反馈，再通过控制器作用于控制系统，最终实现闭环反馈控制。

9.6.2 城市污水处理过程全流程协同优化控制算法实现

IT2FNN-CC 的控制框架如图 9-6 所示，控制器输入为：

$$e_{O}(k)=S_{O,set}(k)-S_{O,m}(k) \tag{9-48}$$

$$\Delta e_{O}(k)=e_{O}(k)-e_{O}(k-1) \tag{9-49}$$

$$e_{NO}(k)=S_{NO,set}(k)-S_{NO,m}(k) \tag{9-50}$$

$$\Delta e_{NO}(k)=e_{NO}(k)-e_{NO}(k-1) \tag{9-51}$$

其中，$S_{O,set}(k)$ 和 $S_{O,m}(k)$ 分别是 k 时刻 DO 浓度的设定值和实际测量值；$S_{NO,set}(k)$ 和 $S_{NO,m}(k)$ 分别是 NO_3-N 浓度的设定值和实际测量值；$e_O(k)$ 和 $e_{NO}(k)$ 分别是 DO 和 NO_3-N 的设定值与实际测量值之间的误差，Δ表示变量的变化。协同控制器的输入向量为 $\boldsymbol{x}(k)=[x_1(k), x_2(k), x_3(k), x_4(k)]=[e_O(k), \Delta e_O(k), e_{NO}(k), \Delta e_{NO}(k)]$。

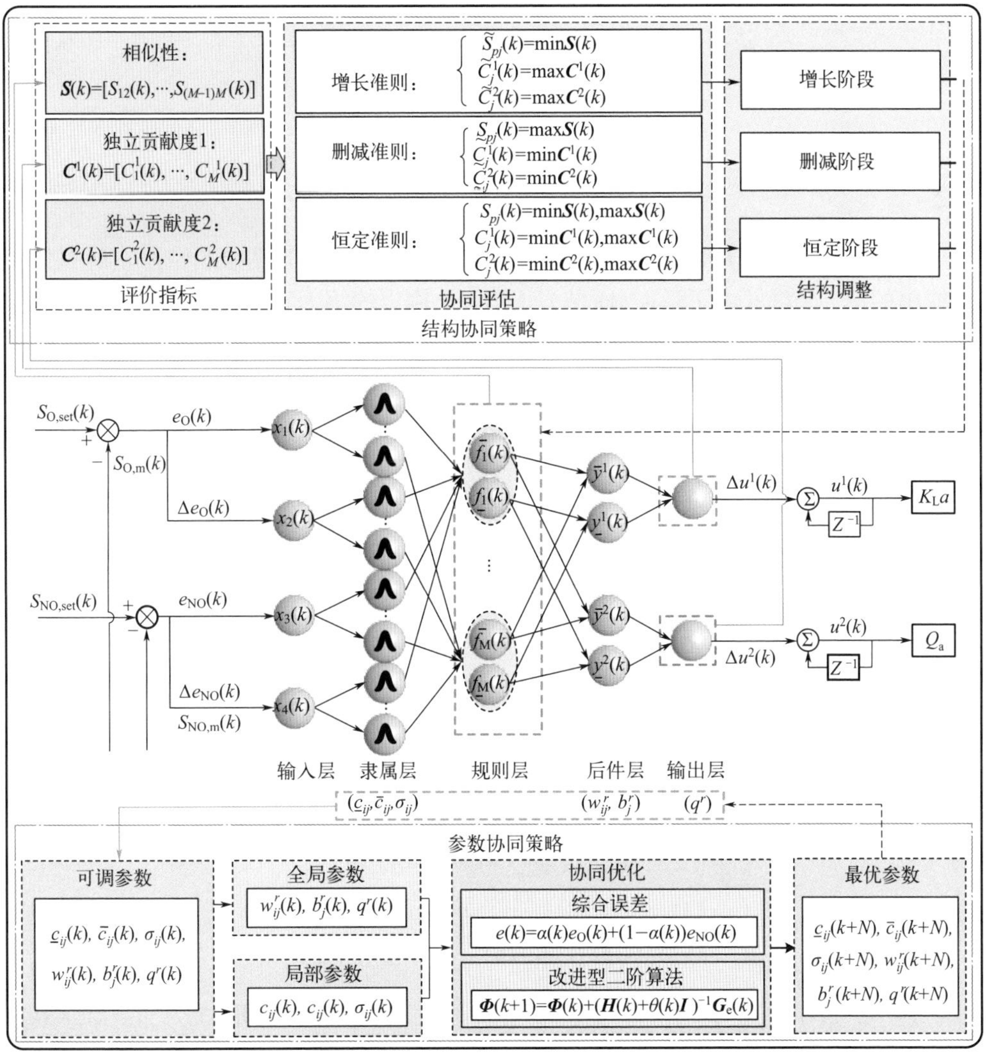

图 9-6　基于区间二型模糊神经网络的协同控制器

基于 IT2FNN 的计算规则，控制器输出为：

$$u^r(k)=u^r(k-1)+\Delta u^r(k) \tag{9-52}$$

其中，r=1, ···, R 且 R 是输出层神经元的数量；$\Delta u^r(k)$ 是 k 时刻第 r 个控制器输出的增量，它是第 r 个输出层神经元的输出：

$$\Delta u^r(k)=q^r(k)\underline{y}^r(k)+(1-q^r(k))\overline{y}^r(k) \tag{9-53}$$

其中，$q^r(k)$ 是 k 时刻第 r 个输出的比例因子；$\underline{y}^r(k)$ 是第 r 个后件神经元的输出下界，$\overline{y}^r(k)$ 第 r 个后件神经元的输出上界。

$$\underline{y}^r(k)=\frac{\sum_{j=1}^{M}\underline{f}_j(k)h_j^r(k)}{\sum_{j=1}^{M}\underline{f}_j(k)},\overline{y}^r(k)=\frac{\sum_{j=1}^{M}\overline{f}_j(k)h_j^r(k)}{\sum_{j=1}^{M}\overline{f}_j(k)} \tag{9-54}$$

$$h_j^r(k)=\sum_{i=1}^{n}w_{ij}^r(k)x_i(k)+b_j^r(k) \tag{9-55}$$

其中，$\underline{f}_j(k)$ 和 $\overline{f}_j(k)$ 是第 j 个规则神经元的激活强度下界和上界；$h_j^r(k)$ 是第 r 个输出的第 j 个后件因子；$w_{ij}^r(k)$ 是关于第 r 个输出的第 i 个输入和第 j 个模糊规则的后件权值；$b_j^r(k)$ 是关于第 r 个输出的第 j 个模糊规则的偏差；i=1, ···, n 且 n 是输入层神经元的数量；j=1, ···, M 且 M 是模糊规则的数量。第 j 个规则神经元的激活强度下界和上界分别为：

$$\underline{f}_j(k)=\prod_{i=1}^{n}\underline{m}_{ij}(k),\overline{f}_j(k)=\prod_{i=1}^{n}\overline{m}_{ij}(k) \tag{9-56}$$

其中，$\underline{m}_{ij}(k)$ 和 $\overline{m}_{ij}(k)$ 是第 i 个输入对于第 j 个规则神经元的隶属度下界和上界，它们的计算为：

$$\underline{m}_{ij}\left(x_i(k)\right)=\begin{cases}g\left(x_i(k);\overline{c}_{ij}(k),\sigma_{ij}(k)\right),x_i(k)\leqslant\dfrac{\underline{c}_{ij}(k)+\overline{c}_{ij}(k)}{2}\\ g\left(x_i(k);\underline{c}_{ij}(k),\sigma_{ij}(k)\right),x_i(k)>\dfrac{\underline{c}_{ij}(k)+\overline{c}_{ij}(k)}{2}\end{cases} \tag{9-57}$$

$$\overline{m}_{ij}\left(x_i(k)\right)=\begin{cases}g(x_i(k);\underline{c}_{ij}(k),\sigma_{ij}(k)),x_i(k)\leqslant\underline{c}_{ij}(k)\\ 1, \qquad \underline{c}_{ij}(k)<x_i(k)<\overline{c}_{ij}(k)\\ g(x_i(k);\overline{c}_{ij}(k),\sigma_{ij}(k)),x_i(k)\geqslant\overline{c}_{ij}(k)\end{cases} \tag{9-58}$$

其中，$g(\cdot)$ 是高斯隶属函数的简化形式，具体的计算形式为 $g(x_i(k);c_{ij}(k),\sigma_{ij}(k))\equiv\exp(-(x_i(k)-c_{ij}(k))^2/2(\sigma_{ij}(k)^2))$；$c_{ij}(k)=[\underline{c}_{ij}(k),\overline{c}_{ij}(k)]$ 是不确定中心；$\underline{c}_{ij}(k)$ 和

$\overline{c}_{ij}(k)$ 是第 i 个输入关于第 j 个规则神经元的不确定中心下界和上界；$\sigma_{ij}(k)$ 是第 i 个输入关于第 j 个规则神经元的隶属函数标准差。

（1）结构协同策略

针对城市污水处理过程中运行工况的复杂变化，设计了一种结构协同策略来调整协同控制器的结构。在 IT2FNN-CC 中，一条完整模糊规则包括四个输入层神经元、若干隶属神经元、一个规则神经元、两个后件神经元和一个输出层神经元。由于规则神经元的激活强度可以反映模糊规则的能力，因此通过规则神经元之间的相似度可以判断模糊规则之间的相似度，相似度高则表明存在冗余的模糊规则。此外，规则神经元对输出层神经元的贡献度可以用于判断模糊规则的有效性，低贡献度的规则神经元表明其组成的模糊规则有效性较低。因此，在结构协同策略中，以模糊规则的相似度和独立贡献度作为评价指标，协同评估模糊规则的有效性来调整模糊规则数量。不同模糊规则之间的相似度定义为

$$S_{pj}(k)=\frac{\sum_{k_z=k}^{k-Z+1}(F_p(k_z)-\overline{F}(k_z))(F_j(k_z)-\overline{F}(k_z))}{\sqrt{\sum_{k_z=k}^{k-Z+1}(F_p(k_z)-\overline{F}(k_z))^2}\sqrt{\sum_{k_z=k}^{k-Z+1}(F_j(k_z)-\overline{F}(k_z))^2}} \tag{9-59}$$

$$F_p(k_z)=\frac{1}{2}(\underline{f}_p(k_z)+\overline{f}_p(k_z)) \tag{9-60}$$

$$F_j(k_z)=\frac{1}{2}(\underline{f}_j(k_z)+\overline{f}_j(k_z)) \tag{9-61}$$

$$\overline{F}(k_z)=\frac{1}{M}\sum_{j=1}^{M}F_j(k_z) \tag{9-62}$$

其中，$S_{pj}(k)$ 是 k 时刻第 p 个模糊规则与第 j 个模糊规则之间的相似度；$F_p(k_z)$ 和 $F_j(k_z)$ 分别是 k_z 时刻第 p 个规则神经元和第 j 个规则神经元的平均输出；$\overline{F}(k_z)$ 是所有模糊规则神经元的平均输出；p=1, …, M 且 $p\neq j$，k_z=k−z+1，z=1, …, Z 且 Z 表示结构调整过程中的样本数量。模糊规则之间具有高相似度，则表明存在需要删除的冗余规则。此外模糊规则的独立贡献度定义为：

$$C_j^r(k)=1/d_j^r(k) \tag{9-63}$$

$$d_j^r(k)=\sqrt{(\boldsymbol{F}_j(k)-\boldsymbol{Y}^r(k))^{\mathrm{T}}\boldsymbol{V}^{-1}(\boldsymbol{F}_j(k)-\boldsymbol{Y}^r(k))} \tag{9-64}$$

$$\boldsymbol{F}_j(k)=[F_j(k),\ \cdots,\ F_j(k-Z+1)]^{\mathrm{T}} \tag{9-65}$$

$$\boldsymbol{Y}^r(k)=[\Delta u^r(k),\ \cdots,\ \Delta u^r(k-Z+1)]^{\mathrm{T}} \tag{9-66}$$

其中，$C_j^r(k)$ 是 k 时刻第 j 个模糊规则对第 r 个输出的独立贡献度；$d_j^r(k)$ 是第 j 个模糊规则与第 r 个输出之间的马氏距离；$\boldsymbol{F}_j(k)$ 是第 j 个规则神经元的输出向量；$\boldsymbol{Y}^r(k)$ 是第 r 个输出的输出向量；$\boldsymbol{V}^{-1}$ 是矩阵 $\boldsymbol{F}(k)=[\boldsymbol{F}_1(k), \boldsymbol{F}_2(k), \cdots, \boldsymbol{F}_M(k)]^{\mathrm{T}}$ 的协方差矩阵的逆矩阵，用于消除不同模糊规则对输出贡献度之间的相互影响，以获得单一模糊规则对输出的独立贡献度。

在结构协同策略中，IT2FNN-CC 的结构调整过程可以分为三个阶段，即增长阶段、删减阶段和恒定阶段。在增长阶段中，过于强大的模糊规则将被分裂以提高控制器的泛化性能；在删减阶段中，冗余的模糊规则将被删除以提高控制性能；在恒定阶段中，IT2FNN-CC 结构不会发生变化。

① 增长阶段　当模糊规则的相似度与独立贡献度满足以下条件时，新的模糊规则将生成。

$$\begin{cases}\tilde{S}_{pj}(k)=\min \boldsymbol{S}(k)\\ \tilde{C}_j^1(k)=\max \boldsymbol{C}^1(k)\\ \tilde{C}_j^2(k)=\max \boldsymbol{C}^2(k)\end{cases} \tag{9-67}$$

其中，$\tilde{S}_{pj}(k)$ 表示 k 时刻第 p 个模糊规则与第 j 个模糊规则之间存在的最小相似度；$\boldsymbol{S}(k)=[S_{12}(k), \cdots, S_{1M}(k), S_{23}(k), \cdots, S_{2M}(k), \cdots, S_{(M-1)M}(k)]$ 是相似度向量；$\tilde{C}_j^1(k)$ 表示第 j 个模糊规则对第一个输出的最大独立贡献度；$\boldsymbol{C}^1(k)=[C_1^1(k), \cdots, C_M^1(k)]$ 是模糊规则对第一个输出的独立贡献度向量；$\tilde{C}_j^2(k)$ 表示第 j 个模糊规则对第二个输出的最大独立贡献度；$\boldsymbol{C}^2(k)=[C_1^2(k), \cdots, C_M^2(k)]$ 是模糊规则对第二个输出的独立贡献度向量。式（9-67）表示当第 j 个模糊规则与第 p 个模糊规则之间的相似度是相似度向量中的最小值，且第 j 个模糊规则对两个输出的独立贡献度均是所有模糊规则独立贡献度中的最大值时，将会生成一个新模糊规则。新模糊规则的初始参数为：

$$[\underline{c}_i^{\mathrm{new}}(k), \overline{c}_i^{\mathrm{new}}(k)]=[x_i(k)-\varepsilon, x_i(k)+\varepsilon] \tag{9-68}$$

$$\sigma_i^{\mathrm{new}}(k)=\beta\left|x_i(k)-\frac{\underline{c}_{ij}(k)+\overline{c}_{ij}(k)}{2}\right| \tag{9-69}$$

$$\hat{w}_i^r(k)=w_{ij}^r(k) \tag{9-70}$$

$$\hat{b}^r(k)=b_j^r(k) \tag{9-71}$$

其中，$\underline{c}_i^{\mathrm{new}}(k)$ 和 $\overline{c}_i^{\mathrm{new}}(k)$ 分别是 k 时刻第 i 个输入对应的新隶属函数不确定中心的下界和上界；ε 是不确定宽度；$\sigma_i^{\mathrm{new}}(k)$ 是第 i 个输入对应的新隶属函数的标准差；β 是重叠系数；$\hat{w}_i^r(k)$ 是第 i 个输入与第 r 个输出所对应的新后件权值；$\hat{b}^r(k)$ 是第

r 个输出对应的新偏差。

② 删减阶段　当评价指标满足以下条件时，相应的冗余模糊规则将被删除。

$$\begin{cases} \underset{\sim}{S}_{pj}(k) = \max \boldsymbol{S}(k) \\ \underset{\sim}{C}_j^1(k) = \min \boldsymbol{C}^1(k) \\ \underset{\sim}{C}_j^2(k) = \min \boldsymbol{C}^2(k) \end{cases} \tag{9-72}$$

其中，$\underset{\sim}{S}_{pj}(k)$ 表示 k 时刻第 p 个模糊规则与第 j 个模糊规则之间存在的最大相似度；$\underset{\sim}{C}_j^1(k)$ 表示第 j 个模糊规则对第一个输出的最小独立贡献度；$\underset{\sim}{C}_j^2(k)$ 表示第 j 个模糊规则对第二个输出的最小独立贡献度。当第 j 个模糊规则与第 p 个模糊规则之间的相似度为所有模糊规则之间相似度的最大值，且当第 j 个模糊规则对两个输出的独立贡献度均是所有模糊规则独立贡献度中的最小值时，说明第 j 个模糊规则对于控制器的输出既无效又冗余，有必要删除该模糊规则。

③ 恒定阶段　当模糊规则的相似度和独立性贡献均不能满足增长和删减条件时，意味着 IT2FNN-CC 的模糊规则对于当前的控制情况是有效且合适的。因此，IT2FNN-CC 的结构将处于恒定阶段，模糊规则的数量将保持不变。

在结构合作策略中，以模糊规则的相似度和独立贡献度作为调整结构的准则可以从多种角度对模糊规则的有效性进行判断，从而确保结构调整的准确性。同时，结构协同策略可以使 IT2FNN-CC 的结构调整能在不预设任何阈值的情况下进行，这一特点有利于 IT2FNN-CC 的应用。

（2）参数协同策略

在 IT2FNN-CC 中，由于不确定中心和标准差的变化可以影响到控制器的所有输出，因此它们可被定义为全局参数。同时，由于关于某一输出的后件权重、偏差和比例因子的变化仅能够影响到控制器的某一个输出，因此这些参数可被定义为局部参数。于是 IT2FNN-CC 的参数可分为以下两个部分：

$$\boldsymbol{\Phi}_{\mathrm{g}}(k) = [c_{ij}(k),\ \sigma_{ij}(k)] \tag{9-73}$$

$$\boldsymbol{\Phi}_{\mathrm{l}}(k) = [w_{ij}^r(k),\ b_j^r(k),\ q^r(k)] \tag{9-74}$$

其中，$\boldsymbol{\Phi}_{\mathrm{g}}(k)$ 是全局参数向量；$\boldsymbol{\Phi}_{\mathrm{l}}(k)$ 是局部参数向量。为提高控制精度，利用改进型二阶算法对全局参数和局部参数进行更新，更新规则为：

$$\boldsymbol{\Phi}(k+1) = \boldsymbol{\Phi}(k) + (\boldsymbol{H}(k) + \theta(k)\boldsymbol{I})^{-1}\boldsymbol{G}_e(k) \tag{9-75}$$

$$\boldsymbol{H}(k) = \boldsymbol{J}^{\mathrm{T}}(k)\boldsymbol{J}(k) \tag{9-76}$$

$$\boldsymbol{G}_e(k) = \boldsymbol{J}^{\mathrm{T}}(k)e(k) \tag{9-77}$$

$$\theta(k)=\left|\frac{e(k)}{e(k)+e(k-1)}\right|\theta(k-1) \tag{9-78}$$

其中，$\boldsymbol{\Phi}(k+1)$ 是 $k+1$ 时刻的参数向量，$\boldsymbol{\Phi}(k+1)=[c_{ij}(k+1), \sigma_{ij}(k+1), w_{ij}^1(k+1), b_j^1(k+1), q^1(k+1), w_{ij}^2(k+1), b_j^2(k+1), q^2(k+1)]^{\mathrm{T}}$；$\boldsymbol{\Phi}(k)$ 是 k 时刻的参数向量；$\boldsymbol{H}(k)$ 是伪海塞矩阵；$\theta(k)$ 是自适应学习率；$\boldsymbol{I}$ 是单位矩阵，用于克服伪海塞矩阵可能存在的不可逆情形；$\boldsymbol{G}_e(k)$ 是误差梯度向量，并且：

$$\begin{aligned}\boldsymbol{J}(k)&=\left[\frac{\partial e(k)}{\partial \boldsymbol{\Phi}_{\mathrm{g}}(k)}, \frac{\partial e(k)}{\partial \boldsymbol{\Phi}_{\mathrm{l}}(k)}\right]\\&=\left[\frac{\partial e(k)}{\partial c_{ij}(k)}, \frac{\partial e(k)}{\partial \sigma_{ij}(k)}, \frac{\partial e(k)}{\partial w_{ij}^r(k)}, \frac{\partial e(k)}{\partial b_{ij}^r(k)}, \frac{\partial e(k)}{\partial q^r(k)}\right]\end{aligned} \tag{9-79}$$

其中，$\boldsymbol{J}(k)$ 是雅可比向量；$e(k)$ 是综合误差；$\partial e(k)/\partial c_{ij}(k)$ 和 $\partial e(k)/\partial \sigma_{ij}(k)$ 分别是综合误差关于不确定中心和偏差的偏导数；$\partial e(k)/\partial w_{ij}^r(k)$、$\partial e(k)/\partial b_{ij}^r(k)$ 和 $\partial e(k)/\partial q^r(k)$ 分别是综合误差关于第 r 个输出的后件权值、偏差和比例系数的偏导数。综合误差的公式为：

$$e(k)=\alpha(k)e_{\mathrm{O}}(k)+(1-\alpha(k))e_{\mathrm{NO}}(k) \tag{9-80}$$

$$\alpha(k)=\frac{|e_{\mathrm{O}}(k)|}{|e_{\mathrm{O}}(k)|+|e_{\mathrm{NO}}(k)|} \tag{9-81}$$

其中，$\alpha(k)$ 是 k 时刻的误差系数。

在该参数协作策略中，利用综合误差协调全局参数和局部参数的推导计算，可以获得一个紧凑的雅可比向量。综合误差的设计可使全局参数和局部参数的求导过程协同进行，从而减少了雅可比向量中的元素，进而降低了伪海塞矩阵的计算维度。因此，该参数协同策略可以加快参数优化速度，提高控制器的控制精度。

IT2FNN-CC 利用结构协同策略和参数协同策略调整控制器结构和参数，以提高不同运行工况下的控制性能，并减少控制过程的计算量。为清晰地描述 IT2FNN-CC 的协同控制过程，详细的控制计算步骤如下。

① 根据控制器输入输出变量个数构建 IT2FNN-CC 初始结构，对不确中心值 c_{ij}、标准差 σ_{ij}、比例系数 q、后件权值 w_{ij}、偏差 b_j、自调整学习率 θ、模糊规则数量 M、样本总数 N、结构调整过程样本数量 Z 等参数进行初始化。

② 利用 IT2FNN-CC 根据输入数据计算控制器输出。

③ 判断输入样本数量是否为 Z 的整数倍，若满足条件则转向步骤⑤；若不满足条件则转向步骤⑦。

④ 根据结构协同策略，通过式（9-59）～式（9-66）计算所有规则神经元的相似度和独立贡献度，如果相似度和独立贡献度满足式（9-67），则转向步骤⑤；如果满足式（9-72），则转向步骤⑥；如果式（9-67）和式（9-72）均不能满足，则转向步骤⑦。

⑤ 利用式（9-65）初始化新模糊规则参数，生成新的模糊规则。

⑥ 删除满足条件的模糊规则。

⑦ 根据参数协同策略，通过式（9-73）～式（9-81）协同更新全局参数与局部参数。

⑧ 如果达到停止控制条件，则停止运算；否则，转向步骤②，重新计算控制器输出。

由上述步骤可知，该协同控制过程包含结构协同策略和参数协同策略。采用参数协作策略，协同更新全局参数和局部参数。重复参数的协同优化过程，直到达到一定的采样数。然后，计算结构协同策略中模糊规则的相似度和独立贡献度。根据评价指标的协同评估对模糊规则进行生成和删除，最终得到一个合适的 IT2FNN-CC 结构。

9.6.3 城市污水处理过程全流程协同优化控制性能分析

为了确保 IT2FNN-CC 的成功应用，需要对其稳定性进行详细的分析。稳定性的分析将利用李雅普诺夫定理从自适应参数阶段和自适应结构阶段两个方面进行，自适应参数阶段只调整参数而不进行控制结构调整，自适应结构阶段只调整结构而不更新参数。

（1）自适应参数阶段稳定性

为证明 IT2FNN-CC 在自适应参数阶段的稳定性，一些预设定义和假设条件是必要的。

定义 9-1 令 $\boldsymbol{\Phi}^*(k)$ 为 k 时刻最优参数向量，具体为：

$$\boldsymbol{\Phi}^*(k) = \boldsymbol{\Phi}(k) + \boldsymbol{\Phi}'(k) \tag{9-82}$$

其中，$\boldsymbol{\Phi}'(k)$ 为 k 时刻参数向量 $\boldsymbol{\Phi}(k)$ 与最优参数向量 $\boldsymbol{\Phi}^*(k)$ 之间的逼近误差向量；$\boldsymbol{\Phi}^*(k)$ 的元素均为常数。

假设 9-1 (A1) 参数向量 $\boldsymbol{\Phi}(k)$ 是有界向量。(A2) 最优参数向量 $\boldsymbol{\Phi}^*(k)$ 是存在的。

定理 9-1 令 $\boldsymbol{\Phi}^*(k)$ 满足定义 9-1 和假设 9-1，控制输出为式（9-52）。假设 IT2FNN-CC 的模糊规则数量为 M 个，其参数根据式（9-73）～式（9-81）进行更新。那么，IT2FNN-CC 的稳定性可得到保证。

证明 定义李雅普诺夫函数为：

$$\boldsymbol{V}_1(k)=\frac{1}{2}e(k)^2+\frac{1}{2}\boldsymbol{\Phi}'^{\mathrm{T}}(k)\boldsymbol{\Phi}'(k) \tag{9-83}$$

则 $\boldsymbol{V}_1(k)$ 的导数为：

$$\dot{\boldsymbol{V}}_1(k)=e(k)\dot{e}(k)+\boldsymbol{\Phi}'^{\mathrm{T}}(k)\dot{\boldsymbol{\Phi}}'(k) \tag{9-84}$$

$e(k)$ 关于参数向量的导数为：

$$\dot{e}(k)=\left(\frac{\partial e(k)}{\partial \boldsymbol{\Phi}(k)}\right)^{\mathrm{T}}\dot{\boldsymbol{\Phi}}(k) \tag{9-85}$$

其中：

$$\left(\frac{\partial e(k)}{\partial \boldsymbol{\Phi}(k)}\right)^{\mathrm{T}}=\boldsymbol{J}(k) \tag{9-86}$$

$$\dot{\boldsymbol{\Phi}}(k)=-(\boldsymbol{H}(k)+\theta(k)\boldsymbol{I})^{-1}\boldsymbol{J}^{\mathrm{T}}(k)e(k) \tag{9-87}$$

因此，式（9-85）可改写为：

$$\dot{e}(k)=-\boldsymbol{J}(k)(\boldsymbol{H}(k)+\theta(k)\boldsymbol{I})^{-1}\boldsymbol{J}^{\mathrm{T}}(k)e(k) \tag{9-88}$$

基于式（9-88），逼近误差向量 $\boldsymbol{\Phi}'(k)$ 为：

$$\boldsymbol{\Phi}'(k)=-(\boldsymbol{H}^*(k)+\theta(k)\boldsymbol{I})^{-1}\boldsymbol{J}^{*\mathrm{T}}(k)e(k) \tag{9-89}$$

其中，$\boldsymbol{H}^*(k)$ 和 $\boldsymbol{J}^*(k)$ 分别是关于最优参数的伪海塞矩阵和雅可比向量。同时，根据式（9-86）和式（9-87），$\boldsymbol{\Phi}'(k)$ 的导数为：

$$\dot{\boldsymbol{\Phi}}'(k)=-\dot{\boldsymbol{\Phi}}(k)=(\boldsymbol{H}(k)+\theta(k)\boldsymbol{I})^{-1}\boldsymbol{J}^{\mathrm{T}}(k)e(k) \tag{9-90}$$

将式（9-89）、式（9-90）代入式（9-84），则 $V_1(k)$ 的导数为：

$$\begin{aligned}\dot{V}_1(k)=-e(k)^2\{&\boldsymbol{J}(k)(\boldsymbol{H}(k)+\theta(k)\boldsymbol{I})^{-1}\boldsymbol{J}^{\mathrm{T}}(k)+\\&\boldsymbol{J}^*(k)[(\boldsymbol{H}^*(k)+\theta(k)\boldsymbol{I})^{-1}]^{\mathrm{T}}(\boldsymbol{H}(k)+\theta(k)\boldsymbol{I})^{-1}\boldsymbol{J}^{\mathrm{T}}(k)\}\end{aligned} \tag{9-91}$$

令 $\boldsymbol{\Omega}(k)=(\boldsymbol{H}(k)+\theta(k)\boldsymbol{I})^{-1}$ 和 $\boldsymbol{\Omega}^*(k)=(\boldsymbol{H}^*(k)+\theta(k)\boldsymbol{I})^{-1}$，则式（9-91）可改写为：

$$\dot{\boldsymbol{V}}_1(k)=-e(k)^2(\boldsymbol{J}(k)\boldsymbol{\Omega}(k)\boldsymbol{J}^{\mathrm{T}}(k)+\boldsymbol{J}^*(k)\boldsymbol{\Omega}^{*\mathrm{T}}(k)\boldsymbol{\Omega}(k)\boldsymbol{J}^{\mathrm{T}}(k)) \tag{9-92}$$

其中，$\boldsymbol{\Omega}(k)$ 和 $\boldsymbol{\Omega}^*(k)$ 为正定矩阵，$\dot{V}_1(k)<0$ 成立。同时，$\boldsymbol{V}_1(k)$ 为正值。因此根据李雅普诺夫定理，有：

$$\lim_{k\to\infty}e(k)=0 \tag{9-93}$$

因此，定理 9-1 得到证明。

（2）自适应结构阶段稳定性

在 IT2FNN-CC 中，结构调整过程包括增长部分和删减部分。因此，自适应结构阶段稳定性将从结构增长和删减两部分进行分析。

定理 9-2 令 $\boldsymbol{\Phi}^*(k)$ 满足定义 9-1。如果假设 9-1 是成立的，IT2FNN-CC 的模糊规则数量在 k 时刻从 M 个增长为 M+1 个，则根据式（9-68）～式（9-71）生成一个新模糊规则，控制输出如式（9-52）所示。那么，IT2FNN-CC 的稳定性可得到保证。

证明 将李雅普诺夫函数定义为：

$$\boldsymbol{V}_2(k)=\boldsymbol{V}_1(k)+\frac{1}{2}[e_{M+1}^{\mathrm{c}}(k)]^2 \tag{9-94}$$

其中：

$$e_{M+1}^{\mathrm{c}}(k)=\sum_{r=1}^{2}\left|y_{M+1}^{r}(k)-y_{M}^{r}(k-1)\right| \tag{9-95}$$

其中，$e_{M+1}^{\mathrm{c}}(k)$ 为 k 时刻具有 M+1 个模糊规则的控制器输出总误差；$y_{M+1}^{r}(k)$ 为具有 M+1 个模糊规则控制器的第 r 个输出；$y_{M}^{r}(k-1)$ 为 $k-1$ 时刻具有 M 个模糊规则控制器的第 r 个输出。根据式（9-53）～式（9-58），式（9-95）可扩展为：

$$\begin{aligned}e_{M+1}^{\mathrm{c}}(k)=\sum_{r=1}^{2}\Bigg|&q^r(k)\frac{\underset{\sim}{u}^r(k)+\dot{\underset{\sim}{u}}_{M+1}^{r}(k)}{\underline{u}(k)+\underline{f}_{M+1}(k)}+(1-q^k(k))\frac{\tilde{u}^r(k)+\dot{\tilde{u}}_{M+1}^{r}(k)}{\overline{u}(k)+\overline{f}_{M+1}(k)}-\\&q^r(k)\frac{\underset{\sim}{u}^r(k)}{\underline{u}(k)}-(1-q^r(k))\frac{\tilde{u}^r(k)}{\overline{u}(k)}\Bigg|\end{aligned} \tag{9-96}$$

$$\underset{\sim}{u}^r(k)=\sum_{j=1}^{M}\underline{f}_j(k)h_j^r(k),\ \tilde{u}^r(k)=\sum_{j=1}^{M}\overline{f}_j(k)h_j^r(k) \tag{9-97}$$

$$\dot{\underset{\sim}{u}}_{M+1}^{r}(k)=\underline{f}_{M+1}(k)h_{M+1}^{r}(k),\ \dot{\tilde{u}}_{M+1}^{r}(k)=\overline{f}_{M+1}(k)h_{M+1}^{r}(k) \tag{9-98}$$

$$\underline{u}(k)=\sum_{j=1}^{M}\underline{f}_j(k),\ \overline{u}(k)=\sum_{j=1}^{M}\overline{f}_j(k) \tag{9-99}$$

其中，$\underline{f}_{M+1}(k)$ 和 $\overline{f}_{M+1}(k)$ 是 k 时刻新模糊规则的激活强度下界和上界；$h_{M+1}^{r}(k)$ 是新模糊规则关于第 r 个输出的后件因子。

根据式（9-97）～式（9-99），式（9-96）可改写为：

$$e_{M+1}^{c}(k)=\sum_{r=1}^{2}\left|q^{r}(k)\frac{\underset{\sim}{u}^{r}(k)+h_{j}^{r}(t)}{\underline{u}(k)}+(1-q^{r}(k))\frac{\tilde{u}^{r}(k)+h_{j}^{r}(k)}{\overline{u}(k)}-\right.$$

$$\left.q^{r}(k)\frac{\underset{\sim}{u}^{r}(k)}{\underline{u}(k)}-(1-q^{r}(k))\frac{\tilde{u}^{r}(k)}{\overline{u}(k)}\right| \tag{9-100}$$

$$=\sum_{r=1}^{2}\left|q^{r}(k)\frac{h_{j}^{r}(k)}{\underline{u}(k)}+(1-q^{r}(k))\frac{h_{j}^{r}(k)}{\overline{u}(k)}\right|>0$$

基于式（9-95），$e_{M+1}^{c}(k)$ 的导数满足：

$$\dot{e}_{M+1}^{c}(k)<0 \tag{9-101}$$

因此，基于定理 9-1 和式（9-100）～式（9-101），$V_2(k)$ 的导数为：

$$\dot{\boldsymbol{V}}_2(k)=\dot{\boldsymbol{V}}_1(k)+e_{M+1}^{c}(k)\dot{e}_{M+1}^{c}(k)<0 \tag{9-102}$$

此外，$\boldsymbol{V}_2(k)>0$ 成立。根据李雅普诺夫定理，定理 9-2 得证。

定理 9-3 令 $\boldsymbol{\Phi}^{*}(k)$ 满足定义 9-1。如果假设 9-1 是成立的，IT2FNN-CC 的模糊规则数量在 k 时刻从 M 个删减为 $M-1$ 个，控制输出如式（9-52）所示。那么，IT2FNN-CC 的稳定性可得到保证。

证明 首先定义删减一个模糊规则后的李雅普诺夫函数为：

$$\boldsymbol{V}_3(k)=\boldsymbol{V}_1(k)+\frac{1}{2}e_{M-1}^{c}(k)^2 \tag{9-103}$$

$$e_{M-1}^{c}(k)=\sum_{r=1}^{2}(y_{M-1}^{r}(k)-y_{M}^{r}(k-1)) \tag{9-104}$$

其中，$e_{M-1}^{c}(k)$ 为 k 时刻具有 $M-1$ 个模糊规则的控制器输出总误差；$y_{M-1}^{r}(k)$ 为具有 $M-1$ 个模糊规则控制器的第 r 个输出；$y_{M}^{r}(k-1)$ 为 $k-1$ 时刻具有 M 个模糊规则控制器的第 r 个输出。当一个模糊规则被删除时，相应的参数也被删除。

因此，式（9-104）可改写为：

$$e_{M-1}^{c}(k)=\sum_{r=1}^{2}\left|q^{r}(k)\frac{\underset{\sim}{u}^{r}(k)+\underset{\sim}{\dot{u}}_{M-1}^{r}(k)}{\underline{u}(k)+\underline{f}_{M-1}(k)}+(1-q^{r}(k))\frac{\tilde{u}^{r}(k)+\dot{\tilde{u}}_{M-1}^{r}(k)}{\overline{u}(k)+\overline{f}_{M-1}(k)}-\right.$$

$$\left.q^{r}(k)\frac{\underset{\sim}{u}^{r}(k)}{\underline{u}(k)}-(1-q^{r}(k))\frac{\tilde{u}^{k}(k)}{\overline{u}(k)}\right| \tag{9-105}$$

$$\underset{\sim}{\dot{u}}_{M-1}^{r}(k)=\underline{f}_{M-1}(k)h_{M-1}^{r}(k),\ \dot{\tilde{u}}_{M-1}^{r}(k)=\overline{f}_{M-1}(k)h_{M-1}^{r}(k) \tag{9-106}$$

其中，$\underline{f}_{M-1}(k)$ 是 k 时刻删减的模糊规则的激活强度下界，$\overline{f}_{M-1}(k)$ 是 k 时刻删减的模糊规则的激活强度上界，$h^r_{M-1}(k)$ 是删减的模糊规则关于第 r 个输出的后件因子，$\underline{f}_{M-1}(k)$ = $\overline{f}_{M-1}(k)$ =$h^r_{M-1}(k)$=0。因此，式（9-105）可重写为：

$$
\begin{aligned}
e^{c}_{M-1}(k) = \sum_{r=1}^{2} \Bigg| & q^r(k)\frac{\underset{\sim}{u}^r(k)+0}{\underline{u}(k)+0} + (1-q^r(k))\frac{\tilde{u}^r(k)+0}{\overline{u}(k)+0} - \\
& q^r(k)\frac{\underset{\sim}{u}^r(k)}{\underline{u}(k)} - (1-q^r(k))\frac{\tilde{u}^r(k)}{\overline{u}(k)} \Bigg| = 0
\end{aligned}
\tag{9-107}
$$

则式（9-103）可重写为：

$$
V_3(k) = V_1(k) \tag{9-108}
$$

基于定理 9-1 和式（9-108），定理 9-3 得证。

定理 9-1 ～定理 9-3 表明了 IT2FNN-CC 的稳定性，也证明了其有效性。由上述定理可知 IT2FNN-CC 可以确保它的稳定性以保证其能够成功应用。

9.7 城市污水处理过程全流程协同优化控制实现

为了验证所提出的城市污水处理过程全流程协同优化控制方法的有效性，本节利用 BSM1 中 14 天的三种天气运行数据对优化控制策略进行验证，根据优化目标模型的优化结果和控制结果分析该方法的性能，并将提出的优化控制策略与其他优化控制策略进行优化性能对比。

9.7.1 城市污水处理过程全流程协同优化控制实验设计

仿真实验在 MATLAB2010b 环境下运行，并基于 BSM1 平台进行性能测试。样本采样周期为 15min，优化周期选定为 2h，即每间隔 2h 更新一次溶解氧浓度及硝态氮浓度的优化设定值，送给底层控制器执行跟踪控制任务。本实验的主要目的在于考察污水处理过程在全流程优化控制方法下的系统能耗、出水水质性能指标的优化，以及优化控制策略的总体评价指标。

对于曝气能耗和泵送能耗模型，神经网络结构选为 2-10-1；对于出水氨氮浓度、出水总氮浓度等出水水质参数，神经网络结构选为 3-20-1，网络输入为溶解氧浓度、硝态氮浓度及入水流量，学习速率 $\eta = 0.01$；改进 NSGA Ⅱ进化算法中的参数设置为：维度 $D=2$，种群规模 $N=40$，最大进化代数 $M=30$，$Cr=0.9$。经实验验证，这些参数设置适合于污水处理过程的多目标优化问题。为了与全流程优化控制方法的运行结果相比较，在相同仿真环境下，引入缺省闭环 PID 控制及 DMOOC 方法 [127]，为了区别，在本章记为 MOO-PID 方法。本章在研究污水处理过程能耗及水质性能指标多目标优化的基础上，选取与文献 [199] 相同的污水处理过程优化控制策略的总体评价指标，即 $COST=50EQ+25EC$。

在决策层设计中，基于决策者及部门政策偏好信息考虑，取基本权重系数为 $\omega_{10}=0.6$ 和 $\omega_{20}=0.4$，结合总体评价指标中又偏重出水水质指标衡量，故调整基本权重系数为 $\omega_{10}=0.5$ 和 $\omega_{20}=0.5$。令 ρ_{EC} 为能耗指标在每个优化周期内的变化率，ρ_{EQ} 为水质指标在每个优化周期内的变化率，设定如下基于运行性能指标的权重系数调整规则：

$$\omega_1=\begin{cases}\omega_{10}, & \rho_{EC}<0.05\\ \omega_{10}+a_0, & 0.05\leqslant\rho_{EC}<0.1\\ \omega_{10}+2a_0, & 0.1\leqslant\rho_{EC}<0.2\\ \omega_{10}+3a_0, & 0.2\leqslant\rho_{EC}<0.3\\ \omega_{10}+4a_0, & 0.3\leqslant\rho_{EC}<0.4\\ 1, & \rho_{EC}\geqslant 0.4\end{cases} \quad 及 \quad \omega_2=\begin{cases}1-\omega_{10}, & \rho_{EQ}<0.05\\ \omega_{20}+a_0, & 0.05\leqslant\rho_{EQ}<0.1\\ \omega_{20}+2a_0, & 0.1\leqslant\rho_{EQ}<0.2\\ \omega_{20}+3a_0, & 0.2\leqslant\rho_{EQ}<0.3\\ \omega_{20}+4a_0, & 0.3\leqslant\rho_{EQ}<0.4\\ 1, & \rho_{EQ}\geqslant 0.4\end{cases} \tag{9-109}$$

其中，a_0 设定为 0.1，水质指标 EQ 与能耗指标 EC 的权重系数满足 $\omega_1+\omega_2=1$。权重系数调整规则先根据系统运行状况进行能耗指标权重调整，若水质指标在优化周期内变化平稳，则不需再调整，若变化很大，说明当前水质优化指标需要加强优化，并按变化率大小进行相应调整。

9.7.2 城市污水处理过程全流程协同优化控制结果分析

首先选取晴天天气工况做仿真研究，得到 MOO-DANNC 控制方法下溶解氧浓度及硝态氮浓度的优化设定值及跟踪控制曲线，如图 9-7 所示。

图 9-7（a）得到的是溶解氧浓度的优化设定值及跟踪控制性能曲线，图 9-7(b) 得到的是硝态氮浓度的优化设定值及跟踪控制性能曲线，由仿真结果图可以看出，随着污水处理过程工况运行情况的变化，溶解氧浓度及硝态氮浓度的优化设定值不断进行动态调整，调整规律与入水特征基本吻合。同时，底层 MOO-DANNC 控制方法展现了较为良好的跟踪控制性能，在优化周期内较精确地完成了跟踪控制任务。污水处理过程控制水平直接影响生化反应过程，因此对污水处理过程的优化结果也产生一定的影响。为了进一步量化比较溶解氧浓度及硝态氮浓度的控制性能，引入表 9-4。

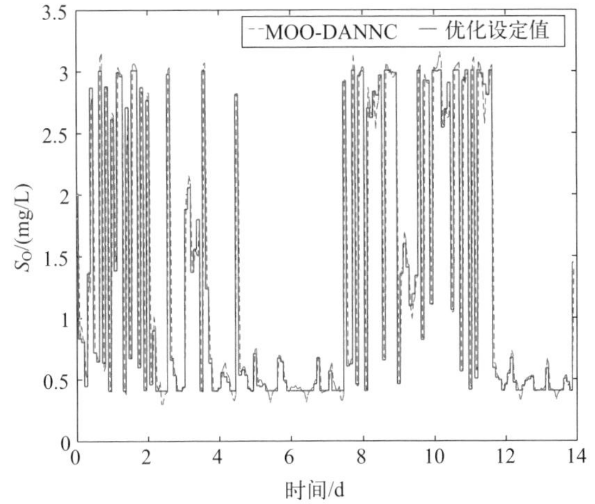

(a) 溶解氧浓度优化设定值及跟踪控制曲线

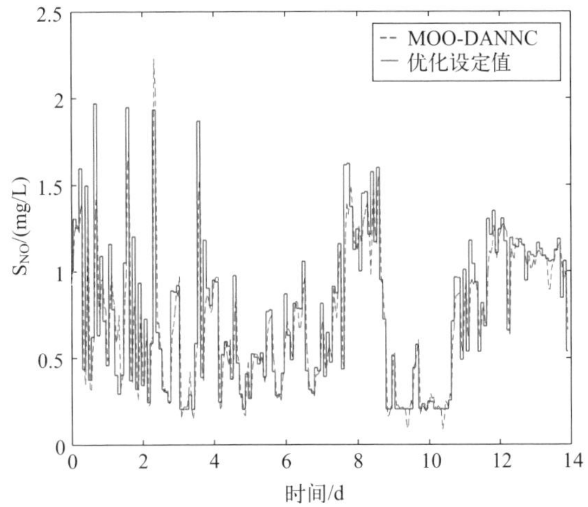

(b) 硝态氮浓度优化设定值及跟踪控制曲线

图 9-7　溶解氧浓度及硝态氮浓度的优化设定值及跟踪控制曲线

表 9-4　溶解氧浓度及硝态氮浓度的主要控制性能比较

S_O	MOO-DANNC	MOO-PID	S_{NO}	MOO-DANNC	MOO-PID
ISE	4.31×10^{-4}	3.34×10^{-3}	*ISE*	5.29×10^{-4}	1.65×10^{-3}
IAE	0.026	0.032	*IAE*	0.031	0.043
DEV^{max}	0.291	0.317	DEV^{max}	0.497	0.518

这里 MOO-DANNC 方法是指基于多目标优化方法下底层采用 DANNC 跟踪的控制策略，MOO-PID 方法是指基于多目标优化方法下底层采用 PID 跟踪

的控制策略。由表 9-4 可见，相同的仿真环境下，MOO-DANNC 方法可以获得更优的控制性能。对于溶解氧浓度及硝态氮浓度的控制性能指标，在 MOO-DANNC 方法下，*ISE* 指标分别为 4.31×10^{-4} 和 5.29×10^{-4}，*IAE* 指标分别为 0.026 和 0.031，最大误差指标分别为 0.291 和 0.497。从控制性能指标的具体数值可以看出，基于 DANNC 的直接自适应控制方法的性能要优于 PID 方法。同时，由于污水处理过程控制水平对污水处理过程产生闭环反馈式影响，因此，基于不同底层控制方式下的多目标优化方案获得的优化结果和优化效果也有所不同。

图 9-8 给出了 MOO-DANNC 及 MOO-PID 两种优化控制方法与缺省 PID 控制策略下的氧传递系数 (即曝气量) K_La_5 与内回流量 Q_a 的变化曲线。由图 9-8 所示的溶解氧浓度及硝态氮浓度的控制量变化曲线可以看出，对于操作溶解氧浓度的曝气量变化，MOO-DANNC 方法、MOO-PID 方法与缺省 PID 方法下的曝气量变化规律较为接近，尤其是周末两天，缺省 PID 控制方法下的曝气量变化相对较缓，说明缺省 PID 方法对污水处理在一定误差范围内的控制效果是良好的，但难以实现更精准的控制。两种优化方法的平均曝气量略低于缺省 PID 控制方法，因此所消耗的曝气能量也相应地会有所降低。对于操作硝态氮浓度的内回流量，三种控制方案下的变化较为明显。整体趋势为 MOO-DANNC 方法与 MOO-PID 方法下的内回流量高于缺省 PID 方法，MOO-DANNC 方法下的内流量变化较为快速且数值高于缺省 PID 方法，这说明 MOO-DANNC 方法通过加大内回流量来提高污水中污染物的去除，同时，底层 DANNC 控制器根据反馈信息及时调整跟踪设定值，有利于处理过程优化效果的提升，加强污水处理过程中的氮去除效果。

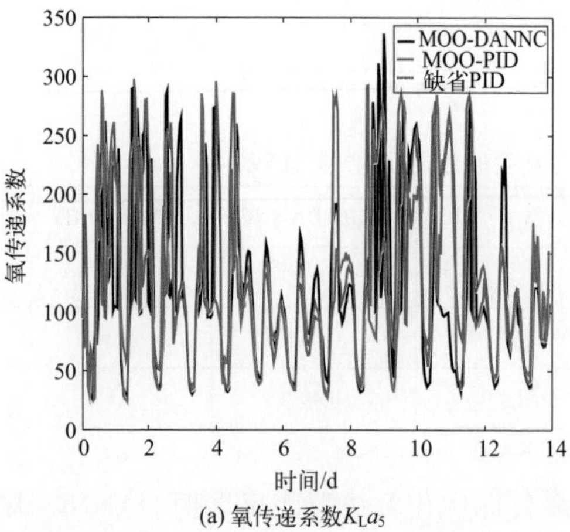

(a) 氧传递系数 K_La_5

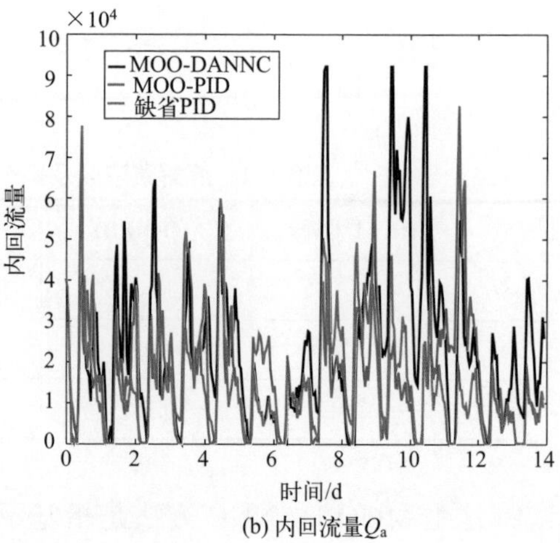

(b) 内回流量 Q_a

图 9-8　氧传递系数和内回流量变化

污水处理过程在三种不同控制策略下的曝气能耗 *AE*、泵送能耗 *PE*、总能耗 *EC*、出水 *EQ* 以及总体性能评价指标 *COST* 的比较结果由表 9-5 给出。

表 9-5　能耗及水质性能指标比较

天气	控制策略	*AE* /（kW·h/d）	*PE* /（kW·h/d）	*EC* /（kW·h/d）	*EQ* /（kg poll unit/d）	*COST*
晴天	缺省 PID	3675.07	231.47	3906.54	6567.31	—
	MOO-PID	3515.32	246.05	3761.37	6898.17	438942.75
	MOO-DANNC	3531.39	260.20	3791.59	6733.12	431445.75

由表 9-5 分析得出，MOO-DANNC 控制方案下获得的曝气能耗 *AE* 为 3531.39kW • h/d，泵送能耗 *PE* 为 260.20kW • h/d，总能耗 *EC* 为 3791.59kW • h/d，出水水质指标 *EQ* 为 6733.12kg poll unit/d，相比于缺省 PID 控制方法，MOO-DANNC 控制方案下曝气能耗 *AE* 下降 3.90%，泵送能耗 *PE* 提高 12.41%，总能耗 *EC* 下降 2.94%，节能效果显著。MOO-PID 方法取得了与 MOO-DANNC 方案相接近的能耗 *EC* 降低量，但是对于出水水质 *EQ* 指标，与 MOO-PID 方法相比，MOO-DANNC 方法获得了更优的出水水质指标。在 MOO-DANNC 和 MOO-PID 方法下，综合表征能耗与水质的 *COST* 性能指标分别为 431445.75 和 438942.75，说明 MOO-DANNC 可以获得更优的能耗与水质综合性能，*COST* 指标下降 1.71%，即全流程优化方案下总成本是有所降低的。产生这种差异的主要原因在于底层跟踪控制水平会影响到污水处理的优化效果，在处理过程能量消耗相当的情况下，高精度的跟踪控制可以获得更优的出水水质。

由于能耗 *EC* 与水质 *EQ* 是一对具有冲突性质的指标，能耗降低的同时，将导致水质指标的下降，多目标优化方法在一次求得多个最优解 (Pareto 解) 的基础上，通过当前的决策引导进行最优满意解的确定。目标是获得能耗与水质的折中优化，实现 *EC* 与 *EQ* 指标相对较优的整体性能。将污水处理过程动态运行性能指标作为决策调整的依据，用于优化性能指标权重因子，获得的能耗权重及水质权重的动态调整过程如图 9-9 所示。

图 9-10 展示了出水氨氮浓度及出水总氮浓度在缺省 PID 控制及全流程优化控制 MOO-DANNC 方法下的比较结果，同时也展示了神经网络对于出水氨氮浓度及出水总氮浓度的建模效果。出水水质参数标准中规定的几种关键出水参数量化结果由表 9-6 给出。

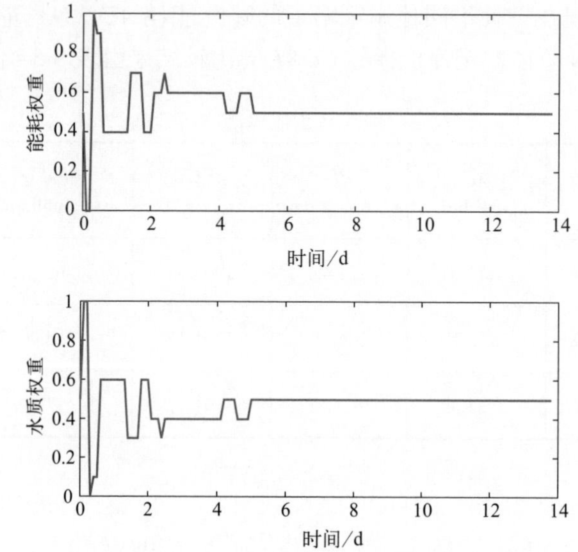

图 9-9 能耗及水质指标的权重调整

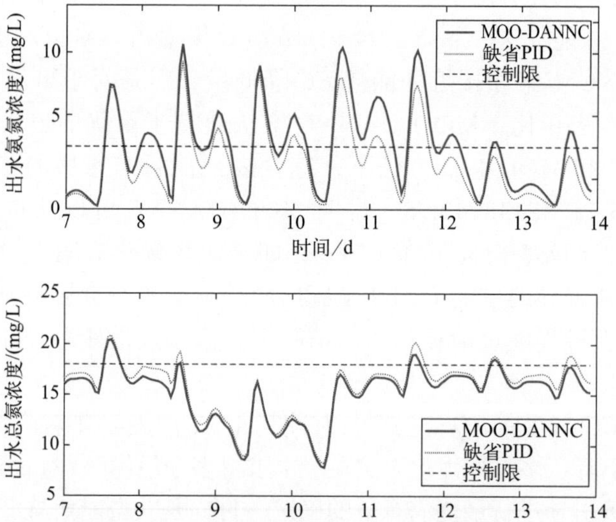

图 9-10 出水氨氮浓度和出水总氮浓度变化图

表 9-6 晴天天气出水水质比较

控制策略	BOD_5/(mg/L)	COD/(mg/L)	N_{tot}/(mg/L)	S_{NH}/(mg/L)	TSS/(mg/L)
进水	183.49	167.31	81.62	30.14	198.57
缺省 PID	2.67	47.48	17.24	2.31	12.60

续表

控制策略	BOD_5/(mg/L)	COD/(mg/L)	N_{tot}/(mg/L)	S_{NH}/(mg/L)	TSS/(mg/L)
MOO-PID	2.90	46.36	16.34	3.46	12.71
MOO-DANNC	2.89	46.35	16.71	3.17	12.72

由表 9-6 可以看出，在缺省 PID、MOO-PID 和 MOO-DANNC 控制方法下，5 种关键出水水质参数的平均浓度都达到了规定标准，三种控制策略下出水指标中的 COD、BOD_5 和 TSS 平均浓度变化不大，不同控制策略对出水总氮浓度 N_{tot} 和出水氨氮浓度 S_{NH} 影响较大，因此这里主要对出水总氮浓度及出水氨氮浓度变化进行说明。由图 9-10 及表 9-6 可知，对比缺省 PID 控制策略，两种优化方法下均出现了出水总氮浓度下降、出水氨氮浓度上升的现象。出水总氮浓度 N_{tot} 与出水氨氮浓度 S_{NH} 的这种变化规律是合理的，因为出水总氮浓度 N_{tot} 与出水氨氮浓度 S_{NH} 是一对具有冲突性质的水质参数。从处理过程污染物去除效果角度进行分析，由表 9-6 可以得出，两种多目标优化策略下进水污染物的去除率令人满意，达到 75% 以上。对于出水总氮浓度和出水氨氮浓度水质指标，经 MOO-DANNC 和 MOO-PID 优化控制方法，平均出水总氮浓度去除率达到 79.53% 和 79.98%，明显高于 PID 控制方法，MOO-PID 策略下平均出水总氮浓度去除率高于 MOO-DANNC 方法 0.45%。对于出水氨氮浓度污染物去除，经 MOO-DANNC 和 MOO-PID 方法，平均出水氨氮浓度去除率达到 89.48% 和 88.52%，稍低于缺省 PID 控制，MOO-DANNC 策略下平均出水氨氮浓度去除率高于 MOO-PID 方法 0.96%。此外，由图 9-10 展示的污水处理过程出水总氮浓度和出水氨氮浓度的神经网络建模效果可以看出，神经网络水质模型具有较高的建模精度，为精准建立污水处理过程多目标优化模型提供了基础。

综合上述仿真实验研究结果可以得出，相比于缺省 PID 控制方法，基于多目标优化的污水处理过程能耗指标得到优化，节能效果明显。对于两种基于多目标优化的污水处理过程优化策略而言，底层控制方法的不同对最终优化结果也产生影响。由于 MOO-DANNC 方法具有更优的控制性能，在能量消耗相当的情况下，可以获得较优的出水水质，使得能耗与水质的综合评价指标 $COST$ 得到有效降低。同时，在仿真研究中，进一步从实验角度验证了污水处理过程能耗与水质优化性能指标间、出水氨氮浓度与出水总氮浓度水质参数间的多目标冲突特性，采用多目标优化方法处理污水过程的优化问题更符合污水处理过程的系统特征。

为了进一步验证全流程优化方法在污水处理过程中的性能，对阴雨及暴雨天气工况进行仿真研究，获得的缺省 PID、MOO-PID 及 MOO-DANNC 三种控制策略下污水处理过程的能耗指标（*AE*, *PE*, *EC*）、出水水质指标 *EQ*、能耗与水质的综合指标 *COST* 以及出水水质参数 (S_{NH}, N_{tot}) 性能比较由表 9-7 给出。

表 9-7　阴雨及暴雨天气下主要性能指标比较

天气	控制策略	*AE*	*PE*	*EC* /(€ /d)	*EQ* /(kg poll unit/d)	*COST*	N_{tot} /(mg/L)	S_{NH} /(mg/L)
阴雨	缺省 PID	3664.88	253.18	3918.06	7592.88	—	16.43	2.58
	MOO-PID	3534.32	259.90	3794.22	7780.04	483857.50	16.28	3.54
	MOO-DANNC	3528.04	273.13	3801.17	7620.45	476051.75	16.32	3.36
暴雨	缺省 PID	3685.87	243.99	3929.87	7111.87	—	16.81	2.58
	MOO-PID	3528.17	249.08	3777.25	7507.52	469807.25	16.67	3.75
	MOO-DANNC	3525.69	267.52	3793.21	7383.23	463991.75	16.73	3.52

由仿真结果获得的数据进行分析可知，在阴雨和暴雨天气工况下，出水氨氮及出水总氮的平均浓度值达到了出水标准，两种多目标优化控制方案下，能耗都得到了明显降低。在阴雨天气下，与 PID 控制方法相比，MOO-DANNC 控制方案下曝气能耗 *AE* 下降 3.73%，泵送能耗 *PE* 提高 7.88%，总能耗 *EC* 下降 2.98%，MOO-PID 方法取得了与 MOO-DANNC 方案相接近的能耗降低量，但是对于出水水质指标 *EQ*，与晴天工况仿真结果相同，MOO-DANNC 方法获得了比 MOO-PID 方法更优的出水水质指标，能耗与水质的综合评价指标 *COST* 下降 1.61%。这说明采用 MOO-DANNC 优化方法，在污水处理能耗成本得到显著降低的同时，能耗与水质的综合评价指标也得到了较好的提升。对于暴雨天气工况，相比于 PID 控制方法，MOO-DANNC 控制方案下曝气能耗 *AE* 下降 4.34%，泵送能耗 *PE* 提高 9.64%，总能耗 *EC* 下降 3.47%，MOO-PID 方法取得了与 MOO-DANNC 方案相接近的能耗降低量，但是对于出水水质 *EQ* 指标，与晴天及阴雨天气工况下的仿真结果相同，MOO-DANNC 方法获得了比 MOO-PID 方法更优的出水水质指标，能耗与水质的综合评价指标 *COST* 下降了 1.24%。

9.8 本章小结

本章提出了一种城市污水处理过程全流程协同优化控制策略，该方法不仅能够平衡全流程性能指标的优化关系，而且能够显著提高城市污水处理过程的优化和控制性能。仿真和实验结果均验证了所提出策略有效性。本章的研究可总结为：

① 在分层递阶控制框架下进行污水处理过程实时优化控制方法研究，将多目标优化方法与底层基于神经网络的 DANNC 方法相结合，并对决策管理层进行设计。

② 利用决策管理层信息调整待优化性能指标的权重分配，引导优化层的决策方向。将污水处理过程多目标优化方法与底层直接自适应控制方法相结合，提高系统运行平稳性，促进优化性能的提升。

③ 基于 BSM1 平台的仿真实验表明，全流程优化控制方法 MOO-DANNC 在保证出水水质达标的前提下，能够有效降低系统能耗至 3% 左右，节能效果显著；同时，相比于底层采用 PID 控制的多目标优化方法，MOO-DANNC 方法在能耗成本接近的情况下，可以获得更好的出水水质，能耗与水质的综合评价性能获得一定的提升。

Cutting-Edge Technologies in
**Smart
Environmental
Protection**

第 10 章

城市污水处理过程智能优化控制发展前景

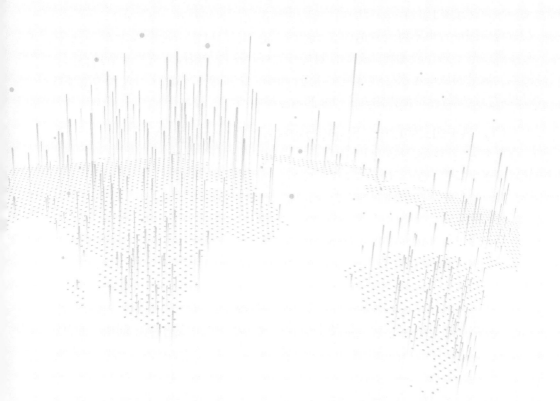

10.1 概述

随着经济快速发展，城市化进程不断推进，污染物排放量逐年上升，高能耗和出水水质不达标的问题普遍存在，给城市污水处理厂带来了巨大的挑战。如何在保证出水水质达标的条件下降低能耗，实现城市污水处理过程全流程运行优化，是国内外研究的热点和难点。此外，随着控制理论、信息技术以及计算机技术的发展，城市污水处理过程对优化控制的研究越来越深入，极大提高了城市污水处理过程的运行管理与过程控制水平。然而，如何实现城市污水处理过程运行指标智能特征检测方法、性能指标智能优化设定方法、智能优化控制策略及系统设计仍然是城市污水处理过程智能优化控制的挑战性问题。

10.2 城市污水处理过程运行指标智能特征检测方法

城市污水处理过程运行指标特征检测是优化控制的基础，是城市污水处理运行过程监测平台中不可或缺的内容。然而，由于我国城市污水来源繁杂、水质成分多且多数未知，未知和动态特性对运行指标特征检测影响较大。本节结合现有的研究成果和城市污水处理过程实际运行中遇到的问题，总结了对城市污水处理过程运行指标智能特征检测方法研究的两点展望。

（1）基于知识的城市污水处理过程运行指标智能特征检测

典型的城市污水处理过程包括格栅、初沉、曝气、二沉、过滤、消毒、污泥处置等多个流程，是一个由多流程组成的复杂系统。各个流程工序繁多且关联紧密，涉及物理处理、生物处理和化学处理等多种处理过程，各过程中包括物质转化机制和多流程过程协同机制，而且城市污水处理过程的强非线性、时变、时滞、多变量耦合等不确定性因素以及经济与安全等复杂约束对全流程运行信息分析研究带来了很大的挑战；同时，基于机理的城市污水处理过程运行指标智能特征检测模型由于不具备处理不确定性的能力，其性能的可行性和适用性会受到影响。结合城市污水处理过程的动态特性，基于知识的城市污水处理过程运行指标智能特征检测模型，解决了模型中描述不完善以及实际工况中的不确定问题。此外，知识的充分运用能够提高生产效率，降低过程故障的发生，弥补了模型建立应用中的缺陷，增强了模型对全流程不连续、多扰动、不确定性特点的适应能力。然而，如何从城市污水处理过程中获取有效知识，如何利用知识重组、生成及通过知识表达获取可识别可运用的知识，如何运用知识完善特征检测模型，均有待进一步研究和解决。

（2）基于自组织机制的城市污水处理过程运行指标智能特征检测

由于城市污水处理过程中进水流量、进水成分、污染物浓度、天气变化等参量都是被动接受的，微生物生命活动受溶解氧浓度、微生物种群、污水的pH值等多种因素影响且生化反应过程具有明显的时变性，相关过程水质变量信息需要实时调整和动态更新，以保证信息的有效性。同时，为了建立全流程相关过程变量与关键指标之间的关系，需要深入分析相关过程变量与指标之间的关系，确定指标的关键过程变量。此外，基于自组织机制的城市污水处理过程运行指标智能特征检测模型能够提高模型性能，其多以神经网络、模糊系统为基础，以自组织机制设计和学习算法设计删减和增长神经元、规则等。但自组织机制参差多样，大多以保证识别性能为主，采用分类、回归分析、敏感度分析等实现，在解决复杂问题时，普遍存在预设参数多、优化步骤多、学习算法繁复等现象，导致自组织机制本身存在可操作差的问题，仅靠模型自身性能和数学分析也是难以实现模型在解决实际问题时性能的实质性提高，尤其是遇到明显的干扰和对象信息突发变化的情况下，模型性能也将随之下降。因此，将自组织机制与实际问题的特性结合，归纳出适应性较强的自组织学习算法，同时提高机制的简洁性和可靠操作性，保证模型在解决实际问题时的可靠性和弹性，是目前城市污水处理过程运行指标智能特征检测模型设计的重要目标。

总体来看，基于知识的城市污水处理过程运行指标智能特征检测模型能够通过推理和演化描述城市污水处理中不确定性因素以及应对复杂环境下的扰动，依据实际需求，实现模型的切换和选择，取代人工经验识别和操作，满足全流程优化控制对模型的需求。同时，基于自组织机制的城市污水处理过程运行指标智能特征检测模型具有较强的可解释性，内部变量相互影响及因果关系较为明显，有助于解析变量之间的关系，简化多类变量的复杂信息，降低了其对模型性能的干扰，提高了模型的鲁棒性。因此，城市污水处理过程运行指标智能特征检测模型能够有效地处理全流程非线性、滞后、不确定性以及强干扰等复杂特性问题，不仅能够精确地捕捉城市污水处理特征，且具有可靠性强等优势。

10.3 城市污水处理过程性能指标智能优化设定方法

城市污水处理过程性能指标智能优化设定方法能够通过构建的优化目标模型获取控制变量的优化设定点，为城市污水处理过程控制提供可靠的控制变量参考值，是实现城市污水处理过程保质降耗的基础。为了对城市污水处理过程进行更深入的研究，本节结合现有的研究成果和城市污水处理过程实际运行中遇到的问题，总结了对城市污水处理运行优化方法研究的几点展望。

（1）城市污水处理过程多工况运行优化方法

城市污水处理过程受外部环境、入水流量、入水水质、微生物活性等影响显著，使得污水处理过程在不同的时间段呈现出不同的工况状态，如出水总氮浓度、出水氨氮浓度超标等，此时，出水水质不达标。决策者为了保证出水水质达标，需要调整控制变量的优化设定点，增加能耗和药耗。在该工况下，优化目标设计为出水污染物浓度最小化，实现城市污水处理运行优化。

（2）城市污水处理过程多任务优化方法

城市污水处理过程的主要目标是去除污水中的氮元素和磷元素，即城市污水处理过程具有多任务特性。与多目标优化不同，多任务优化能够实现不同过程同时优化。为了同时实现脱氮和除磷，设计优化策略以提高多任务环境下的城市污水处理过程操作性能是一项具有挑战性的工作。

（3）基于决策信息的城市污水处理运行优化方法

城市污水处理过程是一个动态变化的非线性过程，根据动态特性、多时间尺度特性和耦合特性等性能指标特性，难以求解出可行且解释性强的控制变量优化设定值。因此，如何根据城市污水处理过程的运行性能指标和相关动态校正信息，实现控制变量设定值的多目标优化决策，仍然是处理过程性能指标优化亟待解决的难题之一。

（4）城市污水处理过程全流程运行优化

城市污水处理过程全流程主要包括曝气、内回流等多个过程。然而，在实际的城市污水处理运行优化中，受城市污水处理过程可控制变量数量的影响，城市污水处理运行优化过程中的优化设定点的选择具有局限性，主要原因是城市污水处理厂中的部分变量难以检测和调节，导致运行优化效果不佳。

10.4 城市污水处理过程智能优化控制方法

污水处理过程是一个复杂的流程工业系统，受进水组分及流量、污染物浓度、水温、天气变化等诸多因素影响，具有明显的非线性时变、耦合严重、干扰不确定性等非线性系统特征。同时，污水处理过程也是一个模型难以建立、常运行于非平稳状态的高能耗复杂非线性系统。因此，污水处理过程控制及优化研究中存在诸多难点问题。

（1）污水处理全流程优化控制中多目标优化及决策管理层的拓展研究

污水处理过程属于复杂的流程工业系统，优化控制问题涉及多个控制变量和多个性能指标。本节主要针对污水处理生化反应过程中溶解氧浓度及硝态氮浓度的控制及优化问题展开研究，用能耗与出水水质两个性能指标对研究结果进行评价。当优化问题拓展到三个及以上控制变量或三个以上性能指标的优化与控制时，所涉及的变量间关系及耦合问题将更加严重，对多目标优化求解算法的性能要求也有所提高，其优化控制问题将面临更大的挑战。此外，随着污水处理过程管理水平的提高，污水过程中可以采集的过程信息日益丰富，如何有效利用这些信息为过程控制做引导，实现过程信息的有效管理与利用，是污水处理决策管理层需要加强研究和开发的重要部分。

（2）基于知识的污水处理过程全流程优化控制

本节在污水处理过程全流程优化控制方向，主要采用一种递阶控制结构，该结构中的全流程优化控制主要体现在从上层决策到中间层多目标优化，再到底层智能跟踪控制。然而，从污水处理整个流程优化角度看，污水处理过程全流程优化控制将是以任务为驱动的智能控制方法，它不同于基于数据驱动的控制模式，最大的特征是需要融入全流程优化所需的各类知识信息。对污水处理过程中各种知识信息的发掘、利用是面向任务驱动为主的全流程知识自动化的重要一环，而合理利用各种知识资源，如基于数据知识、基于专家知识等资源，也将成为污水处理过程全流程优化中新的研究热点。因此，全流程优化过程中各类知识信息的涌入必将引起污水处理过程建模、控制、优化研究内容出现新的革新。

10.5 城市污水处理过程智能优化控制系统

污水处理过程智能优化控制系统将提升我国污水处理行业智能化生产水平，是我国对提升水生态环境保护、水资源再利用等能力的重大需求，同时也是促进未来城市走向智慧化、绿色化的重要组成部分。其发展前景可总结如下。

① 污水处理过程智能优化控制系统将具有自主能力，可采集数据和获取知识，理解有效过程信息并分析判断及规划污水处理过程操作。系统可视技术的实现，结合信息处理、推理预测、仿真及多媒体技术，全面展示实际污水处理过程的运行概况，实现提高污水处理效果、安全可靠生产、降低药耗和能耗等目标，并取得较好的社会效益和经济效益。未来污水处理智能优化运行系统将结合自动化、人工智能、网络、图形显示等技术，在确保达到规定的技术要求及污水处理过程优质可靠运行与排放达标的目标的前提下，通过信息多层“无缝”链接，为实现污水处理过程的管控一体化及综合信息处理，集成包括运营管理、过程优化、异常工况预警、现场控制等功能。

② 污水处理过程智能优化控制系统能够利用无线网络快速查看各关键节点的现场运行图像及视频，实现全面监测；借助高性能的计算机系统进行污水处理过程工况模拟分析和预测，并将分析预测结果及实时运行数据传达给中控室，与实际发生数据进行分析比对，形成实时调整操作方案，展现给操作人员；系统能够自动预警异常工况，根据预警程度给出调整预案，及时自主预防和控制异常工况。

③ 污水处理过程智能优化控制系统能够实现污水处理数字化、自动化，提供污水处理全程的监控，确保关键水质参数的实时测量；兼顾污水处理效果和处理效益，增设污水排放、生化处理和中水回收的控制操作设备，减少人工干预操作；设置设备故障、异常工况预警系统，降低故障及异常工况发生率。

④ 污水处理过程智能优化控制系统能够实现全流程智能、提高自主和精细化管控水平；引入巡检机器人、移动智能检测设备，进一步提高过程监测的可靠性和实时性；构建污水排放、生化处理和中水回收自主控制系统，实现污水处理精细化管控；描述和预测过程工况的运行态势，实现故障和异常工况的智能预警和控制策略决策。在保证水质的同时，实现能耗、药耗大幅降低，减少现场操作人员。

参考文献

[1] The Global Risks Report 2021 [R]. 2021 World Economic Forum，2021.

[2] Hao X D，Liu R B，Huang X. Evaluation of the potential for operating carbon neutral WWTPs in China [J]. Water Research，2015，87：424-431.

[3] 2021年中国环境状况公报 [R]. 中华人民共和国生态环境部，2022.

[4] Le Q H，Verheijen P J T，Loosdrecht M C M，et al. Experimental design for evaluating WWTP data by linear mass balances [J]. Water Research，2018，142：415-425.

[5] Hamon P，Moulin P，Ercolei L，et al. Performance of a biomass adapted to oncological ward wastewater vs. biomass from municipal WWTP on the removal of pharmaceutical molecules [J]. Water Research，2018，128：193-205.

[6] "十三五"全国城镇污水处理及再生利用设施建设规划 [N]. 国家发展改革委住房城乡建设部（发改环资 [2016] 2849号），2016-12-31.

[7] 朱振羽，王敏，王宇. 污水处理自动控制的发展历程及趋势 [J]. 绿色科技，2012，11：127-133.

[8] Suescun J，Irizar I，Ostolaza X，et al. Dissolved oxygen control and simultaneous estimation of oxygen uptake rate in activated-sludge plants [J]. Water Environment Research，1998，70（3）：316-322.

[9] Liao S H. Expert system methodologies and applications：a decade review from 1995 to 2004 [J]. Expert systems with applications，2005,28（1）：93-103.

[10] Jin Y. Fuzzy modeling of high-dimensional systems：complexity reduction and interpretability improvement [J]. IEEE Transactions on Fuzzy Systems，2000，8（2）：212-221.

[11] Sanchez E N，Gonzalez J M，Ramirez E. Minimal PD fuzzy control of a wastewater treatment plant [C] //Proceedings of the 2000 IEEE International Symposium on Intelligent Control. Held jointly with the 8th IEEE Mediterranean Conference on Control and Automation（Cat. No. 00CH37147）. IEEE，2000：169-173.

[12] Vilanova R，Alfaro V. Multi-loop PI-based control strategies for the activated sludge process [C] // 2009 IEEE Conference on Emerging Technologies & Factory Automation. IEEE，2009：1-8.

[13] Chachuat B，Roche N，Latifi M A. Optimal aeration control of industrial alternating activated sludge plants [J]. Biochemical Engineering Journal，2005，23（3）：277-289.

[14] 赵金宪，张志强. 模糊自适应PID控制在污水处理溶解氧控制中的应用 [J]. 机械制造与自动化，2011，40（4）：161-165.

[15] 史雄伟，陈启丽，张以骞，等. 基于神经

元自适应PID的污水处理溶解氧控制系统[J]. 计算机测量与控制，2010，18(11)：2527-2532.
[16] Peng Y，Zeng W，Wang S. DO concentration as a fuzzy control parameter for organic substrate removal in SBR processes[J]. Environmental Engineering Science，2004，21(5)：606-616.
[17] Garcia J J V，Garay V G，Gordo E I，et al. Intelligent Multi-Objective Nonlinear Model Predictive Control (iMO-NMPC): Towards the 'on-line' optimization of highly complex control problems[J]. Expert Systems with Applications，2012，39(7)：6527-6540.
[18] Shen W，Chen X，Corriou J P. Application of model predictive control to the BSM1 benchmark of wastewater treatment process[J]. Computers & Chemical Engineering，2008，32(12)：2849-2856.
[19] Wu J，Yan G，Zhou G，et al. Model predictive control of biological nitrogen removal via partial nitrification at low carbon/nitrogen (C/N) ratio[J]. Journal of Environmental Chemical Engineering，2014，2(4)：1899-1906.
[20] Shin C，Tilmans S H，Chen F，et al. Anaerobic membrane bioreactor model for design and prediction of domestic wastewater treatment process performance[J]. Chemical Engineering Journal，2021，426：131912.
[21] Pires O C，Palma C，Costa J C，et al. Knowledge-based fuzzy system for diagnosis and control of an integrated biological wastewater treatment process[J]. Water Science & Technology，2006，53(4-5)：313-320.
[22] 韩红桂，陈治远，乔俊飞，等. 基于区间二型模糊神经网络的出水氨氮浓度软测量[J]. 化工学报，2017，68(3)：1032-1040.
[23] Hernandez-del-Olmo F，Gaudioso E. Reinforcement learning techniques for the control of wastewater treatment plants[C]//New Challenges on Bioinspired Applications: 4th International Work-conference on the Interplay Between Natural and Artificial Computation，IWINAC 2011，La Palma，Canary Islands，Spain，May 30-June 3，2011. Proceedings，Part II 4. Berlin，Heidelberg：Springer，2011：215-222.
[24] Wan J，et al. Prediction of effluent quality of a paper mill wastewater treatment using an adaptive network-based fuzzy inference system[J]. Applied Soft Computing，2011，11(3)：3238-3246.
[25] Qiao J F，Zhang W，Han H G. Self-organizing fuzzy control for dissolved oxygen concentration using fuzzy neural network[J]. Journal of Intelligent & Fuzzy Systems，2016，30(6)：3411-

3422.
[26] Hong Y S T, Rosen M R, Bhamidimarri R. Analysis of a municipal wastewater treatment plant using a neural network-based pattern analysis [J]. Water Research, 2003, 37 (7): 1608-1618.
[27] Han H G, Dong L X, Qiao J F. Data-knowledge-driven diagnosis method for sludge bulking of wastewater treatment process [J]. Journal of Process Control, 2021, 98: 106-115.
[28] Salvadó H, Index S V, Length T. Improvement of the intersection method for the quantification of filamentous organisms: basis and practice for bulking and foaming bioindication purposes [J]. Water Science & Technology A Journal of the International Association on Water Pollution Research, 2016, 74 (6): 1274.
[29] Xiao G, Zhang H, Luo Y, et al. Data-driven optimal tracking control for a class of affine non-linear continuous-time systems with completely unknown dynamics [J]. IET Control Theory & Applications, 2016, 10 (6): 700-710.
[30] 曾薇，彭永臻，王淑莹，等. 以溶解氧浓度作为 SBR 法模糊控制参数 [J]. 中国给水排水，2000，16 (4): 6.
[31] 韩广，乔俊飞，薄迎春. 溶解氧浓度的前馈神经网络建模控制方法 [J]. 控制理论与应用，2013，30 (5): 585-591.
[32] Han H G, Qiao J F, Chen Q L. Model predictive control of dissolved oxygen concentration based on a self-organizing RBF neural network [J]. Control Engineering Practice, 2012, 20 (4): 465-476.
[33] Qiao J F, Bo Y C, Chai W, et al. Adaptive optimal control for a wastewater treatment plant based on a data-driven method [J]. Water Science & Technology, 2013, 67 (10): 2314.
[34] 张伟，乔俊飞，李凡军. 溶解氧浓度的直接自适应动态神经网络控制方法 [J]. 控制理论与应用，2015，32 (1): 115-121.
[35] Bayo J, Lopezcastellanos J. Principal factor and hierarchical cluster analyses for the performance assessment of an urban wastewater treatment plant in the Southeast of Spain [J]. Chemosphere, 2016, 155: 152-162.
[36] 栗三一，乔俊飞，李文静，等. 污水处理决策优化控制 [J]. 自动化学报，2018，44 (12): 2198-2209.
[37] Deepnarain N, Nasr M, Kumari S, et al. Decision tree for identification and prediction of filamentous bulking at full-scale activated sludge wastewater treatment plant [J]. Process Safety and Environmental Protection, 2019, 126: 25-34.
[38] Xu Y, Yuan Z, Ni B J. Biotransformation of pharmaceuticals by ammonia oxidizing bacteria in wastewater treatment processes [J].

Science of The Total Environment, 2016, 566: 796-805.

[39] Hernandez-Del-Olmo F, Gaudioso E, Nevado A. Autonomous adaptive and active tuning up of the dissolved oxygen setpoint in a wastewater treatment plant using reinforcement learning [J]. IEEE Transactions on Systems Man & Cybernetics Part C Applications & Reviews, 2012, 42 (5): 768-774.

[40] Zuthi M F R, Guo W S, Ngo H H, et al. Enhanced biological phosphorus removal and its modeling for the activated sludge and membrane bioreactor processes [J]. Bioresource Technology, 2013, 139: 363-374.

[41] Antonio D, Bournazou M C, Neubauer P, et al. Mixed integer optimal control of an intermittently aerated sequencing batch reactor for wastewater treatment [J]. Computers & Chemical Engineering, 2014, 71: 298-306.

[42] 韩广，乔俊飞，韩红桂，等. 基于Hopfield神经网络的污水处理过程优化控制 [J]. 控制与决策，2014，19 (11)：2085-2088.

[43] Yuan Z, et al. Sweating the assets - the role of instrumentation, control and automation in urban water systems [J]. Water Research, 2019, 155: 381-402.

[44] Cao J, et al. Correlations of nitrogen removal and core functional genera in full-scale wastewater treatment plants: influences of different treatment processes and influent characteristics [J]. Bioresource technology, 2020, 297: 122455.

[45] Wang L, et al. Integrated aerobic granular sludge and membrane process for enabling municipal wastewater treatment and reuse water production [J]. Chemical Engineering Journal, 2018, 337: 300-311.

[46] Borzooei S, et al. Optimization of the wastewater treatment plant: from energy saving to environmental impact mitigation [J]. Science of The Total Environment, 2019, 691: 1182-1189.

[47] Comas J, Alemany J, Poch M, et al. Development of a knowledge-based decision support system for identifying adequate wastewater treatment for small communities [J]. Water Science and Technology, 2004, 48 (11): 393-400.

[48] Chen W C, Chang N B, Chen J C. Rough set-based hybrid fuzzy-neural controller design for industrial wastewater treatment [J]. Water Research, 2003, 37 (1): 95-107.

[49] Baeza J A, Gabriel D, Lafuente J. Improving the nitrogen removal efficiency of an A2/O based WWTP by using an on-line knowledge based expert system [J]. Water Research, 2002, 36 (8): 2109-2123.

[50] Yi Q, Tan J, Liu W, et al. Peroxymonosulfate activation by three-dimensional cobalt hydroxide/graphene

oxide hydrogel for wastewater treatment through an automated process [J]. Chemical Engineering Journal, 2020, 400: 125965.

[51] Zheng W, Wen X, Zhang B, et al. Selective effect and elimination of antibiotics in membrane bioreactor of urban wastewater treatment plant [J]. Science of The Total Environment, 2018, 646 (PT.1-1660): 1293-1303.

[52] Olusegun S J, Fernando D, Mohallem N. Enhancement of adsorption capacity of clay through spray drying and surface modification process for wastewater treatment [J]. Chemical Engineering Journal, 2018, 334: 1719-1728.

[53] Zx A, Xs B, Yun L A, et al. Removal of antibiotics by sequencing-batch membrane bioreactor for swine wastewater treatment [J]. Science of The Total Environment, 2019, 684: 23-30.

[54] Wang W, Kannan K. Fate of parabens and their metabolites in two wastewater treatment plants in New York State, United States [J]. Environmental Science & Technology, 2016, 50 (3): 1174-1181.

[55] Qiao J F, Hou Y, Zhang L, et al. Adaptive fuzzy neural network control of wastewater treatment process with multiobjective operation [J]. Neurocomputing, 2018, 275: 383-393.

[56] 韩红桂，张璐，乔俊飞．基于多目标粒子群算法的污水处理智能优化控制．化工学报 [J]. 2017, 68 (4): 1474-1481.

[57] 韩红桂，张璐，卢薇，等．城市污水处理过程动态多目标智能优化控制研究 [J]. 自动化学报, 2021, 47 (3): 620-629.

[58] Vilela P, Liu H, Lee S C, et al. A systematic approach of removal mechanisms, control and optimization of silver nanoparticle in wastewater treatment plants [J]. Science of The Total Environment, 2018, 633 (15): 989-998.

[59] Zhang L, Zeng G, Dong H, et al. The impact of silver nanoparticles on the co-composting of sewage sludge and agricultural waste: evolutions of organic matter and nitrogen [J]. Bioresour Technol, 2017, 230: 132-139.

[60] Pan Y, Ni B J, Lu H, et al. Evaluating two concepts for the modelling of intermediates accumulation during biological denitrification in wastewater treatment [J]. Water Research, 2015, 71 (15): 21-31.

[61] Qfiteru I D, Bellucci M, Picioreanu C, et al. Multi-scale modelling of bioreactor - separator system for wastewater treatment with two-dimensional activated sludge floc dynamics [J]. Water Research, 2014, 50 (3): 382-395.

[62] Deepnarain N, Kumari S, Ramjith J, et al. A logistic model for the

remediation of filamentous bulking in a biological nutrient removal wastewater treatment plant [J]. Water Science & Technology, 2015, 72 (3): 391-405.

[63] Benthack C, Srinivasan B, Bonvin D. An optimal operating strategy for fixed-bed bioreactors used in wastewater treatment [J]. Biotechnology and Bioengineering, 2001, 72 (1): 34-40.

[64] Bolyard S C, Reinhart D R. Evaluation of leachate dissolved organic nitrogen discharge effect on wastewater effluent quality [J]. Waste Management, 2017, 65: 47-53.

[65] Jeong E, Kim H W, Nam J Y, et al. Enhancement of bioenergy production and effluent quality by integrating optimized acidification with submerged anaerobic membrane bioreactor [J]. Bioresource Technology, 2010, 101 (1): 7-12.

[66] 王藩，王小艺，魏伟，等 . 基于 BSM1 的城市污水处理优化控制方案研究 [J]. 控制工程，2015，22 (6)：1224-1229.

[67] Huang X Q, Han H G, Qiao J F. Energy consumption model for wastewater treatment process control [J]. Water Science & Technology, 2013, 67 (3): 667-674.

[68] Gussem K D, Fenu A, Wambecq T, et al. Energy saving on wastewater treatment plants through improved online control: case study wastewater treatment plant Antwerp-South [J]. Water Science & Technology, 2014, 69 (5): 1074-1079.

[69] Huyskens C, Brauns E, Van Hoof E, et al. Validation of a supervisory control system for energy savings in membrane bioreactors [J]. Water Research, 2011, 45 (3): 1443-1453.

[70] Maere T, Verrecht B, Moerenhout S, et al. BSM-MBR: a benchmark simulation model to compare control and operational strategies for membrane bioreactors [J]. Water Research, 2011, 101 (6): 2181-2190.

[71] Staden V, Jacobus A, Zhang J F, et al. A model predictive control strategy for load shifting in a water pumping scheme with maximum demand charges [J]. Applied Energy, 2011, 88 (12): 4785-4794.

[72] Eisshorbagy W E, Radif N N, Droste R L. Optimization of A (2) O BNR processes using ASM and EAWAG Bio-P models: model performance [J]. Water Environment Research, 2013, 85 (12): 2271-2284.

[73] Zeng Y, Zhang Z, Kusiak A, et al. Optimizing wastewater pumping system with data-driven models and a greedy electromagnetism-like algorithm [J]. Stochastic Environmental Research & Risk Assessment, 2016, 30 (4): 1263-1275.

[74] Alsina F X, Arnell M, Amerlinck Y, et al. Balancing effluent quality, economic

cost and greenhouse gas emissions during the evaluation of （plant-wide） control/operational strategies in WWTPs [J]. Science of the Total Environment，2014，466：616-624.

[75] Yang Y，Yang J，Zuo J，et al. Study on two operating conditions of a full-scale oxidation ditch for optimization of energy consumption and effluent quality by using CFD model [J]. Water Research，2011，45（11）：3439-3452.

[76] Ashrafi O，Yerushalmi L，Haghighat F. Greenhouse gas emission and energy consumption in wastewater treatment plants：impact of operating parameters [J]. CLEAN-Soil，Air，Water，2014，42（3）：207-220.

[77] Mesquita D P，Amaral A L，Ferreira E C. Estimation of effluent quality parameters from an activated sludge system using quantitative image analysis [J]. Chemical Engineering Journal，2016，285：349-357.

[78] Han H G，Zhang L，Liu H X，et al. Multiobjective design of fuzzy neural network controller for wastewater treatment process [J]. Applied Soft Computing，2018，67：467-478.

[79] Corder G D，Lee P L. Feedforward control of a wastewater plant [J]. Water Research，1986，20（3）：301-309.

[80] Chistiakova T，Wigren T，Carlsson B. Combined L_2-stable feedback and feedforward aeration control in a wastewater treatment plant [J]. IEEE Transactions on Control Systems Technology，2020，28（3）：1017-1024.

[81] Yoo R，Kim J，Mccarty P L，et al. Anaerobic treatment of municipal wastewater with a staged anaerobic fluidized membrane bioreactor （SAF-MBR） system [J]. Bioresource Technology，2012，120（3）：133-139.

[82] 张伟. 污水处理过程多目标智能优化控制研究 [D]. 北京：北京工业大学，2016.

[83] Vrecko D，Hvala N，Strazar M. The application of model predictive control of ammonia nitrogen in an activated sludge process [J]. Water Science & Technology，2011，64（5）：1115-1121.

[84] O'Brien M，Mack J，Lennox B，et al. Model predictive control of an activated sludge process：A case study [J]. Control Engineering Practice，2011，19（1）：54-61.

[85] Ye L，Ni B J，Law Y，et al. A novel methodology to quantify nitrous oxide emissions from full-scale wastewater treatment systems with surface aerators [J]. Water Research，2014，48：257-268.

[86] Wahab N A，Katebi R，Balderud J. Multivariable PID control design for activated sludge process with nitrification and denitrification [J]. Biochemical Engineering Journal，2016，45（3）：

239-248.

[87] Rojas J D, Flores-Alsina X, Jeppsson U, et al. Application of multivariate virtual reference feedback tuning for wastewater treatment plant control [J]. Control Engineering Practice, 2012, 20 (5): 499-510.

[88] 乔俊飞，王莉莉，韩红桂. 基于ESN的污水处理过程优化控制 [J]. 智能系统学报，2015，10 (6): 831-837.

[89] 罗涛，齐鲁，杨雅琼，等. 我国农村污水处理的技术问题及对策研究 [J]. 建设科技，2017，26 (1): 45-47.

[90] Benedetti M, Benedetti R, Massa A. Memory enhanced PSO-based optimization approach for smart antennas control in complex interference scenarios [J]. IEEE Transactions on Antennas & Propagation, 2008, 56 (7): 1939-1947.

[91] Hernandez-del-Olmo F, Llanes F H, Gaudioso E. An emergent approach for the control of wastewater treatment plants by means of reinforcement learning techniques [J]. Expert Systems with Applications, 2012, 39 (3): 2355-2360.

[92] Prat P, Benedetti L, Corominas L, et al. Model-based knowledge acquisition in environmental decision support system for wastewater integrated management [J]. Water Science & Technology, 2012, 65 (6): 1123-1129.

[93] Schlüter M, Egea J A, Antelo L T, et al. An extended ant colony optimization algorithm for integrated process and control system design [J]. Industrial & Engineering Chemistry Research, 2009, 48 (14): 6723-6738.

[94] Butler D, Schütze M. Integrating simulation models with a view to optimal control of urban wastewater systems [J]. Environmental Modelling & Software, 2005, 20 (4): 415-426.

[95] Durrenmatt D J, Gujer W. Identification of industrial wastewater by clustering wastewater treatment plant influent ultraviolet visible spectra [J]. Water Science and Technology, 2011, 63 (6): 1153-1159.

[96] Hakanen J, Sahlstedt K, Miettinen K. Wastewater treatment plant design and operation under multiple conflicting objective functions [J]. Environmental Modelling & Software, 2013, 46 (7): 240-249.

[97] Fernandez F J, Seco A, Ferrer J, et al. Use of neurofuzzy networks to improve wastewater flow-rate forecasting [J]. Environmental Modelling and Software, 2009, 24 (6): 686-693.

[98] Corominas L, Byrne D M, Guest J S, et al. The application of life cycle assessment (LCA) to wastewater treatment: a best practice guide and critical review [J]. Water Research, 2020, 184: 116058.

[99] Comas J, Meabe E, Sancho L, et al.

Knowledge-based system for automatic MBR control [J]. Water Science and Technology, 2010, 62 (12): 2829-2836.

[100] Chen C, et al. Characterization of aerobic granular sludge used for the treatment of petroleum wastewater [J]. Bioresource Technology, 2019, 271: 353-359.

[101] Pyn A, Gc B, Mamr A, et al. A review of the biotransformations of priority pharmaceuticals in biological wastewater treatment processes [J]. Water Research, 2021, 188: 116446.

[102] Yun Z, Xia S, Jiao Z, et al. Insight into the influences of pH value on Pb(Ⅱ) removal by the biopolymer extracted from activated sludge [J]. Chemical Engineering Journal, 2017, 308: 1098-1104.

[103] Shen Y, Linville J L, Urgun-Demirtas M, et al. An overview of biogas production and utilization at full-scale wastewater treatment plants (WWTPs) in the United States: challenges and opportunities towards energy-neutral WWTPs [J]. Renewable & Sustainable Energy Reviews, 2015, 50: 346-362.

[104] Floresalsina X, Rodriguezroda I, Sin G, et al. Uncertainty and sensitivity analysis of control strategies using the benchmark simulation model No1 (BSM1) [J]. Water Science & Technology, 2009, 59 (3): 491-499.

[105] Machado V C, Lafuente J, Baeza J A. Model-based control structure design of a full-scale WWTP under retrofitting process [J]. Water Science & Technology, 2015, 71 (11): 1661-1671.

[106] Zeng S, Jiao R, Li C, et al. A general framework of dynamic constrained multiobjective evolutionary algorithms for constrained optimization [J]. IEEE Transactions on Cybernetics, 2017, 47 (9): 2678-2688.

[107] Zeng J, Liu J F. Economic model predictive control of wastewater treatment processes [J]. Industrial & Engineering Chemistry Research, 2015, 54 (21): 571-5721.

[108] Haimi H, Mulas M, Corona F, et al. Data-derived soft-sensors for biological wastewater treatment plants: an overview [J]. Environmental Modelling & Software, 2013, 47: 88-107.

[109] Suchetana B, Rajagopalan B, Silverstin J A. Assessment of wastewater treatment facility compliance with decreasing ammonia discharge limits using a regression tree model [J]. Science of the Total Environment, 2017, 598: 249-257.

[110] Han H G, Zhu S G, Qiao J F, et al. Data-driven intelligent monitoring system for key variables in wastewater

treatment process [J]. Chinese Journal of Chemical Engineering, 2018, 26 (10): 2093-2101.

[111] Han H G, Liu Z, Hou Y, et al. Data-driven multiobjective predictive control for wastewater treatment process [J]. IEEE Transactions on Industrial Informatics, 2019, 16 (4): 2767-2775.

[112] Fernandez F J, Castro M C, Rodrigo M A, et al. Reduction of aeration costs by tuning a multi-set point on/off controller: a case study [J]. Control Engineering Practice, 2011, 19 (10): 1231-1237.

[113] Zonta Z J, Kocijan J, Flotats X, et al. Multi-criteria analyses of wastewater treatment bio-processes under an uncertainty and a multiplicity of steady states [J]. Water Research, 2012, 46 (18): 6121-6131.

[114] Han H G, Qiao J F. Prediction of activated sludge bulking based on a self-organizing RBF neural network [J]. Journal of Process Control, 2012, 22 (6): 1103-1112.

[115] Zhang Z, Kusiak A, Zeng Y, et al. Modeling and optimization of a wastewater pumping system with data-mining methods [J]. Applied Energy, 2016, 164 (15): 303-311.

[116] 马玉芩，姜涛. 基于自组织模糊神经网络的污水处理出水水质预测建模 [J]. 信息技术与信息化，2013，4：28-31.

[117] Santin I, Pesret C, Vilanova R. Applying variable dissolved oxygen set point in a two level hierarchical control structure to a wastewater treatment process [J]. Journal of Process Control, 2015, 28: 40-55.

[118] Guerrero J, Guisasola A, Comas J I, et al. Multi-criteria selection of optimum WWTP control set-points based on microbiology-related failures, effluent quality and operating costs [J]. Chemical Engineering Journal, 2012, 188: 23-29.

[119] Asadi A, Verma A, Yang K, et al. Wastewater treatment aeration process optimization: a data mining approach [J]. Journal of Environmental Management, 2016, 203: 630-639.

[120] Huang M, Ma Y, Wan J, et al. A sensor-software based on a genetic algorithm-based neural fuzzy system for modeling and simulating a wastewater treatment process [J]. Applied Soft Computing, 2015, 27: 1-10.

[121] Durrenmatt D J, Gujer W. Data-driven modeling approaches to support wastewater treatment plant operation [J]. Environmental Modelling & Software, 2012, 30: 47-56.

[122] Han H G, Qiao J F. Hierarchical neural network modeling approach to predict sludge volume index of

wastewater treatment process [J]. IEEE Transactions on Control Systems Technology，2013，21 (6): 2423-2431.

[123] 丛秋梅，柴天佑，余文 . 污水处理过程的递阶神经网络建模 [J]. 控制理论与应用，2009，26 (1): 8-14.

[124] Nagy-Kiss A M，Schutz G. Estimation and diagnosis using multi-models with application to a wastewater treatment plant [J]. Journal of Process Control，2013，23 (10): 1528-1544.

[125] Xiao G，Zhang H，Luo Y，et al. Data-driven optimal tracking control for a class of affine non-linear continuous-time systems with completely unknown dynamics [J]. IET Control Theory & Applications，2016，10 (6): 700-710.

[126] Han H G，Qian H H，Qiao J F. Nonlinear multiobjective model-predictive control scheme for wastewater treatment process [J]. Journal of Process Control，2014，24 (3): 47-59.

[127] Qiao J F，Zhang W. Dynamic multi-objective optimization control for wastewater treatment process [J]. Neural Computing and Applications，2016，29 (11): 1261-1271.

[128] Nasir A N K，Tokhi M O. An improved spiral dynamic optimization algorithm with engineering application [J]. IEEE Transactions on Systems，Man，and Cybernetics: Systems，2015，45 (6): 943-954.

[129] Chen X，Du W L，Tianfield H，et al. Dynamic optimization of industrial processes with nonuniform discretization-based control vector parameterization [J]. IEEE Transactions on Automation Science and Engineering，2014，11 (4): 1289-1299.

[130] Sharma A K，Guildal T，Thomsen H R，et al. Energy savings by reduced mixing in aeration tanks: results from a full scale investigation and long term implementation at Avedoere wastewater treatment plant [J]. Water Science & Technology，2011，64 (5): 1089-1095.

[131] Sadeghassadi M，Macnab C J B，Gopaluni B，et al. Application of neural networks for optimal-setpoint design and MPC control in biological wastewater treatment [J]. Computers & Chemical Engineering，2018，115: 150-160.

[132] Duzinkiewicz K，Brdys M A，Kurek W，et al. Genetic hybrid predictive controller for optimized dissolved-oxygen tracking at lower control level [J]. IEEE Transactions on Control Systems Technology，2009，17 (5): 1183-1192.

[133] Bayo J，Lopezcastellanos J. Principal factor and hierarchical cluster analyses for the performance assessment

of an urban wastewater treatment plant in the Southeast of Spain [J]. Chemosphere, 2016, 155: 152-162.

[134] Piotrowski R, Brdys M A, Konarczak K, et al. Hierarchical dissolved oxygen control for activated sludge processes [J]. Control Engineering Practice, 2008, 16 (1): 114-131.

[135] Dai H, Chen W, Lu X. The application of multi-objective optimization method for activated sludge process: a review [J]. Water Science & Technology, 2016, 73 (2): 223-235.

[136] Li M, Yang S, Li K, et al. Evolutionary algorithms with segment-based search for multiobjective optimization problems [J]. IEEE Transactions on Cybernetics, 2013, 44 (8): 1295-1313.

[137] Cheng S, Zhan H, Shu Z X. An innovative hybrid multi-objective particle swarm optimization with or without constraints handling [J]. Applied Soft Computing, 2016, 47: 370-388.

[138] Hreiz R, Latifi M A, Roche N. Optimal design and operation of activated sludge processes: state-of-the-art [J]. Chemical Engineering Journal, 2015, 281: 900-920.

[139] Verdaguer M, Clara N, Gutierrez O, et al. Application of ant-colony-optimization algorithm for improved management of first flush effects in urban wastewater systems [J]. Science of the Total Environment, 2014, 485: 143-152.

[140] Vega P, Revollar S, Francisco M, et al. Integration of set point optimization techniques into nonlinear MPC for improving the operation of WWTPs [J]. Computers & Chemical Engineering, 2014, 68: 78-95.

[141] Zhou H B, Qiao J F. Multiobjective optimal control for wastewater treatment process using adaptive MOEA/D [J]. Applied Intelligence, 2019, 49 (3): 1098-1126.

[142] Yi J, Fan J L, Chai T Y, et al. Dual-rate operational optimal control for flotation industrial process with unknown operational model [J]. IEEE Transactions on Industrial Electronics, 2019, 66 (6): 4587-4599.

[143] Liu Y J, Tong S C. Optimal control-based adaptive NN design for a class of nonlinear discrete-time block-triangular systems [J]. IEEE Transactions on Cybernetics, 2016, 46 (11): 2670-2680.

[144] Liu D R, Wei Q L. Finite-approximation-error-based optimal control approach for discrete-time nonlinear systems [J]. IEEE Transactions on Cybernetics, 2013, 43 (2): 779-789.

[145] Song R Z, Lewis F, Wei Q L, et al. Multiple actor-critic structures

for continuous-time optimal control using input-output data [J]. IEEE Transactions on Neural Networks and Learning Systems, 2015, 26 (4): 851-865.

[146] Marques J, Cunha M, Savic D. Multi-objective optimization of water distribution systems based on a real options approach [J]. Environmental Modelling & Software, 2015, 63 (1): 1-13.

[147] Bhatti M S, Kappor D, Kalia R, et al. RSM and ANN modeling for electrocoagulation of copper from simulated wastewater: multi objective optimization using genetic algorithm approach [J]. Desalination, 2011, 274 (1-3): 74-80.

[148] Qiao J F, Hou Y, Han H G. Optimal control for wastewater treatment process based on an adaptive multi-objective differential evolution algorithm [J]. Neural Computing & Applications, 2019, 31: 2537-2550.

[149] 张伟，乔俊飞. 神经网络的污水处理过程多目标优化控制方法 [J]. 智能系统学报，2016，11 (5): 594-599.

[150] Kroll S, Dirckx G, Donckels B M, et al. Modelling real-time control of WWTP influent flow under data scarcity [J]. Water Science & Technology, 2016, 73 (7): 1637-1643.

[151] Han H G, Zhang L, Hou Y, et al. Nonlinear Model predictive control based on a self-organizing recurrent neural network [J]. IEEE Transactions on Neural Networks & Learning Systems, 2016, 27 (2): 402-415.

[152] Munze R, Hannemann C, Orlinskiy P. Pesticides from wastewater treatment plant effluents affect invertebrate communities [J] . Science of the Total Environment, 2017, 599: 387-399.

[153] Peter E, Dan S. A multivariable robust-adaptive control strategy for a recycled wastewater treatment bioprocess [J]. Chemical Engineering Science, 2013, 90 (10): 40-50.

[154] Ahile U J, Wuana R A, Itodo A U, et al. A review on the use of chelating agents as an alternative to promote photo-Fenton at neutral pH: current trends, knowledge gap and future studies [J]. Science of The Total Environment, 2020, 710: 134872.

[155] Guo Y, Niu Q, Sugano T, et al. Biodegradable organic matter-containing ammonium wastewater treatment through simultaneous partial nitritation, anammox, denitrification and COD oxidization process [J]. Science of The Total Environment, 2020, 714: 136740.

[156] Nierychlo M. MiDAS 3: an ecosystem-specific reference database, taxonomy and knowledge platform

for activated sludge and anaerobic digesters reveals species-level microbiome composition of activated sludge [J]. Water Research，2020，182：115955.

[157] Durrenmatt D J，Gujer W. Identification of industrial wastewater by clustering wastewater treatment plant influent ultraviolet visible spectra RID D-3394-2011 [J]. Water Science and Technology，2011，63 (6)：1153-1159.

[158] Wang X D，Ratnaweera，et al. Statistical monitoring and dynamic simulation of a wastewater treatment plant：a combined approach to achieve model predictive control [J]. Journal of Environmental Management，2017，19 (15)：1-7.

[159] Xiao E R，Liang W，Feng H，et al. Performance of the combined SMBR-IVCW system for wastewater treatment [J]. Desalination，2010，250 (2)：781-786.

[160] Zuthi M，Ngo H H，Guo W S，et al. Enhanced biological phosphorus removal and its modeling for the activated sludge and membrane bioreactor processes [J]. Bioresource Technology，2013，139：363-374.

[161] Fernandez，Joaquin，Galdo，et al. The use of computational fluid dynamics to estimate fluid residence time and flow hydrodynamics in open digesters of wastewater treatment plants：a case study [J]. Desalination and Water Treatment，2015，53 (10)：2613-2622.

[162] Torregrossa D，Leopold U，Hernandez-Sancho F，et al. Machine learning for energy cost modelling in wastewater treatment plants [J]. Journal of Environmental Management，2018，223 (OCT.1)：1061-1067.

[163] Li X J，Yang G H. Neural-network-based adaptive decentralized fault-tolerant control for a class of interconnected nonlinear systems [J]. IEEE Transactions on Neural Networks and Learning Systems，2016，99：1-12.

[164] Ge S S，Wang C. Adaptive neural control of uncertain MIMO nonlinear systems with state and input constraints [J]. IEEE Transactions on Neural Networks & Learning Systems，2004，15 (3)：674-692.

[165] Deepnarain N，Nasr M，Kumari S，et al. Decision tree for identification and prediction of filamentous bulking at full-scale activated sludge wastewater treatment plant [J]. Process Safety and Environmental Protection，2019，126：25-34.

[166] Montserrat A，Bosch L，Kiser M A，et al. Using data from monitoring combined sewer overflows to assess，

improve, and maintain combined sewer systems [J]. Science of the Total Environment, 2015, 505: 1053-1061.
[167] Dutta D, Arya S, Kumar S. Industrial wastewater treatment: current trends, bottlenecks, and best practices [J]. Chemosphere, 2021, 285: 131245.
[168] Bagheri M, Mirbagheri S A, Bagheri Z, et al. Modeling and optimization of activated sludge bulking for a real wastewater treatment plant using hybrid artificial neural networks-genetic algorithm approach [J]. Process Safety and Environmental Protection, 2015, 95: 12-25.
[169] Han H G, Chen Q L, Qiao J F. An efficient self-organizing RBF neural network for water quality prediction [J]. Neural Networks, 2011, 24 (7): 717-725.
[170] Chen G Q, Shao L, Chen Z M, et al. Low-carbon assessment for ecological wastewater treatment by a constructed wetland in Beijing [J]. Ecological Engineering, 2011, 37 (4): 622-628.
[171] Comas J, Rodriguez-Roda I, Sanchez-Marre M, et al. A knowledge-based approach to the deflocculation problem: integrating on-line, off-line, and heuristic information [J]. Water Research, 2003, 37 (10): 2377-2387.
[172] Baeza J A, Gabriel D, Lafuente J. Effect of internal recycle on the nitrogen removal efficiency of an anaerobic/anoxic/oxic (A~2/O) wastewater treatment plant (WWTP) [J]. Process Biochemistry, 2004, 39 (11): 1615-1624.
[173] Xu S, Hultman B. Experiences in wastewater characterization and model calibration for the activated sludge process [J]. Water Science and Technology, 1996, 33 (12): 89-98.
[174] Comas J. Development of a knowledge-based decision support system for identifying adequate wastewater treatment for small communities [J]. Water Science and Technology, 2004, 48 (11-12): 393-400.
[175] Chen H, Zeng L, Wang D, et al. Recent advances in nitrous oxide production and mitigation in wastewater treatment [J]. Water Research, 2020, 184: 116168.
[176] Li Y, Shuai S, Tong S. Adaptive fuzzy control design for stochastic nonlinear switched systems with arbitrary switchings and unmodeled dynamics [J]. IEEE Transactions on Cybernetics, 2017, 47 (2): 403-414.
[177] Tong R M, Beck M B, Latten A. Fuzzy control of the activated sludge wastewater treatment process [J]. Automatica, 1979, 16 (6): 695-701.
[178] Waewsak C, Nopharatana A,

Chaiprasert P. Neural-fuzzy control system application for monitoring process response and control of anaerobic hybrid reactor in wastewater treatment and biogas production [J]. Journal of Environmental Sciences, 2010, 22 (12): 1883-1890.

[179] 韩广，乔俊飞，韩红桂，等．基于 Hopfield 神经网络的污水处理过程优化控制 [J]．控制与决策，2014，19 (11): 2085-2088.

[180] 栗三一，乔俊飞，李文静，等．污水处理决策优化控制 [J]．自动化学报，2018，44 (12): 2198-2209.

[181] 乔俊飞，博迎春，韩广．基于 ESN 的多指标 DHP 控制策略在污水处理过程中的应用 [J]．自动化学报，2013，39 (7): 1146-1151.

[182] Zhang R, Xie W M, Yu H Q, et al. Optimizing municipal wastewater treatment plants using an improved multi-objective optimization method [J]. Bioresource Technology, 2014, 157: 161-165.

[183] Corbella C, Puigagut J. Improving domestic wastewater treatment efficiency with constructed wetland microbial fuel cells: influence of anode material and external resistance [J]. Science of The Total Environment, 2018, 631: 1406-1414.

[184] 张敏，袁辉．拉依达（PauTa）准则与异常值剔除．郑州工业大学学报，1997，18 (1): 84-88.

[185] Mackey J C. Bayesian interpolation [J]. Neural Computation, 1992, 4 (3): 415-447.

[186] Ma C, Jiang L. Some research on Levenberg-Marquardt method for the nonlinear equations [J]. Applied Mathematics and Computation, 2007, 184 (2): 1032-1040.

[187] 孙玉庆．基于密度聚类自组织 RBF 神经网络的出水氨氮浓度软测量研究 [D]．北京：北京工业大学，2016.

[188] Han H G, Lu W, Zhang L, et al. Adaptive gradient multiobjective particle swarm optimization [J]. IEEE Transactions on Cybernetics, 2018, 48 (11): 3067-3079.

[189] Santin I, Pedret C, Vilanova R, et al. Advanced decision control system for effluent violations removal in wastewater treatment plants [J]. Control Engineering Practice, 2016, 49: 60-75.

[190] Li F, Su Z, Wang G M. An effective integrated control with intelligent optimization for wastewater treatment process [J]. Journal of Industrial Information Integration, 2021, 24: 100237.

[191] Talaśka T, Kolasa M, Długosz R, et al. An efficient initialization mechanism of neurons for Winner Takes All Neural Network implemented in the CMOS technology [J]. Applied Mathematics and Computation, 2015, 267: 119-138.

[192] Han H G, Liu Z, Lu W, et al. Dynamic MOPSO-based optimal control for wastewater treatment process [J]. IEEE Transactions on Cybernetics, 2021, 51 (5): 2518-2528.

[193] Zhang A, Yin X, Liu S, et al. Distributed economic model predictive control of wastewater treatment plants [J]. Chemical Engineering Research and Design, 2019, 141: 144-155.

[194] Chakraborty P, Das S, Roy G G, et al. On convergence of the multi-objective particle swarm optimizers [J]. Information Sciences, 2011, 181 (8): 1411-1425.

[195] Han H, Lu W, Qiao J. An adaptive multiobjective particle swarm optimization based on multiple adaptive methods [J]. IEEE transactions on cybernetics, 2017, 47 (9): 2754-2767.

[196] Hu W, Yen G G. Adaptive multiobjective particle swarm optimization based on parallel cell coordinate system [J]. IEEE Transactions on Evolutionary Computation, 2015, 19 (1): 1-18.

[197] Rojas J D, Flores-Alsina X, Jeppsson U, et al. Application of multivariate virtual reference feedback tuning for wastewater treatment plant control [J]. Control Engineering Practice, 2012, 20 (5): 499-510.

[198] Ross I M, D'Souza C N. Hybrid optimal control framework for mission planning [J]. Journal of Guidance, Control, and Dynamics, 2005, 28 (4): 686-697.

[199] Beraud B, Steyer J P, Lemoine C, et al. Towards a global multi objective optimization of wastewater treatment plant based on modeling and genetic algorithms [J]. Water Science and Technology, 2007, 56 (9): 109-116.